淮河平原区浅层地下水演变对地表生态作用及调控实践

王发信 朱梅 杨智 方瑞 等著

中国科学技术大学出版社

内 容 简 介

本书是作者多年工作成果的总结，系统总结了淮河平原区淮北平原、苏北平原近40年的浅层地下水演变；以五道沟径流站长系列“四水”转化实验数据为支撑，揭示了淮河平原坡水区水文循环与演变机理；从浅层地下水入手，分析了浅层地下水对河流最小生态流量、地表生态的作用机理，发现了淮北平原区地表水稻种植带、水旱间作带、纯旱作带生态“三带”和浅层地下水埋深的响应关系，确定了淮河平原区浅层地下水多目标生态管控阈值体系，构建了淮河平原区奥德姆生态管控趋势线，并选取蒙城灌区、怀洪新河水资源调控区、涡河生态管控区、骆马湖生态保护区等典型区，开展了浅层地下水调控工程实践，论证了实践效果。首度尝试从地下水角度出发研究地表生态，创新了生态研究理论体系，对提升气候变化背景下我国农田水利系统应对旱涝灾害风险和维护地表生态健康的能力有一定的作用。

本书适合与水文、水利相关的工程技术人员及研究者阅读。

图书在版编目(CIP)数据

淮河平原区浅层地下水演变对地表生态作用及调控实践/王发信，朱梅，杨智，方瑞等著. —合肥：中国科学技术大学出版社，2019. 6

ISBN 978-7-312-04572-1

Ⅰ. 淮…　Ⅱ. ①王…　②朱…　③杨…④方…　Ⅲ. 黄淮海平原—浅层地下水—演变—影响—地表—生态特性—研究　Ⅳ. X821. 2

中国版本图书馆 CIP 数据核字(2018)第 295158 号

出版　中国科学技术大学出版社
安徽省合肥市金寨路 96 号，230026
http://press. ustc. edu. cn
https://zgkxjsdxcbs. tmall. com

印刷　安徽省瑞隆印务有限公司

发行　中国科学技术大学出版社

经销　全国新华书店

开本　710 mm×1000 mm　1/16

印张　20. 25

字数　432 千

版次　2019 年 6 月第 1 版

印次　2019 年 6 月第 1 次印刷

定价　88. 00 元

序

淮河平原区处于我国南北气候过渡地带，以2%的国土面积、全国8%的耕地，养活了全国13%的人口；全流域2.02亿人口中，农村人口约占流域总人口的80%；平均人口密度近640人/km^2，是全国平均人口密度的4.7倍，居全国各大流域之首。这一区域是我国重要的煤炭、能源基地和主要粮食产区，在我国国民经济中处于重要的支撑地位。随着城市化水平的提高以及郑州、徐州、扬州、济宁、平顶山、许昌、蚌埠、淮南、连云港、日照、盐城等中等以上新兴工业城市的发展，许多地区在确定经济布局、产业结构和发展规模时没有考虑水资源承载能力，未做到因水制宜、量水而行，即使在水资源极度贫乏、开发难度大或不利于环境保护的地区，也兴建高耗水工业，发展高耗水农业，不断扩大城市规模，以至于供水压力进一步增大。随着城市不断向农村扩张，流域内耕地总量急剧减少，从1997年约1 335.3万hm^2减至2014年的1 173.3万hm^2，人均占有量变小，土地过度开发，复种指数高，用途不稳，局部地区污染严重，浅层地下水水位下降，地表生态环境有恶化趋势。干旱缺水与生态环境退化是淮河平原区农业生产与粮食安全的两大威胁。

本书以淮河平原区（淮北、苏北）为研究对象，在多站点、长系列观测资料和实验成果基础上，研究了淮北、苏北两个典型区浅层地下水区域分布与演变规律，坡水区水文循环特征与模拟，浅层地下水多目标生态管控阈值与调蓄技术，浅层地下水对河流（湖泊）生态流量（水位）过程影响，浅层地下水对地表生态系统生产力作用等课题，选取了蒙城灌区、怀洪新河水资源调控区、涡河生态管控区、骆马湖生态保护区开展了工程实践。

本书是淮河平原区地下水高效利用及对地表生态作用的水文、水资源科学基础和应用研究方面的专著，可供广大水文、水资源科技工作者在实际工作中参考和借鉴。

金菊良

2018年6月

前　言

淮河平原区处于我国南北气候过渡带，是我国重要的化工基地、能源基地、新型制造业基地和主要粮食产区。受季风气候和平缓下垫面的叠加作用，涝渍灾害一直是本区域农业生产的首要威胁。淮河平原土壤多为沉积和洪积形成的，透水/透气性强、储水性好，浅层地下水埋深随区域位置不同有所差异，多年平均埋深一般为 1～4 m。淮河平原区浅层地下水上承降水补给，向下越流补给中深层地下水，向上补给土壤包气带，以供地表植被腾发和土壤蒸发，侧向补给河湖、库塘和洼地。淮河平原区浅层地下水一方面是陆面水循环的重要环节；另一方面在保障粮食安全、维护淮河平原区特有的生态系统方面起着无可替代的作用，它是稳定可靠的供水水源，同时还承担着防止区域海水入侵的重任。因此，研究浅层地下水动态分布演变规律、浅层地下水对地表生态的作用机理，创新区域浅层地下水调蓄管控模式，已成为淮河平原区水利农业的关键任务。

淮河平原区旱涝灾害防治与水资源调控总体经历了四个阶段。在 20 世纪五六十年代，淮河流域（以下简称“流域”）水利工程十分薄弱，农业生产呈“大雨大灾、小雨小灾、无雨旱灾”的状态，治淮工作在“蓄泄兼筹”方针指引下，主要是在上游山区建水库和大江、大河防洪。在此阶段，面上农水工程尚未开展，地表生态呈天然状态，地下水埋藏浅，农田易积水涝渍。在 1960 年代到 1980 年代，流域全面开展了面上农田基本建设，沟、渠、田、林、路配套，区域涝渍灾害问题得到缓解，“人民公社化”运动也促进了沿河中、小泵站的建设与使用，地表生态环境呈好转态势，地下水水位有所降低，但灌溉利用较少。自 1980 年代至 2000 年，一方面国家和地方加大了水利工程续建配套，江河与城市防洪标准普遍提高，部分区域浅层地下水排泄被加快；另一方面，由于包产到户，众多河灌泵站与家庭小面积灌溉模式脱节，河灌泵站及配套渠系因长期闲置而毁坏严重，同时，“小口井＋小白龙”

成本较低且使用方便，适应了家庭联产责任承包制的农业生产形式，在淮河平原区井灌遍地开花，部分区域浅层地下水开采达到极限，浅层地下水水位普遍持续下降，加之“三生”(生活、生产、生态)之间的竞争性用水和煤炭开采对地下水的扰动，使得干旱季节和干旱年份农业灌溉缺水问题凸显。地下水水位下降又使得地下水对地表生态的支撑作用减弱，生态系统因需水得不到供给，退化较为严重。2000 年后，各地开展了“地下水安全开采”“沟网蓄水”“地表、地下水联合调控”等一系列研究与实验，平原区农田的涝渍灾害防治由“涝渍强排”逐渐向“排蓄结合”的模式转变；同时通过大河、大沟坝控、闸控拦蓄地表水返补地下水，制定地下水开采深度红线等措施，增强了地下水的可恢复性，一定程度上改善了地表生态环境。

本书紧密围绕淮河平原区旱涝灾害防治与水资源调控第三阶段存在的问题和第四阶段的治理实践需求，基于连续 60 余年不间断的水文观测、多情景组合实验和工程实践工作，结合大量淮河平原区涝渍演变规律及灾害治理、地表水—土壤水—地下水立体调蓄、节水灌溉技术与制度优化等方面的研究，在水利部公益性科研项目“淮北平原浅层地下水高效利用与调控关键技术研究”、淮河流域重大水利科研计划项目“淮河流域旱涝综合治理关键技术研究”、水利部公益性科研项目“淮北地区地下水安全开采量研究”和世界银行贷款项目“安徽省利用世界银行贷款加强灌溉农业综合研究”等支撑下，重点针对“浅层地下水时空如何演变”“对地表生态系统的作用机理”“如何调蓄”“如何防止淮北变华北”等几个关键科学问题开展理论与技术研究。

本书是由安徽省·水利部淮河水利委员会水利科学研究院(简称安徽省·淮委水科院)牵头，联合南京水利科学研究院、江苏省水文水资源勘测局、淮河流域水资源保护局淮河水资源保护科学研究所和安徽农业大学等单位合作完成的。王发信负责全书的大纲拟订与统稿；全书主要由王发信、朱梅、杨智、方瑞等负责编写，其中，王发信、尚新红编写第 1、2 章，朱梅、钱晓暄编写第 3、4 章，杨智、陈小凤编写第 5、6 章，周婷、刘森、赵家祥编写第 7、8 章，许一、刘猛、时召军编写第 9、10 章；安徽农业大学李雪凌、张天彤、雷鸣、朱玲玲等参与了资料整理、分析及文稿编排等工作。

本书得到水利部淮河水利委员会、安徽省水利厅、江苏省水利厅、淮河流域水资源保护局以及固镇县水利局、蒙城县水利局的大力配合和支持；在野外调研中，淮北平原以及苏北平原、苏中平原等地区的十多个县（市）水利局给予了大力协助，在此表示诚挚的谢意！

由于作者水平有限，书中疏漏或不足之处在所难免，敬请广大读者批评指正。

读者如需详细地图资料，请联系作者（648498832@qq.com）索取。

作　者

2018年6月

目　　录

第1章 绪　论

1.1 研究背景

淮河平原区处于我国南北气候过渡地带，是我国主要粮食产区。淮河平原农田防灾分为四个阶段：20世纪五六十年代，呈“大雨大灾、小雨小灾、无雨旱灾”状态，治淮原则为“蓄泄兼筹”，山区建水库拦蓄和大江、大河防洪，地表生态呈天然状态，地下水埋藏浅，农田易涝渍；1960年代到1980年代，主要特征是大兴水利，排水加快，小泵站众多，地表水担当灌溉“主角”，地下水水位有所降低但灌溉利用较少，地表生态环境呈改善态势；1980年代到2000年，主要特征是续建配套、防洪标准提高、地下水下泄加快，由于包产到户，普遍出现家庭小面积灌溉、泵站及渠系毁坏严重、井灌遍地开花、地下水水位下降严重、干旱突显，随着气候变化背景下淮河流域旱涝交替事件的频繁发生和区域竞争性用水态势的加剧，地表生态系统退化较为严重；2000年后，各地重视拦蓄，从“三沟两田”变为“三沟两田双控”，生态问题引起重视，地下水得到恢复。本研究正是围绕第三阶段和第四阶段所发生的问题展开研究的。

淮河平原区地表生态系统在“地球上生态系统按生产力划分等级表”中，处于“较低等级第一亚区”，生产力水平在11～8 t/(hm^2·a)，而华北平原处在“较低等级第二亚区”，生产力水平在8～6 t/(hm^2·a)。淮河平原区之所以没有成为另一个华北平原，浅层地下水埋深浅是个重要的支撑因素。因此，研究浅层地下水动态分布演变规律、浅层地下水对水生态与地表生态的作用，创新区域浅层地下水水资源调控与地表生态维护模式，已成为淮河平原区水利农业的关键任务。

本书紧密围绕淮河平原区旱涝灾害防治与水资源调控存在问题和治理实践需求，基于连续60余年不间断的水文观测、多情景组合实验和工程实践工作，结合大量淮河平原区涝渍演变规律及灾害治理、地表水—土壤水—地下水立体调蓄、节水灌溉技术与制度优化等方面的研究，重点针对“浅层地下水时空如何演变”“对地表生态系统的作用机理”“如何调蓄”“如何防止淮北变华北”等关键科学问题开展理论与技术研究。

1.2 研究目标与研究内容

1.2.1 研究目标

1. 总体目标

本书研究的总体目标为：面向淮河平原区，系统研究浅层地下水补排关系、演变与区域分布规律，揭示地下水对地表生态系统的作用机理，创新浅层地下水排蓄调控模式，构建浅层地下水多目标生态管控阈值与调蓄技术体系，以期达到防止“淮北变华北”、科学开发利用浅层地下水、维持浅层地下水的合理埋深水平、扼制淮河平原区地表生态环境趋势性衰退等多重目标。通过长序列工程实验研究，揭示了淮河平原坡水区水文循环与演变机理，明确了浅层地下水对河流最小生态流量、地表生态作用机理，发现了淮北平原区地表生态“三带”和浅层地下水埋深的响应关系，构建了淮河平原区奥德姆生态趋势管控线，确定了淮河平原区浅层地下水多目标生态管控阈值，并选取蒙城灌区、怀洪新河水资源调控区、涡河生态管控区、骆马湖生态保护区等典型区开展浅层地下水调控工程实践。培养了具有创新能力的、高水平的研究队伍，提升了气候变化背景下我国农田水利系统应对旱涝灾害风险和维护地表生态健康的能力。

2. 对国家重大需求的贡献

基于30多年野外原型实验、动态模拟及工程实践，我们确定了淮河平原区地表生态系统“排泄、适宜、蓄补、警戒”的多目标地下水埋深管控阈值体系，创新了农田沟网排蓄系统大沟、中沟、小沟、田头沟、深墒沟、大沟中段坝与沟口闸相结合的“三沟两田双控”模式、标准及平面布局，构建了淮河平原区浅层地下水多主体多目标调蓄形式；通过对淮河平原区浅层地下水演变对地表生态作用机理的研究，构建了淮河平原区奥德姆生态管控趋势线。充分融合地下水动力学、水文循环转化模拟、生态管控、地表生态多过程模拟、工程实践等多种理论和技术，形成了完备的实用技术体系，为浅层地下水高效利用、排蓄均衡、地表生态环境健康、区域防汛抗旱、防灾减灾、保障农业生产安全提供了关键技术支撑。

3. 理论方法和技术实践的科学价值

在机理机制层面，我们创立了“坡水区水文模拟模型”，在模型中首次运用“区域小沟沟底埋深 Z_1”“墒沟沟底埋深 Z_2”，准确刻画了人类活动对坡水区产汇流的影响，从而准确揭示了淮北坡水区水文循环转化机理；在淮河平原区首度从水文学角度研究了浅层地下水对地表生态的影响机理；构建了“降水—地下水埋深”双要素奥德姆生态管控趋势线，确立了从健康—退化—荒漠化的生态管控地下水埋深阈值，丰富了我国南北气候过渡带地表生态理论研究体系及管控实践。

在应用基础层面，在河—湖—田系统平衡涝渍水“排—蓄”关系、应对旱涝灾害及生态退化方面取得重要进展；在学科发展层面，促进了水文学、水文地质学、生态学、数理统计等学科交叉和融合，发展了淮河平原区河—湖—田地下水系统综合调控、防灾减灾、生态保护相关学科基础理论与方法。

1.2.2 研究内容

为解决关键科学问题，本书开展了以下5项研究内容：

1. 淮河平原区浅层地下水分布演变规律研究

基于淮北、苏中、苏北长序列414眼浅层地下水井的地下水埋深监测数据，揭示了淮河平原典型区浅层地下水演变与区域分布规律，纠正了关于淮河平原区“不宜开采”或“可加大开采”的模糊认识，为淮河平原区浅层地下水资源分区域地下水的高效利用提供了大数据支撑。

2. 淮北坡水区水文循环模拟模型研究

本书结合室内实验和原型观测，考虑到区域排水工程对水文循环的影响，建立了涵盖降水补给、潜水蒸发、地表径流、灌溉、作物需水、农田排水等多水文要素转化的淮北坡水区水文循环模拟模型。在模型中设置了Z_1，Z_2两道径流门槛参数，其中Z_1为小沟沟底埋深，Z_2为田墒沟沟底埋深，首次将受田间排水工程作用下的地下水埋深要素引入水文模型，确定了具有明确物理意义、可信度高的模型参数，提高了模型模拟流域出流的精度，量化了区域水利工程的排水效果，体现了淮北坡水区水文循环转化特质。

3. 淮河平原区浅层地下水埋深多目标生态管控阈值研究

本书探寻典型农作物(小麦、玉米和大豆等)生长与降水、土壤水以及浅层地下水之间的关系，构建了作物生长“排泄—适宜—蓄补—警戒”的多目标地下水埋深生态管控指标体系，提出了作物防渍埋深、作物生长适宜地下水埋深、旱涝均衡治理埋深、作物对地下水利用极限埋深和地下水安全开采埋深等埋深管控阈值，为地下水多目标生态管控提供了定量可靠的技术支撑。

4. 淮河平原区浅层地下水对地表生态作用机理研究

本书系统研究了淮河平原区浅层地下水与地表水补排响应关系，浅层地下水对河道生态流量的支撑作用，确立了淮北平原基于浅层地下水埋深的3个地表生态分布带状系统：“纯旱作物种植带”“过渡区域种植带”“亚湿地区域种植带”。基于生态系统生产力识别，通过典型区域——怀洪新河流域地表生态系统综合研究以及上述3个带状地表生态分布系统奥德姆生产力测算，首次建立了降水—浅层地下水埋深双要素“淮河平原区奥德姆生态管控趋势线”。

5. 淮河平原区浅层地下水多目标生态调控与实践研究

结合淮河平原区代表性的“三沟两田双控”农田排水工程布局，以地表生态最佳和地下水高效利用为目标，以“地表—土壤—地下”为主要调蓄对象，基于沟网调蓄作用，建立淮河平原区浅层地下水资源:“沟—河”“坝—闸”调蓄模式。选取了蒙城灌区、怀洪新河水资源调控区、涡河生态管控区、骆马湖生态保护区，将上述理论及调蓄模式进行了实践应用，实现了“河—湖—田系统”“源头—过程—末端”“点—线—面”全过程调控。

1.3　技术路线

结合研究内容，本书按照“资料收集与实验观测—规律与机理识别—阈值确定—调蓄模式构建—工程布局与实践”的思路予以开展工作。总体技术方案具体如下:为解决关键科学问题，收集淮河平原区(淮北、苏中、苏北、里下河)地下水埋深、生态流量、水位资料、地表生态、土壤、植被、气象、水文、水利工程、社会经济、原型观测等资料数据;在五道沟实验区开展“三沟两田双控”农田除涝防渍水文观测实验、浅层地下水与作物生长关系实验;在淮北平原典型区域开展“沟—河”“坝—闸”多目标调蓄工程布局实验，研究河流多级闸坝调控下的生态调度;基于收集的资料和长序列实验数据，系统识别淮北平原水资源多要素及其时空演变规律，研发了淮北坡水区水文循环模拟模型;并基于浅层地下水对地表水循环及对生态系统作用机理进行初步识别，确定了浅层地下水埋深多目标生态管控阈值;依托分县区长系列主要农作物种植面积等实验数据，确立基于浅层地下水埋深的淮北平原 3 个带状地表生态分布系统，通过典型区域生态基础要素识别，首次建立了降水与浅层地下水埋深双要素的“淮河平原区奥德姆生态管控趋势线”;分析“三沟两田双控”排蓄水工程水文效应，给出“沟—河”“坝—闸”地下水多目标工程调蓄模式;明确了浅层地下水在淮河平原区地表生态系统中的关键作用，进而为淮河平原区浅层地下水科学保护、合理开发、高效利用等提供关键支撑。项目技术路线图见图 1-1。

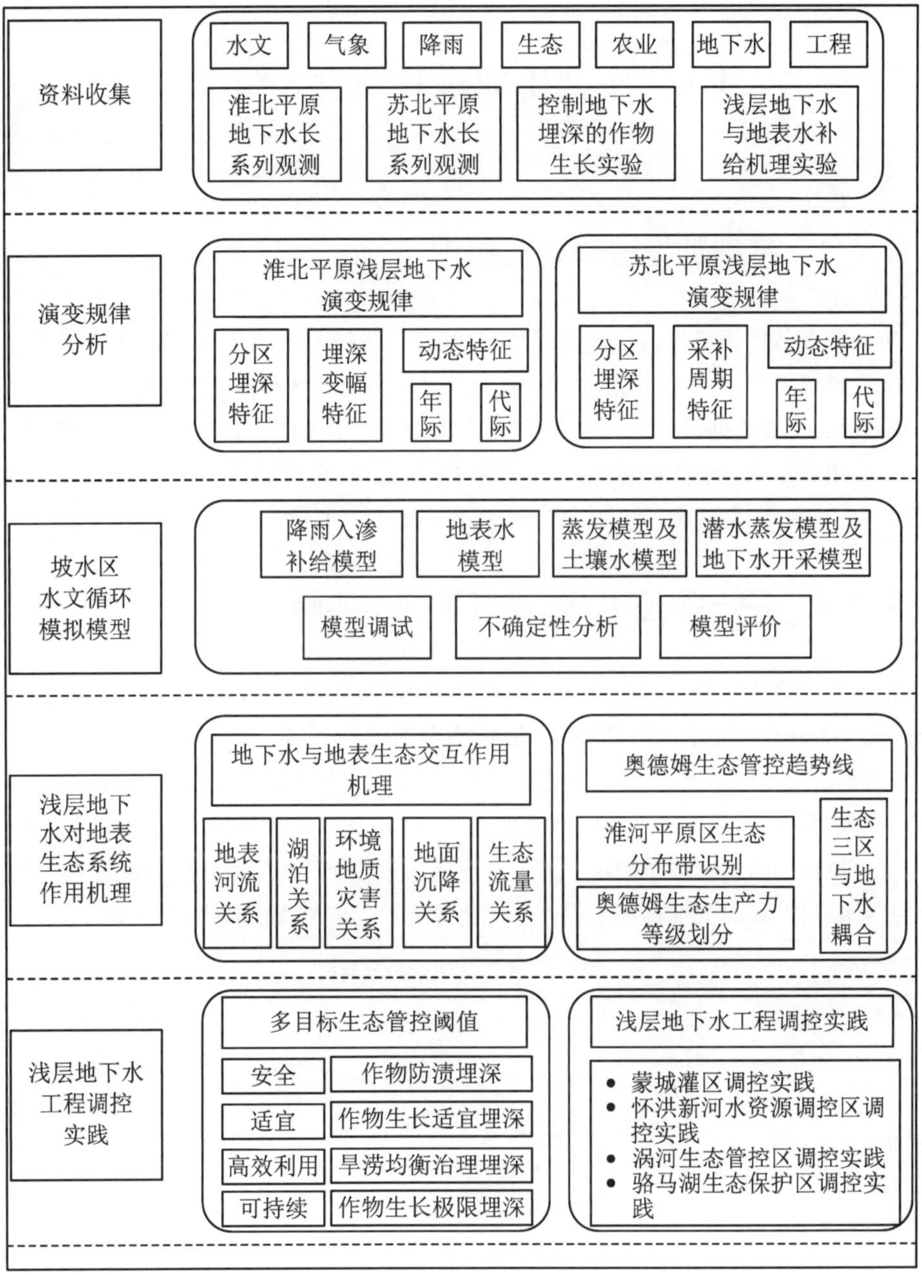

资料收集	水文；气象；降雨；生态；农业；地下水；工程 淮北平原地下水长系列观测；苏北平原地下水长系列观测；控制地下水埋深的作物生长实验；浅层地下水与地表水补给机理实验
演变规律分析	淮北平原浅层地下水演变规律：分区埋深特征；埋深变幅特征；动态特征（年际、代际） 苏北平原浅层地下水演变规律：分区埋深特征；采补周期特征；动态特征（年际、代际）
坡水区水文循环模拟模型	降雨入渗补给模型；地表水模型；蒸发模型及土壤水模型；潜水蒸发模型及地下水开采模型 模型调试；不确定性分析；模型评价
浅层地下水对地表生态系统作用机理	地下水与地表生态交互作用机理：地表河流关系；湖泊关系；环境地质灾害关系；地面沉降关系；生态流量关系 奥德姆生态管控趋势线：淮河平原区生态分布带识别；奥德姆生态生产力等级划分；生态三区与地下水耦合
浅层地下水工程调控实践	多目标生态管控阈值：安全—作物防渍埋深；适宜—作物生长适宜埋深；高效利用—旱涝均衡治理埋深；可持续—作物生长极限埋深 浅层地下水工程调控实践： • 蒙城灌区调控实践 • 怀洪新河水资源调控区调控实践 • 涡河生态管控区调控实践 • 骆马湖生态保护区调控实践

图1-1　项目技术路线图

1.4 主要研究过程及投入情况

1.4.1 基础数据资料收集整理

本研究在各承担单位已有基础资料的基础上，通过系统整合和补充收集，形成了课题基础资料集，内容主要包括淮北、苏中、苏北及里下河地区基本地形数据、土壤数据、土地利用数据、植被数据、气象数据、水文数据、地下水观测数据、生态调查数据、水利工程及人工取用水数据、遥感数据、相关规划数据等，新增了 67.8 万条第一手的原始观测数据。

1.4.2 多站点、多尺度、多区域科学实验

依托淮北坡水实验区、蒙城灌区、怀洪新河水资源调控区、涡河生态管控区、骆马湖生态保护区，开展了降水入渗、地表径流、潜水蒸发、地下水动态及演变、生态系统生产力观测、土壤墒情—作物生长、涝渍灾害影响机理、农田涝渍水排蓄实验等方面的长序列观测和科学实验研究，为淮河平原区地表生态—土壤—地下水多情景组合条件下的地下水生态管控调蓄阈值指标体系制定、“河—湖—田”浅层地下水多目标生态调控模式选择、“三沟两田双控”农田沟渠排水工程体系优化等方面的成果提供数据支撑(表 1-1)。

表 1-1 长序列科学实验列表

实验区	实验任务	主要成果
淮北坡水实验区 蒙城灌区 怀洪新河水资源调控区 涡河生态管控区 骆马湖生态保护区	• 有/无作物潜水蒸散发实验 • 坡水区水循环全要素观测 • 土壤水分运移实验 • 作物生长需水实验 • 灌溉排水实验 • 土壤墒情监测 • 生态系统生产力观测 • 河流多闸坝生态调控实验	• 潜水蒸散发机理和规律 • 降水入渗和土壤水分运移规律 • 坡水区水循环全要素 • 农作物生长与大气降水、土壤水、地下水关系 • 农田节水灌溉和排涝技术 • 土壤墒情预报 • 生态系统生产力观测数据 • 多闸坝生态调控技术

1.4.3 数学模型与工程标准体系

本书介绍了淮北坡水区水文循环模拟模型这一研究成果，结合“淮河”生态流量法计算模型，构建了淮河平原区奥德姆生态管控体系、“三沟两田双控”农田排蓄工程体系，其中部分模型是在已有模型上改进而成的，形成了较为完整的数学模型与工程标准体系，如表1-2所示。

1.4.4 支撑平台投入情况

研究中开展了大量的野外实验、工程控制实验、数值模型实验等，课题承担单位和合作单位投入了大量实验设备和人员，依托安徽省水利水资源重点实验室、淮委防汛水情信息平台、江苏省水利水资源重点实验室等支撑平台开展研究(表1-3)。

表1-2 研发和使用的主要数学模型

模型类型	模型名称	主要功能	应用区域
淮北坡水区水循环模拟	坡水区水文模型	计算坡水区蒸发、下渗、径流量	淮北平原
生态管控模型	淮河平原区奥德姆生态管控趋势线	确定地表生态带变化和浅层地下水埋深响应阈值	淮河平原区
工程参数计算	平原区排涝水文计算模型	计算排涝模数	淮北平原农业区
排蓄工程标准	“三沟两田双控”农田排蓄工程体系	优化农田地表生态环境与地下水高效利用配置方案	淮北平原农业区
生态基流计算	“淮河”生态流量法	河流最小生态流量估算	涡河

表1-3 支撑平台汇总表

序号	支撑平台名称	主要工作内容	支撑作用
1	安徽省水利水资源重点实验室 (五道沟水文水资源实验站和新马桥农水综合实验站)	开展“四水”转化实验、作物生长实验、农田排水实验、农业节水灌溉实验	为明晰不同地下水—土壤—作物组合情景下的潜水蒸发规律、确定作物生长的适宜土壤水和地下水控制阈值提供支撑
2	淮河流域水信息系统平台	流域水资源调控工程参数、运行数据及流域水文地理基本资料	为淮北平原及苏北平原水资源演变态势分析提供支撑

续表

序号	支撑平台名称	主要工作内容	支撑作用
3	安徽省水文局杨楼水文站	开展黄潮土区降水入渗实验、径流实验、土壤水分运移实验	为明晰黄潮土区水循环各要素时空尺度演变规律提供支撑
4	阜阳市水利局、亳州市水务局、宿州市水利局	开展土壤墒情监测预报	为优化土壤墒情测报模型提供支撑
5	固镇县水利局、蒙城县水务局	开展农田水资源立体调蓄工程实践	为确定水资源立体调蓄工程参数和模式、检验工程效果提供支撑
6	江苏省水利水资源重点实验室	苏北平原水资源演变态势分析、骆马湖水资源保护区地表水及地下水基础数据	为苏北平原水资源演变态势分析及骆马湖水资源补给调控提供支撑

第2章　研究区域概况

2.1　淮河流域概述

淮河流域地处我国腹地，介于长江和黄河两大流域之间，位于东经111°55′～120°45′、北纬31°～36°；西起桐柏山和伏牛山，东临黄海，南与大别山和皖山余脉、通扬运河及如皋运河南堤与长江流域毗邻，北以黄河南堤和大汶河流域沂蒙山脉与黄河流域分界；东西长约700 km，南北平均宽约400 km，总面积约27万km^2。跨河南、安徽、江苏、山东及湖北5省36市(地)180个县(市)；现有耕地近1 219.2万hm^2，人口1.5亿人(1991年统计资料)，耕地和人口均约占全国的1/8。流域内资源丰富，交通发达，是我国重要的农业区和能源基地之一。

淮河流域处于我国南北气候过渡带，降水时空分布不均，差异较大，南部与北部年平均雨量相差400～500 mm；多雨年与少雨年的年降水量相差5倍；冬季干旱少雨，汛期降雨集中，暴雨持续时间长。复杂的气候因素造成本流域易洪、易涝、易旱。历史上黄河曾多次侵淮，持续时间最长的一次为1194～1855年，黄河泥沙淤积了干支流河道，改变了地形地貌，堵塞了入海口，从而加重了淮河流域的洪涝灾害，这决定了本地区的防洪任务是长期的、艰巨的和复杂的。

2.1.1　地形地貌

淮河流域地形大体为由西北向东南倾斜，除西部、南部、东北部为山区丘陵外，其余为广阔的大平原，是黄淮海平原的一部分。山丘区面积约占流域总面积的1/3，平原河湖洼地面积约占流域总面积的2/3。根据流域地表形态及其分布，可将淮河流域地形地貌划分为5种类型(表2-1)。

表2-1　淮河流域各类地形及面积

地形类型	山区	丘陵	平原	洼地	河湖	总计
面积(万km^2)	3.82	4.81	14.77	2.60	1.00	27.00
比例	14%	17%	56%	9.5%	3.5%	100%

1. 豫西山丘区

豫西山丘区包括京广铁路以西的嵩山、伏牛山、桐柏山及其丘陵区，面积约为2.8万km^2。嵩山主峰太室山海拔1 440 m。伏牛山海拔2 153 m，是淮河流域最高山峰，属于秦岭东段，西北东南走向，西北接熊耳山，东南接桐柏山。桐柏山是淮河主干发源地，属淮阳山脉西段，西北东南走向，主峰太白顶，海拔1 140 m。这一地区为淮河上游和洪汝河、沙颍河两大支流洪水的主要发源地，由于地势高、河道深，水灾一般不重；但在雨季，特别是遇到特大暴雨，也常出现洪水灾害。北部贾鲁河上游，由厚度不同的黄土覆盖，水源奇缺。

2. 淮南山丘区

淮南山丘区包括淮河以南的大别山及其丘陵区，西接桐柏山，东连淠河以西的江淮丘陵，面积约2.8万km^2。此区为一东西狭长地区，东西长250 km，南北宽约100 km。大别山位于鄂、豫、皖三省边境，山势为西北东南走向，海拔一般在1 000 m左右，主峰白马尖海拔1 774 m。本地区是淮南各主要支流发源地，区内气候温和、雨量充沛、降水集中，即有利于林木和水稻的生长，又经常有山洪暴发，各支流两侧及沿淮洼地常有不同程度的洪涝灾害。

3. 淮南丘陵区

淮南丘陵区即淠河以东、入江水道以西、淮河干流以南的丘陵区。东西长280 km，南北宽70 km，面积约为1.9万km^2。本区域内每遇旱年或枯水季节，皆深感水资源不足，而本区域北部沿淮多为湖泊洼地，极易遭受水灾。

4. 淮河上游淮北平原区

淮河上游淮北平原区包括淮河以北、京广铁路以东以及颍河、贾鲁河、洪汝河、沙颍河的下游地区，面积约2.8万km^2，地形由西北向东南倾斜。本区北部为黄泛区，周口和上蔡以东地势低洼，河道平缓，排水不畅，每遇较大降雨或来水，就会造成洪涝灾害。

5. 淮河中游淮北平原区

淮河中游淮北平原区包括淮河以北、颍河以东、黄河故道以南地区，面积约6.1万km^2，地形由西北向东南倾斜。这个地区历史上曾长期遭受黄河洪水泛滥，河道排水系统受到严重破坏，水流不畅，属于平原易涝地区。南部沿淮约有1万km^2的面积地势低洼，是淮河洪水的泛滥范围，是淮北大堤重点保护区。

6. 淮河下游苏北平原区

淮河下游苏北平原区包括洪泽湖及入江水道以东、黄河故道以南、通扬运河以北地区，面积约为2.6万km^2。本区雨水大都直接东流入海。地面高程通常在2～4 m，以兴化县最低。本区天然排水不畅，并受淮河洪水和黄海潮水的严重威胁。

7. 沂沭泗流域地区

沂沭泗流域地区包括黄河故道以北的全部沂沭泗流域，面积为8万km^2，其中平原区占50%、山丘区占31%、湖泊占19%；平原区主要是南四湖湖西及新沂河两岸；山丘区主要是沂蒙山区。沂山又称东泰山，位于山东省中部，周长百余公里，主峰玉皇顶海拔1 032 m。蒙山在山东省蒙阴县以南，主峰龟蒙顶，海拔1 155 m，其余山峰有著名的72崮。湖泊主要是南四湖和骆马湖。

2.1.2　水文气象

1. 气候

淮河是我国北方的一条自然分界线，淮河以北属暖温带区，淮河以南属北亚热带区，历史上曾有“桔生淮南则为桔，生于淮北则为枳”的说法。这一地区的气候特点是：冬春干旱少雨，夏秋闷热多雨，冷暖和旱涝的转变往往交替出现。

本地区年平均气温在11～16 ℃，由北向南，由沿海向内陆递增，最高月平均气温在25 ℃左右，出现在7月份；极端最高气温可达40 ℃以上；最低月平均气温在0 ℃左右，出现在1月份；极端最低气温可达－20 ℃左右；无霜期在200天以上，适合水稻、小麦、棉花等作物生长。

本地区年平均相对湿度为65%～80%，由南向北递减，夏天相对湿度最大，淮河下游在80%以上，上中游次之，沂沭泗水系湿度最小。

本地区风向随季节变化非常明显，冬半年盛行偏北风，夏半年盛行偏南风，春秋风向多变；年平均风速淮河上游为2～2.5 m/s，中游及沂沭泗为2.5～3 m/s，下游为3.0 m/s；风速年内变化不大。江苏和山东沿海地区，常受台风影响，最大风力达10～12级。

2. 降雨

淮河流域降雨主要是受夏季季风影响，多集中在汛期，涡切变雨、台风雨最多。在300 mm量级以上大暴雨的天气系统中，涡切变雨占54%，台风雨占21%，而500 mm以上的大暴雨则绝大部分由台风形成。涡切变雨主要发生在6～7月，是淮河流域梅雨期的主要系统，一般多发生在流域西部和中部。该系统强度不一定特大，但持续时间长，雨区范围广，总雨量大，易造成全流域性的洪水灾害，如1931年、1954年型洪水就属于这种类型。台风雨主要发生在8月，这类暴雨的范围相对较小，历时也较短，但强度较大，易造成局部地区特大洪涝灾害，如“75・8”特大暴雨，就是因3号台风深入洪汝河、沙颍河上游的浅山丘陵地带，造成暴雨中心林庄24小时雨量达1 060 mm。这一降水量为我国目前台湾省以外的24小时雨量的最大实测值。淮河流域降雨有以下几个特征：

（1）年内分配很不均匀

呈明显的季节性丰枯变化，最大月与最小月相差悬殊。经常出现冬春旱、夏秋涝的情况。春(3～5月)、夏(6～8月)、秋(9～11月)、冬(12～2月)降水量分别为190 mm、490 mm、165 mm和66 mm。本流域的汛期为5月15日～9月30日，由于盛行的季风输入大量暖湿空气，因此汛期降水量平均可达578 mm，占全年降水量的63%。其中尤以7月份降雨最多，平均可达220 mm，分别占全年和汛期的24%和38%。1月、12月为全年降水量最少月份，多年平均分别为20 mm和19 mm。

（2）年际变化较大

中华人民共和国成立以来，1954年、1956年的年降水量为两个峰值，分别为1 185 mm和1 181 mm，以1966年、1978年的降水量为两个极小值，分别为578 mm和600 mm，为多年平均值的63%和66%。汛期降水量的多年变化更大，以1956年最大(838 mm)，超过同期最小年(1966年)的2倍。

（3）地区间的分布不均匀

降雨分布总的趋势是南部大，北部小；山区大，平原小；沿海大，内陆小。淮河以南年降水量一般在900 mm以上，淮河以北小于900 mm。淮南大别山区淠河上游年降水量一般最大，可超过1 500 mm，而西北部与黄河相邻地区则不到650 mm。东北部的沂蒙山区虽处于本流域纬度最高处，但由于地形及邻海缘故，年降水量也有850～900 mm。

根据全流域1953～1980年的240多个站点30年的资料统计，淮河流域多年平均降水量为911 mm。多年平均降水量最大的是安徽省田畈，为1 568.6 mm；最小的是河南省中牟，为610.0 mm。历史年降水量最大纪录是1954年安徽省前畈，为3 076.7 mm(该站最小降水量是1978年，为991.6 mm)；年降水量最小的是1966年山东省三春集，仅为226.0 mm(该站最大降水量是1964年，为938.8 mm)。汛期降水量的分布，东部沿海地区、东北部沂蒙山及西南部和南部桐柏山、大别山区平均在600 mm以上，大别山个别地区可达800 mm；而河南省豫东平原区雨量最小，仅450 mm左右。汛期多年平均降水量也以安徽省前畈最大，为852.6 mm；以河南省登封最小，为404.4 mm。历年中，1954年前畈汛期降水量达2 014.5 mm(其中7月份为1 259.6 mm)，汛期降水量最小的是1966年安徽省润河集，仅为61.2 mm(该站1954年同期为1 184.7 mm)。非汛期3～5月的平均降水量自南向北由400 mm递减至100 mm，没有明显的高、低值中心区。

本流域淮河水系多年平均年降水量为942 mm，以1954年、1956年为峰值，分别为1 320 mm和1 280 mm；1966年为最小，仅585 mm。汛期多年平均降水量为572 mm，以1956年、1954年为峰值，分别为888 mm和803 mm，1954年7月降水量为830 mm；1954年7月降水量为529 mm，为历年同期最大。沂沭泗水系多年平均年降水量为830 mm，以1964年、1974年为峰值，分别为1 098 mm和1 039 mm，以1966年为最小，为350 mm；1957年7月降水量为523 mm，为历年同期最大。

3. 径流

淮河流域多年平均年径流深约为231 mm，其中淮河水系为238 mm，沂沭泗水系为215 mm。山区河道坡降大，地面覆盖层薄，降雨比平原地区充沛，径流深一般大于平均值。淮河下游河网地区则因地下水埋深浅，降雨多，径流深要大于淮北平原区。淮南山丘区年径流深最大，约为390 mm；沂蒙山丘区为350 mm左右；伏牛山区不到230 mm。江苏里下河地区径流深约为249 mm；淮北平原仅为170 mm左右；南四湖湖西地区最小，不到100 mm。

淮河水系干流的王家坝、鲁台子、蚌埠站多年平均实测年来水量分别为94亿m^3、227亿m^3和276亿m^3，洪泽湖以上来水量约为330亿m^3。径流量年际变化较大，1956年、1954年为峰值年份，淮河干流各站的来水量为多年平均值的2～2.5倍。1966年为最枯年，淮河干流各站的来水量为多年平均值的20%～30%，而该年洪泽湖的来水量为32亿m^3，比1966年还少约20亿m^3。

沂沭泗水系的沂河临沂站实测径流量以1957年、1963年为峰值，分别为61.2亿m^3和62.1亿m^3，约为多年平均值的2.5倍。1968年来水量仅为5.5亿m^3，为历年最小；南四湖1964年实测来水量近110亿m^3，为中华人民共和国成立以来最大，以1952年、1968年为极小值，均不到10亿m^3；骆马湖入湖水量1963年达188亿m^3，为新中国成立以来最大，1957年为150亿m^3，1968年入湖水量仅15.3亿m^3，约为多年平均值的22%。

本区径流的年内分配也很不均匀，主要集中在汛期。淮河干流各控制站汛期实测来水量占全年的60%左右，沂沭泗水系各支流汛期水量所占比重更大，为全年的70%～80%。

4. 蒸发

(1) 水面蒸发

本地区水面蒸发量总趋势是自南向北、自东向西递增。南部大别山、桐柏山区蒸发量小于900 mm，为最低区。沿淮洼地、豫东平原、淮河下游平原、南四湖湖西平原、沂沭泗下游平原蒸发量为900～1 100 mm。北部沿黄河一带、沂蒙山南坡蒸发量为1 100～1 200 mm。

本地区年内水面蒸发量夏季(6～8月)蒸发量最大，占年总量的40%左右；春季(3～5月)次之，占30%左右；秋季(9～11月)占20%左右；冬季(12月～次年2月)蒸发量最小，占10%左右。在地区分布上，冬、春两季蒸发量自南向北递增，而夏、秋两季相反，南部大于北部。

本地区最大月蒸发量，大部分在6月份，而江苏里下河与沿海地区大多数为8月份。最大月蒸发量与年总量的比值一般为15%左右，呈现出南大北小，内地略大于沿海的规律。本地区最小月蒸发量出现在1月和12月，最小月蒸发量与年蒸发量的比值一般为2%左右，江苏省里下河地区略高，变化规律为南部和东部分别小于北部和西部。

(2) 陆地蒸发

本地区年陆地蒸发量在500～800 mm之间，总体趋势为南部大于北部，平原大于山区，相同纬度下东部大于西部。流域西南部的桐柏山区的年陆地蒸发量大于700 mm；淮南丘陵、豫东、淮北平原、南四湖湖西平原及沂沭泗下游平原等大片地区的年陆地蒸发量为600～700 mm；大别山区、伏牛山区和沂蒙山区的年陆地蒸发量仅为500～550 mm；江苏省大丰、海安等滨海平原区，陆地蒸发量达800 mm，为本流域的高值区。

5. 洪涝灾害

淮河流域受地理和黄河夺淮的影响，洪涝灾害频繁。1194年以前和1855年以后，洪涝灾害主要是由淮河本水系造成；1194～1855年间，洪涝灾害主要是由黄河洪水造成的。

据史料记载，从公元前185年至公元1194年的1379年间，共发生较大洪涝灾害175次，平均接近8年1次。其中受灾范围涉及3省或3省以上的有28年，几乎平均50年1次；受灾范围涉及2省的有46年，平均30年1次；受灾范围在1省以内的有101次。在这175次灾害中，由淮河本水系造成的洪涝灾害有119次，占68%；由黄河洪水造成的洪涝灾害有56次，占32%。

1194年以后，黄河长期夺淮。在1195～1278年的83年中，共发生较大洪涝灾害12次，平均7年1次，都是淮河水系本身的洪水。在1279～1367年的88年中，共发生较大洪涝灾害57次，平均1.5年1次，其中由黄河洪水造成的灾害共有40次，平均2年1次。在1368～1400年的32年中，共发生较大洪涝灾害57次，平均每年1.8次，其中由黄河洪水造成的灾害共有40次，平均每年1.3次。在这32年数据中由黄河洪水造成的灾害就已开始大量增加。在此之后的1400～1855年间，根据《淮系年表》记载，淮河流域(包括沂沭泗水系)共发生大洪水和特大洪水灾害45次，其中由淮河本水系造成的洪涝灾害有6次；由淮河本水系和黄河洪水共同造成的洪涝灾害有29次；由黄河洪水直接造成的洪涝灾害有10次。这说明这一时期的大洪水和特大洪水灾害主要以黄河洪水为主。

1855年黄河北徙以后，淮河流域洪涝灾害又以本水系为主。晚清时期(1856～1911年)发生较大洪涝灾害共有13次，其中由淮河本水系造成的洪涝灾害有1860年、1866年、1906年、1909年，由黄河向南决口造成的洪涝灾害有9次。之后的1912～1948年，黄河洪水造成淮河流域大洪涝灾害的有2次，一次是1935年，黄河在山东鄄城董庄决口；另一次是1938年，国民党当局在郑州花园口炸开黄河大堤，造成超过89万人死亡。在此期间，淮河本流域发生的洪水有7次，其中以1931年灾情最重，全流域淹没农田518.27万hm^2，受灾人口达2 000万人，死亡7.5万人。

中华人民共和国成立后，对淮河流域进行了大规模的治理，小雨小灾的状况得到了根本改变，但是大的洪涝灾害仍有发生。据统计，发生较大洪涝灾害的共有14年，1949年是沂沭河洪水灾害，全流域成灾面积为225万hm^2；1950年是淮河洪水灾害，全流域成灾面积为313万hm^2；1954年是淮河特大洪水，全流域成灾面积为415万hm^2，其中涝灾比洪灾严重；1957年是沂、沭、泗与沙颍河、涡河上游的洪涝灾害，其中南四湖、骆马湖地区为特大洪水，全流域成灾面积为363.53万hm^2；1962年、1963年、1964年、1965年4年主要为涝灾，受灾面积分别为271.93万hm^2、666.6万hm^2、368.80万hm^2和253.93万hm^2；1974年是沂、沭河洪水，其中沭河是特大洪水，由于当时治淮工程发挥了作用，山东、江苏两省成灾面积仅87.13万hm^2，全流域成灾面积为128.40万hm^2；1975年8月，洪汝河、沙颍河上游降特大暴雨，冲毁两座水库，造成2.6万人死亡；1979年是淮河水系洪涝灾害，全流域成灾面积为326.33万hm^2；1991年江淮大水，淮河流域又遭受了严重的洪涝损失，全流域受灾耕地551.67万hm^2，成灾面积为401.60万hm^2，受灾人口5 423万人，直接经济损失达340亿元。这些历史数据说明，淮河流域洪涝灾害十分频繁，治淮任务将是长期的、艰巨的。

2.2 淮河平原区概况

淮河流域及山东半岛平原区面积约21.5万km^2，约占流域总面积的65%，其中，淮河流域平原区面积约18万km^2，占流域总面积的67%，耕地面积约1666.667万hm^2。流域水资源短缺，人均水资源不足500 m^3/人，亩均水量约440 m^3，人口、水土资源分布不协调，平原区人口约占总人口的75%，耕地面积约占总耕地的79%，而山丘区水资源多于平原。本流域地处南北气候过渡带，降水年内集中，年际变化大，降水量分布地区不均，使水旱矛盾突出，水资源开发利用难度大。

2.2.1 淮北平原

淮北平原位于淮河流域中部，淮河平原区西南部，位于东经114°55′～118°10′，北纬32°25′～34°35′，东接江苏省，南临淮河，西与河南省毗邻，北与山东省接壤，含阜阳、宿州、淮北、淮南、蚌埠、亳州6个市27个县(市郊区)，全区总面积3.74万km^2，占全省总面积的26.8%；2000年底全区总耕地面积211.56万hm^2，占全省耕地面积的50%。其中旱地191.36万hm^2，水田20.2万hm^2；现有可灌溉面积56.73万hm^2，有效灌溉面积47.33万hm^2，节水灌溉面积18.67万hm^2，旱涝保收面积34万hm^2；全区总人口2 510万人，其中农业人口2 280万，人均耕地0.09 hm^2，农村劳动力1 148万人，人口密度为670人/km^2，人口自然增长率为0.7%。该区地势较为平坦，除了东北部的少数低山残丘外，基本上是海拔高度为20～40 m的广阔平原，属于黄淮海平原的一部分。淮北平原人均农业产值为全国平均水平的1.4倍，农业受旱现象普遍，仅安徽省淮北地区平均每年受旱面积就达到24万hm^2。

淮北平原属暖温带半湿润季风气候区，地处南北气候过渡带，四季分明，季风盛行，春夏季风从海洋吹向大陆，盛行东南风，气候温暖而湿润；秋冬季风从大陆吹向海洋，盛行西北风，气候寒冷而干燥。

淮北平原多年平均气温 13.5～14.9 ℃，自南向北递减，年际间变化不大。本区域多年平均日照时数 2 200～2 425 小时，全区平均 2 330 小时，积温 4 580～4 867 ℃，无霜期 195～217 天。全区平均地温 16～18 ℃，且年、月平均地温高于平均气温，多年平均风速 3.0 m/s。全年干热风天气在 20 天左右，多出现在 4～6 月份。多年平均相对湿度为 73%，由南向北逐渐减少，相对湿度年内变化的特点是一年中有明显的低点和高点，5～6 月份最小，平均 65%；7～8 月份最大，平均 80%。1980～2011 年多年平均蒸发量为 851.5 mm，多年平均干旱指数为 0.96。

淮北平原地势平坦，除了东北部的少数低山残丘外，基本上是海拔高度为 20～40 m的广阔平原，地下水水位较高，土壤类型较复杂，该地土壤类型主要有青黑土（砂姜黑土）、潮土（黄潮土）、潮棕壤土、水稻土。其中，砂姜黑土和黄潮土分别占 54%和 33%，为淮北平原的主要土壤类型。

砂姜黑土是以砂姜土、黑土、白淌土、黄土为主的亚黏土，广泛分布于河间位置，系古河流沉积而成，是淮北地区的古老耕种土壤，广泛分布于宿州、涡阳、泗县、临泉以南，沿淮岗地以北地区，面积约有 20 046 km^2，占本地区总面积的 54%。

黄潮土是以沙土、龄土、两合土为主的亚砂土，分布于淮北平原北部和主要河流的沿岸，系黄泛冲积而成，常见于亳州、萧县、杨山、界首全境和涡阳、濉溪、灵璧、泗县北部以及涡、颍、绘、西淝河沿岸，面积约有 12 607 km^2，占本地区总面积的 33%。黄潮土具强石灰性，其中小部分有盐碱化现象。

淮北平原工业有煤炭、电力、纺织、酿酒、轻工、建材、化工、冶金、机械、电子、医药等行业，大型工业不多。2000 年人均国内生产总值 2 500（人民币，合同），单位耕地面积创造的产值 10 000 元/hm^2，全部职工年平均工资收入 5 000 元，农民人均年纯收入 2 000 元。

淮北平原是安徽省重要的粮、油、棉、果、烟、麻产区，是我国重要商品粮生产基地之一，属旱粮农作区，农业以种植业为主，农作物为一年两作制，粮食作物主要有小麦、夏玉米、麦茬山芋和水稻，经济作物主要有油茶、大豆、棉花、芝麻、花生、烤烟、药材、生姜等，复种指数为 1.75～1.85，局部经济作物区达到 2.0。2000 年本区粮食年总产量 150.7 亿 kg，目前，本区现有的水土和光热资源尚未得到有效开发与利用，粮食、经济作物生产水平仍较低，农业生产潜力还很大。

2.2.2 苏北平原

苏北平原居江苏省淮河以北，位于华北平原南端，包含盐城、淮安两市北部、宿迁市以及徐州市东南部与连云港灌云、灌南县，总面积约 35 443 km^2。

苏北平原地处我国东部沿海的中央，位于秦岭—淮河一线以北，属于北方地区。气候上属于暖温带半湿润季风气候，年均气温 13.4 ℃，平均年降水量 1 000 mm，年日照时数 2 130～2 430 小时，水热资源充沛，四季分明，特别宜人。

苏北平原 2012 年总人口 3 933 万人，约占全省总人口的 49.6%；国内生产总值(GDP)17 173 亿元，约占全省国内生产总值(GDP)的 20.7%。

本区域已探明的油气田主要分布在金湖、高邮、溱潼 3 个凹陷带，另外在淮安市的洪泽湖北岸和东岸还有储量丰富的岩盐资源，探明储量有 33 亿 t。

流域内水陆交通发达。陇海铁路横贯北部，新长铁路贯穿南北；公路四通八达，高速公路发展迅速，G2 京沪高速、G15 沈海高速、G25 长深高速、G30 连鹤高速等国家级高速穿越区域腹地，另有多条省内高速沟通区内市、县，发达的水系、铁路与国道、省道、县道共同构成纵横交错的区内交通网络。连云港、滨海、大丰等海运港口均直达全国各沿海港口，并通往国外。内河水运南北方向，有年货运量居全国第二的京杭运河和连申线等高等级航道，还有苏北灌溉总渠、盐河等多条高等级航道；平原各支流及下游水网区水运均很发达。

工业以电力、食品、轻纺、医药等工业为主，近年来化工、化纤、电子、建材、机械制造等有很大的发展。

本流域气候、土地、水资源等条件较优越，适宜发展农业生产，是江苏省重要的粮、棉、油主产区之一。农作物分为夏、秋两季，夏季主要种植小麦、油菜等，秋季主要种植水稻、玉米、薯类、大豆、棉花、花生等作物。2012 年流域耕地面积 323.13 万 hm^2，约占全省耕地总面积的 64.5%；粮食产量 2 477 万 t，约占全省粮食总产量的 73.4%。随着城市化的发展，区域内耕地面积呈逐渐减少趋势。

2.3 地下水资源概况

本书主要是从地下水角度研究地表生态。浅层地下水是主要研究对象，这里主要从水资源评价方面研究地下水。

2.3.1 评价分区

淮河流域分为洪泽湖以上淮河中上游区、淮河下游平原区和沂沭泗区等 3 个二级区。为了满足水量供需平衡和流域规划等需要又分为 23 个三级区，其中淮河水系 16 个，沂沭泗水系 7 个。

为了方便计算总水资源，采用各省所确定的水资源评价面积为毛面积，在扣除湖库等水面面积后为计算面积，其中山丘区分为一般山丘区与岩庞山丘区，水质矿化度均小于 2 g/L;平原区按水质矿化度分为小于 2 g/L、2～5 g/L 和大于5 g/L 3种。计淮河流域毛面积为 269.283 km^2,内含湖库水面 5.267 km^2,本评价采用的计算面积为 264.016 km^2,其中山丘区 82.442 km^2,平原区 181.574 km^2(1981 年初步成果中,淮河流域计算面积为 257 385 km^2)。

2.3.2 水文地质参数的分析确定

本次计算的水文地质参数有:① 给水度;② 降雨入渗补给参数;③ 多年田间灌溉回归系数;④ 渠系补给地下水系数;⑤ 水稻田间渗透率;⑥ 河流侧渗(包括黄河侧渗);⑦ 坑塘湖库入渗补给地下水系数;⑧ 潜水蒸发系数;⑨ 可开采量系数。

2.3.3 补给量及排泄量

补给量及排泄量的计算分平原区与山丘区两部分。

平原区补给量分为:① 降雨入渗补给量;② 渠系渗漏补给量;③ 渠灌田间入渗补给量;④ 井灌田间回归补给量;⑤ 黄河侧渗补给量;⑥ 山前侧向补给量;⑦ 湖库闸坝蓄水补给量;⑧ 越流补给量;⑨ 总补给量等项。

平原区排泄量分为:① 潜水蒸发量;② 河流排泄量(即河川基流);③ 实际开采量等。

根据水量平衡原理,总补给量应等于总排泄量。

一般山区用总排泄量代替总补给量评价地下水资源,总排泄水量包括:① 河川基流量;② 山前侧向流出量;③ 浅层地下水实际开采净消耗量;④ 山丘泉水出露量。

岩溶山丘区总排泄量包括:① 山前侧内排出量;② 山前泉水出露量;③ 河川基流量。

2.3.4 平原区地下水资源总量与可开采量

对可开采量进行评价是对地下水资源进行调查与评价的目的。此次评价是指在某一个开采时期,能在最大限度地满足用水要求的同时,又不引起水质、水文、工程地质条件恶化并且技术允许、经济合理的开采水量,一般情况下,其值应小于总补给量。平原区的开采水量,在淮河流域取决于浅层 40～60 m 范围内沙层的类型、厚度、范围、粒径,其有利于地下水富集与开采,而总补给量则是由距地表几米内的包气带(0～4 m 或 4～8 m)的岩性来决定的。根据总补给量与可开采系数的乘积,计算各计算区的可开采量。由各计算区的可开采量与计算面积之比,可求得各计算区的可开采模数。淮河流域各计算区的可开采系数,分为良好区、一般区与较差区 3 类。良好区单井单位出水量大于 10 m^3/h,在现状条件下大于实际开采系数为 0.8～0.9,在远景条件下可选用系数为 0.75～0.85。一般区单井单位出水量为 5～10 m^3/h,在现状条件下最大实际开采系数为 0.4～0.8,在远景条件下可选用系数为 0.65～0.75。较差区单井单位出水量小于 5 m^3/h,在现状条件下最大实际开采系数为 0.4,在远景条件下可选用系数为 0.5～0.65。水资源总量等于地表水资源与地下水资源量之和扣除二者分别评价时的重复计算量。地表水重复量有山丘区河川基流量、平原区河川基流量、河道侧渗补给量及坑塘集中排泄回归水量等,地下水重复量有山前侧向补给量和井灌回归水补给量等。重复水量计算结果(矿化度<2 g/L)全流域为 151.5 亿 m^3,其中淮河上中游(洪泽湖以上)为 92.5 亿 m^3,淮河下游平原区为 6.1 亿 m^3,沂沭河区为 52.9 亿 m^3。

淮河流域平原区地下水可开采量(矿化度小于 2 和 2～5 g/L)计算结果如下:

淮河流域合计计算面积为 167 995 km^2,总补给量为 301.66 亿 m^3(其中矿化度 2～5 g/L的为 12.75 亿 m^3),可开采量为 208.34 亿 m^3(其中矿化度 2～5 g/L 的为 9.17 亿 m^3),地下水资源量为 291.91 亿 m^3(其中矿化度 2～5 g/L 的为 12.5 亿 m^3);总补给量模数为 18 万 m^3/km^2,可开采量模数为 12.4 万 m^3/km^2,地下水资源量模数为 17.4 万 m^3/km^2。

按水系分区计算:淮河上中游洪泽湖以上的计算面积为 104 679 km^2,总补给量为 188.15 亿 m^3,可开采量为 122.86 亿 m^3,可开采模数为 11.7 万 m^3/km^2。淮河下游平原区的计算面积为 20 611 km^2,总补给量为 25.42 亿 m^3,可开采量为 19.91 亿 m^3,可开采模数为 9.7 万 m^3/km^2。沂沭泗河区的计算面积为 42 707 km^2,总补给量为 88.09 亿 m^3,可开采量为 65.57 亿 m^3,可开采模数为 15.4 万 m^3/km^2。

按 4 省分区计算:河南省的计算面积为 56 403 km^2,总补给量为 103.37 亿 m^3,可开采量为 70.80 亿 m^3,可开采模数为 12.6 万 m^3/km^2。安徽省计算面积为 46 002 km^2,总补给量为 79.18 亿 m^3,可开采量为 48.79 亿 m^3,可开采模数为 10.6 万 m^3/km^2。江苏省计算面积为 43 479 km^2,总补给量为 74.61 亿 m^3,可开采量为 54.11 亿 m^3,可开采模数为 12.4 万 m^3/km^2。山东省计算面积为 22 113 km^2,总补给量为 44.50 亿 m^3,可开采量为 34.64 亿 m^3,可开采模数为 15.7 万 m^3/km^2。

综合上述对淮河流域的概述,得到以下结论:

① 淮河流域涉及安徽、江苏、河南和山东 4 省,计算面积合计 167 995 km^2,地处我国南北气候过渡带,水文过程具有年内分配不均匀、年际变化较大、地区间分布也不均匀的特点,其中淮北平原和苏北平原是淮河平原区的主体。

② 淮河平原区地下水资源总补给量为 301.66 亿 m^3,可开采量为 208.34 亿 m^3,地下水资源量为 291.91 亿 m^3(其中矿化度 2～5 g/L 的为 12.5 亿 m^3);总补给量模数为 18 万 m^3/km^2,可开采量模数为 12.4 万 m^3/km^2,地下水资源量模数为 17.4 万 m^3/km^2。浅层地下水是淮河平原区重要的水资源之一,有显著的区域特色。

第3章　淮北平原区浅层地下水时空分布及其演变态势分析

3.1　地下水观测站点分布

为全面了解掌握淮北平原地下水演变动态，安徽省水文局于1970年代(1974年)在淮北平原设立浅层地下水水位观测井，至1986年共设立浅层地下水长期观测井180眼，每5日观测一次，至2010年已累计收集了36年的浅层地下水观测资料，这些观测成果为本研究提供了可靠的依据。淮北平原地下水观测站点分布如表3-1所示。

表3-1　淮北平原浅层地下水观测站点分布(个)

市	区、县						小　计
蚌埠	固镇 8	怀远 4	五河 7				19
亳州	市区 23	利辛 6	蒙城 10	涡阳 15			54
阜阳	市区 7	阜南 5	界首 3	临泉 8	太和 6	颍上 4	33
淮北	市区 1	濉溪 13					14
淮南	凤台 3						3
宿州	市区 12	灵璧 9	泗县 9	萧县 17	砀山 10		57
总计							180

地下水流向、坡度主要受地形与河网分布影响。以平水年为代表，统计淮北平原

地下水水位等值线可以看出，浅层地下水流向基本上与颍河、涡河等地表河流平行，自西北向东南流向。在等水位线密集的区域，地下水水力坡度大，等水位线稀疏的区域地下水水力坡度小。

3.2　空间分布特征分析

3.2.1　多年平均地下水埋深分布特征

多年平均浅层地下水埋深是反映淮北平原浅层地下水资源量及可开采量的一个重要指标。通过统计 180 个站点多年平均地下水埋深监测资料，得出淮北平原浅层地下水多年平均面上埋深等值线图。

经统计，安徽省淮北平原面上浅层地下水多年平均埋深值为 2.48 m，69%的站点多年平均地下水埋深在 1.50 m～3.00 m 之间，92%的站点多年平均地下水埋深在 1.00～4.00 m 之间。180 个站点中，平均埋深小于 1 m 的站点有 2 个，均位于淮南市凤台县；埋深超过 4 m 的站点有 10 个，分别位于宿州市、亳州市和阜阳市。埋深多年平均最大值为 5.76 m，为宿州市褚兰镇褚兰站。不同地下水埋深站点所占比例详见表 3-2。

表 3-2　安徽省淮北平原地下水平均埋深站点分布分析

埋深范围(m)	站点数	占比	埋深范围(m)	站点数	占比
≤0.5	0	0%	4.0～4.5	3	2%
0.5～1.0	2	1%	4.5～5.0	2	1%
1.0～1.5	16	9%	5.0～5.5	3	2%
1.5～2.0	42	23%	5.5～6.0	2	1%
2.0～2.5	53	29%	6.0～6.5	0	0%
2.5～3.0	31	17%	6.5～7.0	1	1%
3.0～3.5	17	9%	>7.0	0	0%
3.5～4.0	8	4%	合计	180	100%

3.2.2 浅埋深代表年地下水分布特征

地下水浅埋深是指该地下水长期观测井自有记录以来，地下水埋深最小值(最浅值)，地下水浅埋深是反映淮北平原浅层地下水资源所能达到的最大补给标准及理论上最大浅层地下水资源量。统计淮北平原面上 180 眼地下水动态长期观测井 41 年实测资料可以发现，67%的站点地下水浅埋深在 0.50 m 以浅(近地表水平)，95%的站点多年平均地下水埋深处在 1.00 m 以浅，仅 1%(2 个)站点地下水浅埋深在 3.00 m 以深，详见表 3-3。

表 3-3 地下水浅埋深站点分布分析

埋深范围(m)	站点数	占比
0～0.5	119	67%
0.5～1.0	51	28%
1.0～1.5	6	3%
1.5～2.0	2	1%
2.0～2.5	0	0%
2.5～3.0	0	0%
>3.0	2	1%

3.2.3 深埋深代表年地下水分布特征

地下水深埋深是指该地下水观测井有记录以来埋深最大值(最枯值)，地下水深埋深是反映淮北平原浅层地下水有记录以来所能达到最枯理论浅层地下水资源量。统计淮北平原面上 180 眼地下水动态长期观测井 41 年的实测资料可以发现，78%的站点地下水深埋深处在 3.00～7.00 m 之间，95%的站点地下水深埋深处在 2.00～10.00 m之间，仅 5%站点的地下水深埋深大于 10 m，详见表 3-4。

表 3-4 地下水深埋深站点分布分析

埋深范围(m)	站点数	占比
≤2.0	0	0%
2.0～3.0	7	4%
3.0～4.0	35	19%
4.0～5.0	62	34%

续表

埋深范围(m)	站点数	占比
5.0～6.0	25	14%
6.0～7.0	19	11%
7.0～8.0	7	4%
8.0～9.0	13	7%
9.0～10.0	3	2%
>10	9	5%

3.2.4 地下水埋深变幅特征

地下水变幅是指该地下水长期观测井自有记录以来,地下水埋深最大值(最枯值)与地下水埋深最小值(最丰值)之差。地下水变幅反映了淮北平原浅层地下水资源自有记录以来所能达到的最大开采标准及浅层地下水资源理论最大开采量,对研究淮北平原地下水调蓄及挖潜具有重要的参考意义。淮北平原面上 180 个观测站点地下水变幅分布如表 3-5 所示。

表 3-5　地下水变幅站点分布分析

变幅范围(m)	站点数	占比	变幅范围(m)	站点数	占比
≤2.0	1	1%	5.5～6.0	14	8%
2.0～2.5	5	3%	6.0～6.5	5	3%
2.5～3.0	11	6%	6.5～7.0	7	4%
3.0～3.5	17	9%	7.0～8.0	12	7%
3.5～4.0	34	19%	8.0～9.0	4	2%
4.0～4.5	32	18%	9.0～10.0	3	2%
4.5～5.0	15	8%	>10.0	6	3%
5.0～5.5	14	8%	合计	180	100%

由表 3-5 可见,淮北平原 76%的站点地下水变幅在 2.50～6.00 m 之间,97%的站点地下水变幅在 2.00～10.00 m 之间,仅 3%站点地下水变幅大于 10 m。

3.3 分区演变特征

为掌握淮北平原面上地下水埋深变化情况，便于对比叙述，特将淮北平原划分为东、西、南、北、中 5 个亚区，对各区地下水埋深特征进行分析（表 3-6）。

表 3-6 淮北平原典型区域浅层地下水特征

区 域	市 县 域	最浅埋深(m)	平均埋深(m)	最深埋深(m)	变幅(m)
东部	泗县	0.6	2.03	4.09	3.49
	灵璧	0.3	2.42	5.18	4.88
	五河	0.01	1.71	4.61	4.6
	固镇	0.13	1.83	5.29	5.16
南部	颍上	0.22	1.49	3.44	3.22
	凤台	0.22	0.95	2.56	2.34
	怀远	0.1	2.05	5.27	5.17
西部	临泉	0.19	2.27	4.5	4.31
	阜南	0.25	1.91	4.12	3.87
	阜阳市	0	1.66	4.57	4.57
	界首	0	2.66	6.07	6.07
	太和	0	2.31	7.29	7.29
	利辛	0.17	2.01	4.26	4.09
北部	砀山	1.65	5.49	8.83	7.18
	萧县	0.15	3.15	6.9	6.75
	宿州市	0.33	3.75	8.13	7.8
	埇桥区	0	2.21	11.93	11.93
	淮北市	0.53	1.8	3.1	2.57
	濉溪县	0	2.43	8.09	8.09
	涡阳	0	2.24	7.34	7.34
	亳州市	0.01	2.7	11.95	11.94
中部	蒙城	0.27	2.56	4.99	4.72

3.3.1 东部地区

东部地区是指安徽省淮北平原东部，包括宿州市灵璧县、泗县、蚌埠市五河县和固镇县，本书以宿州市泗县、灵璧县域为代表。泗县选丁湖站，丁湖站位于泗县丁湖镇袁庙村境内，于 1974 年 5 月设站，最浅埋深出现在 2003 年 7 月，为 0. 6 m；最深埋深出现在 2001 年 11 月，达 4. 09 m；埋深变幅为 3. 49 m，长系列浅层地下水埋深变化过程如图 3-1 所示。

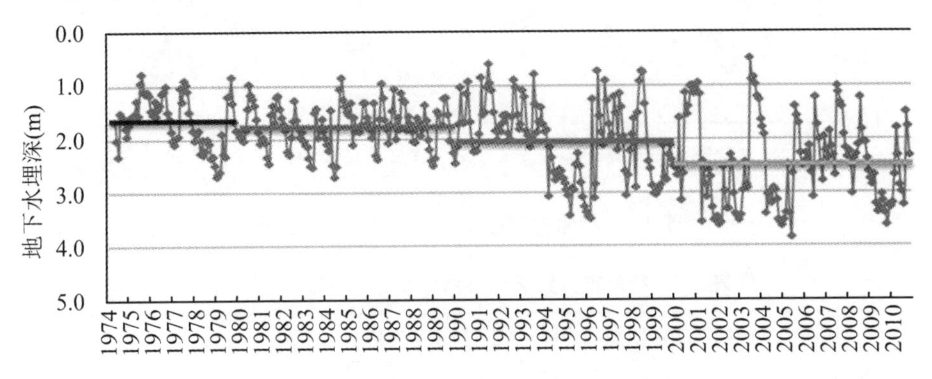

图 3-1 宿州市泗县地下水埋深变化过程

多年平均地下水埋深为 2. 03 m，1974～1982 年，地下水水位变化总的趋势是不断下降；1982～1994 年，地下水水位变化总的趋势是不断上升；1994 年以后则忽升忽降没有趋势性变化，采补周期为 2～3 年，变幅为 2～3 m。

由图 3-1 与表 3-7 的分析可见，泗县 1970 年代至 1980 年代地下水水位小幅上升，1990 年代至 2000 年地下水水位总体趋势持续下降，埋深变幅也随之增加，最高达 6. 31 m。

表 3-7 宿州市泗县地下水埋深变化特征(单位：m)

	1970 年代	1980 年代	1990 年代	2000 年后	多年平均
平均埋深	2. 0	1. 78	2. 04	2. 48	1. 99
深埋深	4. 28	3. 94	5. 69	6. 47	5. 1
浅埋深	0. 05	0. 25	0	0. 16	0. 12
埋深变幅	4. 23	3. 69	5. 69	6. 31	4. 98

由图 3-2 和表 3-8 的分析可见，灵璧县 1970 年代至 1990 年代地下水水位逐渐回升，1990 年代至 2000 年地下水水位小幅下降，埋深变幅从 1970 年代有小幅下降随之持续增加，最高达 5.18 m。

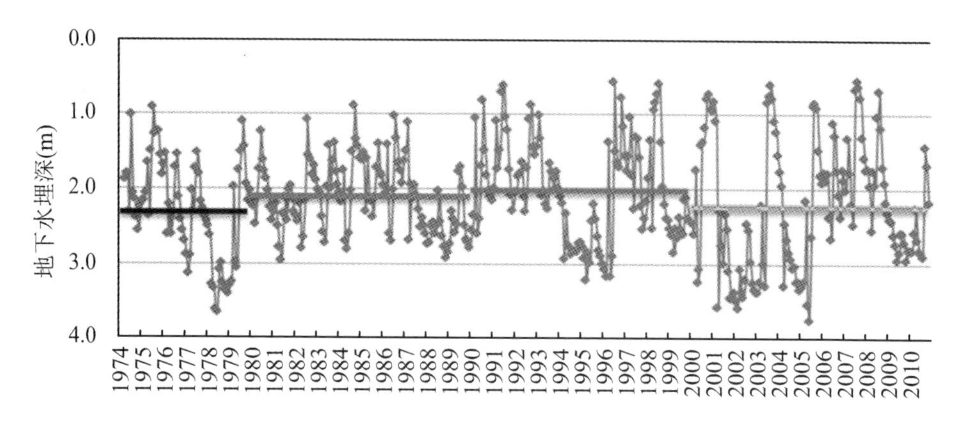

图 3-2　宿州市灵璧县地下水埋深变化过程

表 3-8　宿州市灵璧县地下水埋深变化特征(单位:m)

	1970 年代	1980 年代	1990 年代	2000 年后	多年平均
平均埋深	2.29	2.11	2.02	2.24	2.17
深埋深	4.33	4.09	4.15	5.18	4.44
浅埋深	0.26	0.44	0.22	0	0.23
埋深变幅	4.07	3.65	3.93	5.18	4.21

由图 3-3 和表 3-9 的分析可见，固镇县 1970 年代至 1990 年代地下水水位持续下降，1990 年代至 2000 年地下水水位总体趋势呈上升趋势，1980 年代后埋深变幅持续增加，最高达 5.16 m。

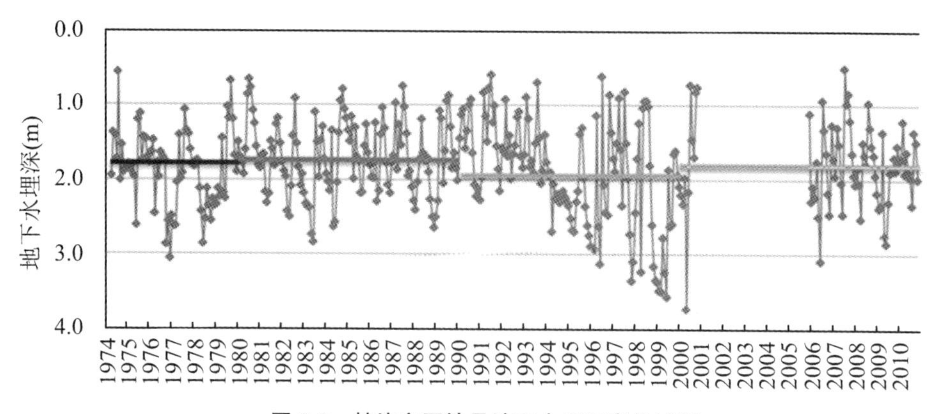

图 3-3　蚌埠市固镇县地下水埋深变化过程

表 3-9 蚌埠市固镇县地下水埋深变化特征(单位:m)

	1970 年代	1980 年代	1990 年代	2000 年后	多年平均
平均埋深	1.38	1.72	1.92	1.81	1.83
深埋深	4.39	4.06	4.87	5.29	4.65
浅埋深	0.41	0.35	0.18	0.13	0.27
埋深变幅	3.98	3.71	4.69	5.16	4.39

由图 3-4 和表 3-10 的分析可见,五河县 1970 年代至 1980 年代地下水水位略微下降,1980 年后地下水水位总体趋势呈上升状态,埋深变幅在 1990 年代达到最高,为 4.16 m。

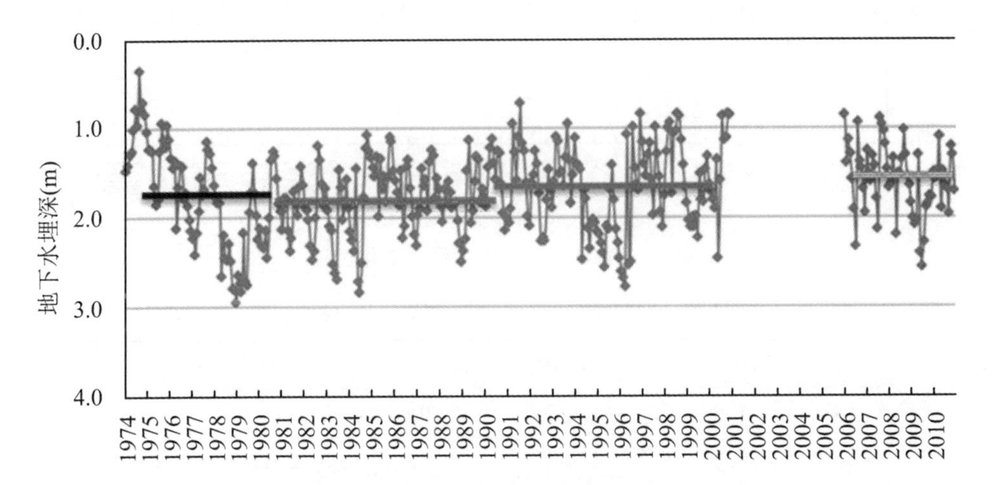

图 3-4 蚌埠市五河县地下水埋深变化过程

表 3-10 蚌埠市五河县地下水埋深变化特征(单位:m)

	1970 年代	1980 年代	1990 年代	2000 年后	多年平均
平均埋深	1.72	1.83	1.67	1.56	1.7
深埋深	3.55	3.73	4.61	4.02	3.98
浅埋深	0.27	0.59	0.01	0.08	0.24
埋深变幅	3.28	3.14	4.61	3.94	3.74

由图 3-5 和表 3-11 的分析可见，东部地区最浅埋深出现在 1970 年代，为 0.36 m，最深埋深出现在 2000 年以后，3.86 m，同时埋深变幅达到历年来最大，为 3.36 m。东部地区 1970 年代至 1980 年代地下水水位小幅上升，但 1980 年后地下水水位总体趋势呈下降趋势，埋深变幅和平均埋深变化趋势整体一致，呈先略微下降后持续上升的趋势。

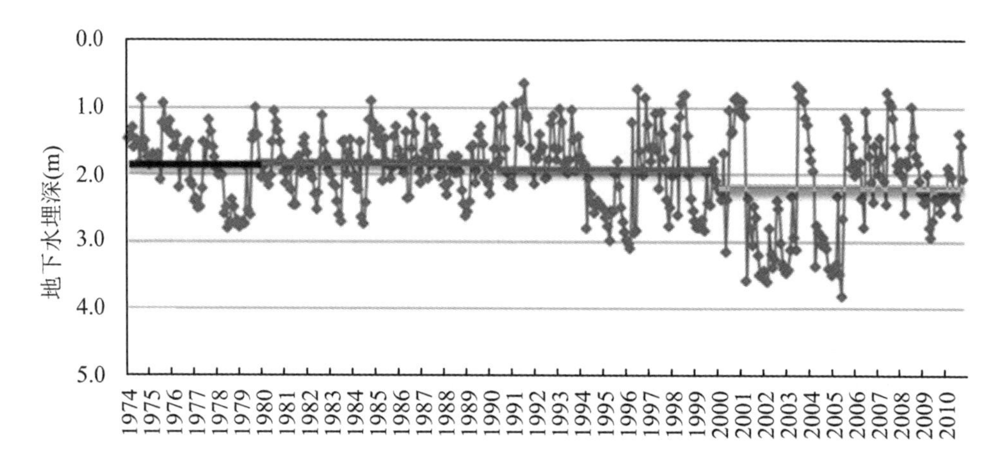

图 3-5　东部地区地下水埋深变化过程

表 3-11　东部地区地下水埋深变化特征(单位：m)

	1970 年代	1980 年代	1990 年代	2000 年后	多年平均
平均埋深	1.98	1.86	1.91	2.23	2.0
深埋深	3.67	2.97	3.57	3.86	3.52
浅埋深	0.36	0.67	0.58	0.5	0.53
埋深变幅	3.31	2.3	2.99	3.36	2.99

3.3.2　南部地区

这里所说的南部地区指的是安徽省淮北平原南部，包括阜阳市颍上县、淮南市凤台县和蚌埠市怀远县。下面以阜阳市颍上县、淮南市凤台县域为代表进行说明。

颍上县的代表性站点为谢桥站。谢桥站位于颍上县谢桥镇荆庄，于 1974 年 7 月设站，最浅埋深出现在 2006 年 7 月，为 0.22 m；最深埋深出现在 2000 年 5 月，为 3.44 m；埋深变幅为 3.22 m，多年平均地下水埋深为 1.49 m，长系列浅层地下水埋深变化过程如图 3-6 所示。该站的地下水水位变化是忽升忽降没有趋势性变化的，采补周期为 1～2 年，变幅为 2～3 m。

淮南市凤台县的代表性站点为杨村站。杨村站位于凤台县杨村乡中塘村境内，于

1975 年 12 月设站，最浅埋深出现在 1998 年 7 月，为 0.22 m；最深埋深出现在 1977 年 2 月，为 2.56 m；埋深变幅为 2.34 m。该站的多年平均地下水埋深为 0.95 m，1975～1980 年地下水水位变化总的趋势是不断上升，1980 年以后则忽升忽降没有趋势性变化，采补周期为 1～2 年，变幅为 1～2 m。

由图 3-6 和表 3-12 的分析可见，颍上县 1970 年代至 1990 年代地下水埋深呈持续下降趋势，地下水水位呈持续上升的趋势；1990 年代至 2000 年地下水水位略微下降，变化不大；1980 年后埋深变幅持续增加，最高达 3.58 m。

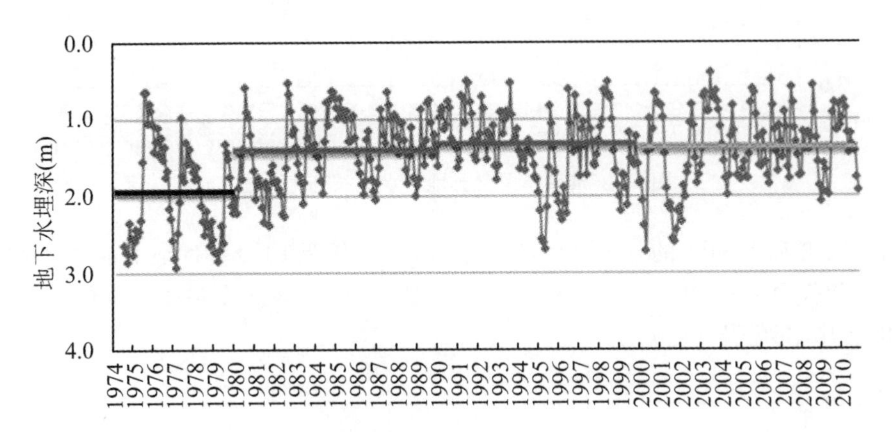

图 3-6　阜阳市颍上县地下水埋深变化过程

表 3-12　阜阳市颍上县地下水埋深变化特征(单位:m)

	1970 年代	1980 年代	1990 年代	2000 年后	多年平均
平均埋深	1.95	1.4	1.35	1.38	1.52
深埋深	3.97	3.01	3.39	3.8	3.54
浅埋深	0.42	0.39	0.28	0.22	0.33
埋深变幅	3.55	2.62	3.11	3.58	3.22

由图 3-7 和表 3-13 的分析可见，凤台县 1970 年代至 1990 年代地下水埋深持续下降，地下水水位呈持续上升的趋势；1990 年代至 2000 年地下水水位略微下降，但变化不大；该地区 1970 年后埋深变幅持续增加，在 2000 年后达到最高，为 3.0 m。

表 3-13　淮南市凤台县地下水埋深变化特征(单位:m)

	1970 年代	1980 年代	1990 年代	2000 年后	多年平均
平均埋深	1.37	1.12	1.04	1.07	1.14
深埋深	2.56	2.54	3.09	3.25	2.86
浅埋深	0.5	0.28	0.22	0.25	0.31
埋深变幅	2.06	2.26	2.87	3	2.55

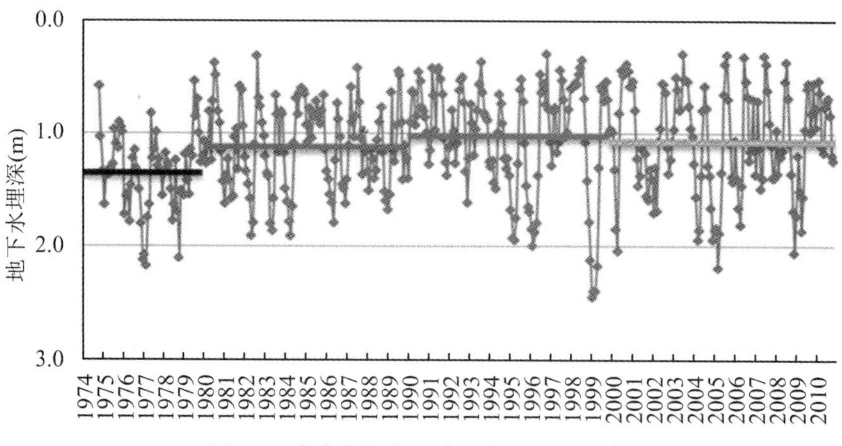

图 3-7 淮南市凤台县地下水埋深变化过程

由图 3-8 和表 3-14 的分析可见，怀远县 1970 年代至 1980 年代地下水水位略微下降；1990 年代至 2000 年地下水水位总体趋势持续上升；埋深变幅随着年代先上升后下降再上升，没有明显趋势性变化。

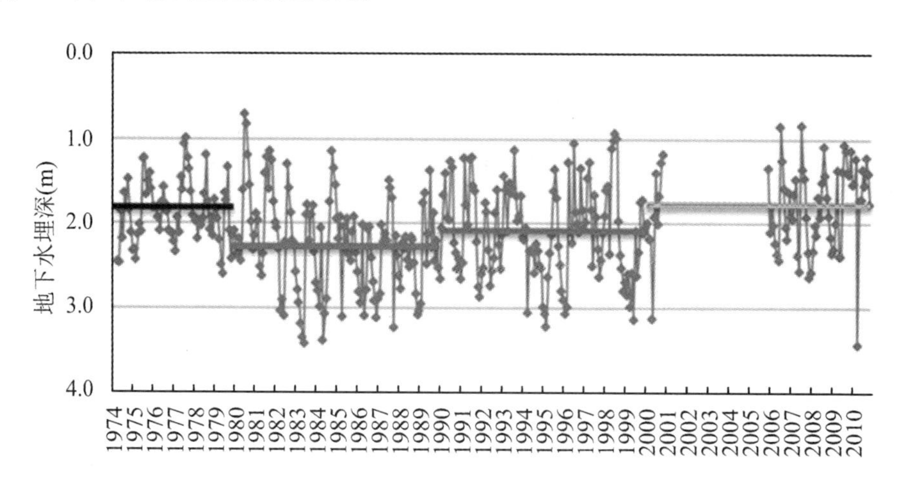

图 3-8 蚌埠市怀远县地下水埋深变化过程

表 3-14 蚌埠市怀远县地下水埋深变化特征（单位：m）

	1970 年代	1980 年代	1990 年代	2000 年后	多年平均
平均埋深	1.88	2.25	2.1	1.81	2.01
深埋深	4.18	5.27	4.51	5.23	4.8
浅埋深	0.6	0.25	0.1	0.3	0.31
埋深变幅	3.58	5.03	4.41	4.93	4.49

由图3-9和表3-15的分析可见，南部地区1970年后最浅埋深出现在1990年代和2000年代，均为0.3 m；最深埋深出现在2000年以后，为3.45 m，同时埋深变幅达到历年来最大，为3.15 m；1970年代至2000年南部地区地下水埋深逐渐下降，地下水水位持续上升，但地下水埋深变幅忽升忽降没有趋势性变化。

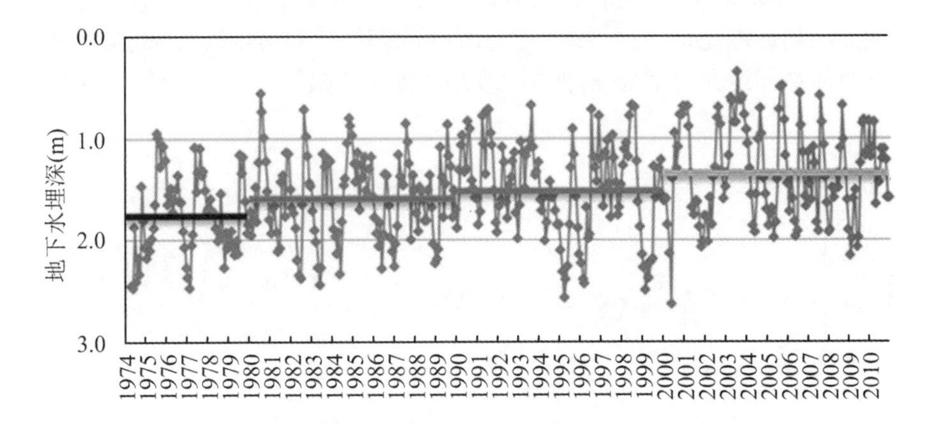

图3-9 南部地区地下水埋深变化过程

表3-15 南部地区地下水埋深变化特征(单位:m)

	1970年代	1980年代	1990年代	2000年后	多年平均
平均埋深	1.76	1.59	1.49	1.34	1.54
深埋深	2.92	3.44	3.23	3.45	3.26
浅埋深	0.54	0.32	0.3	0.3	0.36
埋深变幅	2.38	3.12	2.93	3.15	2.89

3.3.3 西部地区

这里所说的西部地区是指安徽省淮北平原西部，包括阜阳市市辖区、太和县、界首市、临泉县、阜南县和亳州市利辛县。下面以阜阳市临泉县、阜南县域为代表进行说明。

临泉县的代表性站点为宋集站。宋集站位于临泉县宋集镇小王庄境内，于1974年7月设站，最浅埋深出现在2007年7月，为0.19 m；最深埋深出现在2000年5月，为4.50 m；埋深变幅为4.31 m。多年平均地下水埋深为2.27 m，长系列浅层地下水埋深变化过程如图3-10所示。1974～1980年地下水水位变化总的趋势是不断上升，1980～1995年地下水水位变化总的趋势是不断下降，1995年以后则忽升忽降没有趋势性变化，补给周期为2～6年，变幅为2～4 m，最大补给周期发生在1991年6月～1998年8月，地下水埋深自1991年6月的0.63 m下降至1995年6月的3.83 m为最低，然后开始逐步回升，至1998年8月达最高0.50 m。

阜阳市阜南县的代表性站点为柴集站。柴集站位于阜南县柴集镇水利所境内，于1975年1月设站，最浅埋深出现在2003年7月，为0.25 m；最深埋深出现在2002年2月，为4.12 m；埋深变幅为3.87 m，多年平均地下水埋深为1.91 m，地下水水位变化是忽升忽降没有趋势性变化，采补周期为1～2年，变幅为2～3 m。

由图3-10和表3-16的分析可见，临泉县1970年代至2000年地下水水位忽升忽降没有明显的趋势性变化，但在1990年代，地下水埋深达到历年最高，高达8.45 m，同时地下水最浅埋深达到历年最低，低至0.19 m，埋深变幅和地下水一样没有明显的趋势性变化。

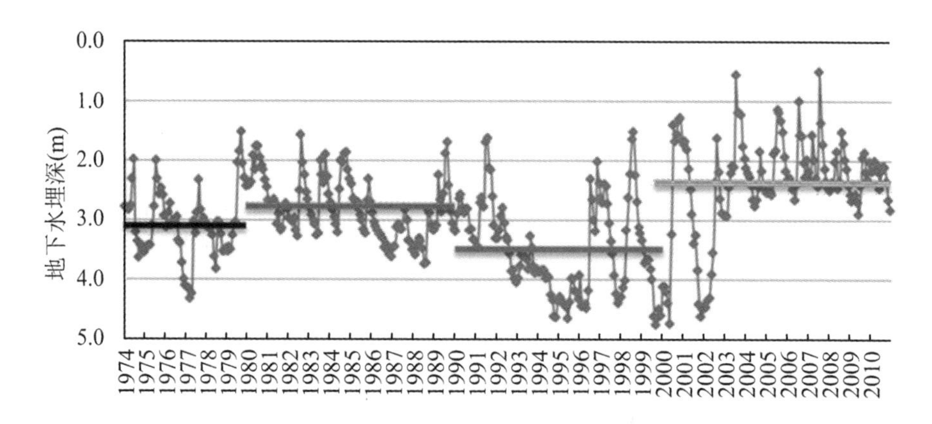

图3-10　阜阳市临泉县地下水埋深变化过程

表3-16　阜阳市临泉县地下水埋深变化特征(单位：m)

	1970年代	1980年代	1990年代	2000年后	多年平均
平均埋深	3.08	2.79	3.49	2.38	2.94
深埋深	7.73	6.82	8.45	5.61	7.15
浅埋深	0.57	0.6	0.49	0.19	0.46
埋深变幅	7.16	6.22	7.96	5.42	6.69

由图3-11和表3-17的分析可见，阜南县1970年代至1980年代地下水水位小幅上升，1980年代至2000年地下水水位总体趋势持续下降，埋深变幅也随之增加，最高达11.25 m。

表3-17　阜阳市阜南县地下水埋深变化特征(单位：m)

	1970年代	1980年代	1990年代	2000年后	多年平均
平均埋深	1.88	1.69	2.19	2.34	2.02
深埋深	3.8	3.58	11.25	11.25	7.47
浅埋深	0	0	0	0.17	0.04
埋深变幅	3.8	3.58	11.25	11.08	7.43

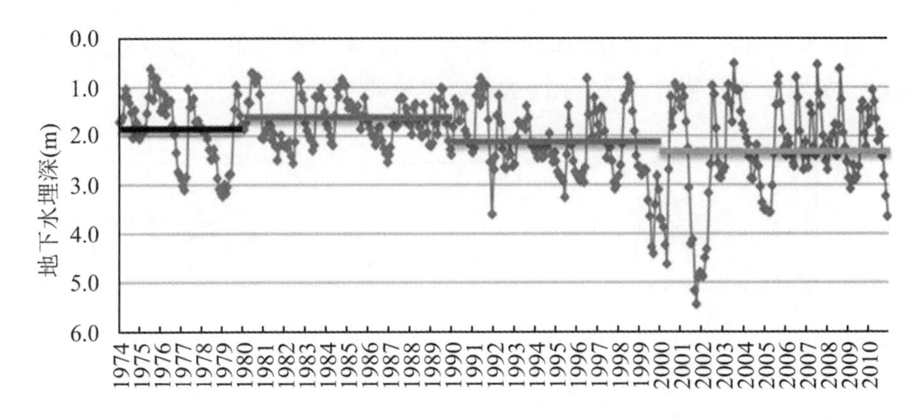

图 3-11　阜阳市阜南县地下水埋深变化过程

由图 3-12 和表 3-18 的分析可见，阜阳市市辖区 1970 年代至 1980 年代地下水水位小幅上升，1980 年代至 2000 年地下水水位总体趋势持续下降，而埋深变幅在 1970 年达到历年最大，为 4.48 m，但在多年变化中地下水位忽升忽降没有明显趋势性。

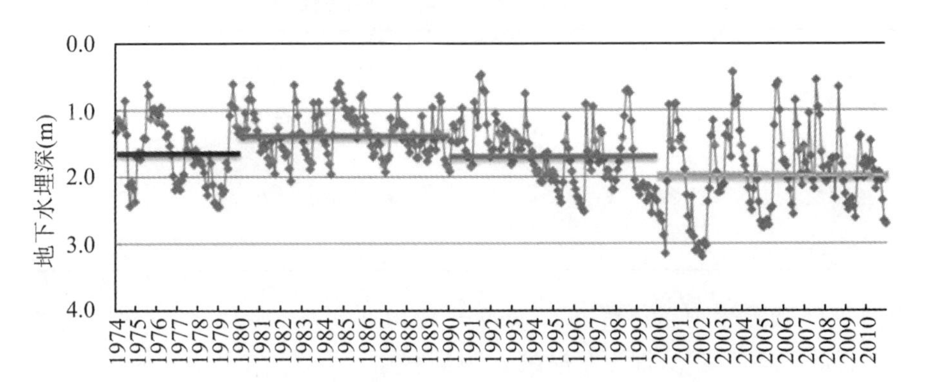

图 3-12　阜阳市市辖区地下水埋深变化过程

表 3-18　阜阳市市辖区地下水埋深变化特征(单位：m)

	1970 年代	1980 年代	1990 年代	2000 年后	多年平均
平均埋深	1.62	1.37	1.68	1.94	1.65
深埋深	4.57	2.91	4.13	4.33	3.99
浅埋深	0.09	0.06	0.05	0.3	0.13
埋深变幅	4.48	2.85	4.08	4.03	3.86

由图 3-13 和表 3-19 的分析可见，太和县 1970 年代至 2000 年地下水水位上下波动不大，没有明显的趋势性变化，埋深变幅在 1970 年代略微下降后呈逐渐上升的状态，但地下水埋深达变幅在 1970 年代达到历年最高，为 7.17 m。

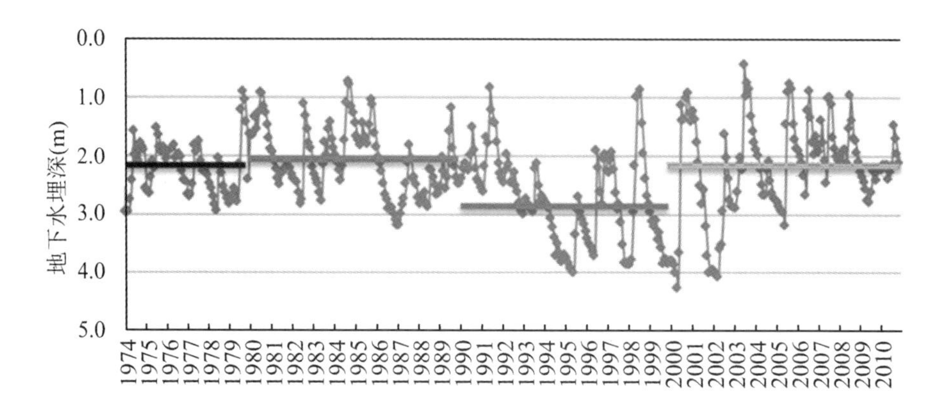

图 3-13　阜阳市太和县地下水埋深变化过程

表 3-19　阜阳市太和县地下水埋深变化特征(单位:m)

	1970 年代	1980 年代	1990 年代	2000 年后	多年平均
平均埋深	2.21	2.08	2.72	2.18	2.3
深埋深	7.29	4.49	5.09	4.88	5.44
浅埋深	0.12	0.08	0.44	0.2	0.21
埋深变幅	7.17	4.41	4.65	4.68	5.23

由图 3-14 和表 3-20 的分析可见，界首市 1970 年代至 2000 年地下水水位忽升忽降没有明显的趋势性变化，埋深变幅在 1970 年代略微下降后呈逐渐下降的状态，但地下水埋深变幅在 1970 年达到历年最高，为 5.77 m。

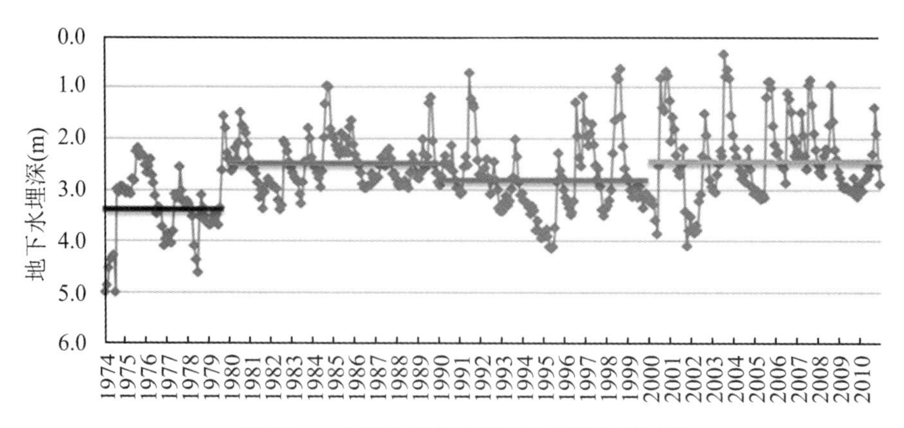

图 3-14　阜阳市界首市地下水埋深变化过程

表 3-20　阜阳市界首市地下水埋深变化特征(单位:m)

	1970 年代	1980 年代	1990 年代	2000 年后	多年平均
平均埋深	3.29	2.49	2.78	2.38	2.73
深埋深	6.07	5.11	4.85	4.63	5.17
浅埋深	0.3	0.3	0.21	0	0.2
埋深变幅	5.77	4.81	4.64	4.63	4.96

由图 3-15 和表 3-21 的分析可见，利辛县 1970 年代至 2000 年地下水水位忽升忽降没有明显的趋势性变化，埋深变幅在 1970 年代略微下降后呈逐渐上升的趋势，直至 2000 年后达到最高，为 4.07 m。

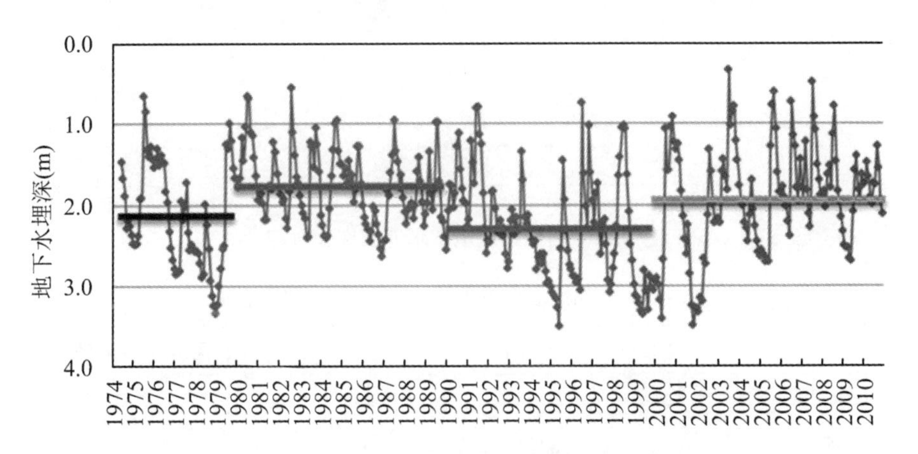

图 3-15　亳州市利辛县地下水埋深变化过程

表 3-21　亳州市利辛县地下水埋深变化特征(单位:m)

	1970 年代	1980 年代	1990 年代	2000 年后	多年平均
平均埋深	2.13	1.77	2.29	1.93	2.03
深埋深	3.94	3.59	4.03	4.26	3.96
浅埋深	0.31	0.29	0.17	0.19	0.24
埋深变幅	3.63	3.3	3.86	4.07	3.72

由图 3-16 和表 3-22 的分析可见，西部地区最浅埋深出现在 2000 年以后，为 0.34 m；最深埋深出现也同时在 2000 年以后，达 5.45 m，同时埋深变幅达到历年来最大，为 5.12 m。西部地区 1970 年代至 2000 年地下水水位忽升忽降没有明显的趋势性变化，埋深变幅在 1970 年代略微下降后呈逐渐上升的趋势，直至 2000 年后达到最高，为 5.12 m。

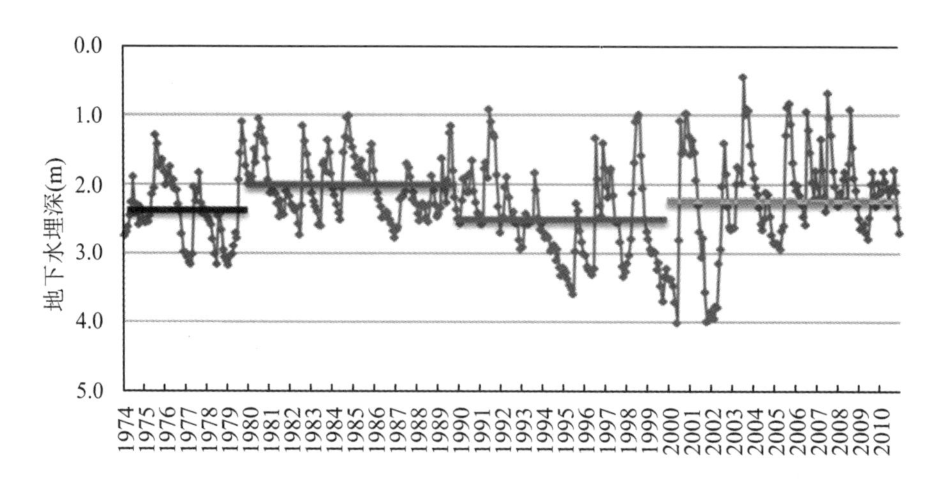

图 3-16　西部地区地下水埋深变化过程

表 3-22　西部地区地下水埋深变化特征(单位：m)

	1970 年代	1980 年代	1990 年代	2000 年后	多年平均
平均埋深	2.38	2.03	2.52	2.19	2.28
深埋深	5.0	3.74	4.76	5.45	4.74
浅埋深	0.61	0.55	0.47	0.34	0.49
埋深变幅	4.39	3.18	4.29	5.12	4.24

3.3.4　北部地区

此处所说的北部地区是指安徽省淮北平原北部，包括淮北市市辖区、淮北市濉溪县、亳州市市辖区、亳州市涡阳县、宿州市砀山县和萧县。此处以宿州市砀山县、萧县县域为代表进行说明。

宿州市砀山县的代表性站点为唐寨站。唐寨站位于砀山县唐寨镇境内，于 1974 年 5 月设站，最浅埋深出现在 1985 年 10 月，为 1.65 m；最深埋深出现在 1990 年 11 月，为 8.83 m，埋深变幅为 7.18 m，长系列浅层地下水埋深变化过程如图 3-17 所示。多年平均地下水埋深为 5.49 m，1974～1984 年 5 月地下水水位变化的总趋势是不断下降，在降至 6.23 m 后，逐步回升，至 1985 年 10 月达 1.65 m 后，又不断下降，至

2003年6月降至8.44 m后，再逐步回升，其间于1990年11月因农田抽水曾短期降至8.83 m，2005年6月后进入平稳期，埋深始终在3～4 m波动。

宿州市萧县的代表性站点为胡寨站。胡寨站位于宿州市萧县黑楼子乡胡寨境内，于1979年4月设站，最浅埋深出现在2008年8月，为0.15 m；最深埋深出现在2003年6月，为6.90 m，埋深变幅为6.75 m；长系列浅层地下水埋深变化过程如图3-18所示。多年平均地下水埋深为3.15 m，1979～1984年5月地下水水位呈平稳波动，后逐步回升，至1984年9月升至0.27 m后，又不断下降，至2003年6月降至6.90 m后又快速回升，经过4个月升至0.87 m后，在2003年10月后进入平稳期，埋深始终在1～3 m波动。

由图3-17和表3-23的分析可见，砀山县1970年代至1990年代地下水水位持续下降，1990年代至2000年地下水水位总体趋势为小幅上升，埋深变幅和地下水水位同步变化，在1990年代达到最高，为14.14 m，1990年后埋深变幅略微下降。

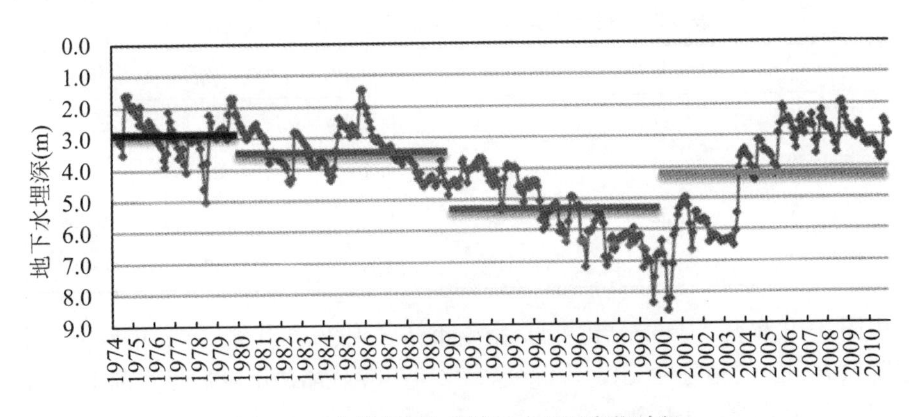

图3-17　宿州市砀山县地下水埋深变化过程

表3-23　宿州市砀山县地下水埋深变化特征(单位:m)

	1970年代	1980年代	1990年代	2000年后	多年平均
平均埋深	2.84	3.43	5.35	4.12	3.93
深埋深	6.14	8.22	15.93	10.35	10.16
浅埋深	0	0.4	1.79	0.48	0.67
埋深变幅	6.14	7.82	14.14	9.87	9.49

由图3-18和表3-24的分析可见，萧县1970～1990年代地下水水位持续下降，1990～2000年代地下水水位总体趋势为小幅上升，埋深变幅从1970年开始一直处于上升趋势，在2000年后达到最高，为16.89 m。

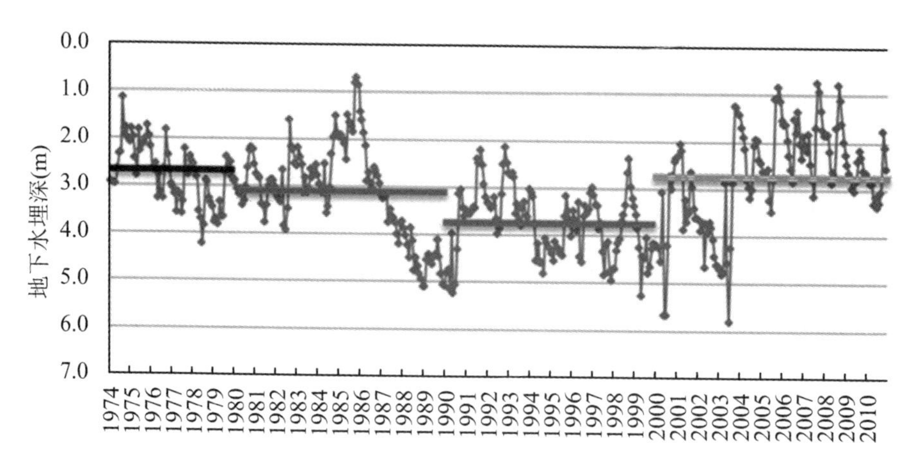

图 3-18　宿州市萧县地下水埋深变化过程

表 3-24　宿州市萧县地下水埋深变化特征(单位:m)

	1970 年代	1980 年代	1990 年代	2000 年后	多年平均
平均埋深	2.77	3.11	3.74	2.73	3.09
深埋深	6.71	11.51	14.18	16.89	12.32
浅埋深	0.62	0	0.51	0	0.28
埋深变幅	6.09	11.51	13.67	16.89	12.04

由图 3-19 和表 3-25 的分析可见,宿州市辖区 1970 年代至 2000 年地下水水位忽升忽降没有明显的趋势性变化,埋深变幅在 1970 年代略微下降后呈逐渐上升的趋势,2000 年后达到最高,为 7.69 m。

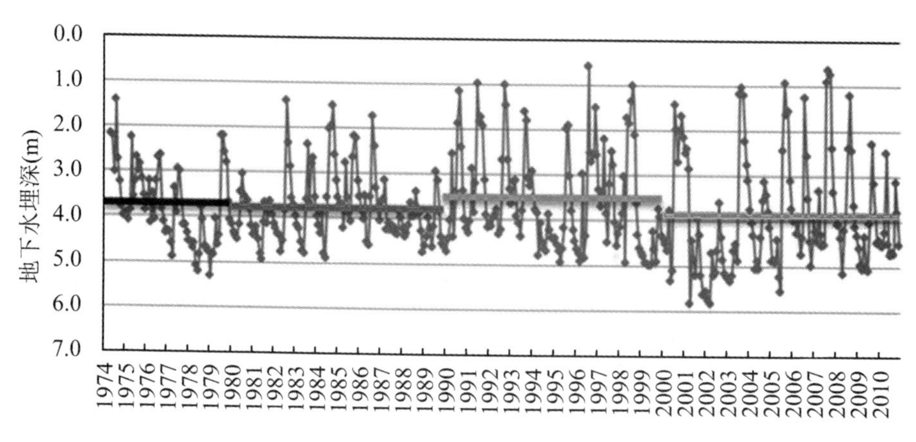

图 3-19　宿州市辖区地下水埋深变化过程

表 3-25 宿州市辖区地下水埋深变化特征(单位:m)

	1970年代	1980年代	1990年代	2000年后	多年平均
平均埋深	3.75	3.79	3.54	3.9	3.75
深埋深	7.77	7.58	7.51	8.13	7.75
浅埋深	0.54	0.57	0.33	0.44	0.47
埋深变幅	7.23	7.01	7.18	7.69	7.28

由图3-20和表3-26的分析可见,埇桥区1970年代至2000年地下水水位呈持续下降的趋势,在1970～2000年,地下水埋深变幅忽升忽降没有明显的趋势性。

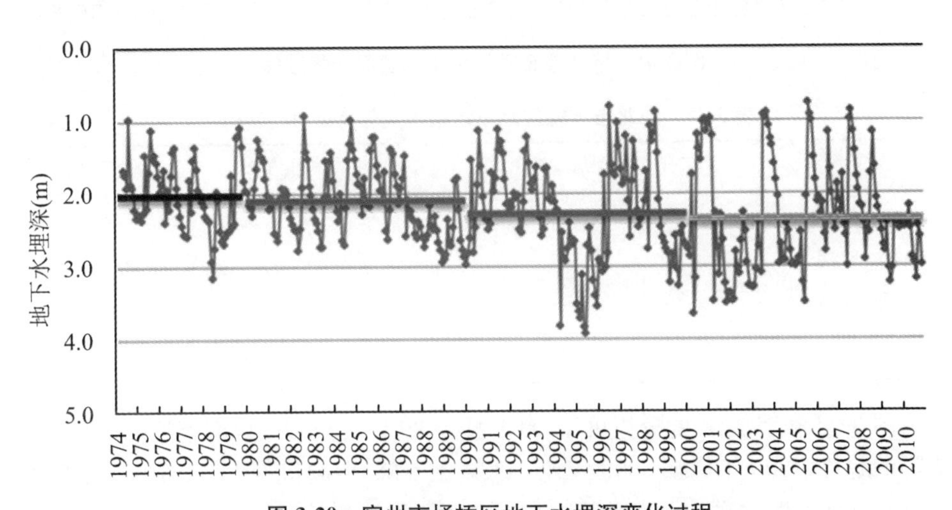

图 3-20 宿州市埇桥区地下水埋深变化过程

表 3-26 宿州市埇桥区地下水埋深变化特征(单位:m)

	1970年代	1980年代	1990年代	2000年后	多年平均
平均埋深	2.02	2.12	2.27	2.34	2.19
深埋深	4.5	4.78	11.93	5.67	6.72
浅埋深	0.09	0.48	0.02	0.13	0.18
埋深变幅	4.41	4.3	11.91	5.54	6.54

由图3-21和表3-27的分析可见,淮北市市辖区由于数据缺失,只有2000年以后的数据,无法根据已有数据对地下水水位和埋深变幅进行比较。

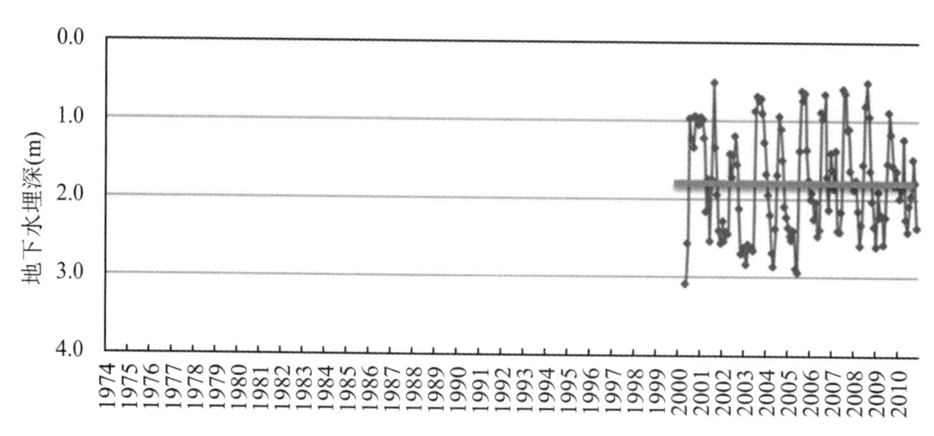

图 3-21 淮北市市辖区地下水埋深变化过程

表 3-27 淮北市市辖区地下水埋深变化特征(单位:m)

	1970 年代	1980 年代	1990 年代	2000 年后	多年平均
平均埋深				1.8	1.8
深埋深				3.1	3.1
浅埋深				0.53	0.53
埋深变幅				2.57	2.57

由图 3-22 和表 3-28 的分析可见,濉溪县 1970 年代至 1990 年代地下水水位呈持续下降的趋势,1990 年代至 2000 年地下水略微下降,但起伏不大。1970 年代至 2000 年地下水埋深变幅一直处于上升趋势,在 2000 年后达到最高,为 8.0 m。

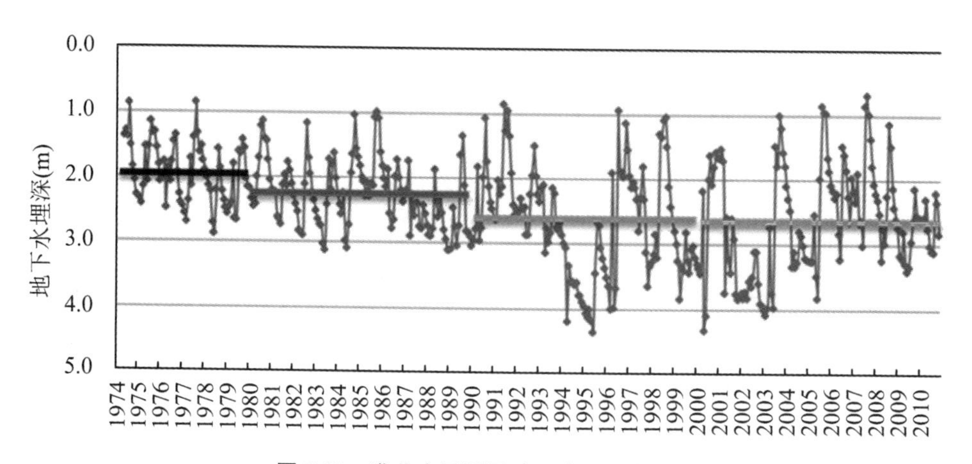

图 3-22 淮北市濉溪县地下水埋深变化过程

表 3-28　淮北市濉溪县地下水埋深变化特征(单位:m)

	1970 年代	1980 年代	1990 年代	2000 年后	多年平均
平均埋深	1.94	2.25	2.66	2.64	2.37
深埋深	4.47	6.25	8.09	8.0	6.7
浅埋深	0.48	0.22	0.13	0	0.21
埋深变幅	3.99	6.03	7.96	8.0	6.5

由图 3-23 和表 3-29 的分析可见,亳州市市辖区 1970 年代至 1990 年代地下水水位持续下降,1990 年代至 2000 年地下水水位总体趋势为小幅上升,埋深变幅在 1970 年代至 2000 年忽升忽降没有明显的趋势性。

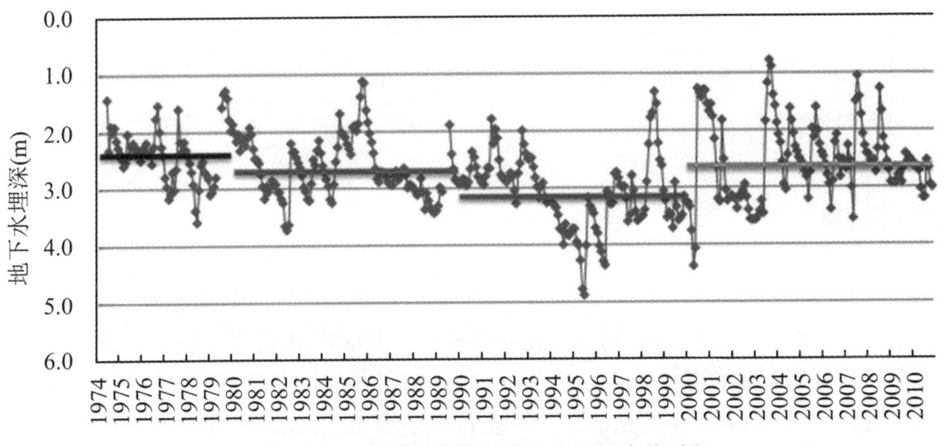

图 3-23　亳州市市辖区地下水埋深变化过程

表 3-29　亳州市市辖区地下水埋深变化特征(单位:m)

	1970 年代	1980 年代	1990 年代	2000 年后	多年平均
平均埋深	2.38	2.64	3.09	2.55	2.66
深埋深	8.81	6.82	11.95	6.42	8.5
浅埋深	0.23	0.01	0.24	0.24	0.18
埋深变幅	8.58	6.81	11.71	6.18	8.32

由图 3-24 和表 3-30 的分析可见,涡阳县 1970 年代至 2000 年地下水水位呈持续下降的趋势,而 1970 年代至 1990 年代地下水埋深变幅一直处于下降趋势,1990 年代至 2000 年为略微下降,在 1990 年代达到最大,为 7.34 m。

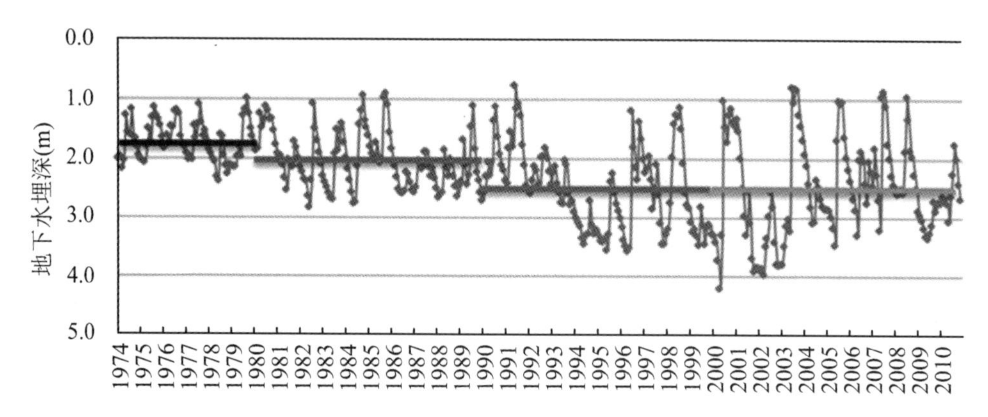

图 3-24 亳州市涡阳县地下水埋深变化过程

表 3-30 亳州市涡阳县地下水埋深变化特征(单位:m)

	1970 年代	1980 年代	1990 年代	2000 年后	多年平均
平均埋深	1.71	2.02	2.5	2.51	2.18
深埋深	5.24	6.01	7.34	7.29	6.47
浅埋深	0.01	0.04	0	0.2	0.06
埋深变幅	5.23	5.97	7.34	7.09	6.41

由图 3-25 和表 3-31 的分析可见,北部地区最浅埋深出现在 2000 年后,为 0.53 m,最深埋深也同时出现在 2000 年以后,达 8.58 m。北部地区 1970 年代至 1990 年代地下水水位持续下降,1990 年代至 2000 年地下水小幅上升。1970 年代至 2000 年地下水埋深变幅呈逐渐上升的趋势,直至 2000 年后达到最高,为 8.05 m。

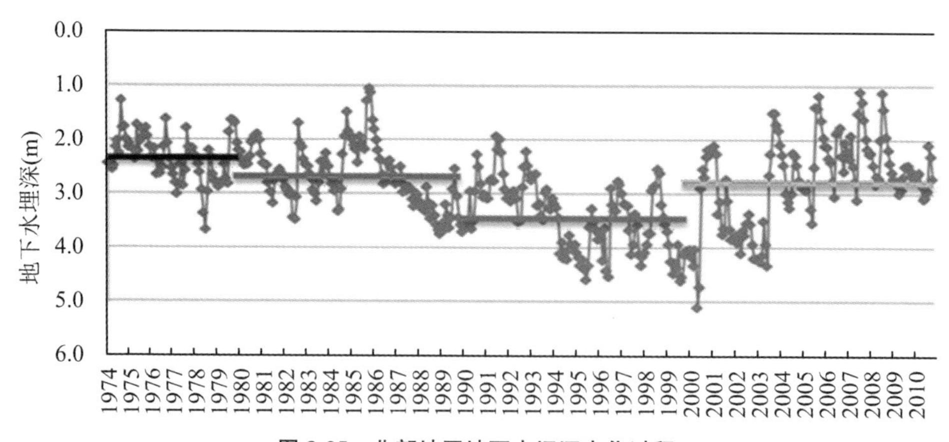

图 3-25 北部地区地下水埋深变化过程

表 3-31　北部地区地下水埋深变化特征(单位:m)

	1970 年代	1980 年代	1990 年代	2000 年后	多年平均
平均埋深	2.36	2.69	3.45	2.77	2.82
深埋深	5.05	5.11	8.32	8.58	6.76
浅埋深	0.85	0.71	0.76	0.53	0.71
埋深变幅	4.2	4.4	7.56	8.05	6.05

3.3.5　中部地区

这里所说的中部地区是指安徽省淮北平原中部,以亳州市蒙城县县域为代表。

亳州市蒙城县的代表性站点为板桥站。板桥站位于亳州市蒙城县板桥镇板桥集,于 1974 年 8 月设站,最浅埋深出现在 2003 年 7 月,为 0.27 m;最深埋深出现在 1999 年 8 月,为 4.99 m,埋深变幅为 4.72 m;多年平均地下水埋深为 2.56 m,长系列浅层地下水埋深变化过程如图 3-26 所示。该站地下水水位变化忽升忽降没有明显的趋势性变化,采补周期 1～2 年,变幅 2～4 m。

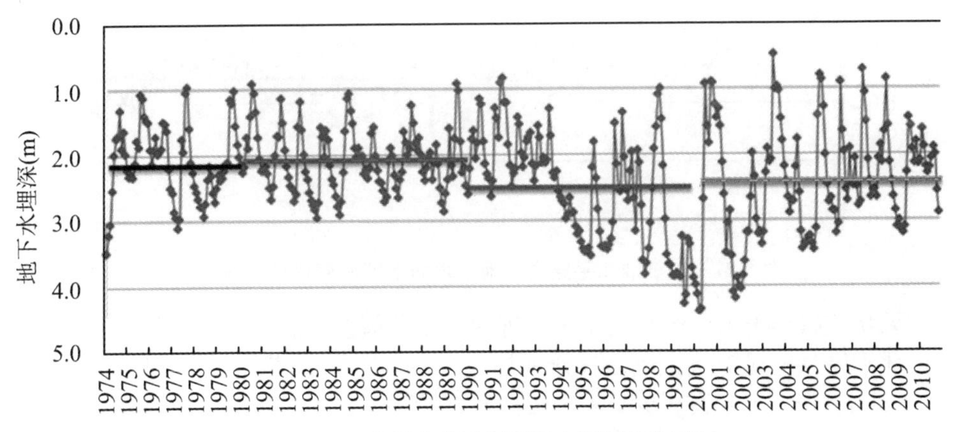

图 3-26　亳州市蒙城县地下水埋深变化过程

表 3-32　亳州市蒙城县地下水埋深变化特征(单位:m)

	1970 年代	1980 年代	1990 年代	2000 年后	多年平均
平均埋深	2.09	2.07	2.5	2.43	2.27
深埋深	4.47	3.98	8.96	10.29	6.93
浅埋深	0.36	0.37	0.4	0	0.28
埋深变幅	4.11	3.61	8.56	10.29	6.64

由图 3-26 和表 3-32 的分析可见,蒙城县最浅埋深出现在 2000 年之后,为 0 m;最

深埋深也同样出现在 2000 年以后，为 10. 29 m，同时埋深变幅达到历年来最大，为 10. 29 m。中部地区 1970 年代至 2000 年代后地下水水位忽升忽降没有明显的趋势性变化，但埋深变幅在 1970 年代略微下降后呈逐渐上升的趋势，至 2000 年后达到最高，为 10. 29 m。

3.4 埋深变化动态分析

3.4.1 浅层地下水埋深年际变化特征

为分析方便，以 180 个站点埋深的算术平均值代表安徽淮北平原面上浅层地下水平均埋深，得出浅层地下水平均埋深长系列变化过程线(图 3-27)。

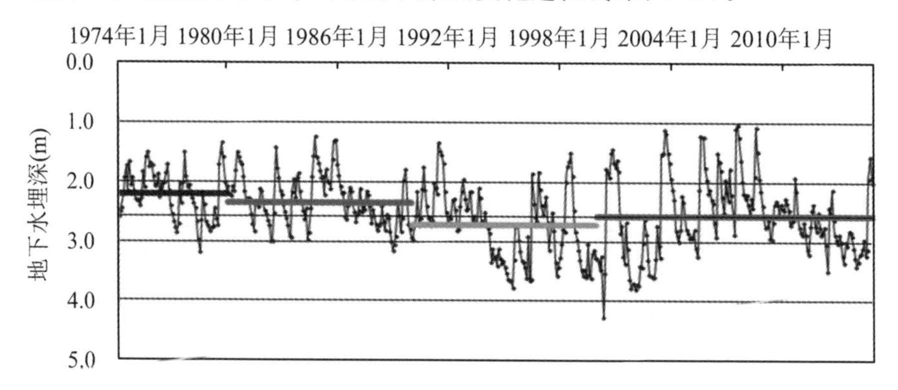

图 3-27 安徽淮北平原浅层地下水面上埋深变化过程线图

如果将埋深小于 1. 5 m 作为地下水埋深丰水期阈值，则从图 3-27 中可以看出，41 年内淮北平原共出现 15 个丰水期，分别是：1975 年 8 月、1977 年 8 月、1979 年 9 月、1980 年 8 月、1982 年 8 月、1984 年 10 月、1985 年 11 月、1991 年 6 月、1998 年 8 月、2000 年 11 月、2003 年 9 月、2005 年 10 月、2007 年 8 月、2008 年 8 月和 2014 年 8 月，出现丰水期的时间间隔，即采补周期是 2. 6 年，大部分时段的采补周期是 1～2 年，也有个别时段采补周期较长，例如，1985 年 11 月～1991 年 6 月，采补周期是 5. 5 年，1991 年 6 月～1998 年 8 月，采补周期最长，达 7 年。

如果以淮北平原面上浅层地下水埋深进入 3. 0 m 以深区间作为地下水进入枯水期的标志，则从图 3-27 可以看出，41 年来，淮北平原共出现 14 个枯水期，其时间分别是：1978 年 6 月、1988 年 12 月、1996 年 6 月、1997 年 11 月、1999 年 6 月、2000 年 5 月、2000 年 11 月、2003 年 2 月、2005 年 6 月、2011 年 5 月、2012 年 6 月、2013 年 4 月和 2014 年 1 月，出现枯水期的平均时间间隔即开发周期是 3. 6 年。

从图 3-27 上还可以看出，1994 年 4 月～2003 年 6 月的 9 年时间，为地下水较枯时段，2000年5月为地下水最枯月；2003年9月～2008年8月的5年时间，为地下水较丰时段，2003年9月、2007年8月以及2008年8月为地下水最丰月份。

根据淮北平原面上浅层地下水平均埋深多年系列资料分析成果可知，1994年4月～2003年6月的9年时间，为地下水较枯时段，2000年5月为地下水最枯月。现以2000年5月浅层地下水平均埋深分布情况，来分析安徽淮北平原枯水年浅层地下水面上分布特征。

2000年5月淮北平原平均地下水埋深为4.26m，5%(9个)的站点在8 m以深，20%(36个)的站点在5～8 m，75%(135个)的站点在5 m以浅。

8 m以深的9个站点主要分布在北部的砀山、萧县，外加中部的蒙城县，分别是：砀山县曹庄乡戚楼曹庄站(10.35 m)、砀山县西南门镇郑楼村陇海站(10.15 m)、砀山县薛口乡大张庄韦子园站(9.92 m)、砀山县李庄镇三座楼李庄站(8.72 m)、砀山县唐寨镇唐寨站(8.62 m)、砀山县朱楼乡迥龙集站(8.56 m)、砀山县玄庙镇北大寨站(8.11 m)、萧县永固镇粮站永固站(10.87 m)、蒙城县城关镇蒙城站(10.29 m)，以萧县永固站为纪录为最深，达10.87 m。外加3个漏斗：涡阳县义门镇朱庄村义门站(7.29 m)、阜南县城关镇后谷村公桥站(6.77 m)、亳州市牛集镇张沃站(6.35 m)。

根据浅层地下水平均埋深多年系列资料分析成果可知，地下水最丰的时段为2003年9月～2008年8月的5年。其中，2003年9月、2007年8月、2008年8月为地下水最丰的3个月份。考虑到2003年9月前期地下水较枯，2003年7～9月获得了较大补给，故以2003年9月为代表来分析淮北平原丰水年浅层地下水面上分布特征。

经计算，2003年9月淮北平原区平均地下水埋深为1.11 m，180个站点中，共有103个站点月平均地下水埋深在1.00 m以浅，占总面积的57%(假定各站代表面积相等)，其中有22个站点月平均地下水埋深在0.50 m以浅，占总的12%；月平均埋深在2.0 m以深的站点共11个，占总的6%，主要分布在平原北部宿州市砀山县境内，同时宿州市萧县及亳州市蒙城各有一个站点(表3-33)。

表3-33　2003年9月平均埋深2 m以深站点统计表

市、县	乡、镇	站　名	埋　深(m)
宿州市砀山县	官庄镇官南村	官庄	8.12
	唐寨镇	唐寨	6.7
	西南门镇郑楼村	陇海	5.99
	周寨镇汪集	周寨	4.14
	玄庙镇北	大寨	3.65
	曹庄乡戚楼村	曹庄	3.55
	朱楼镇朱楼	迥龙集	2.78
	李庄镇三座楼李庄	李庄	2.56
	黄楼乡王庄固口闸	固口	2.36
宿州市萧县	丁楼乡王庄	丁楼	5.68
亳州市蒙城县	城关镇	蒙城	2.38

3.4.2 浅层地下水埋深代际变化分析

淮北平原浅层地下水观测数据包含了1970年代、1980年代、1990年代以及2000年代共4个年代，所谓代际变化分析是指以10年为一个时段，统计各时段内地下水动态特征，以寻找各时段间的变化规律。

1. 面上平均埋深

取180个站点地下水埋深算术平均值作为面上地下水平均埋深，点绘淮北平原地下水平均埋深过程线。再分别以1974年1月至1980年12月为1970年代、以1981年1月至1990年12月为1980年代、以1991年1月至2000年12月为1990年代、以2001年1月至2010年12月为2000年代，4个年代的淮北平原面上地下水平均埋深进行分析，如表3-34所示。

表3-34 浅层地下水面上平均埋深代际变化表

时间	1974年12月至1980年12月	1981年1月至1990年12月	1991年1月至2000年12月	2001年1月至2010年12月
平均埋深(m)	2.32	2.88	2.75	2.46

从表3-34可以看出，淮北平原地下水以1970年代为最丰，以1980年代为最枯，自1990年代以来，淮北平原地下水进入持续恢复期。

进一步对地下水浅埋深出现频率较高的代际进行统计可见，2001～2010年地下水浅埋深站点占比最高，意味着地下水资源量达到最大；1991～2000年次之；其中，2003年淮北平原浅层地下水资源量最丰富，29%的井点在该年获得了最大补给，2007年、1998年、1996年则次之，详见表3-35。

表3-35 地下水浅埋深代际分布分析

浅埋深出现年份	站点数	占比	年代分布	占比	浅埋深出现年份	站点数	占比	年代分布	占比
1974	3	2%			1984	2	1%		
1985	12	7%			1985	12	7%		
1991	10	6%			1989	5	3%		
1977	2	1%			1991	10	6%	45	25%
1979	12	7%	19	11%	1992	1	1%		
1980	2	1%			1996	13	7%		
1982	5	3%			1997	2	1%		

续表

浅埋深出现年份	站点数	占 比	年代分布	占 比	浅埋深出现年份	站点数	占 比	年代分布	占 比
1998	18	10%			2006	4	2%		
1999	1	1%			2007	20	11%		
2001	2	1%	26	14%	2008	5	3%	90	50%
2003	52	29%							
2005	7	4%		合计	180	100%	180	100%	

与地下水浅埋深相反，地下水深埋深反映了地下水开采程度。如果某年代地下水深埋深出现多，说明该年代浅层地下水资源开采量较大。经统计，淮北平原浅层地下水自 1990 年代以来，进入高开发期，2000 年代的开发利用强度进一步增强，尤以 1999～2002 年开的发利用强度最大，4 年中，54%的站点先后达到最枯水位。淮北平原浅层地下水资源开采量以 2000 年为最大，2002 年、2001 年、1995 年、1999 年次之（表 3-36）。

表 3-36 地下水深埋深代际分布分析

浅埋深出现年份	站点数	占 比	年代分布	占 比	浅埋深出现年份	站点数	占 比	年代分布	占 比
1975	1	1%			1996	7	4%		
1976	1	1%			1997	4	2%		
1977	3	2%			1998	1	1%		
1978	5	3%			1999	16	9%	53	29%
1979	2	1%	12	7%	2000	42	23%		
1982	2	1%			2001	19	11%		
1983	1	1%			2002	21	12%		
1987	1	1%			2003	11	6%		
1988	2	1%			2004	1	1%		
1989	1	1%	7	4%	2005	7	4%		
1991	1	1%			2008	2	1%		
1992	1	1%			2009	3	2%		
1994	4	2%			2010	2	1%	108	60%
1995	19	11%		合计	180	100%	180	100%	

3.5 淮北平原地下水演变分布动态分析

对淮北平原地下水演变分布动态的分析，主要依据安徽省水文局设立的180眼浅层地下水水位观测井自1974年至2010年共36年每5日一次的观测数据。淮北平原浅层地下水流向基本上与颍河、涡河等地表河流平行，自西北流向东南，且水力坡度总体上自西北向东南逐步减小。

区域浅层地下水多年平均埋深值为2.46 m，自东南向西北埋深大致可划为3个与淮河干流平行的分布带(带宽60 km左右)，南部埋深1～2 m，中部2～4 m，西北部大于4 m。从多年平均地下水埋深看：69％的站点处在1.50～3.00 m之间；92％的站点处在1.00～4.00 m之间；小于1 m的站点有2个，都位于淮南市凤台县，超过4 m的站点有10个，分别位于宿州市、亳州市和阜阳市；单站最大值为5.76 m，是宿州市褚兰镇褚兰站。

从代际变化看，自1970年代始，地下水开发力度呈上升趋势，1990年代达到最大，2000年后进入恢复期。1994年4月至2003年6月的9年时间，为地下水较枯时段，2000年5月为地下水最枯月。2003年9月至2008年8月的5年时间，为地下水较丰时段，2003年9月、2007年8月、2008年8月为地下水最丰月份。2003年9月淮北平原区平均地下水埋深为1.11 m，183个站点中，57％的站点埋深在1.00 m以浅，12％的站点在0.50 m以浅，6％的站点在2.0 m以深(表3-37)。

表3-37 淮北平原浅层地下水平均埋深代际变化表

时间	1974年1月至1980年12月	1981年1月至1990年12月	1991年1月至2000年12月	2001年1月至2010年12月	1974年1月至2010年12月
平均埋深(m)	2.21	2.31	2.73	2.48	2.46

若以丰水期至丰水期时间间隔为采补期，淮北平原浅层地下水平均采补周期是2.6年，大部分时段的采补周期是1～2年，也有个别时段的采补周期较长，例如，1985年11月至1991年6月的采补周期是5.5年，1991年6月至1998年8月的采补周期最长，达7年。若以本枯水期至下一个枯水期为开发周期，则区域平均开发周期是3.6年。

第4章 苏北平原区浅层地下水时空分布及其演变态势分析

4.1 地下水观测站点分布

江苏省苏北、苏中平原浅层地下水流向为西北向东南，流向受地形高程控制。为掌握地下水动态，江苏省水文局1956年就开始全面布设浅层地下水监测站网，地下水监测布设基本观测井的重点是苏北平原井灌区(浅层井)、污染区、全省面上漏斗区、盐碱化区、农灌远景发展区及地方病区。江苏省水文局结合江苏水利区划和水资源分区以及水文地质条件、地下水动态、水资源开发利用等情况，开展监测工作，至2013年共设立地下水观测站234个，监测频率为逐日和5日，站点分布见表4-1。本书选取了1981～2013年苏北、苏中234个浅层地下水观测站的资料开展分析工作，这些成果为本次研究工作奠定了工作基础。

表4-1 苏北平原浅层地下水观测站点分布

<table>
<tr><th>市</th><th colspan="7">区、县</th><th>小 计</th></tr>
<tr><td rowspan="2">徐州</td><td>市区</td><td>丰县</td><td>沛县</td><td>睢宁县</td><td>邳州市</td><td>新沂市</td><td></td><td rowspan="2">58</td></tr>
<tr><td>8</td><td>14</td><td>12</td><td>8</td><td>9</td><td>7</td><td></td></tr>
<tr><td rowspan="2">南通</td><td>如东县</td><td>海安县</td><td>如皋市</td><td></td><td></td><td></td><td></td><td rowspan="2">13</td></tr>
<tr><td>4</td><td>4</td><td>5</td><td></td><td></td><td></td><td></td></tr>
<tr><td rowspan="2">连云港</td><td>海州区</td><td>赣榆区</td><td>东海县</td><td>灌南县</td><td>灌云县</td><td></td><td></td><td rowspan="2">39</td></tr>
<tr><td>4</td><td>14</td><td>13</td><td>3</td><td>5</td><td></td><td></td></tr>
<tr><td rowspan="2">淮安</td><td>市区</td><td>淮阴区</td><td>淮安区</td><td>盱眙县</td><td>洪泽区</td><td>金湖县</td><td>涟水县</td><td rowspan="2">26</td></tr>
<tr><td>2</td><td>5</td><td>3</td><td>6</td><td>3</td><td>3</td><td>4</td></tr>
<tr><td rowspan="2">盐城</td><td>市区</td><td>阜宁县</td><td>响水县</td><td>滨海县</td><td>射阳县</td><td>大丰市</td><td>东台市</td><td rowspan="2">50</td></tr>
<tr><td>9</td><td>6</td><td>6</td><td>7</td><td>6</td><td>7</td><td>9</td></tr>
</table>

续表

市	区、县							小 计
扬州	市区	高邮市	宝应县					12
	3	4	5					
泰州	市区	泰兴市	兴化	姜堰区				10
	1	1	5	3				
宿迁	市区	沭阳	泗洪	泗阳				26
	5	8	7	6				
合计								234

地下水流向、坡度主要受地形与河网分布影响。通过分析苏北平原地下水水位等值线可以看出，苏北平原地下水流向基本上与大运河、沂沭河、淮河干流平行，自西北、北及西南向东南汇流。丰沛高亢平原、盱眙丘陵岗地、东海赣榆低山丘陵水力坡度大，苏北沿海平原水力坡度总体较小。

4.2 代表年分布特征

4.2.1 埋深年际变化

苏北平原面上浅层地下水长期监测站共 234 个。这 234 个站点实际上并非均匀分布，为了便于直观统计，假定各个站点面上代表面积相等，则各个站点的埋深算术平均值即为苏北平原面上浅层地下水平均埋深，苏北平原面上浅层地下水半均埋深变化过程线如图 4-1 所示。

如果以苏北平原浅层地下水埋深进入 1.0 m 以浅区间为地下水进入丰水期的标志，则从图 4-2 可以看出，33 年来，苏北平原共出现过 23 个丰水期，其时间分别是 1985 年 10 月、1990 年 8 月、1991 年 9 月、1992 年 9 月、1994 年 9 月、1995 年 9 月、1996 年 9 月、1998 年 10 月、1999 年 10 月、2000 年 7 月、2001 年 10 月、2002 年 9 月、2003 年 9 月、2004 年 10 月、2005 年 10 月、2006 年 8 月、2007 年 6 月、2008 年 6 月、2009 年 6 月、2010 年 6 月、2011 年 10 月、2012 年 10 月和 2013 年 6 月，出现丰水期的时间间隔，即采补周期是 1.4 年；1980～1989 年的采补周期较长，达到了 5.5 年；1990 年之后采补周期基本保持稳定，是 1 年。

从图 4-1 可以看出，如果将苏北平原面上浅层地下水埋深进入 3.5 m 以深区间作

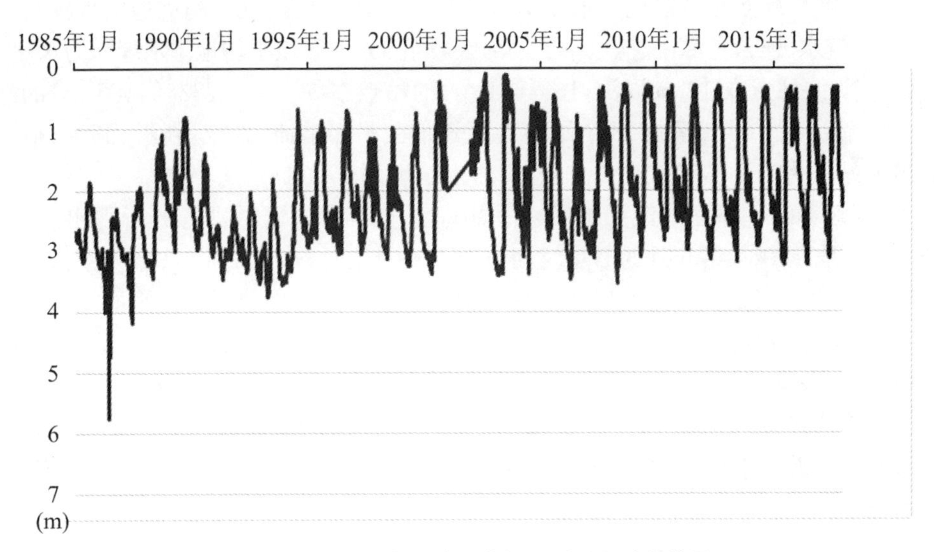

图 4-1　苏北平原浅层地下水长系列埋深过程线图

为地下水进入枯水期的标志，则 33 年来苏北平原共出现过 6 个枯水期，分别是 1982 年 4 月、1983 年 4 月、1987 年 6 月、1989 年 4 月、1990 年 2 月和 2004 年 4 月，出现枯水期的平均时间间隔(即开发周期)是 5.5 年。

从图 4-1 还可以看出，1982 年 4 月～1984 年 5 月和 1987 年 6 月～1990 年 2 月的 6 年，为地下水较枯时段，其中 1982 年 6 月为地下水最枯月；1999 年 9 月～2013 年 8 月为地下水较丰时段，其中 1999 年 10 月为地下水最丰月份。

4.2.2　多年平均埋深分析

苏北平原面上浅层地下水多年平均埋深大部分在 5.0 m 左右，整个苏北平原面上浅层地下水多年平均埋深值为 2.32 m，面上最浅埋深值为 0.36 m，最深埋深值为 8.70 m。234 个站点中，有 17 个站点多年平均埋深为 5 m 以浅，它们是徐州丰县王沟、毕楼、祝楼、宁庄、李砦、张五楼、首羡、范楼、赵庄、城关等站和沛县敬安、鸳楼、栖山、鹿楼、孟寨、孟庄、安国等站。地下水埋深多年平均最大值为 8.70 m，为沛县敬安镇敬安站。

50 个站点地下水多年平均埋埋深介于 2～5 m，其余 167 处站点的地下水多年平均埋深小于 2 m。

4.2.3　枯水年埋深分布特征

根据降雨频率分析，2011 年是枯水年，当年 5 月是地下水的最枯时段。现以 2011 年 5 月浅层地下水平均埋深分布来分析苏北平原浅层地下水面上分布特征。

2011 年 5 月苏北平原地下水在丰沛平原、骆马湖周边、洪泽湖周边的埋深均超过 6 m；淮安涟水、连云港灌南、盐城阜宁局部区域超 6 m。区域平均地下水埋深为 3.83 m，5%(18 个)的站点在 10 m 以深，13%(31 个)的站点在 5～10 m，82%(185 个)的站点在 5 m 以浅。10 m 以深的 18 个站点主要分布在北部丰沛、睢宁、新沂、泗洪、宿豫等地，最深站点为泗洪县归仁乡归仁农科站，水位埋深 17.34 m。

根据对苏北平原面上浅层地下水平均埋深多年系列资料进行分析得出的成果，1982 年 4 月～1984 年 5 月的 2 年时间为地下水较枯时段，其中 1982 年 6 月为地下水最枯月。现以 1982 年 6 月浅层地下水平均埋深分布情况来分析苏北平原枯水年浅层地下水面上分布特征：2000 年 5 月，区域平均地下水平均埋深为 4.26 m，5%(13 个)的站点的平均埋深在 10 m 以深，15%(36 个)的站点的平均埋深在 5～10 m，80%(185 个)的站点的平均埋深在 5 m 以浅。10 m 以深的 13 个站点主要分布在北部丰沛、睢宁、新沂、铜山、东海等地，最深站点为濉宁县濉城公社潘村东，水位埋深 18.29 m。

4.2.4 丰水年埋深分布特征

根据降雨频率和苏北平原面上浅层地下水平均埋深多年系列资料进行分析得出，2003 年为丰水年且 1999 年 9 月～2013 年 8 月为地下水较丰时段，其中 2003 年 9 月为地下水最丰月份，故以 2003 年 9 月末苏北平原面上浅层地下水平均埋深分布情况为例来分析苏北平原丰水年浅层地下水面上分布特征。

2003 年 9 月大部分站点的月平均地下水埋深在 2.10 m 以浅，超过 2 m 埋深的仅分布在徐州市丰沛县和泗洪—新沂一线。经分析，2003 年 9 月淮北平原月平均地下水埋深为 2.0 m，共有 165 个站点月平均地下水埋深在 2.00 m 以浅，占总面积的 70.5%(假定各站代表面积相等)，其中有 95 个站点的月平均地下水埋深在 1.00 m 以浅，占总面积的 40.5%。月平均埋深在 5.0 m 以深的站点共 12 个，占总面积的 5%，主要分布在北部的徐州沛县新沂、宿迁泗洪、连云港东海灌南及淮安淮阴楚州区(表 4-2)。

表 4-2 2003 年 9 月 5 m 以深月平均埋深站点统计表

市	县	乡、镇	站、名	埋深(m)
徐州	沛县	龙固公社洼村	龙固	7.69
		胡寨公社小秦庄	胡寨	7.53
		五段公社张庄	五段	6.50
		张庄公社郭庄	张庄	8.10
	新沂市	新安镇城关	新安	5.56

续表

市	县	乡、镇	站、名	埋深(m)
连云港	东海县	驼峰乡驼峰村	驼峰	5.16
	灌南县	六塘乡朱圩村	六塘	6.76
淮安	淮阴区	棉花庄公社张河大队	棉花庄	5.17
	楚州区	范集镇范集村	范集	6.26
宿迁	泗洪县	太平乡果林场	太平	5.44
		葛集乡翁庄	葛集	5.78
		黄圩乡黄圩村	黄圩	7.66

4.3　分区演变特征

为了进一步分析苏北平原的浅层地下水演变特征，根据地形与含水层水文地质条件，将苏北平原丰沛平原区、沂沭河平原、苏北里下河低洼湖荡平原、苏北滨海平原分成4个亚区，并从4个亚区中各选取两个代表性好、资料系列长的站点进行详细描述。

4.3.1　丰沛平原

丰沛平原位于江苏省徐州市的西北部，包括丰县和沛县两个县级行政区。区内地势平坦高亢，地面标高20～35 m，地貌上属黄泛冲积堆积平原区，属南四湖平原的一部分。当地近地表浅部分布发育，由全新世和更新世萨拉乌苏期沉积的粉质黏土、粉土、粉细砂组成，厚40～60 m。上部潜水含水层厚10～20 m，岩性为由粉质黏土、粉土，局部粉砂组成，单井涌水量10～50 m^3/d；下部微承压含水层由粉细砂组成，砂层厚3～10 m，结构呈松散状，透水性较好，单井涌水量100～200 m^3/d。当地含水层富水性较好，是江苏省主要的浅层地下水开发利用区。

丰县欢口站位于丰县欢口镇贺固集西，为丰县代表站。根据其1981～2013年平均水位资料分析，其地下水埋深总体是呈下降—上升—稳定态势。最浅埋深出现在2005年10月，为0.38 m；最深埋深出现在1990年10月，达14.32 m；埋深变幅为13.94 m，长系列浅层地下水埋深变化过程如图4-2所示。该站多年平均地下水埋深为6.63 m，历史上曾出现两次较大幅度的持续下降，一次为1988年1月～1990年10月，地下水埋深自6.84 m不断下降，至1990年10月到达最低点14.32 m；第二次为由2002年4月的5.57 m下降至2003年6月的9.64 m，之后地下水水位迅速回升，埋深在 1～4 m 间波动；采补周期约 1 年，变幅 2～3 m。

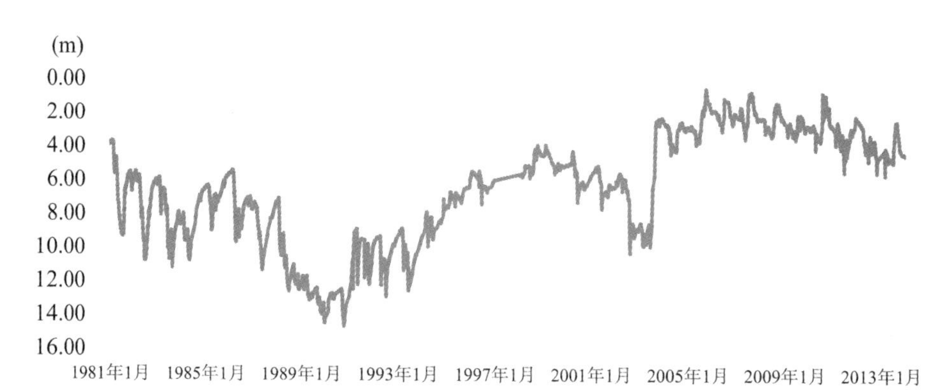

图 4-2　丰县欢口浅层地下水埋深变化过程线图

沛县龙固站位于沛县龙固镇后洼村，为沛县代表站。根据其 1981～2013 年平均水位资料分析可知，其总体是呈下降—上升—稳定的态势。最浅埋深出现在 2007 年 8 月，为 0.75 m；最深埋深出现在 1989 年 5 月，达 10.62 m；埋深变幅为 9.87 m，长系列浅层地下水埋深变化过程如图 4-3 所示。该站多年平均地下水埋深为 3.96 m，历史上曾出现 3 次较大幅度的持续下降，一次为 1988 年 1 月～1989 年 11 月，地下水埋深自 4.63 m 不断下降至 1989 年 11 月的 10.25 m；第二次为自 2000 年 5 月的 3.57 m 急速下降至 9.26 m；第三次为自 2002 年 8 月的 2.69 m 下降至 8.12 m，之后地下水水位迅速回升，埋深在 1～4 m 间波动，采补周期约 1 年，变幅 2～3 m。

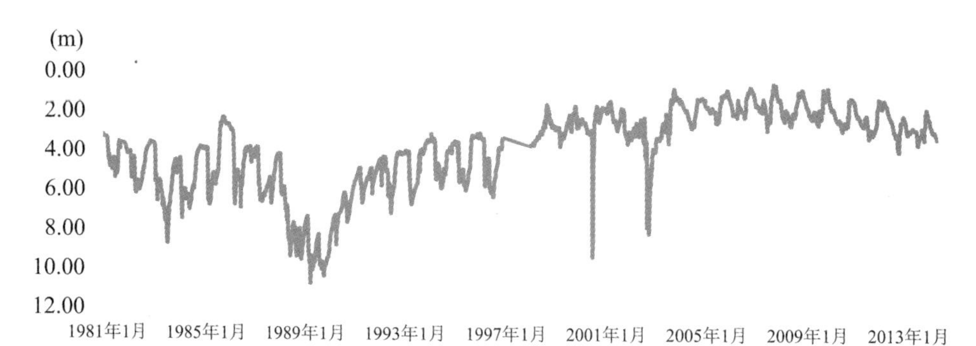

图 4-3　沛县龙固站浅层地下水埋深变化过程线图

比较丰、沛两县，发现两个站反映出基本一致的埋深演变特征，最大的埋深均出现在 1988～1990 年，且在 2002 年左右出现急速下降，之后埋深均保持稳定，规律基本一致。

4.3.2　沂沭河平原

沂沭河平原位于江苏省的北部，包含徐州市的东北、宿迁市、淮安市北部、连云港市南部，地势由北向南、由西向东倾斜，平原区地势高亢平坦，地面标高 13～17 m。本区含水层近地表分布发育，含水砂层由第四纪全新世冲洪积相堆积的粉质黏土、粉土、粉细砂组成，厚度 10～15 m，富水性差异较大，在以黏性土为主的地带，单井涌水量仅 5～10 m^3/d，在粉细砂层分布区，单井涌水量可达 30～100 m^3/d。

茆圩站位于宿迁市沭阳县茆圩乡。根据其 1981～2013 年的平均水位资料分析，其地下水位总体是呈稳定态势的。最浅埋深出现在 2003 年、2006 年和 2007 年的 7 月，埋深为负值，站点附近地面积水；最深埋深出现在 1999 年 3 月，达 2.98 m，埋深变幅为 2.98 m，长系列浅层地下水埋深变化过程如图 4-4 所示。多年平均地下水埋深为 1.70 m，埋深变幅小，在 0～3 m 间波动，变化无趋势性，采补周期 1～2 年。

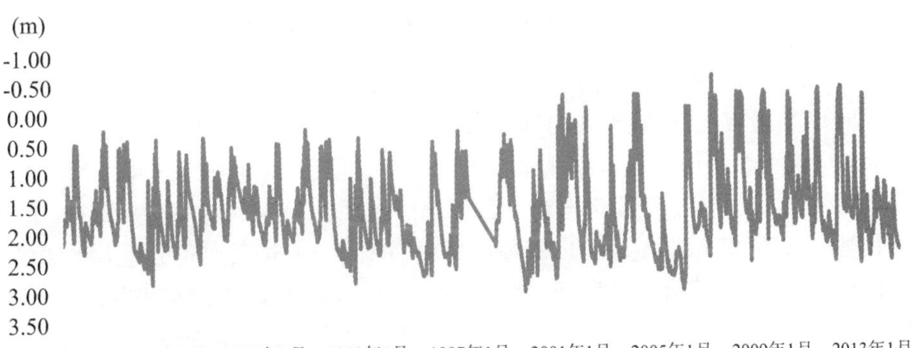

图 4-4　茆圩站浅层地下水埋深变化过程线图

同兴站位于连云港市灌云县同兴乡同兴村。根据其 1981～2013 年平均水位资料分析，其地下水位总体是呈稳定态势。最浅埋深出现在 2000 年 8 月，为－0.33 m，站点附近地面积水；最深埋深出现在 1986 年 6 月，达 1.80 m，埋深变幅为 2.13 m，长系列浅层地下水埋深变化过程如图 4-5 所示。多年平均地下水埋深为 0.71 m，埋深变幅小，在 0～2 米间波动，变化无趋势性，采补周期 1～2 年。

4.3.3　里下河低洼湖荡平原

苏北里下河低洼湖荡平原位于苏中腹地，北界为灌溉总渠、东至通榆运河西侧，南界为通扬运河，西至洪泽湖西侧。潜水含水层组主要由全新统冲湖积相、潟湖相堆积的粉质黏土、粉土组成，厚 5～35 m，由西向东呈逐渐增厚趋势，区内仅在宝应一带分布有粉土和粉砂层，其他地区均以黏性土为主。单井涌水量一般小于 5 m^3/d，局部可

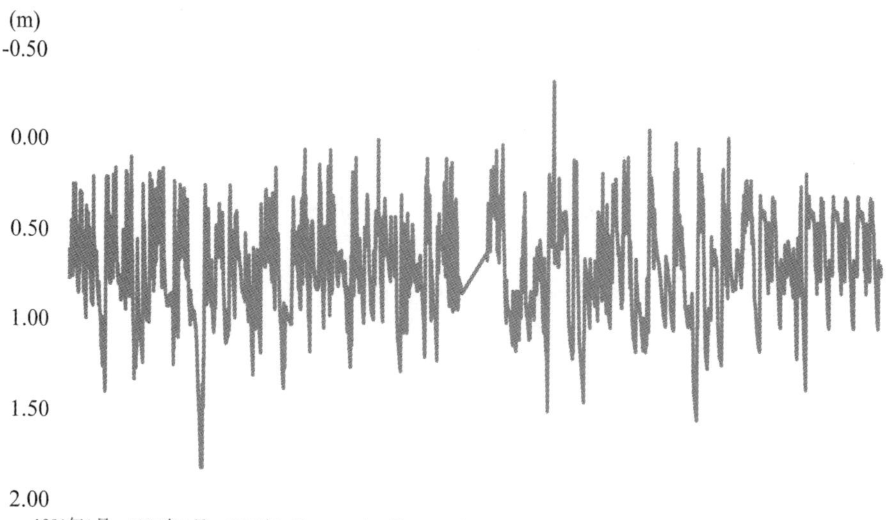

图 4-5　同兴浅层地下水埋深变化过程线图

达 10～50 m^3/d。水质除在宝应—兴化—小纪一线以东地区分布有 Cl·HCO_3-Na·Ca 或 Cl-Na 型微咸水、半咸水外，其余均为 HCO_3-Ca(Na·Ca)型淡水。

溱潼站位于泰州市姜堰市溱潼镇湖滨雨量场。根据 1981～2013 年平均水位资料分析，其地下水位总体是呈稳定态势。最浅埋深出现在 1986 年 7 月，为 0.01 m；最深埋深出现在 1991 年 7 月，达 2.81 m；埋深变幅为 2.80 m，长系列浅层地下水埋深变化过程如图 4-6 所示。多年平均地下水埋深为 0.93 m，埋深变幅小，在 0～2 m 间波动，仅在 1991 年 7 月、2005 年 2 月和 12 月、2012 年 2 月和 12 月出现埋深大于 2 m 的情况，埋深无趋势性变化，采补周期 1～2 年。

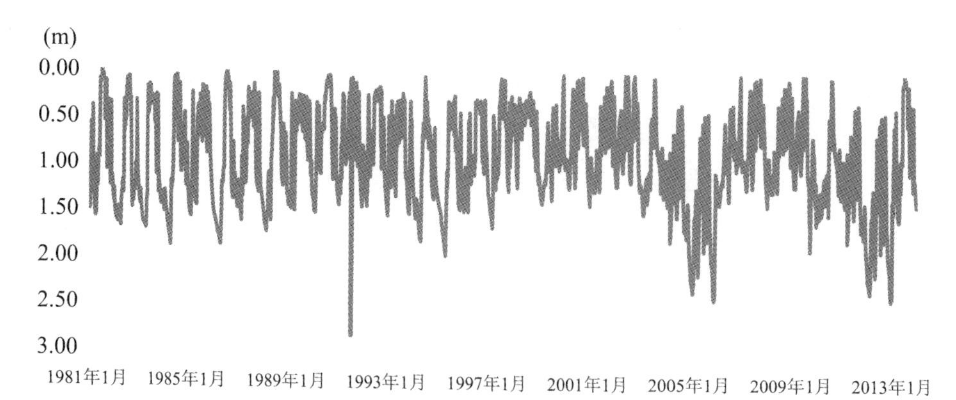

图 4-6　溱潼站浅层地下水埋深变化过程线图

射阳站位于扬州市宝应县射阳镇。根据 1981～2013 年平均水位资料分析，其地下水位总体是呈稳定态势。最浅埋深出现在 2003 年 7 月，为负埋深，附近地面积水；

最深埋深出现在1991年7月，达2.59 m，埋深变幅为2.59 m，长系列浅层地下水埋深变化过程如图4-7所示。其多年平均地下水埋深为0.63 m，埋深变幅小，1981～1993年间其变幅在0～2 m间波动，1993年后仅在0～1 m间波动。期间出现过10次埋深超过2.5 m的记录，埋深无趋势性变化，采补周期1～2年。

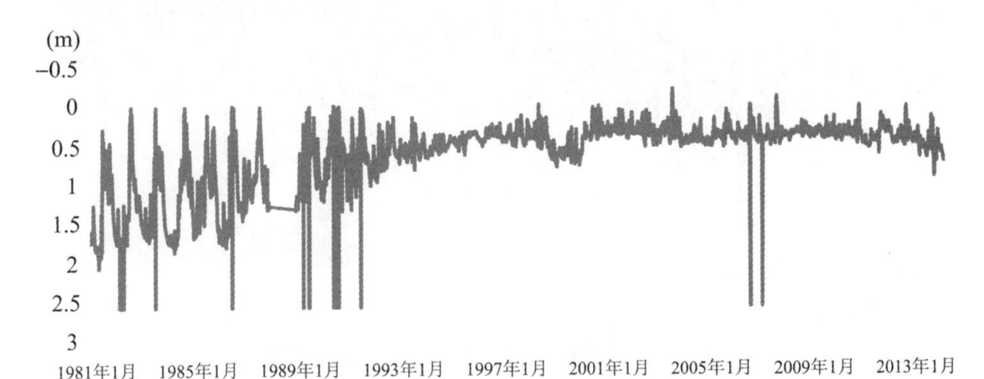

图4-7　宝应县射阳镇浅层地下水埋深变化过程线图

4.3.4　滨海平原

苏北滨海平原位于江苏省域滨海地区，范围为建湖—盐城—东台以东，苏北灌溉总渠以南，弶港以西的沿海平原区。区内主要赋存松散岩类孔隙地下水，由一套全新世时期的滨海相沉积物所组成，沉积厚度15～35 m。含水层组岩性在北部为由粉质黏土、粉土组成；东部沿海地区则是由粉质黏土、粉砂互层组成，单井涌水量一般在10～100 m^3/d。水质可分上下两个带：近地表2.0～2.5 m以浅为潜水淡化带，水化学类型为HCO_3·Cl-Na·Ca型，矿化度为1～2 g/L；下部水质较差，均为Cl-Na型，矿化度均大于2 g/L，向沿海带矿化度可达10 g/L以上，呈由微咸水向咸水过渡趋势。

洋桥站位于盐城市阜宁县古河乡洋桥村。根据其1981～2013年平均水位资料分析，其地下水位总体是呈稳定态势的。最浅埋深出现在2000年8月，为0.08 m；最深埋深出现在1984年6月，达2.44 m；埋深变幅为2.36 m，长系列浅层地下水埋深变化过程如图4-8所示。多年平均地下水埋深为1.37 m，埋深变幅小，变幅在0～2.5 m间波动，埋深无趋势性变化，采补周期1～3年。

白驹北闸站位于盐城市大丰市白驹北闸。根据其1981年至2013年平均水位资料分析，其地下水位总体是呈稳定态势的。最浅埋深出现在1998年8月，为负埋深，附近地面积水；最深埋深出现在1996年3月，达3.10 m；埋深变幅为3.10 m，长系列浅层地下水埋深变化过程如图4-9所示。多年平均地下水埋深为0.63 m，埋深变幅小，1981～1996年变幅在0～3 m间波动，有5次埋深超过3.0 m的记录，1996年后埋深仅在0～1.5 m间波动。埋深无趋势性变化，采补周期1～3年。

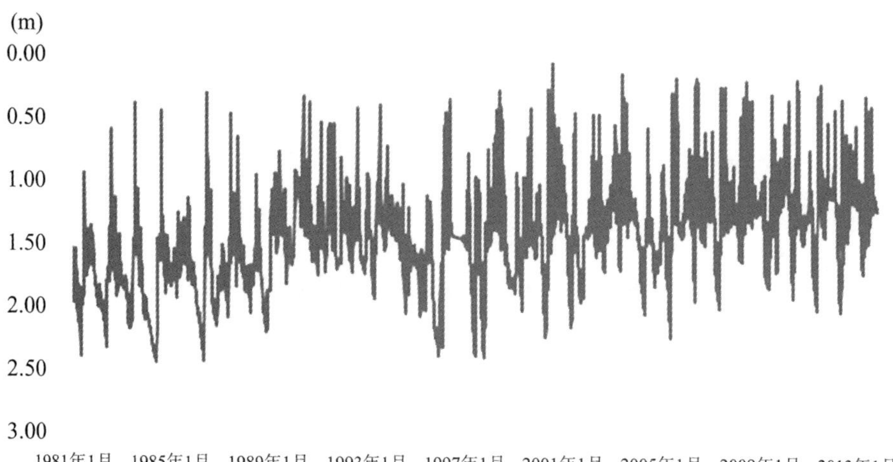

图 4-8 洋桥站浅层地下水埋深变化过程线图

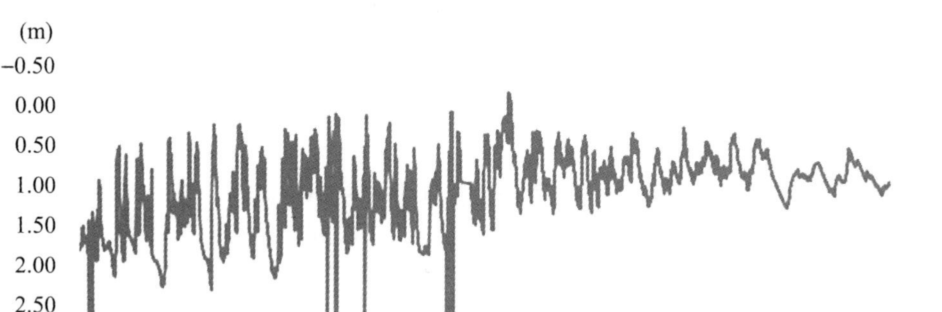

图 4-9 白驹北闸站浅层地下水埋深变化过程线图

4.4 埋深变化动态分析

4.4.1 平均埋深

图 4-2 显示，苏北平原浅层地下水埋深具有明显的代际特征，可分为 3 个代际，1981～1990 年、1991～1999 年和 2000～2013 年。将所有监测站的地下水埋深算数平均作为面上的平均埋深值，则 3 个年代的苏北平原面上平均地下水埋深可见表 4-3。

表 4-3　浅层地下水面上平均埋深代际变化表

时　间	1981～1990 年	1991～1999 年	2000～2013 年
平均埋深(m)	3.28	2.53	1.71

从表 4-3 可以看出，苏北平原地下水在 1980 年代为最枯，也就是说进入了恢复期，2000 年之后基本恢复至天然状态。

4.4.2　浅埋深

地下水浅埋深是指开始进行地下水长期观测记录以来，该站所能达到的最浅埋深。如果某个年代地下水浅埋深出现多，说明该年代浅层地下水资源丰富，获得的补给最充分。统计苏北平原面上 234 眼地下水动态长期观测井的地下水浅埋深代际分布可以发现，21 世纪以来的苏北平原浅层地下水资源最丰富，浅埋深值低的站点占比达到 94.4%，为主要的补给年份。按年份统计以 2005 年苏北平原浅层地下水资源最丰富，13.7%的站点在该年获得了最大补给，而 2003 年、2009 年次之，详见表 4-4、图 4-10。

表 4-4　苏北平原地下水浅埋深代际分布情况

浅埋深出现年份	站点数	占　比	年代分布	占　比	浅埋深出现年份	站点数	占　比	年代分布	占　比
1981	0	0%			1994	0	0%		
1982	0	0%			1995	0	0%		
1983	0	0%			1996	0	0%		
1984	0	0%			1997	3	1.28%		
1985	0	0%			1998	6	2.56%		
1986	0	0%			1999	4	1.71%	13	5.56%
1987	0	0%			2000	13	5.56%		
1988	0	0%			2001	17	7.26%		
1989	0	0%			2002	12	5.13%		
1990	0	0%	0	0%	2003	27	11.54%		
1991	0	0%			2004	21	8.97%		
1992	0	0%			2005	32	13.68%		
1993	0	0%			2006	6	2.56%		

续表

浅埋深出现年份	站点数	占　比	年代分布	占　比
2007	8	3.42%		
2008	17	7.26%		
2009	27	11.54%		
2010	10	4.27%		
2011	10	4.27%		
2012	9	3.85%		
2013	12	5.13%	221	94.44%
合计	234			

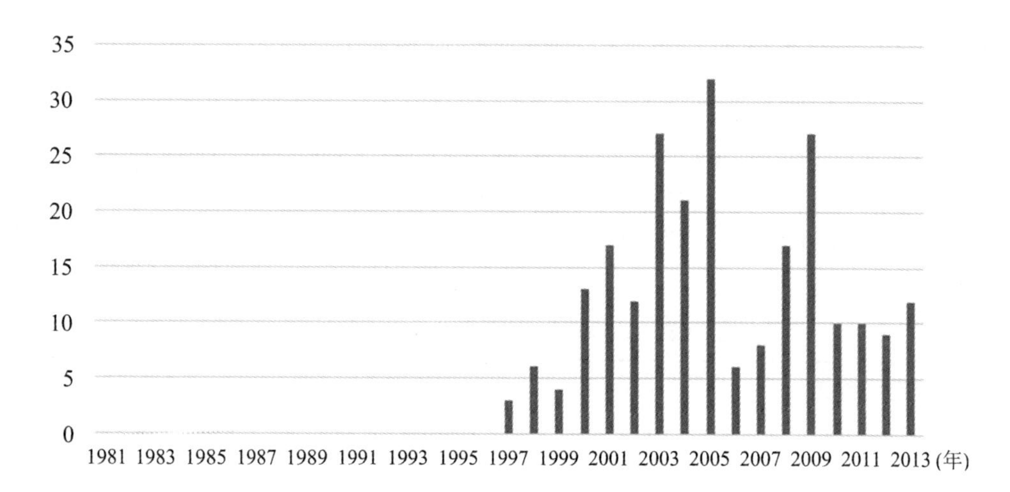

图 4-10　苏北平原地下水浅埋深代际分布情况

此外，有 50%的站点的地下水埋深在 0.5 m 以浅，86.7%的站点浅埋深在 2 m 以浅，仅有 6%的站点地下水浅埋深超过 3 m（表 4-5、图 4-11）。

表 4-5　地下水浅埋深站点分布表

埋深范围(m)	站点数	占　比
0～0.5	118	50.43%
0.5～1	45	19.23%
1～1.5	31	13.25%
1.5～2	9	3.85%
2～2.5	8	3.42%
2.5～3	7	2.99%
>3	16	6.84%
合计	234	100%

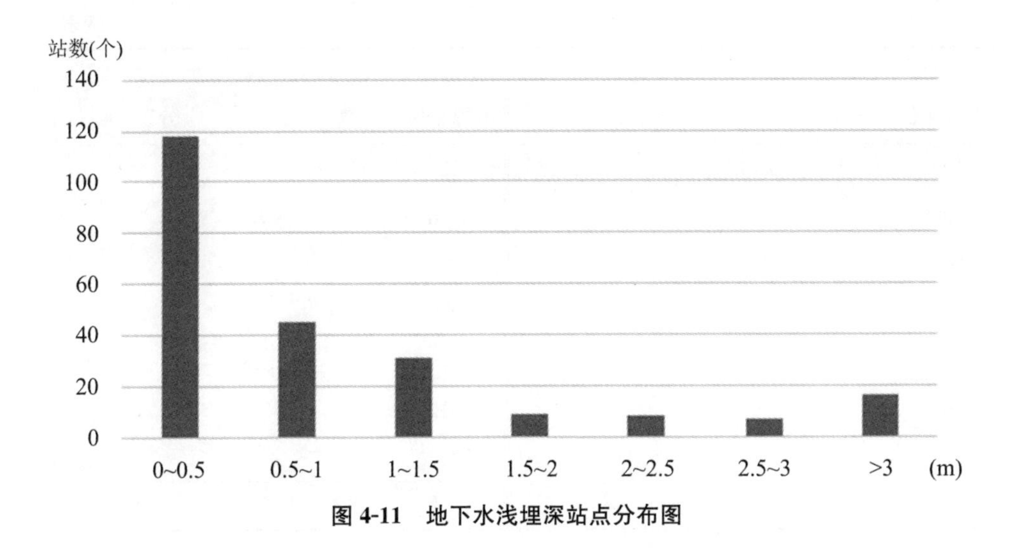

图 4-11　地下水浅埋深站点分布图

4.4.3　深埋深

地下水深埋深是指某站点开始地下水长期观测记录以来，所出现的埋深最大值。地下水深埋深是反映平原区所有能达到的理论最枯地下水资源量，也可以说是最大降升下的允许开采量。统计苏北平原 234 眼地下水动态长期观测井的地下水浅埋深代际分布可以发现，1980 年代的浅层地下水开发利用程度较高，尤其是 1980 年代末期的 1988～1990 年开发强度最大，3 年中有 56.8％的站点先后达到最枯水位，1989 年为苏北平原开发利用强度最大的年份，1988 年和 1990 年次之，详见表 4-6、图 4-12。

表 4-6　苏北平原地下水深埋深代际分布情况

浅埋深出现年份	站点数	占　比	年代分布	占　比	浅埋深出现年份	站点数	占　比	年代分布	占　比
1981	3	1.28％			1990	27	11.54％	177	75.64％
1982	3	1.28％			1991	16	6.84％		
1983	2	0.85％			1992	11	4.70％		
1984	3	1.28％			1993	7	2.99％		
1985	4	1.71％			1994	7	2.99％		
1986	12	5.13％			1995	5	2.14％		
1987	17	7.26％			1996	2	0.85％		
1988	48	20.5％			1997	2	0.85％		
1989	58	24.79％			1998	1	0.43％		

续表

浅埋深出现年份	站点数	占　比	年代分布	占　比	浅埋深出现年份	站点数	占　比	年代分布	占　比
1999	1	0.43%	52	22.22%	2007				
2000	1	0.43%			2008				
2001					2009				
2002					2010				
2003					2011	3	1.28%		
2004					2012				
2005					2013			5	2.14%
2006	1	0.43%			合计	234			

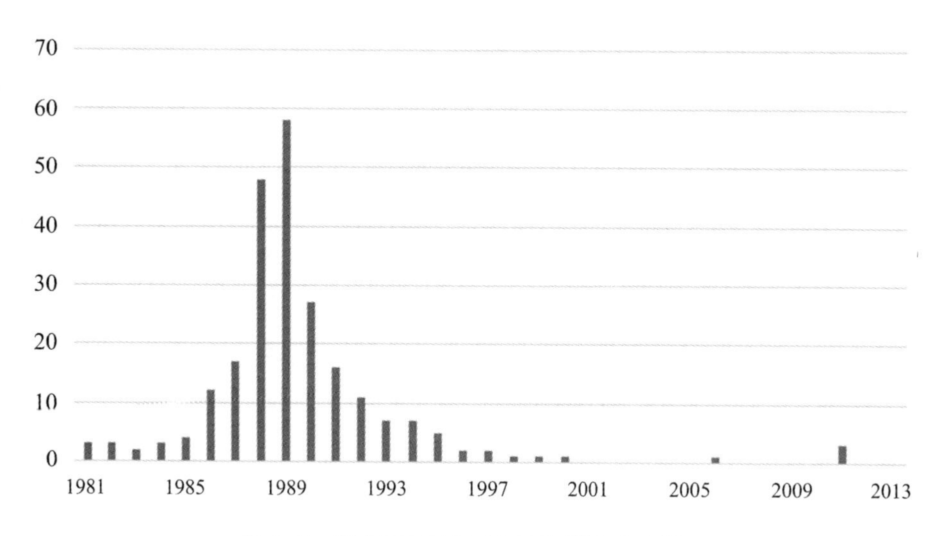

图 4-12　苏北平原地下水深埋深代际分布情况

78%的站点地下水深埋深在 2.00～7.00 m 之间，90%的站点地下水埋深小于 10.00 m，仅有 9%的站点地下水深埋深大于 10 m，详见表 4-7、图 4-13。

表 4-7　地下水深埋深站点分布表

埋深范围(m)	站点数	占　比
<2	6	2.56%
2～3	114	48.72%
3～4	44	18.80%

续表

埋深范围(m)	站点数	占　比
4～5	17	7.26%
5～6	12	5.13%
6～7	9	3.85%
7～8	4	1.71%
8～9	2	0.85%
9～10	4	1.71%
>10	22	9.40%
合计	234	100.00%

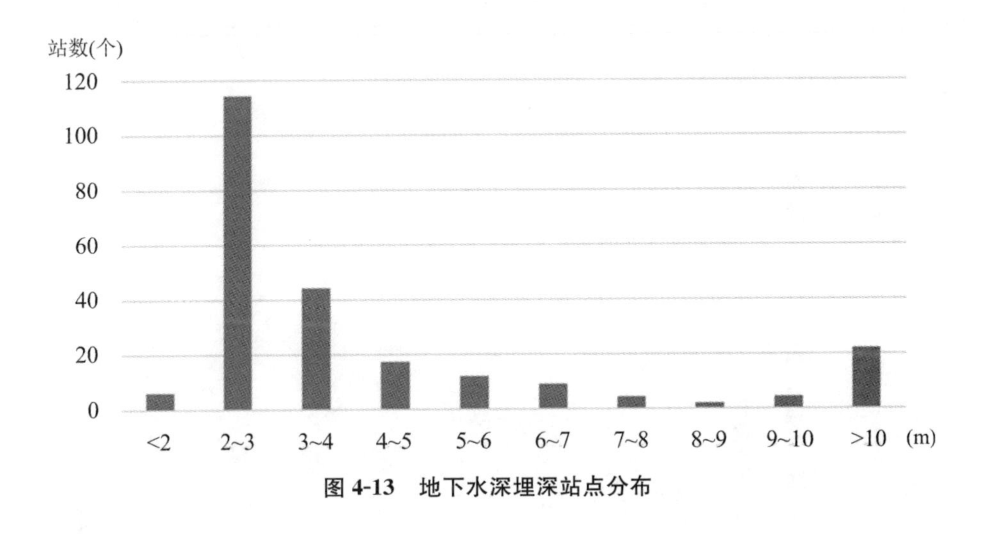

图 4-13　地下水深埋深站点分布

4.4.4　埋深变幅

地下水埋深变幅是指自该地下水长期观测井有记录以来，其记录的地下水埋深最大值(最枯值)与地下水埋深最小值(最丰值)之差，地下水埋深变幅反映了苏北平原浅层地下水资源有记录以来所能达到的最大开采标准及浅层地下水资源的理论最大开采量。对 234 个监测站实测资料进行统计分析(表 4-8、图 4-14)，71%的站点的地下水埋深变幅小于 3.0 m；14.5%的站点地下水埋深变幅超过 5.0 m；仅 7.7%的站点地下水埋深变幅超过 10 m。

表 4-8　苏北平原地下水埋深变幅站点分析表

地下水埋深变幅范围(m)	站点数	占比	地下水埋深变幅范围(m)	站点数	占比
≤2.0	8	3.42%	5.5～6.0	2	0.85%
2.0～2.5	112	47.86%	6.0～6.5	2	0.85%
2.5～3.0	46	19.66%	6.5～7.0	3	1.28%
3.0～3.5	23	9.83%	7.0～8.0	1	0.43%
3.5～4.0	6	2.56%	8.0～9.0	2	0.85%
4.0～4.5	2	0.85%	9.0～10	2	0.85%
4.5～5.0	3	1.28%	>10	18	7.69%
5.0～5.5	4	1.71%	合计	234	100.00%

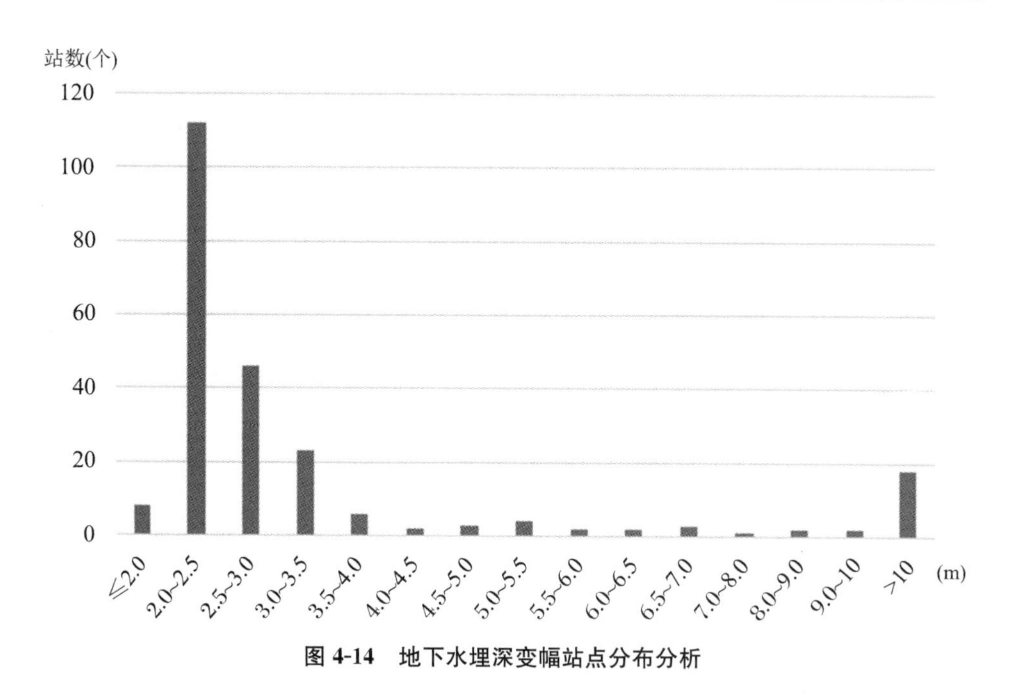

图 4-14　地下水埋深变幅站点分布分析

4.5　苏北平原地下水演变分布动态分析

根据苏北平原地下水演变分布动态进行分析(主要依据是苏北浅层地下水 234 个观测站 1981～2013 年共 33 年的地下水观测资料)，总结出苏北平原浅层地下水变化态势具有以下规律与特征：

① 苏北平原浅层地下水受降雨和人工开采影响，反映在地下水埋深变化上是呈现出不同的代际分布。1981～1990年浅层地下水埋深主要受开采影响，开采大于降雨补给，75.6%的监测站点达到了最大埋深。1991～1999年浅层地下水开采减少，该阶段的开采减少，因为受开采和降雨复合影响，水位得到一定程度的修复；2000～2013年由于江苏江水北调工程投入运行，地下水已经基本无开采，埋深主要受降雨影响，呈现出自然状态下的补给条件，水位迅速恢复至初始水位(表4-9)。

表4-9　苏北平原浅层地下水平均埋深代际变化表

时　间	1981～1990年	1991～1999年	2000～2013年
平均埋深(m)	3.28	2.53	1.71

② 从地域分布上看，苏北平原浅层地下水开采还受含水层影响。丰沛平原和沂沭河平原以粉质黏土、粉土为主，含水层特性较好，整个开采期呈下降—上升—稳定的态势，浅层地下水变幅较大，最大变幅达10 m以上；里下河和滨海平原以淤质粉质黏土为主，富水性差，埋设无明显规律，地下水变幅一般小于3 m。

③ 对于淮北平原浅层地下水多年平均埋深，有71.4%的井点处在2.00 m以浅；约21%的井点多年平均地下水埋深位于2.00～5.00 m之间；7%的井点多年平均地下水埋深大于5.00 m，这些站点分布在苏北平原西北部、徐州市丰县与沛县一带。

多年平均埋深的面上分布有以下特点：苏北平原东南部、盐城—南通—扬州—泰州的埋深为1～2 m；中部地区埋深在2～3 m；西北部的徐州丰县—沛县，北部的徐州新沂—连云港赣榆和淮安盱眙埋深在4～6 m。

④ 50%的站点浅层地下水都能补给至近地表水平(0.50 m以浅)，86.7%的站点浅层地下水能补给至地面以下2.00 m以内。在历史最大开采强度下，78%的站点地下水深埋深处在7.00 m以浅，90%的站点地下水深埋深处在10.00 m以浅。

⑤ 1981～1990年是苏北平原浅层地下水资源开采最剧烈、同时也是补给最丰富的时期，但进入20世纪末已获得全面补给，如果以一个丰水期到下一个丰水期的时段作为浅层地下水采补期，则开发高峰期的浅层地下水平均采补周期是5.5年，采补平衡期的采补周期是1～2年。

⑥ 根据分析，苏北平原浅层地下水目前处于安全水位状态，不存在趋势性下降。苏北平原特别是丰沛平原和沂沭河平原地区地下水水量充沛，浅层地下水资源丰富，没有安全问题，应鼓励开发利用。

第 5 章　坡水区水文循环模拟预报模型

5.1　坡水区水文实验与五道沟水文实验站

1950 年，全国各地百废待兴，中国人民即以大无畏的英雄气概，在一穷二白的基础上开始了大规模的治淮运动。从战火中走来的新中国，水文资料极度匮乏，众多工程规划设计所采用的水文资料，主要还是来源于调查走访与引用外国的经验。其时，广大的淮北平原地区内涝极为严重，农田除涝水文计算亟待开展，而淮北地区特定的降水与下垫面条件又无可以借鉴的相似地区水文资料。有鉴于此，1953 年的治淮委员会工程部水文测验室决定白手起家，自己动手开展实验工作，在颍河支流汾河、北沱河支流小黄河及北淝河流域青沟分别设立大、中、小型排水实验站。随着青沟等水文实验站的建立，新中国的水文实验工作帷幕正式拉开。

青沟径流实验站位于怀远县鲍集镇，于 1953 年 5 月正式建成并投入观测。这是继苏联于 1933 年开设的瓦尔达依(Валдай)和美国于 1934 年改建的科韦泰(Coweeta)之后的全世界第三个大型水文实验站。

青沟排水区位于北淝河以北，澥河以南，为淝澥河之间低洼地，流域面积约 200 km^2。1953 年，治淮委员会制定了北淝河除涝计划，整治了 12 km 长的青沟干沟，开挖了垂直于青沟的 8 条大沟及近 20 余条中沟，这一工程以冯井子为总控制站。

当时主要实验项目有：

① 径流实验：共设有不同汇流面积 6 个实验站，如表 5-1 所示。

表 5-1　青沟实验站径流实验流域一览表

	西四中沟	六号大沟	青沟		
站　名	东罗园	潘庄	韩庄	风水庙	潘庄
流域面积(km^2)	2.49	14.44	45.95	111.43	162.43

青沟径流实验站设站时，初勘流域面积约 200 km^2，以冯井子为总控制断面。

1954年汛期，流域暴雨成灾，内涝严重，流域调查发现冯井子至潘庄回水严重，尤其是新淝闸建成后，顶托现象更为严重。于是，从1955年起，将总控制断面由冯井子上移至潘庄。1956年，在对青沟流域进行全面查勘时发现，回水影响直达潘庄以上，而楼底以上流域界限无法确定，对照当时设立径流站指标条件——A. A. 索科洛夫专家指标，应当另觅站址进行坡水区径流实验，故自1956年起，除保留六号大沟地区已设各站继续进行径流实验外，其余各站陆续取消。

② 降雨入渗实验；

③ 土壤蒸发实验；

④ 土壤含水量测验等。

1950年代的水文实验，虽然是维艰创业，但除了为当时治淮提供了部分急需的资料外，也为以后的水文实验打下了基础。在降水入渗、土壤蒸发、土壤含水量测验方面，从仪器试制到具体测验方法，经过摸索和反复改进，有效地提高了实验精度。如入渗实验，做了同心环和非同心环对比实验，求得了旁侧入渗影响较小、入渗率接近天然的最小同心环外径；1954年，在径流场进行了入渗与径流联合实验；1955年，又增添了人工降雨模拟实验；在土壤含水量测验方面，既对试坑法与取土钻法进行了比较，又对烘箱法与酒精干烧法进行了对比，取得了不少有价值的参考依据。

1958年以后，由于治淮委员会的撤销，青沟实验站改由安徽省水文总站管辖。1962年5月，水电部(即中华人民共和国水利电力部)提出近期水文工作方针，水文实验研究得到整顿和加强。安徽省水文总站在总结经验的基础上，经过查勘和调研，决定在原青沟流域东约10 km，蚌埠市东北30 km处的固镇新马桥镇韦店村新设五道沟实验站，继续开展小流域除涝水文实验。五道沟站建站之初，隶属于青沟径流实验站；1968年，青沟径流实验站撤销，人员、设备全部并入五道沟实验站；1969年，五道沟实验站划归安徽省水利科学研究所。

五道沟实验站位于北淝河流域，实验区域原是一片无名荒地(至今还有村庄名叫前荒地、后荒地)，1950年代淮委工程部曾开挖试验性沟渠排水系统，利用原界沟作为总排水大沟，接纳两条集水面积不等的中沟来水，每条中沟又垂直开挖5条平行沟渠，故该站即以群众习俗命名——五道沟。实验站共设两处小径流实验流域，Ⅰ中沟集水面积0.4 km^2，Ⅱ中沟集水面积0.8 km^2，设小沟测流点4处，中沟测流点2处，两径流场内设地下水观测井及土壤含水量测点若干(如C_7井)，如图5-1所示。

在长期的水文实验过程中，为模拟自然界的主要水文要素变化情况，需要控制地下水埋深，当时实验人员在参照苏联相关水文实验仪器基础上，设计了第一代“三水转化”室内模拟实验装置——潜水蒸发观测室，该室高2 m，面积13.5 m^2，为半圆形钢板薄壳结构，四周设地中蒸渗仪13套，其中黄潮土1套，砂姜黑土12套，器口面积0.3 m^2，控制地下水埋深为0～2.0 m。该地下观测室于1964年建成并投入观测(图5-2)。1975年，实验站兴建了2.5 km^{2}的地下水均衡实验区，实验区内布设浅井16眼(井深21.3～26.6 m)，以掌握浅层地下水水位变化，每4眼井中间布设1眼深井(井深 97～175 m)，以了解深层地下水水位动态。1981 年，实验站又垂直新淝河布设了 7 眼地下水水位观测排孔，配合地表水位观测，搜集河道地表水与两岸地下水补排相关资料。这 7 眼地下水水位观测排孔首开了地下水与地表水补排规律研究之先河。

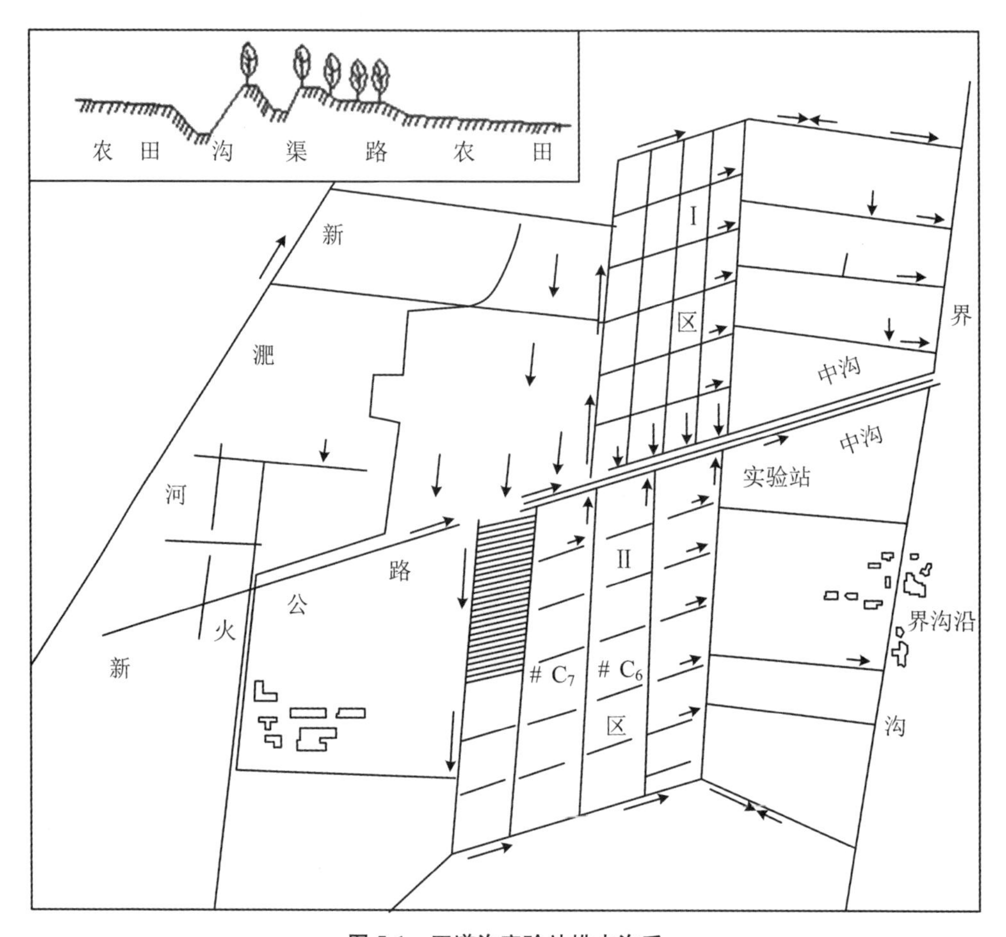

图 5-1　五道沟实验站排水沟系

在淮北坡水区(淮北平原)，降水到达地面，经包气带土壤调蓄后转化成地下潜水、地表水和土壤水。雨止后，因太阳热能的作用形成蒸(散)发，所以土壤水减少和地下水水位降低。平原地区的水循环，以降水—蒸(散)发水均衡型为主，形成如图 5-3 所示降水—蒸散发循环流程。

水文循环模型在工农业生产中有着实用价值，对水资源合理利用、防汛抗旱、灌溉排水、墒情预报、水利规划等都有着一定的指导意义。本书以淮北平原五道沟实验站实验成果为基础，系统研究了降雨入渗、地表水径流、土壤水、潜水蒸发，定量揭示了水循环各因子相互转化规律，对深度分析淮河平原区水资源高效利用和调蓄起到支撑铺垫作用。

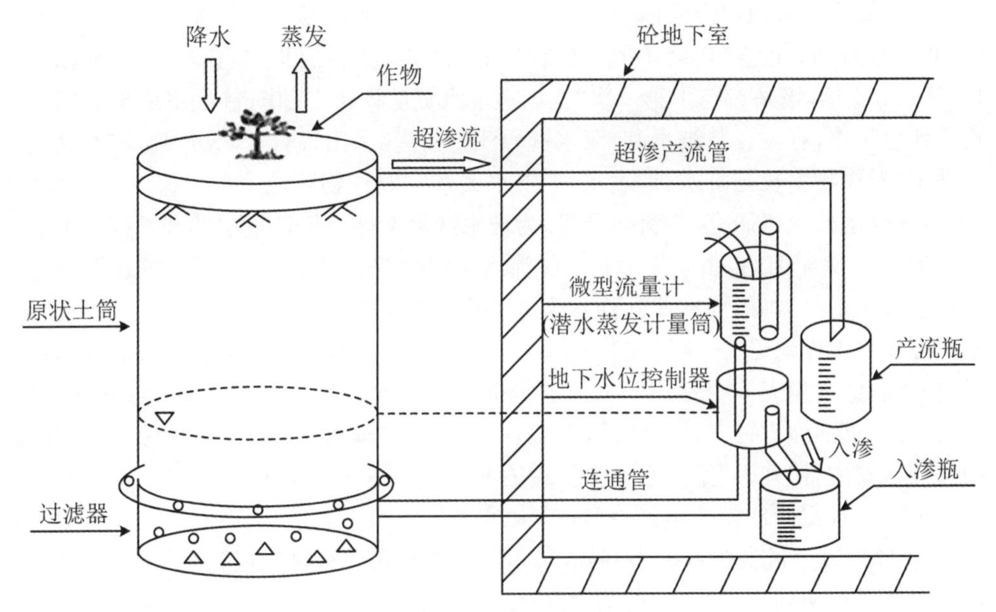

图 5-2　地中蒸渗仪模型图

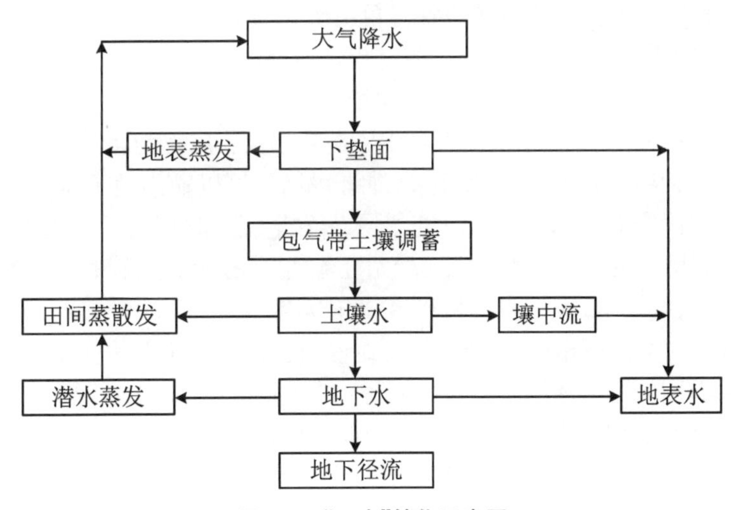

图 5-3　“三水”转化示意图

5.2　坡水区水文循环模拟预报模型特点

五道沟水文水资源实验站是原淮委(即水利部淮河水利委员会)为解决淮北坡水区除涝水文计算问题于 1953 年设立的。该站建立以来,一直以淮北平原水文水资源问题为主要研究方向，先后在怀远县、固镇县、萧县、砀山、蒙城、亳州等地设站观测实验，共刊布资料、年鉴50余年册，其资料系列之长，实验成果之齐全均居全国之最。1985～1986年，该站参与了第一次“全国地下水资源评价”工作，首次将成果应用于水资源评价工作，有关参数被水利部《水资源评价指南》采用。自1988年起，该站又先后开展了“农作物生长与降水、地表水、地下水关系”“农作物耐淹实验”“降水入渗实验”“土壤水分运移规律研究”等科研项目，为坡水区水文循环模拟模型的开发打下了坚实的基础。2000年前后，由于平原区产汇流水文模型较少，“新安江模型”等在平原区的应用效果又不是太好，而淮北除涝水文大多采用的是“85北京对口成果”，线条较粗，水资源评价工作缺乏“三水转化”的系统考虑，各项资源量多是依据有关参数推算出来的，精度较低。建立一个适用于安徽省淮北平原的平原区水文模型研究条件已经成熟，各方要求强烈。针对这一情况，安徽省水利厅将“坡水区水文循环模拟模型”研制项目列入安徽省“九五”重点水利科技攻关项目。

坡水区水文循环模拟预报模型具有以下特点：

① 成果以大量实验数据为基础，采用室内实验和自然原型观测相结合的方法，使模型参数具有明确物理意义，可信度高。

② 成果将降水补给、灌溉、作物需水、排水等各项水资源要素视为一个不可分割的整体进行深入系统分析，弥补了以往各单项研究的不足。

③ 在研究水资源相互转化、消长的过程，特别针对砂姜黑土的实际情况，在实验数据分析成果上，设置参数和门槛，使模拟结果更加符合实际。

④ 成果把农田排水、抽水灌溉及各水资源转化及利用视为相互关联的整体系统。输入降水量、水面蒸发量利地下水开采(灌溉)量后，可以输出地下水、土壤水和地表水，亦可以据实际需要输出降水入渗量、潜水蒸发量、蒸(散)发量利土壤墒情指标。

⑤ 成果利用五道沟水文水资源实验站径流实际资料系列长和实验设备齐全的优势，所用参数均由系列实验资料分析得出，取值可靠。

⑥ 与其他同类模型相比，本模型对传统参数也进行了较大的补充和完善：在降水入渗补给方面，引入了入渗3个阶段的概念；在给水度方面，引入了分层取值的概念；在潜水蒸发方面，模型考虑了作物及气候影响，并按月给出了K_n的取值。基于此，本模型更贴近生产实际，平原型特征显著，在同类模型中居领先水平。

⑦ 在国内外同类水文模型中，大都没有设置专门的参数来考虑区域排水工程对模型的影响，本模型设置了Z_1，Z_2两道径流门槛参数，其中Z_1与小沟沟底埋深相接近，Z_2即为墒田沟沟底埋深，首次将人类活动影响引入水文模型中。引入门槛参数是一个创举，不仅提高了模型模拟流域出流的精度，而且，通过已知的(或实测的)的流域出流过程，结合模型可以反求Z_1，Z_2，这有可能为我们开辟一个崭新的研究领域——通过模型对Z_1，Z_2的反求，量化区域水利工程排水效果。这是本模型的一个巨大的潜在价值。

5.3 坡水区水文循环模型原理

5.3.1 模型原理

模型按不同的判别标准去执行不同的子模型，其中最主要的判别参数为 Z_1 和 Z_2。Z_1 和 Z_2 是模型设置的两道门槛，其定义是：

Z_1——地下水水位抬升至 Z_1，是产生地表水的开始点，也是完全入渗补给地下水的终止点。

Z_2——地下水水位继续抬升至 Z_2，是全面产流的开始点，也是降水入渗补给地下水的终止点。

这两个参数的意义是：雨后，若地下水水位不能升至 Z_1 高度，则产生不了地表水，降水只能补充给土壤水和地下潜水；只有雨后地下水水位升至 Z_1 以上高度，才能产生地表水，流域土壤平均含水率为田间持水率，雨后地下水埋深在 Z_1 和 Z_2 之间。也就是说，雨后地下水埋深最大不大于 Z_1，最小也不小于 Z_2，Z_2 是地下水最高水位时埋深（$Z_2 \geqslant 0$）。

Z_1，Z_2 和其他有关参数的具体分析详见“参数实验和分析”部分，模型的判别流程如下：

1. $R_{采}>0$

$R_{采}$ 为地下水开采量。当有开采地下水时，进入开采模型，否则进行后续判别。

2. $P-E_0>0$

P 为降水量；E_0 为雨期蒸发量。不满足判别式要求则进入潜水蒸发和蒸（散）发模型，否则进行后续判别。

3. $P_1>0$

$$P_1 = P - E_0 + W - W_m$$

其中，W 为雨前包气带土壤蓄水量（可蒸发水量）；W_m 为包气带最大蓄水量（可蒸发最大水量）。不满足判别式 $P_1>0$ 的要求，说明雨后包气带土壤平均含水率未能达到田间持水率，也就是常说的包气带土壤未蓄满，进入未蓄满降水入渗补给地下水模型，否则进行后续判别。

4. $Z>Z_1$

Z 为雨前地下水埋深，需按 Z 是否大于 Z_1，进行判别。

(1) 满足判别式 $Z>Z_1$

需进一步对下式进行判别：

$$P_1 - \mu(Z > Z_1) > 0$$

μ 为距地表 Z_1 高度以下土体平均给水度；

不满足判别式要求，说明雨后包气带土壤平均含水率虽能达到田间持水率，但雨后地下水埋深却未能达到 Z_1 高度，不产生地表水，于是进入蓄满入渗补给地下水模型。当满足判别式 $P_1 - \mu(Z > Z_1) > 0$ 要求时，还需按下式再进一步判别：

$$P_1 - \mu(Z > Z_1) - \mu_1(Z_1 - Z_2) > 0$$

μ_1 为 Z_1 至 Z_2 土体平均给水度。

能满足判别式要求，说明雨后地下水埋深能升至 Z_2，全面产流，于是进入全面产流入渗模型。

不满足判别式 $P_1 - \mu(Z > Z_1) - \mu_1(Z_1 - Z_2) > 0$ 要求，说明雨前地下水埋深大于 Z_1，而雨后地下水埋深在 $Z_1 \sim Z_2$ 之间，部分产流，于是进入部分产流入渗模型。

(2) 不满足 $Z > Z_1$ 判别式要求

需按下式进一步进行判别：

$$P_1 - \mu_1(Z - Z_2) > 0$$

能满足判别式要求，说明雨前地下水埋深 $Z \leqslant Z_1$，雨后地下水埋深 $Z = Z_2$，于是进入全面产流入渗模型。

不能满足判别式要求，说明雨前地下水埋深 $Z \leqslant Z_1$，雨后地下水埋深 $Z > Z_2$，介于 $Z_1 \sim Z_2$ 之间，于是进入部分产流入渗模型。

各子模型计算条件和方法在各自子模型中有较详细介绍，各子模型参数(系数)选取、计算原理和方法等，统统纳入“参数实验和分析”部分中说明。

5.3.2　模型结构、输入与输出

模型由地下水开采模型、潜水蒸发模型、蒸(散)发模型、入渗补给地下水模型、地表水模型和土壤水模型等子模型组成(图 5-4)。各子模型即相对独立又紧密联系，其运行与否和降水量、水面蒸发、包气带土壤水分及一系列参数的取值密切相关。

模型输入：逐日(或时段)降水量 P、水面蒸发量 E_0、地下水开采量 $R_{采}$。

模型输出：逐日(或时段)地下水埋深 Z(m)、土壤含水率 θ(%)、径流深 R_s(mm)，亦可以扰实际需要输出降水入渗补给地下水量 P_r(mm)，蒸散量 E(mm)等。

流程说明：首先需给出起始条件下的 Z, W_u, W_l 和确定参数 $W_{um}, W_{lm}, W_{dm}, Z_1, Z_2, Z_m, a, b, K_n, \mu_1, \mu$ 等参数值，参数的选取要符合当地实际情况。有关参数的确定和意义可参考表 5-2、表 5-3 和表 5-4。

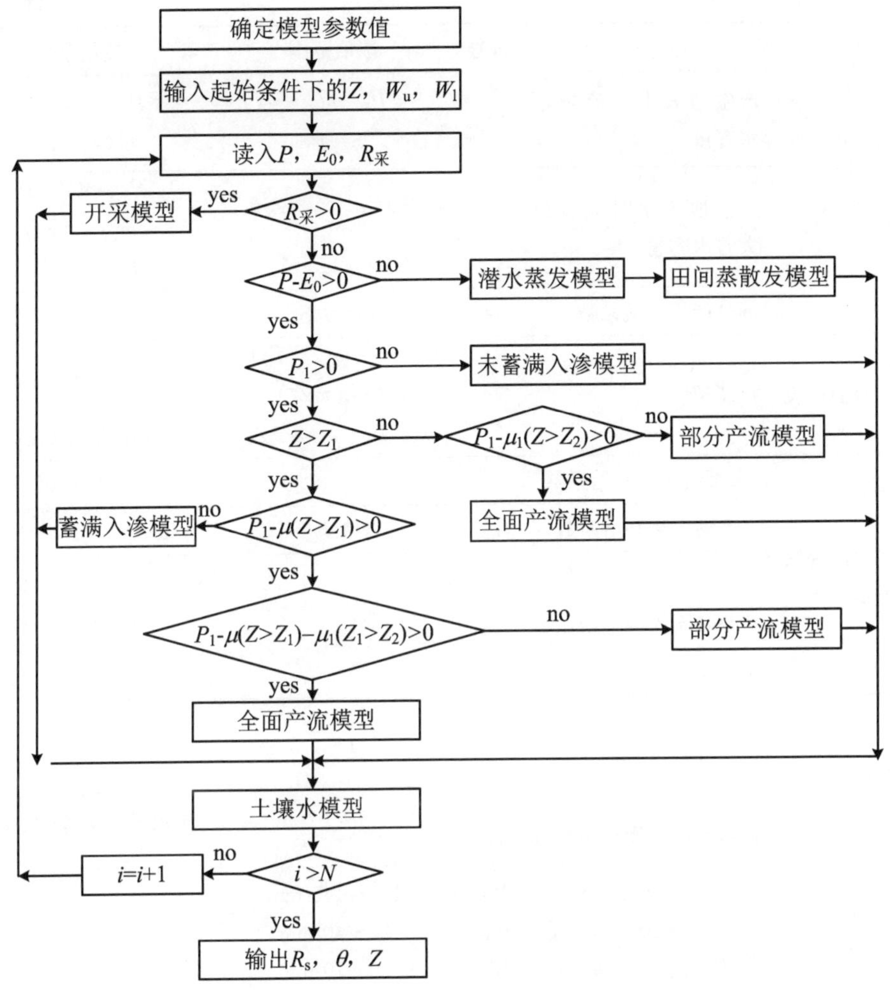

图 5-4　模型流程图

5.3.3　模型参数与取值

模型所需参数(或系数)是建立在大量实验数据基础上，各参数取值范围参见表5-2、表5-3和表5-4，有关参数实验及分析在“参数实验及分析”部分中均有详细介绍。

表 5-2　模型参数表

参数名称		符号	取值范围	使用条件
给水度	上层平均给水度	μ_1	0.04～0.06	$Z<Z_1$
	下层平均给水度	μ	0.025～0.035	$Z\geqslant Z_1$

续表

参数名称			符号	取值范围	使用条件
产流	部分产流	产生地表水时流域蓄水容量	S	$S=P_1-\mu(Z-Z_1)$ $S=P_1$	$0<P_1-\mu(Z-Z_1)<\mu_1(Z_1-Z_2)$
		产生地表水时流域最大蓄水容量	S_m	$S_m=\mu_1(Z_1-Z_2)$ $S_m=\mu_1(Z-Z_2)$	$0<P_1-\mu(Z-Z_1)<\mu_1(Z_1-Z_2)$ $0<P_1<\mu_1(Z-Z_2)$
		部分产流径流系数	α_s	$\alpha_s=S/S_m$	
	全面产流	径流深	R_s	$R_s=P_1-\mu(Z-Z_1)-\mu_1(Z_1-Z_2)$ $R_s=P_1-\mu_1(Z-Z_2)$	雨前埋深 $Z>Z_1$ 雨前埋深 $Z\leqslant Z_1$
降水入渗补给地下水系数		未蓄满入渗补给系数	α_1		$0<P-E_0<W_m-W$
		蓄满入渗补给系数	α_2	1.0	$0\leqslant P_1\leqslant\mu(Z-Z_1)$
		部分产流入渗补给系数	α_3	$1-\alpha_s$	$0<P_1-\mu(Z-Z_1)<\mu_1(Z_1-Z_2)$ $0<P_1<\mu_1(Z-Z_2)$
潜水蒸发		潜水蒸发	a	1.1～1.3	$Z<2$ m
		影响指数	b	2.0～3.0	$Z>2$ m
		潜水蒸发影响指数	Z_m	3.0～4.0 m	潜水蒸发为零时的埋深
		临界埋深作物影响系数	K_n		
土壤水		土壤最大蓄水量	W_m	100～140 mm	
		上层土壤最大蓄水量	W_{um}	20～40 mm	
		下层土壤最大蓄水量	W_{lm}	50～70 mm	
		深层土壤最大蓄水量	W_{dm}	20～40 mm	
门槛		恰好产生地表径流时地下水埋深	Z_1	0.6～1.2 m	小沟埋深
		极限最高地下水位时的地下水埋深	Z_2	0.0～0.4 m	墒沟埋深

表 5-3　作物及气候影响系数 K_n 值表

植被月份	1月、12月	2月、11月	3月、10月	4月、9月	5月	6月、7月	8月
有作物	0.85	0.90	0.95	1.0	1.15	1.1	1.25
无作物	0.75	0.80	0.85	0.90	0.95	0.95	0.95

表 5-4　降水入渗补给地下水量 P_r 计算表达式表

条　件		适用公式
净雨量 $P-E_0$(mm)	蓄水量 W(mm)	
$0 \leqslant P-E_0 < 10$	$0 \leqslant W < 40$	$P_r=0$
$10 \leqslant P-E_0 < 20$	$0 \leqslant W < 40$	$P_r=0.1(P-E_0-10)$
$20 \leqslant P-E_0 < 40$	$0 \leqslant W < 40$	$P_r=2+0.25(P-E_0-20)$
$40 \leqslant P-E_0$	$0 \leqslant W < 40$	$P_r=7+0.67(P-E_0-40)$
$0 \leqslant P-E_0 < 20$	$40 \leqslant W \leqslant 80$	$P_r=0.2(P-E_0)$
$20 \leqslant P-E_0 < 40$	$40 \leqslant W \leqslant 80$	$P_r=4+0.4(P-E_0-20)$
$40 \leqslant P-E_0 < 80$	$40 \leqslant W \leqslant 80$	$P_r=12+0.54(P-E_0-40)$
$0 \leqslant P-E_0 < 20$	$W \geqslant 80$	$P_r=0.4(P-E_0)$
$20 \leqslant P-E_0 < 40$	$W \geqslant 80$	$P_r=8+0.6(P-E_0-20)$
备注	$\alpha_1=P_r/(P-E_0)$　条件需满足：$P-E_0+W<W_m$	

5.4　降水入渗补给地下水模型

降水入渗补给地下水，是地下水资源的补给来源。平原地区的灌溉，大部分地区取自地下水，地下水是主要水资源之一。

5.4.1　模型原理

由降水入渗补给地下水实验可知，降水入渗补给地下水系数 α 可分 3 个阶段进行取值，其入渗系数分别为 α_1，α_2 和 α_3。

在 α_1 阶段，降水不能满足包气带土壤蓄满的要求，α_1 与降水量 P、雨前包气带土壤蓄水量有密切关系，由入渗实验可知，当降水入渗补给地下水只有第一阶段时，降水入渗补给地下水量 P_r 可用表 5-4 给出的公式分别计算（W 值的计算方法可见土壤水模型）。

α_1 是非蓄满降水入渗补给地下水系数，主要由砂姜黑土固有的机械组成、土壤蓄水量和降水量决定，也是淮北平原砂姜黑土区降水入渗的特点之一，α_1 与 P 呈正相关关系，主要特征为雨后地下水埋深 $Z>Z_1$，雨后 $W<W_m$。

α_1 阶段降水入渗的关系见图 5-5、图 5-6 和图 5-7。

在 α_2 阶段，当降水满足包气带土壤缺水（$W=W_m$）条件时，若 Z 仍大于 Z_1，则之后降水扣除雨期蒸发之后，基本无损失的补给地下水，$\alpha_2 \approx 1$，直至地下水抬升至 Z_1 高

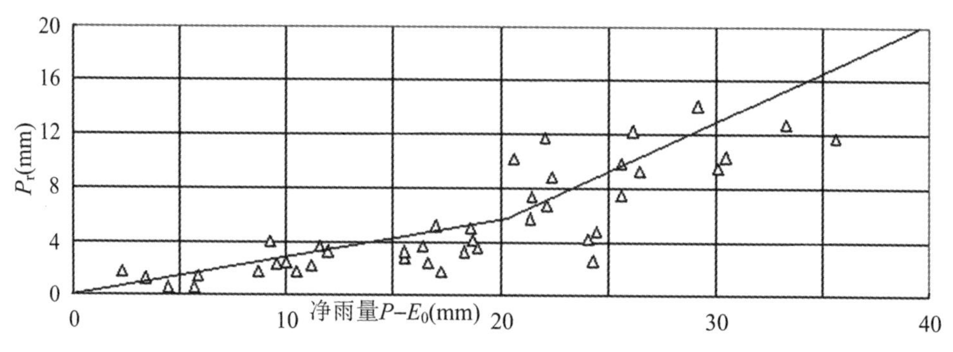

图 5-5　$W>80$ mm 降水入渗相关图

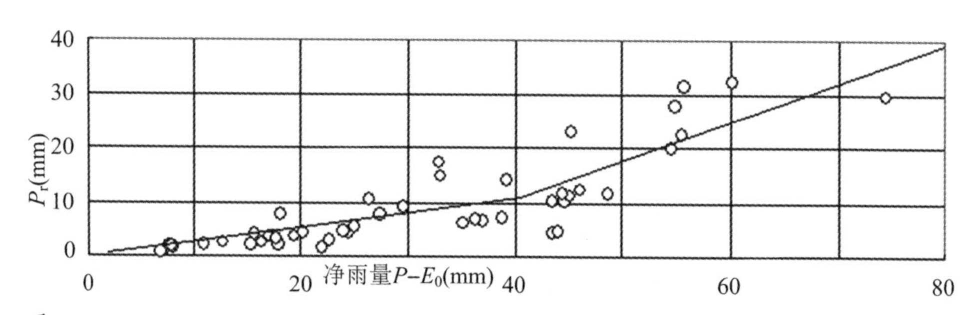

图 5-6　40 mm$\leqslant W\leqslant$80 mm 降水入渗相关图

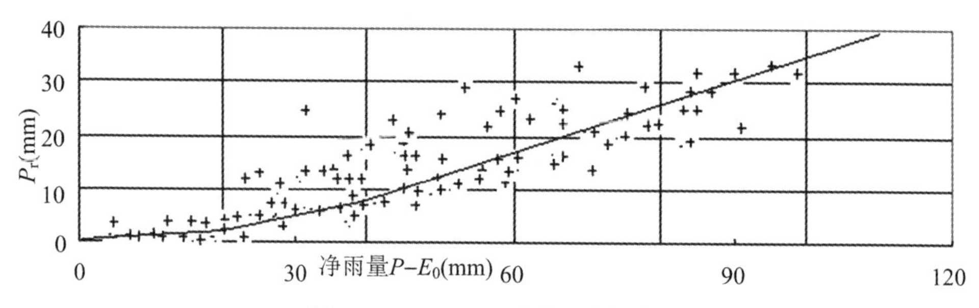

图 5-7　$W<40$ mm 降水入渗相关图

度，才有地表水产生。这是因为，在淮北平原砂姜黑土区，由于比降小、入渗率大，降水强度大于土壤入渗率的机会很少。若降水强度小于入渗率，只有当土壤蓄满且地下水抬升至沟底(Z_1)以上时，才产生地表水，也是淮北平原砂姜黑土区降水入渗特点之一。也就是说，若降水入渗补给地下水过程只有 α_1 和 α_2 阶段，降水量满足包气带土壤缺水量之后，全部补充给地下水，无地表水产生，雨后 $W=W_m$，$Z\leqslant Z_1$。

由 α_2 入渗试验结果可知：包气带土壤重力水完全排除之后，包气带土壤平均含水率为田间持水率，当降水量 P 分别为 25 mm，50 mm，75 mm，100 mm 时，入渗量 P_r 分别为 22.3 mm，50.0 mm，72.4 mm，99.8 mm，α_2 分别为 0.0892，1.0，0.965，0.998，可以认为 α_2 约等于 1。

当入渗补给地下水经历过 α_1 和 α_2 阶段，进入 α_3 阶段时，$W=W_m$，$Z=Z_1$；若继续降水，在产生地表水的同时，地下水继续抬升，直至抬升至 Z_2（如地表及地表附近），雨后 $W=W_m$，$Z_2 \leqslant Z < Z_1$。

在 α_3 阶段，产生了径流深 R_s，其径流系数为 α_s（α_s 的分析见后文），则 $\alpha_3=1-\alpha_s$。在此阶段 α_s 随 P 增大而增大，α_3 随 P 增大而减小。

按雨前包气带土壤蓄水量和降水量情况，入渗补给地下水的阶段有第一阶段、第一和第二阶段、第一、第二和第三阶段以及第一和第三阶段，可按降水入渗的不同状态，分别计算降水补给地下水量 P_r。

5.4.2　模型流程

由降水入渗补给地下水实验可知，降水入渗补给地下水的三个阶段，其判别条件如下（图 5-8）：

① 条件满足 $0 \leqslant P-E_0 < W_m-W$，进入未蓄满入渗模型，入渗只有第一阶段，入渗补给地下水量 P_r 的表达式为

$$P_r = \alpha_1 (P - E_0) \tag{5-1}$$

α_1 的取值见表 5-4。

② $P-E_0+W-W_m \geqslant 0$ 和雨前埋深 $Z > Z_1$ 时按下列条件分别控制，并设 $P_1=P-E_0+W-W_m$：

a. 当条件满足 $0 \leqslant P_1 \leqslant \mu(Z-Z_1)$ 时，雨后土壤蓄满，雨后埋深小于 Z_1，无地表水产生，入渗有第一、第二两个阶段。

$$P_r = P_1 \tag{5-2}$$

b. 当条件满足 $0 \leqslant P_1-\mu(Z-Z_1) < \mu_1(Z_1-Z_2) < 0$ 时，入渗有第一、第二、第三这 3 个阶段，雨后地下水埋深 Z 在 Z_1 和 Z_2 之间，产生了部分地表径流 R_s。即是说，降水满足土壤缺水量（蓄满），地下水抬升至 Z_1 之后的降水一部分产生了 R_s，另一部分转化成地下水，引起地下水的继续抬升。雨止后，地下水埋深小于 Z_1 而大于 Z_2。

$$P_r = P_1 - R_s \tag{5-3}$$

c. 当条件满足 $P_1-\mu(Z-Z_1)-\mu_1(Z_1-Z_2) \geqslant 0$ 时，入渗有第一、第二、第三这 3 个阶段，雨后地下水埋深 Z 达到最高（$Z=Z_2$）。

$$P_r = \mu(Z - Z_1) - \mu_1(Z_1 - Z_2) \tag{5-4}$$

③ 当 $P_1 > 0$ 和雨前埋深 $Z \leqslant Z_1$，其控制条件如下：

a. 条件满足 $0 < P_1 < \mu_1(Z_1-Z)$，入渗有第一和第三两个阶段，雨后地下水埋深介于 Z_1 和 Z_2 之间，产生部分地表径流。则

$$P_r = P_1 - R_s \tag{5-5}$$

b. 条件满足 $0 \leqslant P_1-\mu_1(Z-Z_2)$，入渗有第一和第三两个阶段，产生全面径流，雨后埋深 Z 升至最高（$Z=Z_2$）。

$$P_r = \mu_1(Z - Z_2) \tag{5-6}$$

入渗引起地下水的抬升 ΔZ，则可用式(5-7)计算，即

$$\Delta Z = \frac{P_r}{\mu} \tag{5-7}$$

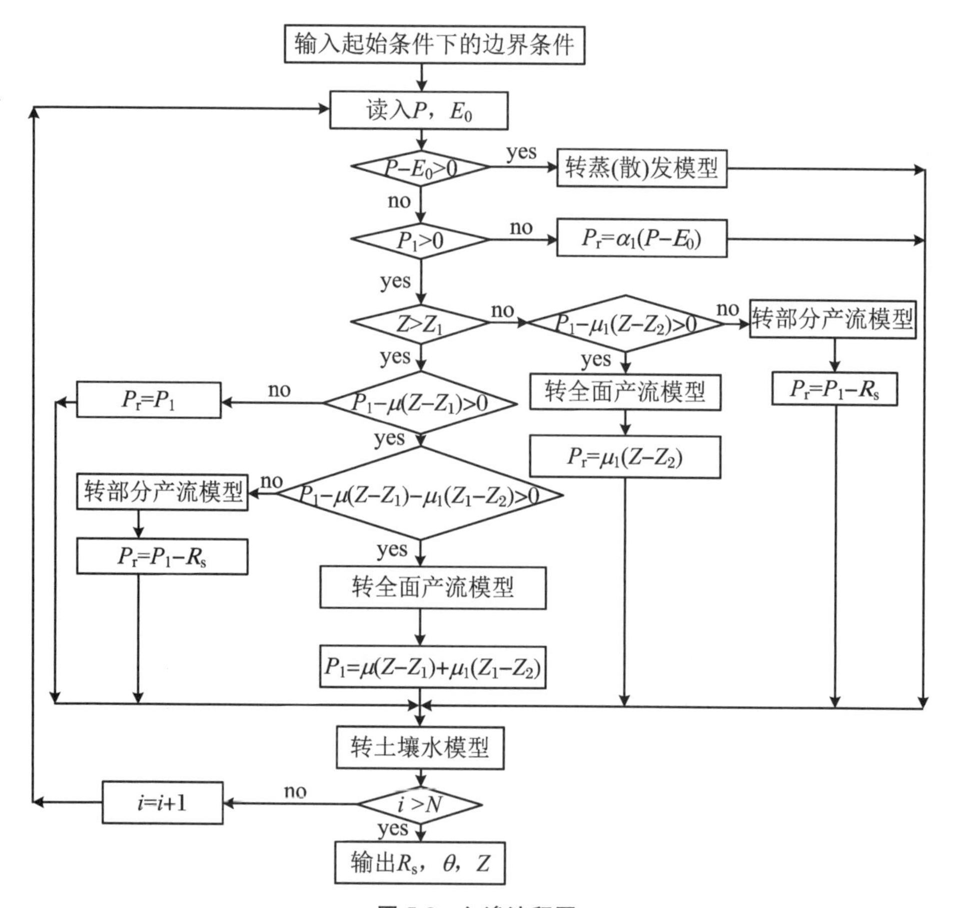

图 5-8　入渗流程图

5.5　地表水模型

降水扣除入渗和蒸(散)发，其余均以地表水的形式排到流域外，地表水来自于地表径流和地下水向河道的补给。地下径流与地表径流相互转换，难以截然区分，就本级排水系统(大田或小沟)而言，它是地下水，而就下一级排水系统(大沟)而言则是地表水，是可利用的水资源，其重要性无需多言。降水能否产生地表水，产生地表水量的多少，对防汛、水利规划有重要参考价值。

由“参数实验及分析”之径流系数 α_s 分析测定可知，在淮北平原区，产流方式主要是蓄满产流。当降水时，不透水面积首先产生径流，当雨强较大时，沟坡、硬板地和植被差的局部区域可能产生超渗流。

当降水强度小于入渗率时，在淮北平原产生地表水需同时满足的条件是：雨后包气带蓄满（$P-E_0+W-W_m>0$）和雨后地下水埋深小于 Z_1。当雨后埋深介于 $Z_1 \sim Z_2$ 之间时才能部分产流；当 $Z=Z_2$ 时才能全面产流。

由蓄满产流方式可知，其土壤蓄水容积曲线符合下式

$$f=\left(1-\frac{S}{S_m}\right)^n \tag{5-8}$$

式中，f 为流域的不产流面积；

S，S_m 为流域蓄水量及流域最大蓄水量；

n 为流域不均匀指数。

在产生地表水开始阶段，包气带土壤蓄满，$Z=Z_1$，流域基本均匀，n 可选定为 1.0（$n=1.0$ 表示流域下垫面均匀，否则 $n<1$）。

蓄满产流的理论告诉我们：当流域蓄水达到最大 S_m 时，则全流域产流，产流面积 $F=1$，不产流面积 $f=0$；则产流面积的表达式为

$$F=1-f=1-\left(1-\frac{S}{S_m}\right)^n \tag{5-9}$$

由于 $F=\alpha_s$，取 $n=1$，则式(5-9)可写成

$$\alpha_s=\frac{S}{S_m} \tag{5-10}$$

因此，可根据降水量和雨前土壤蓄水量情况，用式(5-10)求出径流系数 α_s。

雨后地下水埋深 $Z=Z_2$ 时全面产流，$Z_2<Z<Z_1$ 时部分产流，要确定雨后 Z 的情况，模型需做如下判别(图 5-9)。

① 部分产流阶段：

部分产流（$0<f<1$）需满足的条件如下：

当雨前埋深 $Z>Z_1$ 时满足

$$0 \leqslant P_1-\mu(Z-Z_1) \leqslant \mu_1(Z_1-Z_2)$$

则

$$S=P_1-\mu(Z-Z_1)$$

$$S_m=\mu_1(Z_1-Z_2)$$

$$R_s=\frac{[P_1-\mu(Z-Z_1)]^2}{\mu_1(Z_1-Z_2)} \tag{5-11}$$

当雨前埋深 $Z \leqslant Z_1$ 时满足

$$0 \leqslant P_1 \leqslant \mu_1(Z-Z_2)$$

则

$$S=P_1$$

$$S_m = \mu_1(Z - Z_2)$$

$$R_s = \frac{P_1^{\ 2}}{\mu_1(Z - Z_2)} \tag{5-12}$$

式中，μ，μ_1分别为Z_1以下土体平均给水度和$Z_1 \sim Z_2$土体平均给水度。

由给水度实验可知，μ和μ_1相差较大，μ_1为0.05左右，而μ则为0.03左右。

② 全面产流阶段：

全面产流$f=0$，$F=1$，$S=S_m$。

当条件满足：雨前地下水埋深$Z>Z_1$和$P_1-\mu(Z-Z_1)-\mu_1(Z_1-Z_2)>0$时

$$R_s = P_1 - \mu(Z - Z_1) - \mu_1(Z_1 - Z_2) \tag{5-13}$$

当条件满足：雨前地下水埋深$Z \leqslant Z_1$和$P_1-\mu_1(Z-Z_2)>0$时

$$R_s = P_1 - \mu(Z - Z_2) \tag{5-14}$$

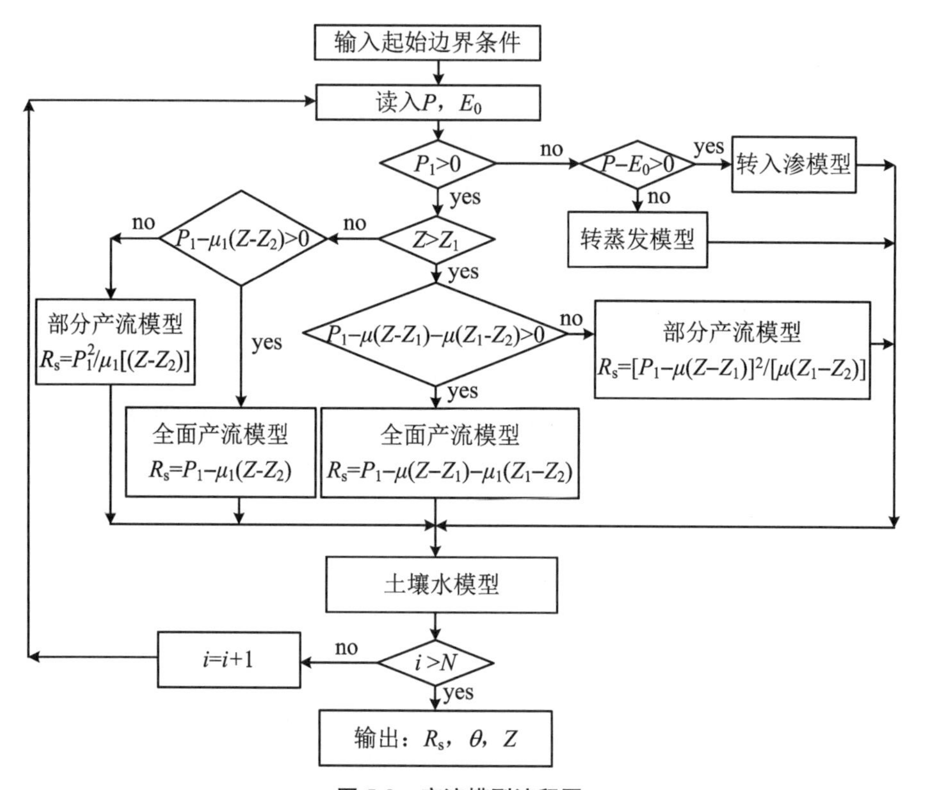

图5-9　产流模型流程图

5.6　蒸(散)发模型和土壤水模型

蒸发和散发是水文循环过程中,自降水到达地面后由液态化转化为水汽返回大气层的一个阶段。在淮北平原约有80%的降水消耗于蒸(散)发,显然蒸(散)发是水文循环的重要环节,也是抗旱和水利工程规划中不可忽视的影响因素。

蒸(散)发称陆面蒸发,是土壤蒸发和植物散发的总称,按蒸发面供水情况,又可分为饱和蒸发和非饱和蒸发两种。

5.6.1　蒸(散)发模型

土壤蒸(散)发 E 和蒸(散)发能力 E_p 之比称蒸(散)发系数,由蒸(散)发实验可知砂姜黑土种植旱作物时 $E_p \approx E_0$(在作物需水旺季 $E_p > E_0$,其他时期 $E_p \leqslant E_0$,平均 $E_p = E_0$)(图5-10)。

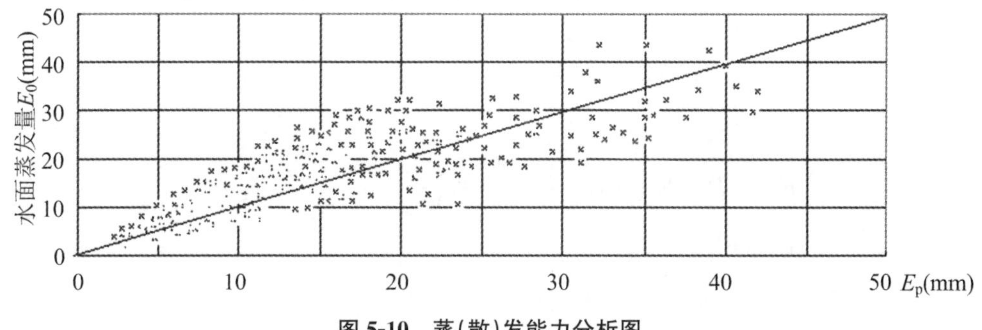

图5-10　蒸(散)发能力分析图

由图5-11和图5-12可知,降水首先补充上层土壤水分,蒸发也首先蒸发上层土壤水分。若将包气带土壤分成上、下、深3层,各层最大蓄水量(可蒸发量)分别为 W_{um},W_{lm}和 W_{dm}。由蒸(散)发实验可知,当土壤蓄水量 W 介于 W_m 和 W_1 之间时,E 和 E_p 相当($E/E_p = E/E_0 \approx 1$);当 W 介于 W_1 和 W_2 之间时,E 与 W 呈正相关关系;当 W 小于 W_2 时,E/E_p 稳定少变,且数值较小(在0.2左右)。则 $W_{um} = W_m - W_1$;$W_{lm} = W_1 - W_2$;$W_{dm} = W_2$。并假定蒸发和吸湿都遵循以下规律:降水补充土壤蓄水(土壤蒸发)时,先补充(蒸发)上层,上层蓄满(蒸发殆尽),再补充(蒸发)下层,同理再由下层转至深层。因为潜水蒸发 E_g 通过包气带土壤进行,因此 E 的计算可采用式(5-15)。

若 $E_0 - P - E_g > W_u$,则

$$E_u = E_0 - P - E_0, E_l = 0, E_d = 0$$

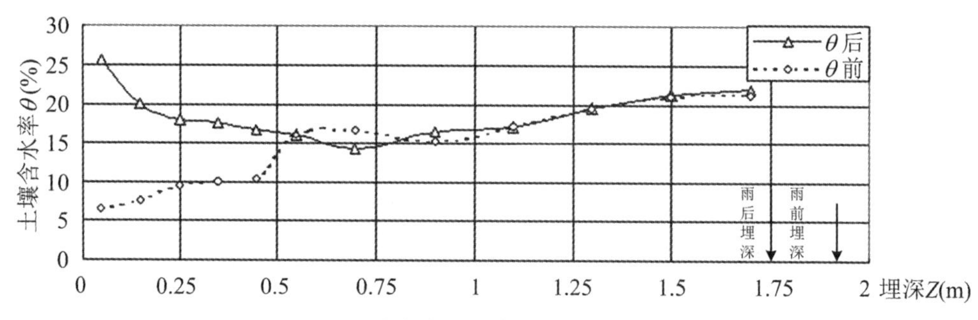

图 5-11 降水前后土壤剖面含水率曲线图

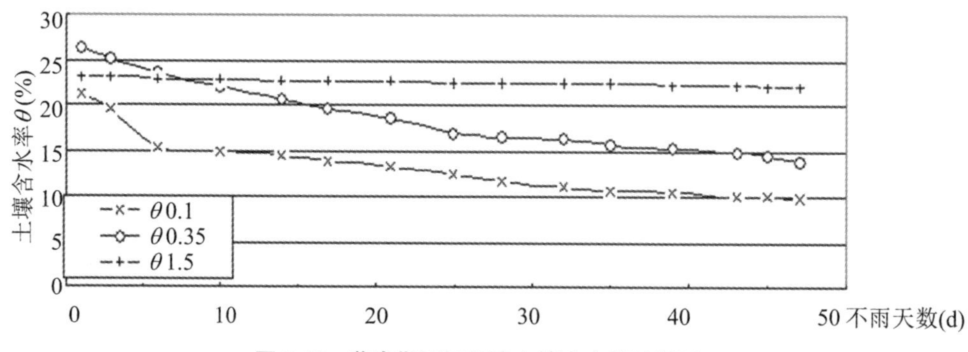

图 5-12 蒸发期不同深度土壤含水率过程图

若 $E_0-P-E_g \geqslant W_u$，则

$$E_u = P + W_u, E_l = \frac{W_l(E_0 - E_u - P - E_g)}{W_{lm}}, E_d = 0 \tag{5-15}$$

若 $E_0-P-E_g \leqslant W_l$，则

$$E_u = W_u, E_l = W_l, E_d = \frac{E_0 - P - E_u - E_l - E_g}{5}$$

式中，E_u，E_l，E_d 分别为上层、下层和深层蒸（散）发量（mm）。

各层土壤蓄水量减去该层蒸发量后，即可求出次日（时段末）各层蓄水量。即

$$\begin{aligned} E &= E_u + E_l + E_d \\ W_{u(i+1)} &= W_u - E_u \\ W_{l(i+1)} &= W_l - E_l \\ W_{d(i+1)} &= W_d - E_d \\ W_{(i+1)} &= W - E \end{aligned} \tag{5-16}$$

式中，$W_{(i+1)}$ 为次日（时段末）蓄水量（mm），其他符号意义同前。

模型流程见图 5-13。

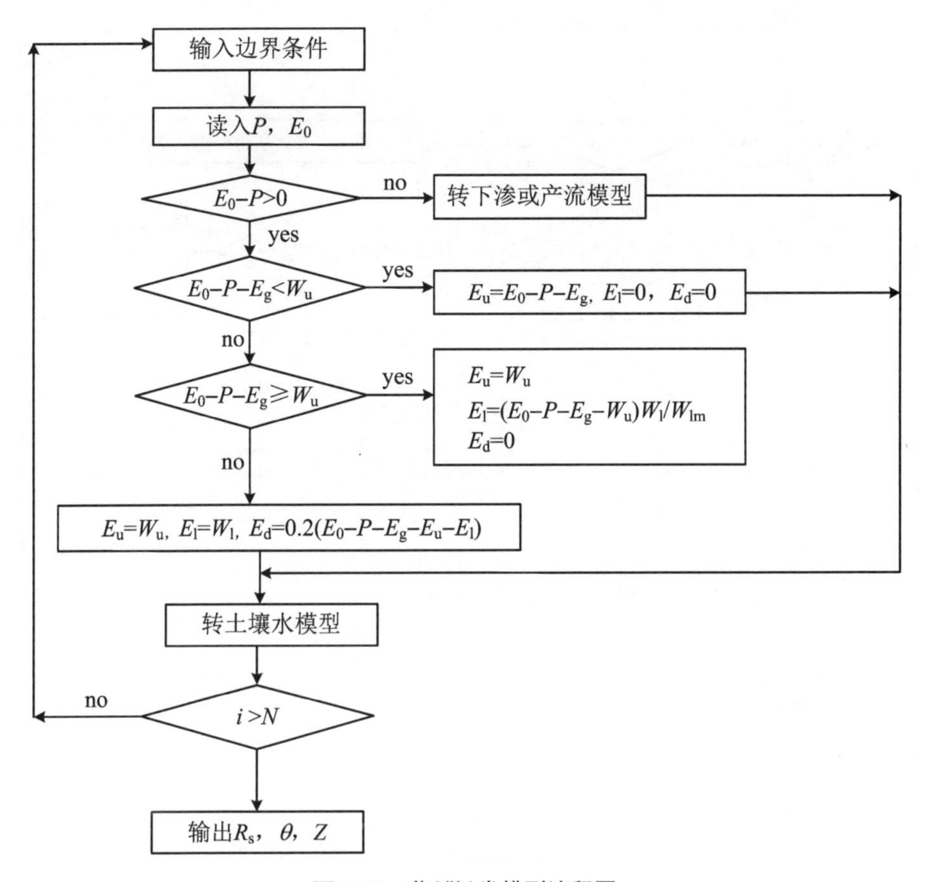

图 5-13　蒸(散)发模型流程图

5.6.2　土壤水模型

由降水入渗补给实验可知，包气带土壤含水率 θ 愈增大，土壤蓄水量 W 也增大，θ 与 W 呈正比例关系。地下水愈高，则毛管水上升离地表愈近，土壤湿润，θ 愈增大；但在大埋深条件下，土壤湿润的现象也屡见不鲜。因此可以利用 W 与 θ 建立相关关系，并利用埋深条件加以限制，可以得出 θ 的计算表达式。

由蒸(散)发实验可知 θ 的计算表达式如下：

$\theta = 0.0892W + 15.2, Z > 2\ \mathrm{m}$（$\theta$ 为 0～1 m 土体平均含水率）

$\theta = 0.0425W + 20.0, 1\ \mathrm{m} < Z \leqslant 2\ \mathrm{m}$（$\theta$ 为 0～1 m 土体平均含水率）

$\theta = 0.0233W + 22.0, 0.5\ \mathrm{m} < Z \leqslant 1\ \mathrm{m}$（$\theta$ 为 0～1 m 土体平均含水率）

$\theta = 0.15W_u + 25.0, 0.3\ \mathrm{m} < Z \leqslant 0.5\ \mathrm{m}$（$\theta$ 为 0～1 m 地下水平均含水率）

$\theta = 0.21W_u + 22.5, Z \leqslant 0.3\ \mathrm{m}$（$\theta$ 为 0～1 m 地下水平均含水率）

(5-17)

土壤水模型流程如图 5-14 所示。

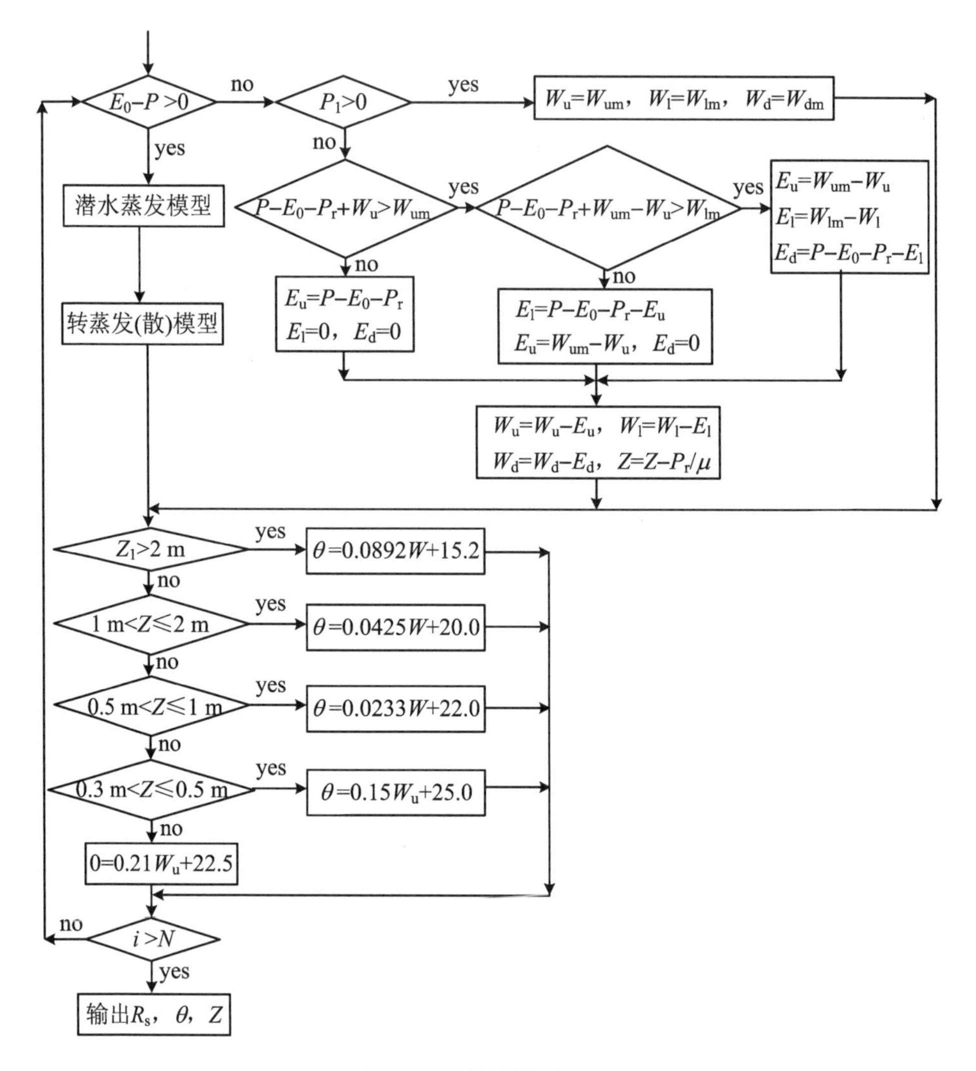

图 5-14　土壤水模型流程图

流程说明：

若条件满足 $E_0-P>0$ 则土壤脱湿，否则土壤吸湿。

在土壤吸湿状态下，土壤蓄水量得以补充，土壤水分的补充上层至下层再转深层。若条件满足 $P_1>0$，说明雨后各层土壤蓄满；若条件满足 $P-E_0-P_r+W_u>W_{um}$ 和 $P_1<0$，说明雨后 $W<W_m$，上层蓄满($W_u=W_{um}$)转下层，直至下层蓄满之后，才转至深层。同理，在土壤脱湿状态下，亦自上层而下层再转深层，各层蒸(散)发量由蒸(散)发模型得出后，转土壤水模型。

5.7　潜水蒸发模型和地下水开采模型

包气带中第一个具有自由水面的含水层称为潜水层，潜水蒸发是指地下水垂直向上运动，在大气蒸发作用下，包水带水分经包气带向上运移而向大气蒸发，导致地下水消耗。潜水蒸发量是平原区地下水的主要消耗项之一。

5.7.1　潜水蒸发模型

从潜水蒸发实验可知，潜水蒸发 E_g 与埋深 Z 有反比例关系，并受作物的生长期影响。

点绘历年 1 月、4 月和 8 月的$\frac{E_g}{E_0}$～Z 关系图（图 5-15），从图 5-15 中可看出：历年 4 月 C～Z 关系点距，在历年 8 月关系点距之下，在历年 1 月关系点距之上。

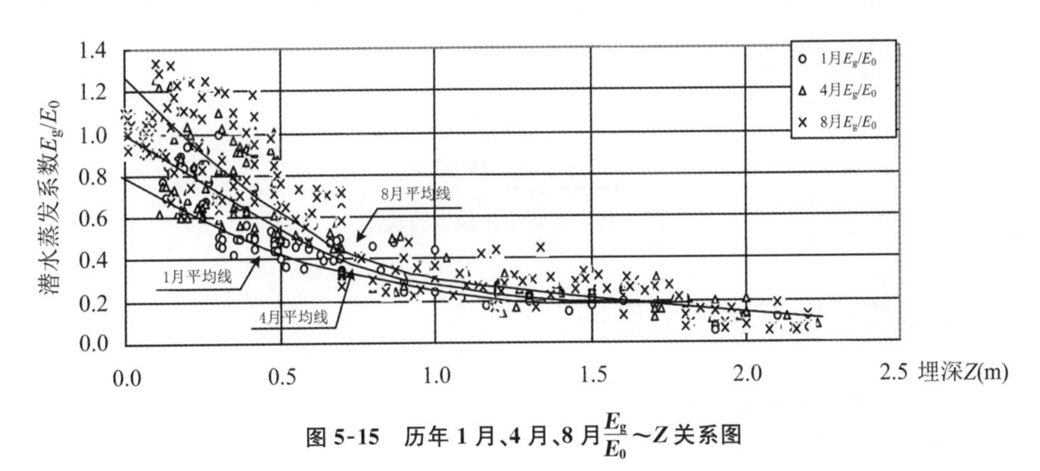

图 5-15　历年 1 月、4 月、8 月$\frac{E_g}{E_0}$～Z 关系图

计算$\frac{E_g}{E_0}$公式如下

$$\left.\begin{aligned}\frac{E_g}{E_0} &= K_n \times e^{-1.22Z} & Z &< 2\ \mathrm{m}\\ \frac{E_g}{E_0} &= K_n\left(1-\frac{Z}{3.2}\right)^{2.5} & Z &\geqslant 2\ \mathrm{m}\end{aligned}\right\} \tag{5-18}$$

式中，K_n 为作物影响系数（K_n 的选值见表 5-3），其他符号意义同前。

模型的流程如图 5-16 所示。

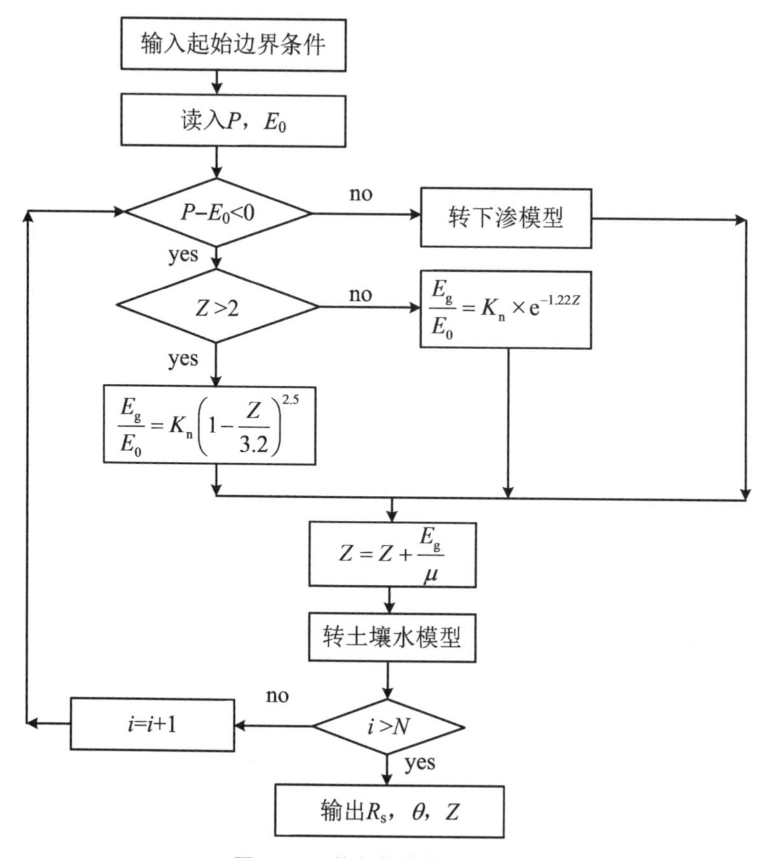

图 5-16　潜水蒸发模型流程图

5.7.2　地下水开采模型

当开采地下水灌溉时，地下水下降，包气带土壤蓄水量 W 增大，灌溉之后，部分水量成为灌溉回归水，补充给地下水。

由灌溉回归实验可知，当灌水量分别为 69.2 mm，112.9 mm 和 136.9 mm 时，灌溉回归系数分别为 0.07，0.17 和 0.27。

灌溉回归水与降水入渗补给地下水有一定的差别，但随着灌水技术的提高，差别会越来越小。

开采地下水灌溉使包气带土壤蓄水量和地下水埋深发生了变化，需调整变量方能代入模型中计算。

① 补充包气带土壤水量 P' 发生了变化，此量应为地下水开采量 $R_{采}$ 与降水量之和

$$P' = R_{采} + P \tag{5-19}$$

② 地下水埋深发生了变化，此时地下水埋深 Z'应扣除 $R_{采}$，即

$$Z' = Z + \frac{R_{采}}{\mu} \tag{5-20}$$

③ 设灌溉回归水量 $P_r{}'$和下渗补给地下水量 P_r 相同，入渗只有第一阶段，则

$$P_r{}' = P_r = \alpha_1(P + R_{采} - E_0) \tag{5-21}$$

开采模型的结构及流程如图 5-17 所示。

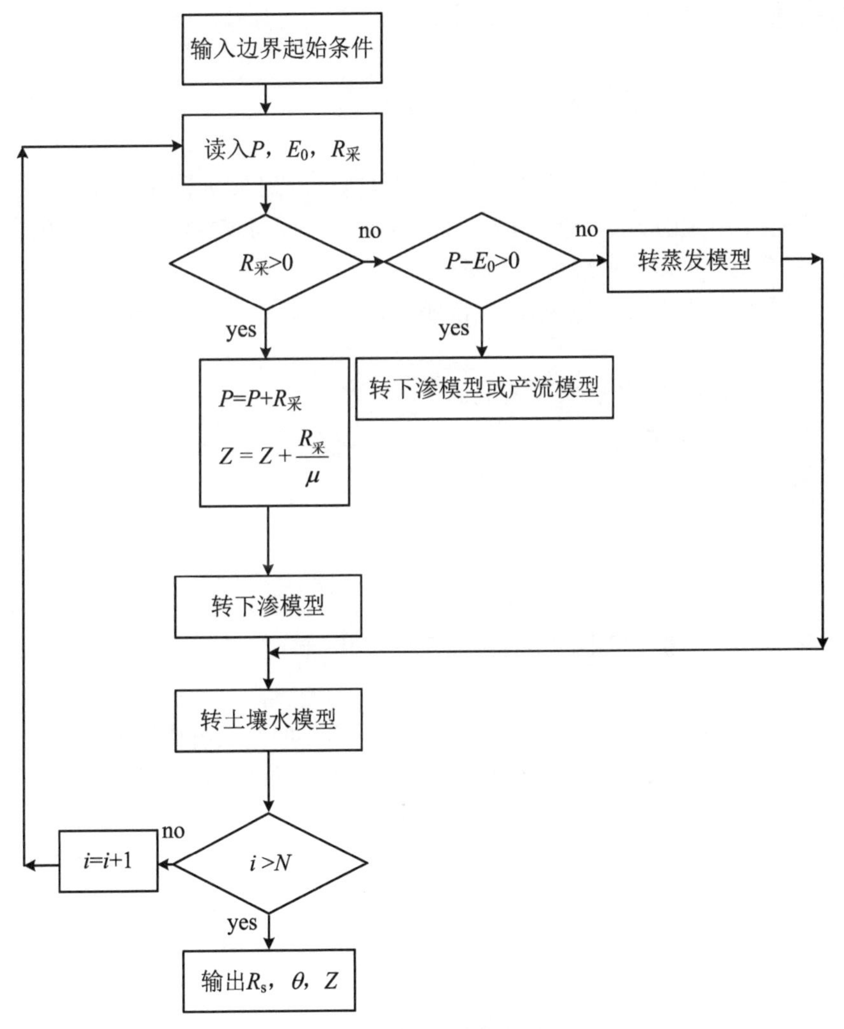

图 5-17　开采模型流程图

5.8 模型的调试及误差分析

本模型可调试的参数不多，且其参数基本上都是由实验得出，可信度较高。在模拟过程出现如下系统偏差时，可做如下调试。

5.8.1 地下水过程输出检验与调试

若出现地下水模拟过程系统偏高（或偏低）情况，其主要原因在于有（无）作物的影响以及其处在不同生产水平上（如20世纪六七十年代与现在相比，作物单产要小得多，潜水蒸发也少得多），可进行如下调试：

① 若退水段系统偏高（或偏低），说明潜水蒸发计算量偏小（或偏大），可做如下调整：

a. 将 K_n 或 Z_m 值调大（或调小）；

b. 将 α 值调小（或调大）。

② 若涨水段系统偏高（或偏低）可做如下调整：

a. 将 α 值调小（或调大）；

b. 将 μ 值调小（或调大）。

5.8.2 土壤水过程输出检验与调试

由于土壤水的实测资料的测验误差较大，一两年的短系统模拟效果不佳，还不足以说明系统是否准确。若确切出现土壤水模拟过程偏大（或偏小），可调整的参数如下：

① 将 W_{um} 调大（或调小）；将 W_{lm} 调小（或调大）；或将深层蒸发系数调大（或调小）。

② 若 W_{um} 经调整后出现的问题仍未能解决，可将 W_m 调小（或调大）。

5.8.3 地表水输出检验与调试

在砂姜黑土平原区，其地表水的测验误差比土壤水的还大。其原因主要是集水面积难以控制、流域界线不清和土壤的调蓄量不稳定等。

若确定地表水系统模拟过程系统偏大（或偏小）可做如下调整：

① 将 Z_1 和 Z_2 调小（或调大）；

② 将 S_m 调大(或调小),其原因可能是 $Z_1 \sim Z_2$ 土体中的给水度 μ_1 偏大。

综上所述:经多次调试可以得到令人较满意的结果,在参数调试时应当注意,各参数之间是相互作用的,不能顾此失彼。

5.8.4　不确定性分析

不确定性来源主要有如下几种:

1. 模型简化带来的误差

模型为了便于计算,不考虑其不均匀性(如降水量、给水度等)。简化模型为了使模型结构简单,忽略了其变化过程,如地下水开采时,地下水以井为中心呈漏斗状。当抽水停止后,随着时间的增加,漏斗状逐渐消失。而模型采用的是漏斗状水体的平均高度,并未采用函数关系计算瞬时动态值。另外,当降水入渗补给地下水时,地下水缓慢抬升,其抬升速度与降水量、降水强度、入渗速度、地下水埋深等一系列因素有关。模型忽略了其变化过程,只计最终抬升高度。其他因素还有很多,不一一叙述了。

2. 假定条件误差

为了能够计算,必须写出其表达式。因实际情况很复杂,需做出一些假定,会与实际情况有出入(如蒸发等)。

3. 参数(系数)的选取

水文地质参数及其他采用的系数,大多是变数,即使是特定条件下的土壤水分(如田间持水量)也是如此。选取参数(系数)时以不变代变化,以少变代多变,必然会引起误差。选用的参数及系数仅是较多情况下的平均值。

4. 公式的选用

在目前情况下,有些公式的选用只是半经验半推理(俗称灰箱子),有的理论虽完善,但距具体应用尚需时日。

5. 测验误差

我们长期在基层从事测验和实验工作,知道测验的误差在所难免,有些项目的误差很难避免(如土壤水、地表水等),由实际资料误差会引起一系列误差。

6. 门槛误差

资料分析的结果表明,在产生地表水量较小的洪水中,雨后地下水埋深一般在 Z_1 左右(Z_1 也是一个变数)。对刚跨进门槛的洪水而言,误差可能大些,虽然我们在程序中针对此类洪水做了修正,但误差总是难免。

7. 其他方面

在现阶段,有些违背常规的不合理现象尚难以解释(如雨后土壤水的增加量、入渗补给地下水量等)。例如,1998 年 1～2 月份总降水量为 91.7 mm,雨前地下水埋深

Z=2.93 m，雨后 Z=0.86 m。在如此大的埋深下且不计一切蒸发，降水入渗补给地下水系数 α 竟高达 0.75。经验证明观测资料基本无误，且无外水影响，但原因解释不清。类似解释不清的情况几乎年年都有发生。

上述误差既有偶然性误差，也有系统性误差。要从预报值中分清各项误差是不可能的，只能统一把误差当作综合性误差来看待。

5.9 模型评价

联合国教科文组织于 1975 年提出建立水文模型需具有 8 年或 8 年以上的资料，其中有 6 年的数据供模型识别，另两年的供模型检验。

本模型使用四十余年的资料，从中任意抽取连续 3 年(1981～1983 年)供模型检验。模型通过初检后，对余下年份也一一检验，经数次调整，方确定参数值。

参照我国 1985 年颁布的《水文水情预报规范》(简称《规范》)中的误差评定方法对其进行评定。

误差标准是评价一个模型精度及适用性的重要标准，常用的评价误差的数值标准如下。

5.9.1 许可误差 $\delta_{许}$

许可误差 $\delta_{许}$是人们根据预报的水平、资料条件、计算的方法与手段、生产上要求以及对已有的预报误差资料的统计分析而确定的误差允许范围，将之作为评定预报精度的标准。因此，它关系到评定的合理性和统一性。

据规范：水位以 1.0 m 为上限，0.1 m 为下限，也可取实测变幅的 20%作为 $\delta_{许}$。径流深 R_s的 $\delta_{许}$以 20 mm 为上限，3 mm 为下限，也可取实测变幅的 20%作为 $\delta_{许}$。

上述规定主要是针对洪水预报制定的，对于枯季 $\delta_{许}$，规定可放宽为实测值的 30%。对地下水的 $\delta_{许}$我们采用实测值的±30%，并以 0.2 m 为下限。地表水的 $\delta_{许}$采用实测值的±20%为 $\delta_{许}$，并以 3 mm 为下限。

规范对土壤含水率尚无具体要求，因其测验误差较大(一般在干土重的 2%左右)，我们以干土重的±2%为允许误差。

1981～1983 年的 $\delta_{许}$的评定结果见表 5-5、表 5-6 和表 5-7。

表 5-5　地下水许可误差统计结果(月/日)

1/1～2/16	0.225	0.313	0.200	0.088
2/16～2/19	−1.129	−1.029	−0.226	0.100
2/19～5/28	1.184	0.981	0.237	−0.203
5/28～6/12	0.490	0.306	0.200	−0.184
6/12～6/19	0.090	0.042	0.200	−0.048
6/19～6/20	−0.671	−0.501	−0.200	0.170
6/20～7/23	−0.516	−0.880	−0.200	−0.364
7/23～7/25	−0.718	−0.267	−0.200	0.451
7/25～7/28	0.200	0.024	0.200	−0.176
7/28～7/30	−0.300	−0.239	−0.200	0.061
7/30～8/8	0.588	0.339	0.200	−0.249
8/9～8/11	−0.206	−0.167	−0.200	0.039
8/11～8/23	0.371	0.116	0.200	−0.255
8/23～8/25	−0.492	−0.188	−0.200	0.304
8/25～9/22	0.889	0.321	0.200	−0.568
9/22～9/25	−0.223	−0.105	−0.200	0.118
9/25～10/7	−0.974	−1.156	−0.200	−0.182
10/7～10/18	0.252	0.347	0.200	0.095
10/18～10/22	0.098	0.014	0.200	−0.084
10/22～11/1	0.300	0.263	0.200	−0.037
11/1～11/6	−0.462	−0.277	−0.200	0.185
11/24～11/27	0.044	0.215	0.200	0.171
11/27～12/30	0.365	0.226	0.200	−0.139
1/1～5/27	0.890	1.082	0.200	0.192
5/27～6/13	−1.170	−1.337	−0.234	−0.167
6/13～7/9	0.770	0.295	0.200	−0.475
7/9～7/23	−1.250	−1.148	−0.250	0.102
7/23～8/3	0.440	0.308	0.200	−0.132
8/3～8/10	−0.430	−0.782	−0.200	−0.352
8/10～8/18	0.410	0.576	0.200	0.166
8/18～8/25	−0.400	−0.546	−0.200	−0.146
8/25～11/26	1.100	1.307	0.220	0.207
1/1～3/21	0.560	0.711	0.200	0.151
3/21～3/27	−0.300	−0.039	−0.200	0.261
3/27～6/10	0.880	0.701	0.200	−0.179
6/10～6/17	−0.900	−0.766	−0.200	0.134
6/17～6/22	0.080	0.082	0.200	0.002
6/22～6/26	−0.680	−0.440	−0.200	0.240

续表

6/26～6/30	0.110	0.022	0.200	−0.088
6/30～7/4	−0.630	−0.549	−0.200	0.081
7/4～7/19	0.700	0.842	0.200	0.142
7/19～7/24	−0.700	−0.895	−0.200	−0.195
7/24～9/10	1.600	1.783	0.320	0.183
9/10～9/30	0.100	0.057	0.200	−0.043
9/30～10/16	−0.320	−0.085	−0.200	0.235
10/16～10/21	−1.350	−1.151	−0.270	0.199
10/21～10/31	0.770	0.377	0.200	−0.393
11/1～12/31	0.820	0.695	0.200	−0.125

表 5-6　土壤水许可误差统计成果表(单位:m)

月	日	1981 年			1982 年			1983 年		
		$\theta_{计}$(%)	$\theta_{实}$(%)	误差(%)	$\theta_{计}$(%)	$\theta_{实}$(%)	误差(%)	$\theta_{计}$(%)	$\theta_{实}$(%)	误差(%)
1	1	18.8	17.4	1.4	24.2	22.2	2	21.07	20.5	0.57
	11	18.5	17.6	0.9	20.9	22.1	−1.2	20.93	21.2	−0.27
	21	18.7	16.7	2	20.5	22.9	−2.4	20.97	19.3	1.67
	29							20.52	21.3	−0.78
2	1	18.8	18.3	0.5	20.6	20.6	0	20.91	20.8	0.11
	11	18.5	17.9	0.6	20.9	21.6	−0.7	20	21.6	−1.6
	21	20.5	20.8	−0.3	20.8	21.7	−0.9	20	21.9	−1.9
3	1	20.3	20.7	−0.4	20.4	21.3	−0.9	20.37	21.2	−0.83
	11	18.5	19.4	−0.9	20	19.6	0.4	20	20	0
	21	18.5	18.5	0	20.1	20.3	−0.2	20	20.5	−0.5
4	1	19.3	19.3	0	20.6	20.1	0.5	20	19	1
	11	18.5	19.3	−0.8	15	17.5	−2.5	20	20.2	−0.2
	21	18.6	19.7	−1.1	15	15.6	−0.6	20	21.2	−1.2
5	1	19.1	18.4	0.7	15	15.4	−0.4	20	18.8	1.2
	6	15	18	−3	15	15.6	−0.6	20	19.4	0.6
	11	15	16.9	−1.9	15	14.6	0.4	20	18.9	1.1
	16	15	16.6	−1.6	15	14.8	0.2	20	20.4	−0.4
	21	15	15.9	−0.9	15	14.2	0.8	20	19.9	0.1
	26	21.1	18.8	2.3	15.2	13.9	1.3	20	19	1

续表

月	日	1981年			1982年			1983年		
		$\theta_{计}$ (%)	$\theta_{实}$ (%)	误差 (%)	$\theta_{计}$ (%)	$\theta_{实}$ (%)	误差 (%)	$\theta_{计}$ (%)	$\theta_{实}$ (%)	误差 (%)
6	26	21.1	18.8	2.3	15.2	13.9	1.3	20	19	1
	1	19.3	19.3	0	18.1	18.7	−0.6	20	19	1
	6	19.3	19.7	−0.4	16	17.6	−1.6	20	19.5	0.5
	11	21.8	21.2	0.6	18.7	18.3	0.4	20.11	19.4	0.71
	12	21.5	22.8	−1.3				19.82	21	−1.18
	13	20.5	18.2	2.3				19.51	22.3	−2.79
	14							19.35	22.5	−3.15
	16	17.5	17.9	−0.4	17.3	19.5	−2.2	18.25	21.9	−3.65
	20	17.3	18	−0.7						
	21	17.1	18.5	−1.4	16.5	18.6	−2.1	17.37	19.6	−2.23
	22	16.8	18.3	−1.5						
	25							23.5	25.7	−2.2
	26	25.9	26.7	−0.8	16	17.9	−1.9	24.5	25.5	−1
	27							20.01	21.3	−1.29
	28	23.5	26	−2.5						
	29	23	25.5	−2.5				22.5	23.3	−0.8
	30	22.8	24.3	−1.5						
7	1	22	23.2	−1.2	15.7	16.5	−0.8			
	2	22.5	22.5	0						
	4	20.5	21.3	−0.8						
	5							28.5	30.4	−1.9
	6	19.8	22.3	−2.5	15.5	16.4	−0.9	27.5	25.2	2.3
	7	19.6	21.8	−2.2				25.53	25.8	−0.27
	9							23.33	22.8	0.53
	10				26.3	26	0.3			
	11	18.9	20	−1.1	26.1	26.9	−0.8	22.67	24.3	−1.63
	14							21.98	21.5	0.48
	16	18.1	18.5	−0.4	28.8	28.2	0.6	21.55	23	−1.45
	17				28.7	27.9	0.8			

续表

月	日	1981年			1982年			1983年		
		$\theta_{计}$ (%)	$\theta_{实}$ (%)	误差 (%)	$\theta_{计}$ (%)	$\theta_{实}$ (%)	误差 (%)	$\theta_{计}$ (%)	$\theta_{实}$ (%)	误差 (%)
	18				28.8	27.8	1			
	20				30.1	27.6	2.5			
	21	17.4	17	0.4	30.3	31.8	−1.5			
	22				30.3	28.9	1.4			
	23				30.2	29.2	1			
7	24				30.1	30.6	−0.5	31.5	31.6	−0.1
	25				29.9	28	1.9	25.98	25.3	0.68
	26	33	32	1	29.6	26.7	2.9	25.92	24.3	1.62
	27	26.6	24.4	2.2	29.5	28.4	1.1			
	28	26.4	24.1	2.3				25.71	26.1	−0.39
	29				22.8	23	−0.2			
	30							25.4	25.7	−0.3
	1	29.5	28.7	0.8	22.8	22.7	0.1	24.92	22.6	2.32
	2							22.72	22.4	0.32
	6	26.5	25	1.5	22.6	23	−0.4	21.72	19.9	1.82
	10				25.8	27	−1.2			
	11	23	23.5	−0.5	23.8	23.6	0.2	21.72	20	1.72
	12				23.9	27.3	−3.4			
	16	21.8	20.2	1.6	23.2	24.1	−0.9	20.62	21.9	−1.28
8	20				32	28.2	3.8			
	21	20.4	19.8	0.6	32	31.1	0.9	19.38	18.4	0.98
	23				31.2	33.3	−2.1			
	24				31.5	32.3	−0.8			
	25				30.6	31.4	−0.8			
	26	22.8	19.3	3.5	28.6	29.2	−0.6	19.68	18.5	1.18
	27				27.2	26.3	0.9			
	29				25.7	25.5	0.2			
	31				25.4	25.8	−0.4			

续表

月	日	1981年			1982年			1983年		
		$\theta_{计}$(%)	$\theta_{实}$(%)	误差(%)	$\theta_{计}$(%)	$\theta_{实}$(%)	误差(%)	$\theta_{计}$(%)	$\theta_{实}$(%)	误差(%)
9	1	21.2	19.1	2.1	23.5	23.3	0.2	19.93	19.5	0.43
	3				23.7	21.3	2.4			
	6	20	17.1	2.9	23.4	22.4	1	18.77	17.2	1.57
	11	19.3	16.8	2.5	22.3	23.7	−1.4	20.96	19.2	1.76
	16	18.5	15.9	2.6	21.3	21.1	0.2	21.82	20.2	1.62
	21	17.7	15	2.7	21.8	20.9	0.9	20.87	18.3	2.57
	26	19.8	18.3	1.5	20.8	20.7	0.1	19.7	19.9	−0.2
10	1	20.2	19.7	0.5	22.3	21.2	1.1	19.02	18.1	0.92
	11	23.5	24.4	−0.9	20.9	19.8	1.1	20.94	18.5	2.44
	21	23.6	24.5	−0.9	19.3	18.5	0.8	29.4	30.8	−1.4
	22	22.6	25.2	−2.6	18.7	21.5	−2.8	21.52	21.6	−0.08
12	1	22.6	23	−0.4	20.1	22.5	−2.4	20.42	21.2	−0.78
	11	21.8	23.4	−1.6	19.1	21.2	−2.1	19.5	20.2	−0.7
	21	21.2	22.5	−1.3	18.3	20.2	−1.9	19	20.9	−1.9

表5-7　地表水许可误差统计结果

年份	降水(mm)	径流			误差(mm)	许可误差(mm)
		历时(月/日)	$R_{s实}$(mm)	$R_{s计}$(mm)		
1981	43.6	6/19～6/20	2.6	3.3	0.7	3
	88.2	6/25～7/01	37.8	28.7	−9.1	−7.6
	124.9	7/24～8/01	17.3	11.6	−5.7	−3.5
1982	85.1	7/10～7/12	21.4	19.5	−1.9	−4.3
	91.7	7/14～7/20	18.4	22.6	4.2	3.7
	35.3	7/21～7/27	24.1	17.8	−6.3	−4.8
	47.5	8/09～8/12	16.4	15.5	−0.9	−3.3
	46.1	8/19～8/23	15.8	11.4	−4.4	−3.2
1983	67.8	7/01～7/06	46.4	55.1	8.7	9.3

5.9.2 相对误差 Δ 和绝对误差|Δ|

相对误差及绝对误差是评价模型合适性的重要指标。其表达式如下：

$$\Delta = \frac{1}{n}\sum_{1}^{n}(x' - x_i) \tag{5-22}$$

$$|\Delta| = \frac{1}{n}\sum_{1}^{n}(x' - x_i) \tag{5-23}$$

5.9.3 均方差 σ

均方差是表示与 n 段内的实测均值与模拟的离差平方和的平方根，是模拟改进与否的常用指标，但不能明确指出模型的精确和通用性。

$$\sigma = \sqrt{\frac{\sum_{1}^{n}(x' - y)^2}{n}} \tag{5-24}$$

式中，x'为模拟值；y 为$(1\sim n)$段的实测均值。

地下水的 Δ，|Δ|，σ 评价结果见表 5-8。

表 5-8 地下水埋深误差 Δ、相对误差 Δ、均方差 σ 统计结果表

月份	1981 年			1982 年			1983 年		
	Δ(m)	|Δ|(m)	均方差	Δ(m)	|Δ|(m)	均方差	Δ(m)	|Δ|(m)	均方差
1	0.034	0.034	0.071	−0.001	0.001	0.100	0.009	0.009	0.071
2	0.103	0.106	0.488	0.123	0.123	0.138	0.074	0.074	0.122
3	−0.014	0.017	0.095	0.176	0.176	0.327	0.257	0.257	0.270
4	−0.119	0.119	0.126	0.234	0.234	0.442	0.222	0.222	0.318
5	−0.282	0.282	0.292	−0.222	0.222	0.263	0.213	0.213	0.219
6	0.231	0.374	0.261	−0.313	0.313	0.375	−0.101	0.101	0.290
7	0.366	0.367	0.390	−0.178	0.178	0.336	−0.176	0.176	0.315
平均	−0.047	0.193	0.241	0.024	0.181	0.302	0.116	0.162	0.249

模拟值的误差小于许可误差便为合格，其合格数所占的比例为合格率。《规范》规定：当合格率≥85％时为甲等；当合格率为 70％～80％时为乙等；合格率为 60％～69％时为丙等。凡符合甲、乙等级要求的可以用于作业预报。其评定结果见表 5-9。

表 5-9　模型合格率评定结果

年份	地下水评定标准（上涨<涨幅 20%，退水<落幅 30%）				土壤水评定标准（干土重<2%）				地表水评定标准（径流深<20%）			
	总点数	合格数	合格率	等级标准	总点数	合格数	合格率	等级标准	总点数	合格数	合格率	等级标准
1981	23	17	73.9%	乙等	60	43	71.7%	乙等	5	3	60.0%	丙等
1982	9	7	77.8%	乙等	69	55	79.7%	乙等	5	3	60.0%	丙等
1983	16	12	75.0%	乙等	63	54	85.7%	甲等	2	2	100%	甲等
合计	48	36	75.0%	乙等	192	152	79.2%	乙等	12	8	66.7%	丙等
其他年份	415	303	73.0%	乙等	2210	1679	76.0%	乙等	171	107	62.6%	丙等

第6章　浅层地下水与地表生态交互作用机理

6.1　浅层地下水与地表河流的关系

地下水水位即是土壤包气带自由重力水的液面。地下水与河沟地表水的补排关系体现在地下水水力坡度线及其变化上。地下水水力坡度线又称地下水浸润线，即土壤中包气带和饱和带的交界面。水力坡度是垂直于河流方向单位长度水位线升降值。水力坡度大小主要取决于河水位涨落变化、地下水水位涨落变化、地面与河道水位固有高差、土壤介质的导水性能等。影响水力坡度的因素较多，水力坡度变化复杂，同时水力坡度又是分析河道地表水与两岸地下水之间补排关系的重要参数。为分析水力坡度年际、年内变化情况，寻求地下水与河沟地表水补排变化规律，项目组先后在固镇、蒙城、怀远等地进行了若干组相关实验，取得了淮北平原区地下水与河沟地表水补排变化规律的原创性认识。

在影响地下水动态变化的几大要素中，降水、蒸发受天气控制；开采量受需水量制约，不是无法调控就是调控意义不大；而只有地表河沟水系对地下水的补排，则可以通过工程措施施以影响。因此，研究地表水与地下水的补排关系，对合理调控河道两侧地下水水位，减缓河道两侧一定范围内的旱涝灾情，科学调控管理水利工程，合理开发利用地表及地下水资源具有重要的意义。

流域内新增河流会改变原有的水系结构，对两岸地下水也产业一定的影响。怀洪新河开通以后，沿岸固镇县、五河县的芦渡、九湾等地居民反映同期地下水水位有所抬升，内涝有加重趋势。这说明了怀洪新河与两岸地下水补排关系密切。具体来说，在枯水期，地下水向怀洪新河补给水量，有利于维持河道生态基流；在汛期，怀洪新河将向地下水补给水量，如图 6-1 所示。

本区地下水埋藏较浅，由西北、北部的 4～5 m 向东南的 2～3 m 递减。地下水动态的变化主要取决于降水入渗补给的多少、开采程度的强弱、潜水蒸发的消耗及地表河、沟的补排。由于地下水埋藏较浅，本区的小麦、玉米、大豆等农作物的根系可直接汲取地下水，能一定程度上缓解旱情、减少灌溉频次。据五道沟水文水资源综合实验

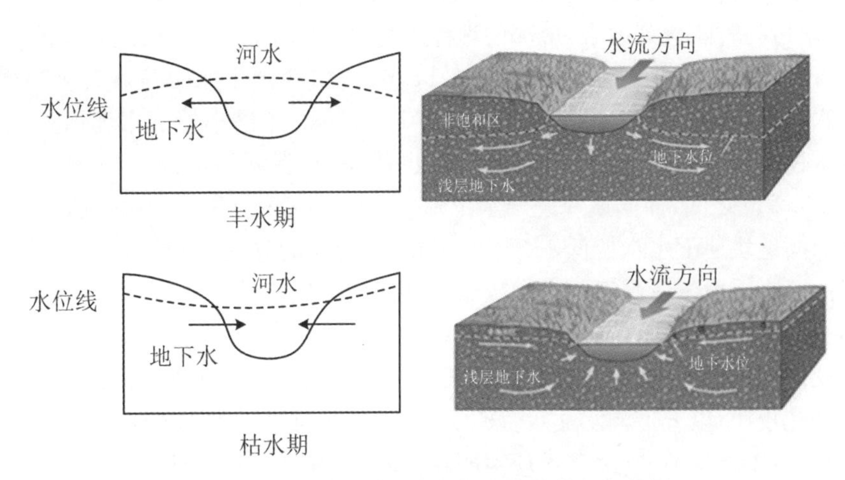

图 6-1　丰、枯水期地下水与河水补给关系示意图

站的研究，本区农作物生长的适宜地下水埋深为 1.5～2 m，在此埋深下农作物生长基本上无需灌溉，发生大旱时，农作物减产幅度也相对较小，因此区域农作物产量与区域地下水埋深有较强的相关关系。

6.1.1　固镇新淝河补排影响分析

怀洪新河的开挖，改变了原有的水系结构，给两岸地下水带来一定的影响。早在 1970 年代，当新淝河(连接北淝河与澥河，与后来开挖的符怀新河平行)开通后，有人认为，该河开通将引起怀远县火庙、魏庄、固镇县韦店一带地下水水位持续下降，为此五道沟水文水资源实验站还于 1981 年在固镇县韦店设立了一组垂直于新淝河的地下水水位观测排孔，同时还设立了同断面河道水尺，进行了长达 5 年的观测。21 世纪初怀洪新河开通以后，沿岸固镇县、五河县的芦渡、九湾等地群众反映同期地下水水位有所抬升，内涝有加重趋势，于是就有人认为开河将抬升两岸地下水水位。两种观点都说明人工新河与两岸地下水补排关系密切。

1981 年，五道沟水文水资源综合实验站为研究新淝河与两岸地下水的补排关系，在固镇县原韦店乡境内设立了一排垂直于新淝河的地下水水位观测排孔，排孔布置如表 6-1 所示。同时在同断面设立河道水尺，于 1981 年投入观测，共使用了 5 年，后因符怀新河开挖而于 1985 年停止观测。

表 6-1　新淝河地下水补排观测排孔设置情况表

新淝河排孔	水位点	河道	1＃	2＃	3＃	4＃	5＃	6＃	7＃
	起点距(m)	0	10	30	50	75	110	150	250

五道沟水文水资源实验站所在地韦店乡的平均地面高程在 19.8～20.5 m 之间，

据五道沟水文水资源实验站同期 C_7 井地下水水位观测记录，在 1981～1985 年的 5 年中，地下水最高时能达到地表，最深的埋深不超过 2.3 m。1981 年最小地下水埋深只有 0.15 m，1982 年最小地下水埋深为 0.14 m，1983 年地下水水位则升至地面，形成地面积水，1984 年最小地下水埋深仅为 0.01 m，1985 年最小地下水埋深是 0.22 m，地下水水位高低变幅在 0～2.29 m 之间，也就是说，新淝河河间地块地下水水位在 17.8～20.0 m 之间，而同期新淝河水位则变动在 15.06～18.30 m 之间，新淝河地表水要比河间地块地下水水位低 1.7～2.8 m，新淝河的开通，势必引起两侧同期地下水水位的下降。由于新淝河地表水位始终低于两岸同期地下水水位，因此，新淝河排孔资料只能单向研究河流两侧地下水向地表水的排泄状况。

不受河流补排影响的河间地下水水位主要受降水入渗及蒸发（或抽水）影响，有其自身的变化规律，以五道沟水文水资源实验站 C_7 井为例，其汛期的地下水水位基本上能升至地表；干旱季节，其地下水埋深能降至地下 2 m 左右，详见表 6-2。受河道排泄

表 6-2 新淝河排孔水位及井水位变幅统计表

年 份	特征值	河水位	1#	2#	3#	4#	5#	6#	7#	C_7 井
1981	水位变幅	1.48	1.32	2.37	2.50	2.25	1.88	1.61	1.71	1.71
	最高水位	17.03	17.31	18.88	19.40	19.56	19.88	19.92	20.08	
	最低水位	15.55	15.99	16.51	16.90	17.31	18.00	18.31	18.37	
1982	水位变幅	2.30	2.17	2.73	3.06	2.90	2.07	2.67	1.89	1.87
	最高水位	17.51	17.80	18.83	19.50	19.75	19.84	19.84	20.09	
	最低水位	15.21	15.63	16.10	16.44	16.85	17.77	17.17	18.20	
1983	水位变幅	3.01	3.73	3.32	3.25	3.27	2.52	2.29	2.24	2.25
	最高水位	18.30	19.39	19.41	19.55	19.87	19.88	19.96	20.09	
	最低水位	15.29	15.66	16.09	16.30	16.60	17.36	17.67	17.85	
1984	水位变幅	3.15	3.42	3.23	3.16	3.13	2.38	2.30	2.18	2.29
	最高水位	18.21	19.00	19.35	19.51	19.82	19.86	20.06	20.09	
	最低水位	15.06	15.58	16.12	16.35	16.69	17.48	17.76	17.91	
1985	水位变幅	1.95	1.51	2.32	2.02	1.76	1.00	0.51	1.11	1.98
	最高水位	17.08	17.60	18.47	19.09	19.49	19.82	19.96	20.09	
	最低水位	15.13	16.09	16.15	17.07	17.73	18.82	19.45	18.98	
多年统计	水位变幅	3.24	3.81	3.32	3.25	3.27	2.52	2.89	2.24	2.29
	最高水位	18.30	19.39	19.41	19.55	19.87	19.88	20.06	20.09	
	最低水位	15.06	15.58	16.09	16.30	16.60	17.36	17.17	17.85	

影响，河道两侧地下水水位变幅显著增大，基本上是离河越近地下水水位变幅就与地表水变幅越接近，而且变化同步，而不受河道排泄影响的地区地下水仍呈自身规律变化，由表6-2可以看出，6＃孔水位变幅与水井水位变幅相差较大，而7＃孔水位变幅则基本上与水井地下位变幅相差不大，由此推得，新淝河两侧地下水排泄宽度在250 m左右。图6-2点绘了新淝河排孔历年7月的实测水力坡度线，从图上可以看出，河岸两侧150 m内，水力坡度线较陡，而150 m外水力坡度线则较平缓，河水位变幅在3.0 m左右时，单侧影响超过250 m(后期实验证明影响宽度达500 m)。

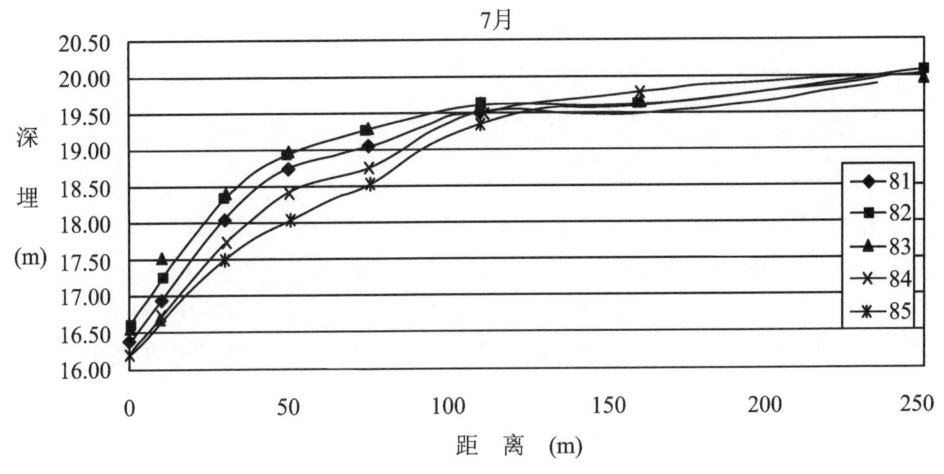

图6-2　五道沟典型月地下水排泄水力坡度线

从新淝河排孔实测成果分析可知，水力坡度在年内各月也有一定的变化，以汛期6～9月为较大。新淝河历年各月水力坡度如表6-3所示。水力坡度在1～4月、9～12月变化不大，各年水力坡度线基本上是平行的；而5～8月的水力坡度则有一些变化，各年水力坡度线呈非平行状态，水力坡度线线形存在一定的差异，尤以2＃、3＃、4＃观测孔起伏变化最大，但河水位和7＃观测孔则变化较小，说明5～8月年际之间地下水的降水入渗补给量及潜水蒸发量变化较大；而7＃孔因降水入渗补给的关系，土壤饱和地下水水位接近地表而趋于稳定，而河水位则受人为控制也变化较小，因而，地下水水位变化剧烈区就介于1＃～6＃孔之间。

表6-3　历年各月水力坡度参数分析统计表

月　份	相关公式	水力坡度	R^2
1	$Y=-7\times10^{-5}x^2+0.0289x+15.99$	0.011 8	0.980 8
2	$Y=-6\times10^{-5}x^2+0.0275x+15.865$	0.011 9	0.978 7
3	$Y=-6\times10^{-5}x^2+0.0244x+16.074$	0.010 7	0.980 8
4	$Y=-4\times10^{-5}x^2+0.0212x+16.220$	0.010 5	0.986 9

续表

月　份	相关公式	水力坡度	R^2
5	$Y=-5\times10^{-5}x^2+0.0255x+16.387$	0.013 0	0.989 2
6	$Y=-7\times10^{-5}x^2+0.0308x+16.552$	0.013 7	0.975 9
7	$Y=-9\times10^{-5}x^2+0.0355x+16.747$	0.013 2	0.956 8
8	$Y=-8\times10^{-5}x^2+0.0319x+16.785$	0.012 7	0.974 5
9	$Y=-8\times10^{-5}x^2+0.0330x+16.542$	0.013 2	0.988 6
10	$Y=-8\times10^{-5}x^2+0.0323x+16.770$	0.012 9	0.980 7
11	$Y=-1\times10^{-4}x^2+0.0361x+16.308$	0.012 6	0.991 1
12	$Y=-1\times10^{-4}x^2+0.0374x+15.835$	0.011 9	0.993 5
平均		0.012 3	0.981 5

从表6-3可以看出，年内各月平均水力坡度为0.0123，其中6月最大，达0.0137，4月最小为0.0105，变幅为30%。从水力坡度月平均值看，汛期的5～9月水力坡度值显著高于非汛期，前者5个月平均达0.0132，后者7个月平均为0.0118，相差12%，说明新淝河两侧地下水汛期排泄强度明显高于非汛期，月平均排泄量约高出12%。

6.1.2　蒙城茨河立仓橡胶坝对地下水补排影响分析

2011年，项目组在承担水利部公益项目“淮河平原区浅层地下水高效利用”(2011010)期间，于2011年在蒙城茨河、板桥河流域上，共打了52眼观测排孔，用以观测河流与浅层地下水的补排关系。

立仓橡胶坝排孔观测实验，是蒙城县地下水高效利用立仓示范区主要实验内容之一，示范区位于蒙城县立仓镇(图6-3、图6-4)。

在茨河立仓橡胶坝上游茨河南侧张洼附近有洪桥沟和渔桥沟及渔桥沟下游的一条干沟，3条大致南北向相互平行的河沟，其中洪桥沟位于立仓橡胶坝上游约570 m处，全长1 910 m；渔桥沟位于立仓橡胶坝上游约297 m处，全长740 m；干沟位于立仓橡胶坝下游约171 m处，全长567 m。垂直茨河橡胶板上游54 m处的通坝路布设1排8眼观测排孔和垂直于3条沟的3排观测排孔，其中洪桥沟与渔桥沟之间布设1排8眼观测排孔，距离茨河的距离约为334 m；渔桥沟与通坝路之间布设1排4眼观测排孔，距离茨河的距离约为372 m；通坝路与干沟之间布设1排3眼观测排孔，距离茨河的距离大约为319 m。观测排孔位置根据现场情况适当微调，尽量临近机耕道路，以利施工与观测及减少青苗损失。每个观测排孔中的各观测孔离开大沟的距离分别为10 m，50 m，100 m，200 m和300 m。观测孔总数为23眼。实际观测排孔布设位置见表6-4及图6-5。

图 6-3　蒙城立仓实验示范区

图 6-4　课题组在示范区调研

表 6-4　立仓实验区各观测排孔距离河沟的位置(单位:m)

观测点名称	垂直茨河距离	观测点名称	垂直洪桥沟距离	观测点名称	垂直渔桥沟距离	观测点名称	垂直干沟距离
A1	0	B1	0	I1	0	I7	10
A2	10	B2	10	I2	10	I6	50
A3	50	B3	50	I3	50	I5	100
A4	100	B4	100	I4	100		
A5	200	B5	200				
A6	300	B6	300				

续表

观测点名称	垂直茨河距离	观测点名称	垂直洪桥沟距离	观测点名称	垂直渔桥沟距离	观测点名称	垂直干沟距离
A7	400	B7	350				
A8	500	B8	360				

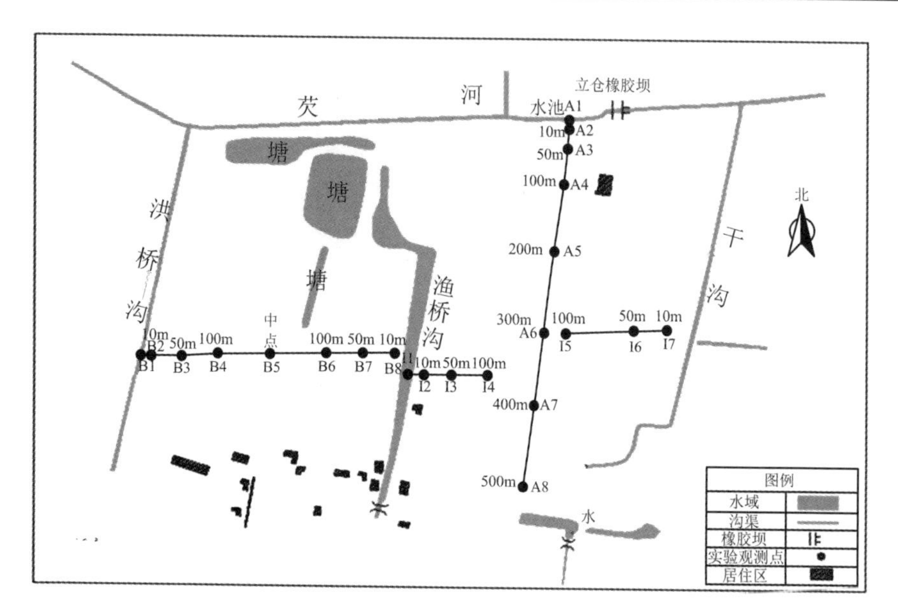

图 6-5　立仓橡胶坝实验示范区排孔布设示意图

分析选用垂直茨河 A1～A8 观测井的地下水水位观测数据。该组排孔共 8 个，编号从 A1 至 A8，位于茨河橡胶坝上游 54 m 处，垂直于茨河。实验于 2012 年 5 月开始至 2012 年 10 月结束，为期半年。按不同天气状况(晴天、雨天)，对平均地下水水位变化趋势进行分别处理分析，结果见图 6-6。图 6-6 显示地下水浸润曲线从田间到河沟为下降曲线，属地下水向河沟排泄型；A8 排测孔距离茨河 515 m，该孔地下水水位受到河沟补给影响效果不是很明显。地下水水位与河水位落差在 2 m 左右。

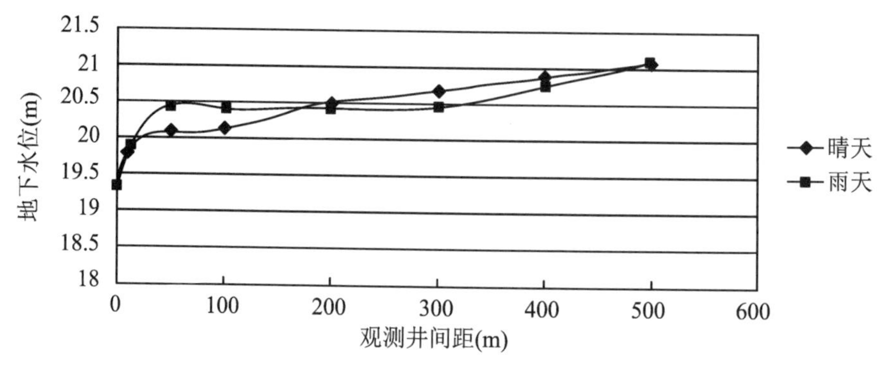

图 6-6　垂直茨河的 A1～A8 观测井的地下水水位变化趋势图

6.1.3　蒙城北淝河板桥橡胶坝对地下水补排影响分析

板桥橡胶坝排孔观测实验，是蒙城县地下水高效利用板桥示范区的主要实验内容之一，示范区位于蒙城县板桥镇(见图 6-7～图 6-10)。

图 6-7　课题组在蒙城板桥示范区调研

图 6-8　示范区放样

在北淝河板桥橡胶坝上游淝北侧郭家庄附近有白马沟、玉亭沟、鹿庄沟 3 条南北向大致相互平行的河沟，白马沟位于板桥橡胶坝上游约 1 211 m 处，全长 11.4 km；玉亭沟位于板桥橡胶坝上游约 2 667 m 处，全长 12.5 km；鹿庄沟位于板桥橡胶坝上游约 3 940 m 处，全长 10.0 km。垂直于淝河和 3 条沟共有 5 排观测排孔，其中白马沟与

图 6-9　实验孔口高程测量

图 6-10　实验孔地下水埋深测量

玉亭沟之间布设了 1 排 8 眼观测排孔，距离淝河的平均距离约为 657 m，同排布孔经过玉亭沟的一条支流，玉亭沟的干流与支流之间共布设 2 眼观测排孔；玉亭沟与鹿庄沟之间沿着河套陈家村内至鹿庄的一条机耕路共布设 15 眼观测排孔。观测排孔位置根据现场情况适当微调，尽量临近机耕道路，以利施工与观测并减少青苗损失，实际测算投影到垂直方向进行分析。每个观测排孔中各观测孔离开大沟的距离分别为 10 m，50 m，100 m，300 m 和 600 m。观测孔总数为 25 眼。实际观测排孔布设位置见表 6-5 及图 6-11。鹿庄沟与玉亭沟之间区域划分为Ⅰ区，玉亭沟与白马沟之间的区域划分为Ⅱ区。

表 6-5　板桥实验区各观测排孔距离河沟的位置(单位:m)

观测点名称	垂直鹿庄沟距离	观测点名称	垂直北淝河距离	观测点名称	垂直玉亭沟西侧距离	观测点名称	垂直玉亭沟东距离	观测点名称	垂直白马沟距离
K1	1	K12	1	K15	150	K16	10	K25	10
K2	10	K11	50	K14	300	K17	60	K24	100
K3	50	K10	350	K13	400	K18	160	K23	200
K4	150	K9	500	K11	550	K19	360	K22	250
K5	170	K8	600			K20	500	K21	500
K6	250	K7	700					K20	700
K7	350								

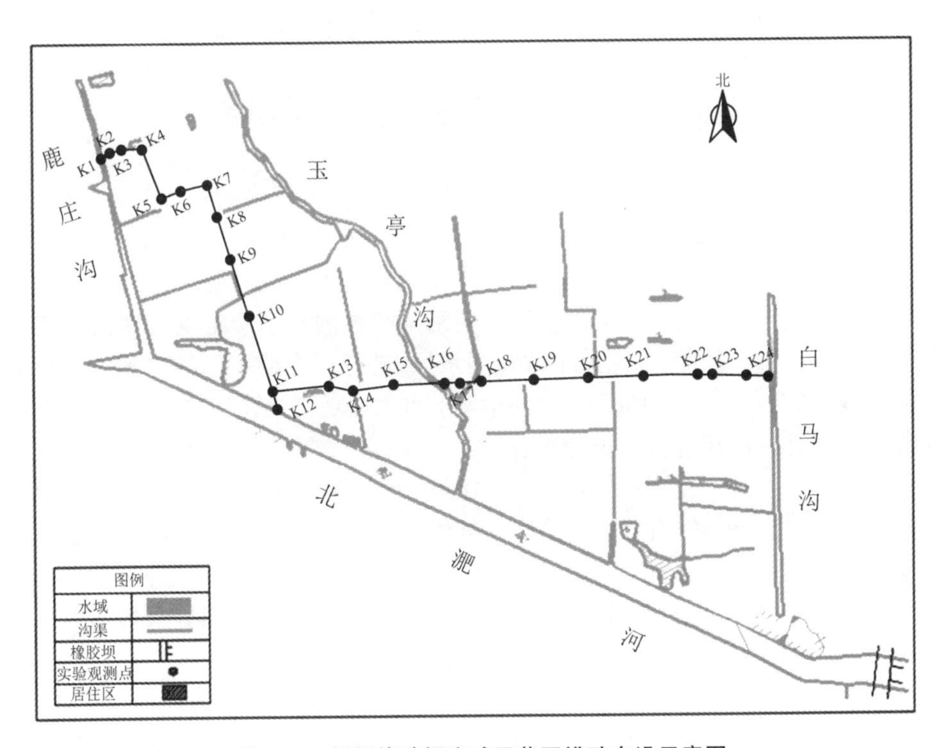

图 6-11　板桥橡胶坝实验示范区排孔布设示意图

分析选用垂直鹿庄沟(鹿庄沟为垂直北淝河的一条大沟)布设 1 排 7 眼观测井地下水水位观测数据,编号为 K1～K7。按两种天气状况下(晴天、雨天)点绘的平均地下水水位变化如图 6-12 所示。从图 6-12 可以看出,随着离河道距离的增加,地下水水位变化总体呈上升趋势,且在 250 m 外水力坡度线变化趋于平缓。地下水水位与河水位落差在 1 m 左右。

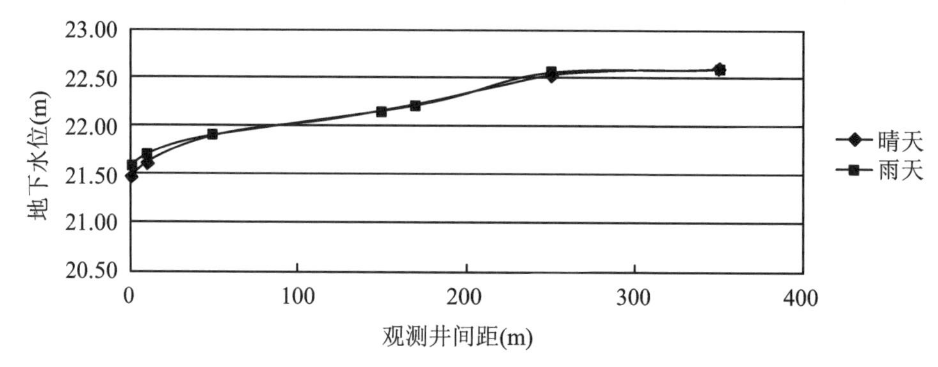

图 6-12 垂直鹿庄沟的 K1～K7 观测井的地下水水位变化趋势图

从上述 3 次原型实测资料分析还可得出，地下水排泄宽度随地下水水位与河沟地表水位差的大小有一定幅度的变化，250 m 以内水力坡度变化显著，实测最大排泄宽度在 500 m 左右，250～500 m 之间地下水排泄水力坡度变化平缓。

6.1.4 怀洪新河与两岸地下水补排关系研究

作为淮北平原代表性子流域，研究本流域地表水与地下水的补排关系，不仅对本流域的水利工作有指导意义，在淮北平原也有一定的推广价值。为全面准确了解并掌握怀新河对两岸地下水的补排关系，2006 年 12 月，“怀洪新河优化调控综合管理技术研究”课题组结合该项研究，在怀洪新河何巷闸与胡洼闸打了两组垂直新河的地下水水位观测排孔，并设置同断面河道水位观测水尺，进行了为期一年的观测。现利用本次观测资料，结合新淝河的 1981～1985 年地下水水位观测排孔相关资料，对怀洪新河与两岸地下水补排规律进行初步分析。

怀洪新河与其两岸地下水的补排关系比新淝河要复杂得多，它是一个双向动态系统，就地下水系统来说，它有时接受河水的补给，有时又向河道中排泄(这一点与新淝河地下水系统的单向排泄有显著差异)，因此，将水力坡度 I 又分为 I 补与 I 泄。影响水力坡度的因素很多，主要有河岸地面高程、河道来水与分洪运用情况、地下水水位变动规律(蒸发与入渗补给)及地下水开发利用情况等。

怀洪新河两岸地下水埋深通常在 1～2 m，而沿岸上下游地面高程则相差 4～5 m，地下水水位取决于地面高程和地下水埋深，它在局部小范围内是水平的，在较大区域上则并非水平，因而，河岸越高，该区域地下水水位就相对较高，因此，河岸地面高程也对河水与地下水补排关系产生影响。

怀洪新河河道来水主要有两个方面：一是何巷闸分洪，这部分是来自淮河干流与涡河的客水。何巷闸分洪水位可达 19.37～22.37 m，最大分洪流量达 2 000 m^3/s，分洪运用期间，将使整个河段河道地表水位普遍高于两岸地面高程，因而，整个河段都是地表水对地下水补给。另一个就是流域自身产流，怀洪新河主要支流有北淝河、浍河、沱河、唐河等。地表水起涨快、回落快，而地下水则是起涨慢、回落慢。在河水补给时，如果时段初地表水与地下水补排关系是处于地表水补给地下水状态的，则随着河水上涨，地下水浸润线（地下水水位线）会越来越陡，补给宽度会越来越宽；如果河水初涨时，地下水是处于向河道排泄状态的，则地下水浸润线将愈来愈缓，排泄宽度越来越窄，直至排泄消失转向补给。河水消退与上涨情况正好相反，在河水初退时，如果两侧地下水是处于排泄状态的，则地下水浸润线越来越陡，排泄区域宽度越来越宽；若河水初退时，两侧地下水是处于补给状态的，则地下水浸润线将愈来愈缓，补给区域宽度越来越窄，直至补给消失改为排泄。

由于沿淮淮北平原地下水补给排泄渠道主要是入渗与蒸发，因此，地下水水位涨落主要取决于降雨入渗补给及地下水的蒸发与开发利用。通常情况下，汛期雨季地下水水位高、非汛期旱季地下水水位低，就井灌地区而言，农作物需水旺季，地下水开发利用程度高，也同样导致地下水水位降低，从而影响与地表水的补排关系。

本次利用怀洪新河何巷闸与胡洼闸设立的两组垂直新河的地下水水位观测排孔进行了为期一年的观测。设置的排孔与同断面河道水位观测水尺间距与设置情况见表6-6。

表6-6　地下水补排观测排孔设置情况

何巷闸	水位点	河道	1#	4#	5#	机井	6#	
	起点距(m)	0	10	110	210	270	510	
胡洼闸	水位点	河道	1#	2#	3#	4#	5#	6#
	起点距(m)	0	10	55	70	110	210	510

怀洪新河与其两岸地下水的关系要比通过新淝河排孔所测得的地下水补排关系复杂得多。对怀洪新河两侧地下水系统来说，它不仅仅存在向河道中排泄，同时还接受河道地表水的补给。而且，符怀新河段与湖洼闸以下河段实测的补排时间也不相同。符怀新河段2007年12个月之中，仅5月、6月、7月河水位高于两侧地下水水位时，河水向地下水补给，其余9个月是地下水向河道中排泄；而湖洼闸下（澥河洼段），在2007年的12月之中仅1个月是地下水向河道中排泄，其余11个月全是接受河道地表水补给。

通过分析实测资料还可得出，补排宽度随着地下水补排水力坡度变化而变化，详见表6-7。同时，补排宽度虽然是变化的，但大多数情况下地下水排泄宽度大于210 m，这一点同新淝河排孔实测资料基本一致，而补给宽度一般在110 m左右，约为排泄宽度的一半。至于为什么会出现这样情况，就目前资料而言，尚无法确定，有待进一步深入研究。

表 6-7　2007 年怀洪新河实测水力坡度结果

补排宽度	符怀新河段		胡洼闸以下	
	Ⅰ补	Ⅰ排	Ⅰ补	Ⅰ排
>70 m			0.219	
>110 m	0.0114		0.114	
>210 m		0.010 8	0.008	0.010 8
500 m 左右		0.004 7		0.004 7

根据对 2007 年何巷闸、胡洼闸排孔断面实测地下水水位与河道水位资料的分析，结合对沿河两岸地下水补排特征的走访调查，可以初步得出怀洪新河干流沿线河道地表水与两岸地下水呈以下补排规律：符怀新河段，河水在 5～7 月份补给地下水，其余 9 个月两岸地下水均处于向地表水排泄状态。该河段地下水总体呈排泄状态，正常蓄水位条件下，年排泄量为 344 万 m^3，补给量为 121 万 m^3。受地面高程与河道蓄水位双重影响，澥河洼段、香涧湖段、浍沱河段、漴潼河段，地下水补排规律与符怀新河段正好相反，总体上河道水呈向两岸地下水补给状态，澥河洼段仅在 12 月份河道水位低于 15 m 时，两岸地下水呈排泄状态，其余 11 个月两岸地下水均接受河道地表水的补给。

怀洪新河自胡洼闸以下，两岸地面高程基本上维持在 14.5～16.5 m，上下游基本持平，而河道蓄水位受水闸控制，呈逐段台阶状下降。因而，愈往下游补给时间愈短，排泄时间愈长。香涧湖段两侧地下水每年约有 10 个月接受河道地表水补给，2 个月向河道中排泄地下水；浍沱河段两侧地下水每年约有 9 个月接受河道地表水补给，3 个月向河道中排泄地下水；漴潼河段两侧地下水每年约有 8 个月接受河道地表水补给，4 个月向河道中排泄地下水，各河段正常蓄水条件下，怀洪新河对两侧地下水补排量如表 6-8 所示。

表 6-8　正常蓄水条件下怀洪新河对两侧地下水补排估算

河段名	河段长（km）	河底平均高程（m）	正常蓄水位（m）	补　给			排　泄		
				时长（月）	坡降	补给量（万 m^3）	时长（月）	坡降	排泄量（万 m^3）
符怀新河	26.48	13.07	17.37	3	0.011 4	121	9	0.010 8	344
澥河洼	14.98	10.62	14.67	11	0.011 4	237	1	0.010 8	20
香涧湖	31.08	11.62	14.67	10	0.011 4	336	2	0.010 8	64
浍沱河段	16.37	8.87	13.67	9	0.011 4	251	3	0.010 8	79
漴潼河段	9.06	7.87	13.37	8	0.011 4	141	4	0.010 8	67
合计	97.97					1 086			574

表 6-8 表明，一般年份正常蓄水条件下，怀洪新河每年补给地下水量为 1 086 万 m^3/a，地下水向河道排泄量为 574 万 m^3/a，补泄相抵，一般年份正常蓄水条件下，怀洪新河每年净补给地下水 512 万 m^3/a。

6.2　浅层地下水与湖泊的关系

骆马湖地处江苏省北部，是江苏省的第 4 大淡水湖泊。其位于沂沭泗流域下游，跨徐州、宿迁两市，是集防洪、灌溉、饮用水源、航运、水产养殖等功能于一体的平原型湖泊，是南水北调的重要调蓄性湖泊。

6.2.1　骆马湖的基本情况

骆马湖北面通过运河与山东南四湖相连，南与洪泽湖相连，继而与长江水系相通，入湖河流主要有沂河水系、南四湖水系和邳苍地区共 40 多条支流，出流有 3 处，一经嶂山闸入新沂河，一经皂河闸入中运河，一经洋河滩闸入总六塘河。

骆马湖区域地处黄淮之间南北气候交汇处，属暖温带半湿润季风气候区，具有大陆性气候特征。骆马湖区域多年平均降水量 854 mm，其年内分配很不均匀，汛期(6～9 月)东南部雨量占全年的 65%～70%，西部、北部达到 70%～75%。

6.2.2　湖水位与地下水交互关系

通过对丰枯典型年骆马湖水位与地下水水位变化动态的分析可知，地下水水位一直高出骆马湖水位 2～6 m，可见，地下水一直对骆马湖补给。根据对骆马湖正常蓄水位条件及干旱典型年条件下的地下水水位与湖泊水位资料进行分析，得出骆马湖区域地下水均处于向湖泊排泄状态。正常蓄水位条件下，地下水向骆马湖年排泄量为 55.17 万 m^3；干旱典型年，地下水向骆马湖年排泄量为 40.70 万 m^3。

图 6-13 给出了 1981～2013 年江苏省骆马湖水位及其周边地下水水位逐月动态变化趋势。骆马湖周边地下水水位年变幅 1.0 m，年内变化趋势与骆马湖水位变化一致，1～6 月，地下水水位逐渐下降，最低水位出现在 6 月份；6 月后进入主汛期，随着降水量增多，地下水水位开始回升，一般在 9 月份涨至最高水位后逐步回落，表现出明显的季节性变化。由此可见，地下水水位动态与月降水量关系明显，有明显的丰水期地下水水位高，枯水期地下水水位低的特征。但地下水水位的年内高低变化与月降水量的大小存在时间上的差异，地下水水位峰值出现时间滞后于月降水量的峰值出现时间。地下水水位与骆马湖水位的同步性较好，高低水位出现的时间比较接近。地表水

位、降水量对该区地下水水位的影响明显。

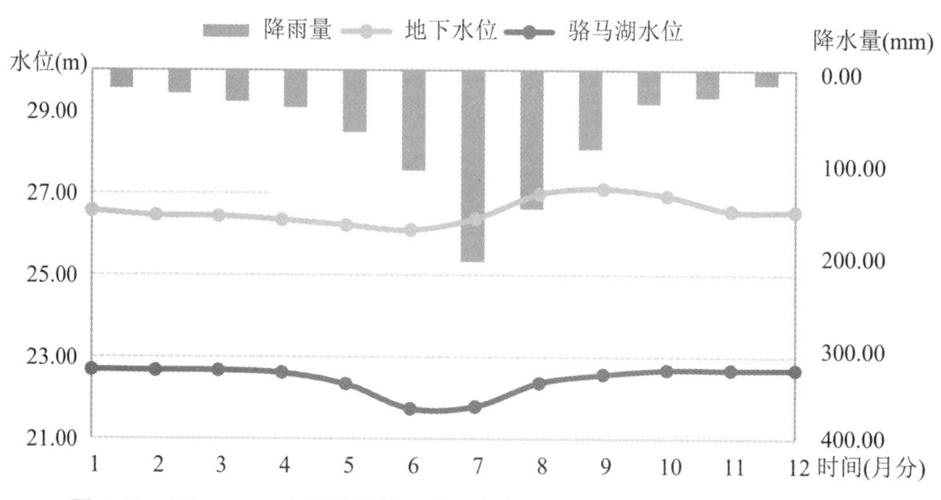

图 6-13　1981～2013 年骆马湖地区地下水水位站多年平均地下水水位逐月变化

图 6-14 给出了骆马湖多年平均逐月地下水水位与湖水位差积曲线，由图可见，骆马湖水位由 1 月开始，经历了“缓慢下降—急剧上升—急剧下降—缓慢回升”的过程，且湖水位和地下水水位变幅基本同步，这说明地下水水位和湖水位间的补给响应关系是比较明确的。

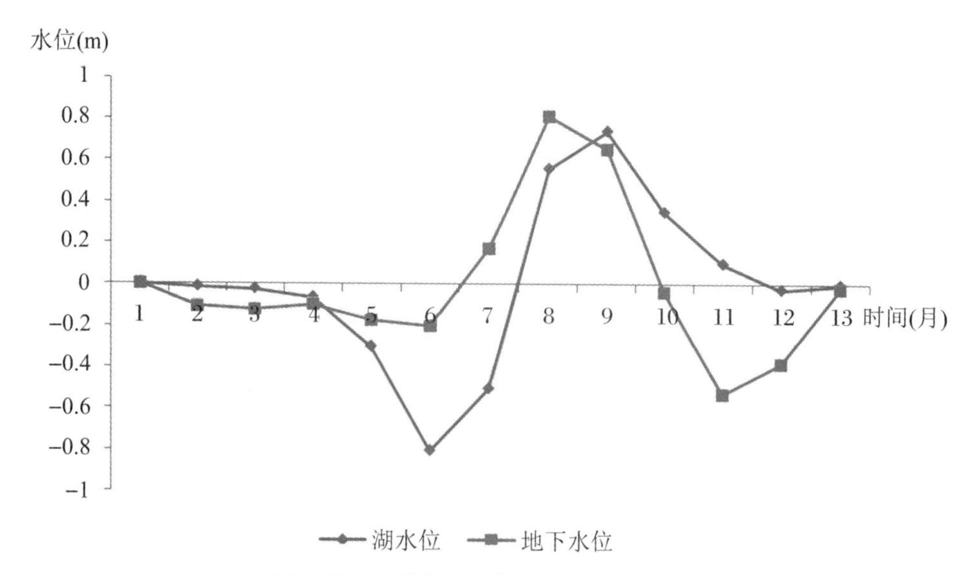

图 6-14　骆马湖多年平均逐月地下水水位与湖水位差积曲线

经对长系列湖水位和地下水水位过程分析计算，得出骆马湖水位升高或降低 1 个单位的情况下，各月地下水水位变幅如表 6-9 及图 6-15 所示。

表 6-9　地下水水位对湖水位变幅的响应

月　份	湖水位升高/降低(m)	地下水水位响应值
1 月	−1	−6.556 666 67
2 月	−1	−2
3 月	−1	−1.369 047 62
4 月	−1	0.373 403 787
5 月	−1	−0.197 406 34
6 月	1	5.459 876 543
7 月	1	1.042 997 02
8 月	1	0.543 738 49
9 月	1	−1.427 112 35
10 月	−1	−19.050 847 5
11 月	−1	−3.138 888 89
12 月	−1	−6.556 666 67

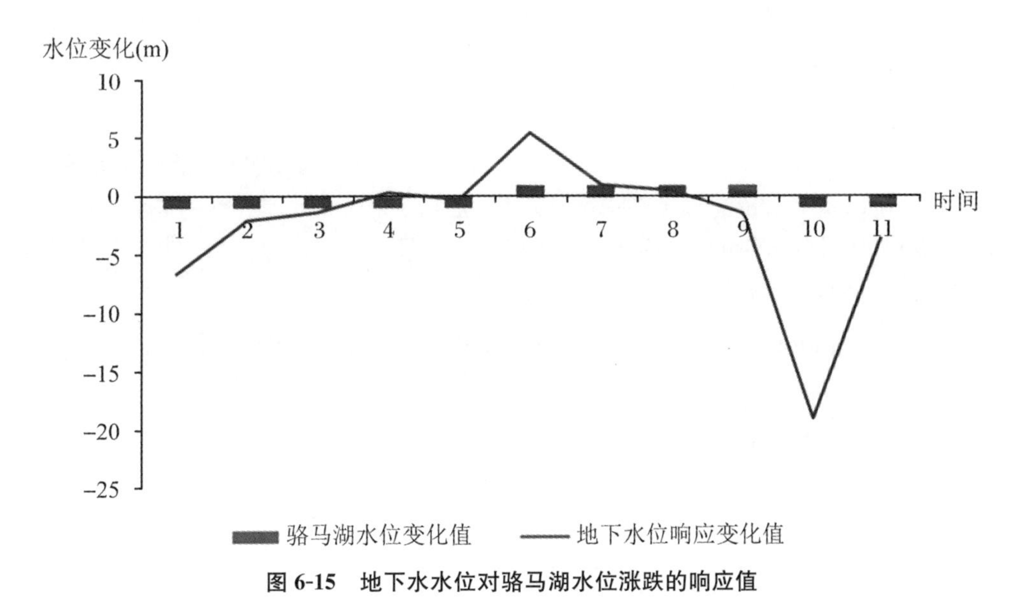

图 6-15　地下水水位对骆马湖水位涨跌的响应值

6.2.3　骆马湖水位与地下水水位年际变化分析

研究 1981～2013 年平均地下水水位的年变化发现：1981～2000 年，地下水水位多年变化比较平稳，变幅为 0.88 m，采补周期 5～6 年；2000 年以后，地下水水位逐年下降，尤其是 2008～2013 年，下降趋势尤为明显，下降幅度达到 3 m 以上；而 1981～2013

年骆马湖水位变动并不显著，2008～2013 年，骆马湖水位较为平稳，变幅仅为 0.70 m（图 6-16）。

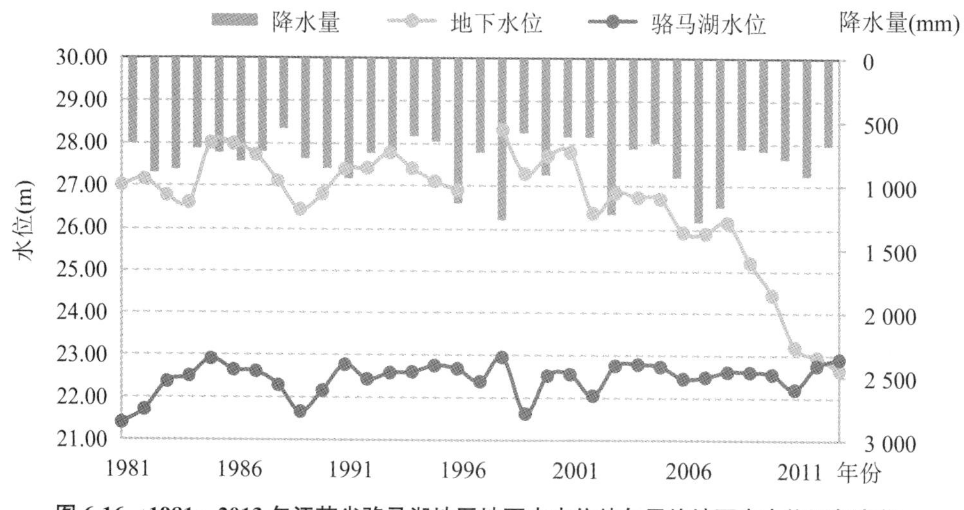

图 6-16　1981～2013 年江苏省骆马湖地区地下水水位站年平均地下水水位逐年变化

6.2.4　降水量与地下水水位的相关性

划分 3 个时段（1981～1999 年、2000～2013 年、1981～2013 年）计算地下水水位、骆马湖水位以及降水量的多年平均逐月均值，依据 1981～2013 年的多年平均逐月地下水水位与逐月降水量的实测资料，以多年平均逐月骆马湖水位作为控制变量进行偏相关分析，得到如下结果（表 6-10）。

表 6-10　多年平均年内逐月降水量与地下水水位偏相关分析结果表

以多年平均逐月骆马湖水位作为控制变量	1981～1999 年	2000～2013 年	1981～2013 年
偏相关分析	0.395*	0.737**	0.733**
sig.（2-tailed）	0.229	0.010	0.010

注：* 表示通过 0.1 的显著性检验；** 表示通过 0.01 的显著性检验（全书同）。

表 6-10 结果可见，从以多年平均逐月骆马湖水位作为控制变量的偏相关分析结果看，多年平均逐月地下水水位与多年平均逐月降水量呈现正相关关系，即降水量越大，地下水水位越高；1981～1999 年，多年平均逐月地下水水位与多年平均逐月降水量的相关性呈现显著；1981～2013 年、2000～2013 年的相关性呈现极显著，说明 2000～2013 年，多年平均逐月地下水水位受多年平均逐月降水量的影响较 1981～1999 年强烈。

另外，以各月的骆马湖平均水位作为控制变量，分析 1981～2013 年的 1～12 月各月地下水水位与当月降水量、上月降水量之间的偏相关关系。从分析结果(表 6-11)可以看出，11 月平均地下水水位与上月降水量呈现明显正相关，且通过 0.001 的显著性检验，其他各月偏相关分析结果均不理想。

此外，以逐年年均骆马湖水位为控制变量，分析 1981～2013 年年降水量与逐年年均地下水水位的偏相关关系，从结果(表 6-12)看，偏相关关系分析结果均不理想。

表 6-11　1981～2013 年的 1～12 月各月降水量与地下水水位偏相关分析结果表

月　份	系　数	偏相关分析	sig. (2-tailed)
1 月	相关系数 1	0.331 *	0.069
	相关系数 2		
2 月	相关系数 1	−0.134	0.472
	相关系数 2	0.4 *	0.026
3 月	相关系数 1	−0.1	0.594
	相关系数 2	−0.039	0.835
4 月	相关系数 1	0.01	0.959
	相关系数 2	0.05	0.98
5 月	相关系数 1	0.087	0.641
	相关系数 2	0.045	0.81
6 月	相关系数 1	0.117	0.53
	相关系数 2	0.215	0.246
7 月	相关系数 1	0.089	0.633
	相关系数 2	0.403 *	0.025
8 月	相关系数 1	0.03	0.871
	相关系数 2	0.163	0.381
9 月	相关系数 1	−0.522	0.003
	相关系数 2	0.25	0.158
10 月	相关系数 1	0.454	0.01
	相关系数 2	−0.457	0.01
11 月	相关系数 1	−0.134	0.474
	相关系数 2	0.625	0
12 月	相关系数 1	0.372	0.039
	相关系数 2	−0.027	0.883

注：相关系数 1 为以同月骆马湖水位为控制变量的同月降水量与地下水水位的偏相关关系；相关系数 2 为以同月骆马湖水位为控制变量的上月降水量与本月地下水水位的偏相关关系。

表 6-12　年降水量与年均地下水水位偏相关分析结果表

以多年平均逐月骆马湖水位作为控制变量	1981～1999 年	2000～2013 年	1981～2013 年
偏相关分析	0.11	0.112	0.025
sig. (2-tailed)	0.966	0.715	0.894

6.2.5　地表水位与地下水水位的相关性

依据 1981～2013 年的多年平均逐月地下水水位与逐月骆马湖水位的实测资料，划分三个时段(1981～1999 年、2000～2013 年以及 1981～2013 年)计算地下水水位、骆马湖水位以及降水量多年平均逐月均值，以多年平均逐月降水量作为控制变量进行偏相关分析，结果见表 6-13。

表 6-13　多年平均年的逐月骆马湖周边地下水水位与骆马湖水位偏相关分析结果

以年均骆马湖水位作为控制变量	1981～1999 年	2000～2013 年	1981～2013 年
偏相关分析	0.454	0.86**	0.79**
sig. (2-tailed)	0.161	0.001	0.004

注：* 表示通过 0.1 的显著性检验；** 表示通过 0.01 的显著性检验。

由表 6-13 结果可见，从以多年平均逐月降水量作为控制变量的偏相关分析可知，多年平均逐月地下水水位与多年平均逐月骆马湖水位呈现正相关关系，即骆马湖水位越高，地下水水位越高；1981～1999 年，多年平均逐月地下水水位与多年平均逐月骆马湖水位的相关性呈现显著，1981～2013 年、2000～2013 年的相关性呈现极显著。这说明 2000～2013 年，多年平均逐月地下水水位受骆马湖多年平均逐月水位的影响较 1981～1999 年强烈。

表 6-14　1981～2013 年 1～12 月骆马湖月均水位与地下水水位偏相关分析结果

月　份	1 月	2 月	3 月	4 月	5 月	6 月
偏相关分析	0.246	0.216	0.213	0.239	0.128	～0.027
sig. (2-tailed)	0.182	0.243	0.25	0.196	0.494	0.885
月　份	7 月	8 月	9 月	10 月	11 月	12 月
偏相关分析	0.054	0.095	0.064	0.175	0.281	0.23
sig. (2-tailed)	0.773	0.512	0.734	0.345	0.126	0.213

另外，以各月降水量为控制变量，分析 1981～2013 年 1～12 月各月的当月地下水水位、骆马湖水位的偏相关关系。从表 6-14 的分析结果看，1981～1999 年，骆马湖年均水位与地下水年均水位呈现正相关关系，但相关性并不显著，结果均不理想。

此外，以逐年降水量为控制变量，分析 1981～2013 年年均地下水水位与逐年年均骆马湖水位的偏相关关系，从结果(表 6-15)看，偏相关关系分析均不理想。

表 6-15　年均骆马湖水位与年均地下水水位偏相关分析结果

以逐年降水量作为控制变量	1981～1999 年	2000～2013 年	1981～2013 年
偏相关分析	0.527*	−0.12	−0.06
sig. (2-tailed)	0.03	0.696	0.75

6.2.6　典型年年内降水量、地表水位变化与地下水水位的相关性

选取 2003 年(丰水年)与 2011 年(枯水年)作为典型年份分别对其各月的平均地下水水位与该月降水量、月均骆马湖水位进行相关性分析。

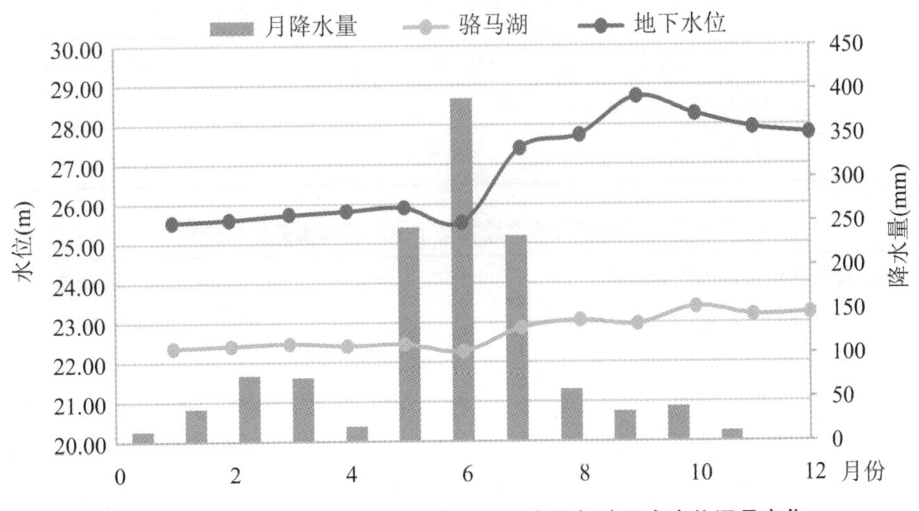

图 6-17　2003 年(丰水年)江苏省骆马湖水位与地下水水位逐月变化

从图 6-17 可以看出，2003 年为丰水年，骆马湖地区年降水量 1 225 mm，汛期降水量 942.9 mm。2003 年骆马湖水位在 6 月农业用水高峰后，于 7 月份下降到最低(25.12 m)，随后汛期丰沛的降水有效补给，地下水水位上涨明显，于 9 月份达到最高水位，年内变幅 3.81 m。从图 6-18 可以看出，2011 年(枯水年)，骆马湖 1～6 月降水偏

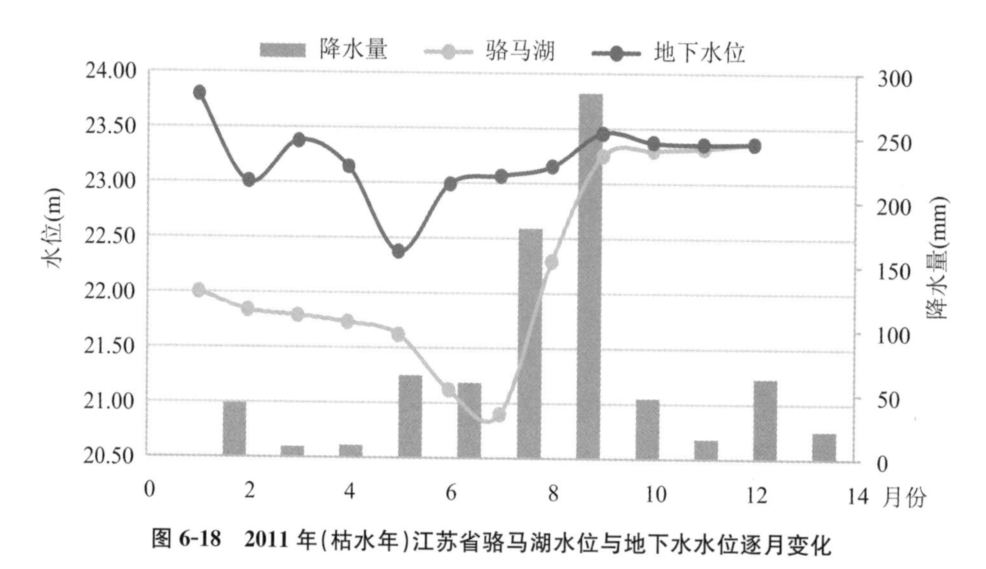

图 6-18 2011 年(枯水年)江苏省骆马湖水位与地下水水位逐月变化

少,地下水水位下降明显,年内最低水位 21.36 m,最高水位 23.89 m,变幅达到 2.62 m。骆马湖的最低水位出现时间滞后于地下水水位。

分别对 2003 年(丰水年)、2011 年(枯水年)的逐月平均地下水水位与骆马湖月均水位、月降水量进行偏相关分析,结果见表 6-16、表 6-17。

表 6-16 典型年月均骆马湖水位与地下水水位偏相关分析结果

以月降水量为控制变量	2003 年(丰水年)	2011 年(枯水年)
偏相关分析	0.937**	0.269
sig. (2-tailed)	0	0.424

表 6-17 典型年月降水量与地下水水位偏相关分析结果

以骆马湖月均水位为控制变量	2003 年(丰水年)	2011 年(枯水年)
偏相关分析	−0.264	−0.195
sig. (2-tailed)	0.433	0.566

从上述分析结果可见,仅有丰水年月均地下水水位与骆马湖水位呈现显著相关性,相关系数达到 0.937;丰水年月均地下水水位与骆马湖水位、枯水年月均地下水水位与各月降水量及骆马湖水位均未看出有显著相关性。

6.3　浅层地下水与环境地质灾害防治

由于在 1990 年代中期以前，地下水的开采多为各开采单位的自发行为，这使地下水长期处于超采状态，再加上特定的地质环境背景，在江苏省徐州市区引发了岩溶地面塌陷的环境地质问题，造成了重大的经济损失。为了防止环境地质问题向地质灾害演变，加强地下水资源开发利用与管理，落实江苏省政府《关于实行最严格水资源管理制度的实施意见》(苏政发〔2012〕27 号)文件精神，开展了对地下水埋深与防治岩溶地面塌陷关系的研究，通过对历史岩溶地面塌陷与地下水埋深的关系的研究分析发生岩溶地面塌陷的控制水位埋深(为开采所允许的最低水位埋深值)，指导地下水的合理利用。

6.3.1　地下水开采引起岩溶塌陷

徐州发生的岩溶地面塌陷主要是由于人为大量开采岩溶地下水造成的。因为大量开采岩溶地下水使水流不断带走碳酸盐岩裂隙中的充填物，形成新的空隙，且塌陷区第四系薄(20 m 左右)，岩性(粉土)结构松散，最终导致上覆土体失去平衡形成塌陷。

由于过度开采地下水引发的岩溶地面塌陷区域主要分布在徐州市区，始发于 1986 年 5 月 27 日，在 2000 年以前共发生塌陷 10 次，有 17 个塌陷坑(表 6-18)，均属于小型塌陷；2000 年后，徐州市区又发生两起岩溶地面塌陷，与 1990 年代相比，岩溶地面塌陷发生频率明显减少。

表 6-18　徐州市岩溶地面塌陷事件一览

序号	发生时间	位置	长度(m)	宽度(m)	深度(m)	后果
1	1986 年 5 月 27 日	溶剂厂西南角	13	12	9	铁路运输中断 22 小时
2	1986 年 6 月 2 日	电业局宿舍	11	11	0.5	三层楼房中部断裂
3	1992 年 4 月 12 日	新生街民安一巷 3 号	8	8	3	形成南北长约 190 m，东西宽约 110 m 的大面积塌陷区。直接倒塌民房 96 户，房屋 224 间。其余民房严重开裂，自来水管道、下水道等生活设施全部损坏
4	1992 年 4 月 12 日	新生街 128 号	25	15	4.5	
5	1992 年 4 月 13 日	新生街民安一巷 2 号	4	4	1.5	
6	1992 年 4 月 13 日	新生街民安二巷 28 号	7	7	3	
7	1992 年 4 月 13 日	新生街民安一巷 19 号	5	5	1.5	
8	1992 年 4 月 13 日	新生街民安二巷 20 号	6	6	2.5	
9	1992 年 4 月 13 日	新生街 98 号	10	6.5	2.5	
10	1992 年 4 月 13 日	二轻幼儿园对面	3	3	1.5	

续表

序号	发生时间	位置	长度(m)	宽度(m)	深度(m)	后果
11	1992年10月10日	民主北路五交化门前	5	5	3	
12	1993年5月10日	开明市场门前	3	3	3	
13	1994年8月27日	朝阳村	5	4	1	
14	1997年7月17日	新生街民安巷28号、29号	7	4	3.5	倒塌民房6间
15	1997年7月24日	新生街67号门前	5	5	3	损坏民房1间
16	1998年8月16日	朝阳村29号	5	4	2	损坏民房4间
17	2000年5月1日	下洪村141～143号	6	2	3	损坏民房20间
18	2003年8月29日	下洪村150号	1.3	1	1.9	
19	2006年7月10日	下洪村152号	0.3	0.2		出现3处塌坑,深度不详

注:序号3～10属于同一次塌陷,表中的地址为原地名。

6.3.2 岩溶地面塌陷机理

6.3.2.1 岩溶地面塌陷的形成条件

形成岩溶地面塌陷,要具备3个基本条件:下部有岩溶化地层,有溶蚀的空间——溶洞或土洞;上部有足够厚度的盖层(以松散土层为主);要有使塌陷产生的作用力,这种力主要来自地下水水位的改变及水流产生的水、气作用力及岩、土体的自重。徐州已有岩溶塌陷的分布规律充分证明了这一点。

1. 覆盖土层条件

徐州岩溶地面塌陷属于土洞引起的土层塌陷,土层的结构和性质是塌陷的重要影响因素。

已有塌陷处的土体结构类型可归纳为两种地质模式:砂性土单层结构模式和砂性土—老黏性土双层结构模式。

砂性土单层结构模式:土层岩性均为Q4砂性土—粉砂或粉土,直接覆盖在岩溶强烈发育的碳酸盐岩之上。这种土层结构是全新世古河道内碳酸盐岩之上老黏性土被侵蚀掉后,黄河带来的粉砂、粉土堆积而形成。由于赋存在粉砂、粉土中的孔隙水与岩溶水之间缺失隔水层,孔隙水水位又始终高于岩溶水水位,两者高差有1～13 m,所以在水头差的作用下,孔隙水下渗补给岩溶水,当达到一定的临界渗透压力时,砂性土便产生渗透变形向岩溶洞隙内流失而产生土洞和塌陷。该模式塌陷包括电业局宿舍、新生街和开明市场门前塌陷共12个塌陷坑,占区内塌陷坑总数的三分之二,塌陷坑粉砂、粉土厚度在17～23 m之间。

砂性土—老黏性土双层结构模式：该模式是指砂性土（粉砂、粉土）底部存在老黏性土，老黏性土之下为岩溶化的碳酸盐岩。此种模式塌陷亦发生在全新世古河道内，土层结构是在老黏性土遭受侵蚀变薄后，其上又堆积了粉砂、粉土而形成的。区内有5处塌陷坑，属于砂性土—老黏性土结构模式，占塌陷坑总数的近三分之一。该模式塌陷砂性土厚度为22～28 m，底部老黏性土厚度不大于5 m。塌陷坑附近孔隙水水位比岩溶水高15～30 m，孔隙水通过黏性土越流补给岩溶水。

由此可见，全新世古河道为岩溶塌陷的形成创造了有利的地质结构条件，这是塌陷点全部分布在全新世古河道区域内的最主要原因。

塌陷区粉砂、粉土（以砂质粉土为主）呈松散—稍密状态，饱水振动易液化，易因流失而产生塌陷。土层底部存在老黏性土时，塌陷的发生首先与老黏性土的性质有关。经取样测试发现，老黏性土呈硬塑—坚硬状态，具弱—中等膨胀性，还具有裂隙性和崩解性，岩溶水水位在土层底板上下摆动，使土层底部老黏性土周期性吸水、脱水、松胀、崩解、剥落，并被地下水流冲蚀淘空形成土洞，这是砂性土—老黏性土双层结构土层中产生岩溶塌陷的关键因素。

2. 岩溶发育程度

徐州市区下伏寒武系—奥陶系碳酸盐岩中，寒武系张夏组、崮山组、长山组、凤山组和奥陶系肖县组、马家沟组等岩溶层组属全型连续状灰岩，有利于岩溶发育。特别是废黄河断裂带中，岩层次级断层及裂隙十分发育，形成大面积的岩溶强烈发育区，浅部岩溶尤其发育。

根据钻探资料，上述几个岩溶层组中遇洞率为47.0%～81.4%，线溶蚀率为10.29%～26.16%，溶洞最大高度超过40 m。塌陷点附近钻孔浅部都遇有溶洞，多无充填或少量充填，钻孔钻至基岩面之下时大量漏水。浅地震资料也反映，塌陷点及附近基岩面存在岩溶强烈发育的基岩破碎带。岩溶洞、隙的发育为岩溶地下水和土颗粒提供了良好的运移通道和贮存空间，塌陷的产生即与浅部岩溶强烈发育并存在有向上开口的洞、隙密切相关。

3. 水动力条件

徐州市市区东部七里沟水源地，尤其是城市中心区范围，开采井密集分布。由于过量开采岩溶水，1980年后水位呈逐年下降趋势，同时岩溶水水位既随季节而变化，又受降水、开采量变化等的随机干扰，因而岩溶水水位表现为多年趋势性、年周期性与随机性波动的叠加。岩溶水水位下降到土层底板上下一定范围内，随季节性变化的地下水水位每年枯水期降至土层底板之下，丰水期升到土层底板之上；在水位升、降至土层底板附近时，降水、开采量变化等因素又常造成水位在土层底板上下频繁波动，对土体产生强烈的潜蚀作用，从而形成土洞和塌陷。

6.3.2.2 岩溶地面塌陷形成机理分析

区内土层结构存在砂性土单层结构和砂性土—老黏性土双层结构两种模式，其岩溶塌陷的机理也有所不同。

在砂性土单层结构地段，粉砂、粉土直接覆盖在岩溶强烈发育的石灰岩之上，粉砂、粉土中的孔隙水与下部岩溶水水力联系十分密切，构成双层介质统一含水体，天然状况下两者水位基本一致，人工开采造成岩溶水水位下降后，由于孔隙含水层的渗透性比岩溶含水层要小得多，孔隙水与岩溶水之间产生水头差。在水头差的作用下，孔隙水向岩溶水渗透，但途径是通过向上开口的溶洞、溶隙渗入岩溶含水层，因而在下部灰岩中开启的洞、隙处，形成集中渗漏点。随着孔隙水与岩溶水水头差的不断增大，集中渗漏点的渗透压力也不断增强，当渗透压力达到某一“临界值”时，便发生了渗透潜蚀作用，将土颗粒带入岩溶腔内，在土层底部形成土洞并向上发展，最终导致地面塌陷，形成模式如图 6-19 所示。

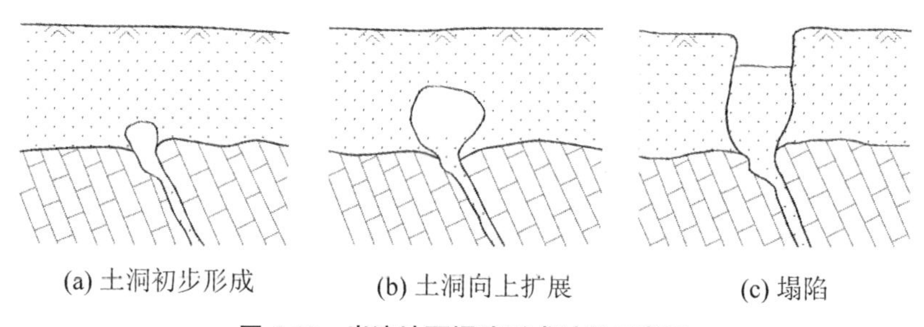

(a) 土洞初步形成　(b) 土洞向上扩展　(c) 塌陷

图 6-19　岩溶地面塌陷形成过程示意图

渗透潜蚀作用在岩溶地下水水位降至土层底板之下时最为强烈，此时，还常常伴随着失托增荷效应和地下水水位波动散解效应，最易产生塌陷。地下水水位监测资料(图 6-20)显示，岩溶地面塌陷大都是在此种情况下发生的。岩溶地面塌陷大部分发生在当年的旱季，其原因就是因为旱季岩溶地下水资源开采量远大于补给量，主要靠消耗地下水储存量来维持开采，水位下降很快，当某些地段岩溶地下水水位降到了土层底板时就易发生岩溶塌陷。部分发生在雨季的岩溶地面塌陷，往往是土洞的滞后塌陷。

在砂性土—黏性土双层结构地段，老黏土起着相对隔水作用。但当岩溶水水位下降并长期在土层底板附近升降波动时，在灰岩中开启的洞、隙处，老黏土底部受到岩溶水流的冲刷、淘空作用，产生土洞并向上发展，一旦老黏土被“蚀穿”，沟通了孔隙水与岩溶水的水力联系，则上部砂性土中的孔隙水通过“蚀穿”的“窗口”向下渗透，产生渗透潜蚀作用，土洞发展速度加快，最后顶板土体失稳，发生地面塌陷。

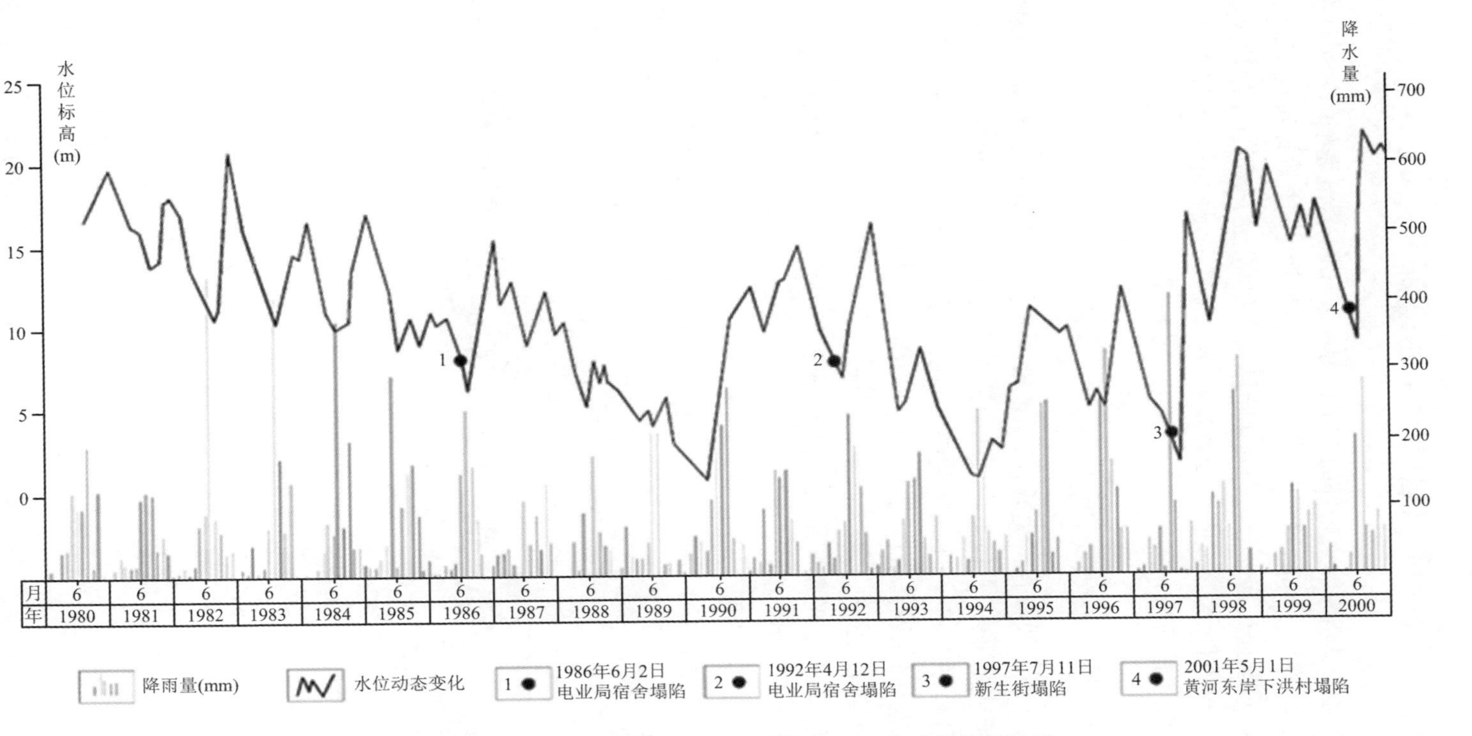

图 6-20　和平桥水厂岩溶地下水位动态与附近岩溶塌陷的关系

6.3.3 防控岩溶地面塌陷的地下水埋深

对以控制岩溶地面塌陷为约束条件的徐州岩溶地区，由于岩溶塌陷的发生是在一定的地质环境背景下，在水位降的外力作用下产生的，故从机理上难以准确刻画水位与岩溶塌陷的关系，只能通过定性分析研究徐州已有岩溶塌陷的空间分布规律及形成机理，研究在覆盖土层条件、岩溶发育程度等地质环境背景一定的前提下控制水位埋深是避免岩溶塌陷发生的有效措施。

6.3.3.1 水位动态特征

岩溶含水层由于埋藏浅或直接出露，因此补给条件优良，其水位无论是在裸露区或隐伏区，开采井或非开采井，总体上均表现为主要受气象条件影响的特征，即雨季水位上升旱季水位下降(图 6-21)。不同地貌部位的水位动态差异仅表现在裸露区地下水水位对降水的反应比较敏感，水位抬升仅滞后于降水数小时至数十小时，一旦降水结束，水位即开始下降，水位曲线锯齿状波动频繁，年变幅大。多在 10～20 m 之间；而隐伏区的水位变化对降水的反应则较为迟钝，水位抬升滞后于降水数日至数十日，水位曲线锯齿状波动少而小，年变幅也偏小，一般在 5～15 m 之间。此外，开采量变化也直接影响到水位波动幅度，一般开采量大的监测井，水位变幅更大，曲线形态变得更不规则。据徐州 38 眼岩溶水监测井多年水位动态资料，一般年变幅在 5～15 m，平均年变幅为 8.5 m。

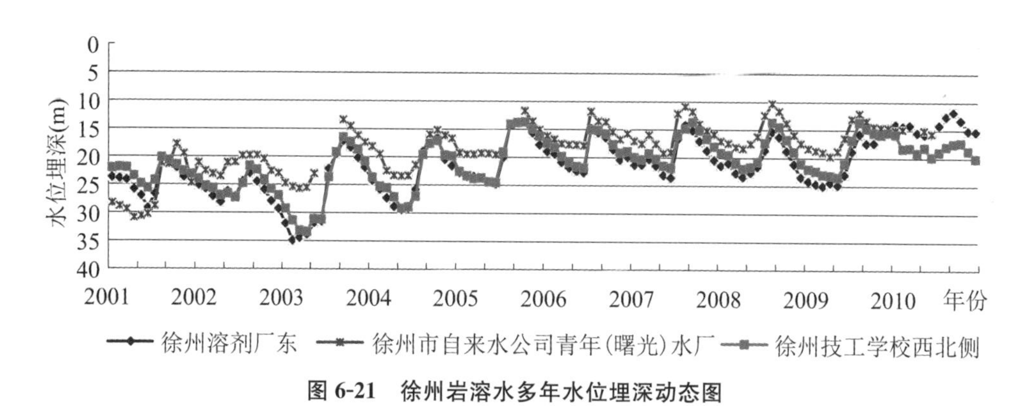

图 6-21 徐州岩溶水多年水位埋深动态图

6.3.3.2 防控埋深的确定

1. 丁楼水源地

丁楼水源地位于徐州市区西部九里山—义安山一带，汇水面积约 148 km²。地貌以平原为主，东南部九里山、霸王山、义安山等地为低山丘陵。废黄河垄状高地横贯水源地中部。在构造上，水源地地处拾屯复向斜南东翼，徐州复式背斜北西翼。主要含水层由奥陶系和寒武系中、上统碳酸盐岩组成，构造有利部位单井涌水量可超过 5 000 m^3/d。含水层多为第四系覆盖，盖层厚度多大于 30 m。地下水主要依靠大气降水的入渗补给及孔隙水越流补给，九里山北侧和青山头一带由新运河、万寨河和运河部分切割岩溶含水层，故可直接接受地表水的渗漏补给。丁楼水源地也是徐州市重要供水水源地之一，1980 年代中期已有开采井 103 眼，日开采规模达 9.5 万 m^3，漏斗中心九里山—小三子一带水位埋深已近 30 m。此后开采规模进一步扩大，至 2002 年日开采规模达 14.4 万 m^3，漏斗中心最大水位埋深为 55.8 m。2002 年后开采量有所压缩，地下水水位基本稳定，2010 年平均水位埋深为 29.4 m，漏斗中心最大水位埋深为 44.9 m。尽管丁楼水源地平均水位埋深及最大水位埋深均大于七里沟水源地，但由于地质环境背景不同，丁楼水源地未曾发生过岩溶地面塌陷。

丁楼水源地地下水降落漏斗区（水位埋深 30 m 范围）上覆第四系松散层厚度多在 40～60 m，为有效防止丁楼水源地因地下水开采引发岩溶塌陷，建议以 40 m 为丁楼水源地控制水位埋深，以避免岩溶水水位降至含水层顶板之下，使之离岩溶地面塌陷形成需具备的水动力条件。

2. 七里沟及张集水源地

徐州七里沟水源地分布于徐州市东部及南部，北以京杭运河为界，东侧为白垩系红层构成的阻水边界，西侧为震旦系城山组和火成岩脉阻水边界，南侧为地下水分水岭。本区域地形上为一山间盆地，汇水面积约 262 km^2；主要含水层由奥陶系和寒武系组成，岩性以白云岩、灰岩为主，单井涌水量 500～5000 m^3/d。含水层部分裸露，局部被第四系覆盖。裸露区接受大气降水入渗补给，覆盖区则以接受孔隙水的越流补给为主，部分河流的河床切割含水层，故河水也直接补给地下水。

七里沟水源地从 1945 年即已开发利用，在 1976 年以前开采量比较小，岩溶水水位下降不明显，覆盖区岩溶水水位埋深一般不超过 11.5 m，常年保持承压状态。1976 年以后，市区开采井迅速增加，开采量不断加大，岩溶水水位逐年下降，逐渐形成了区域地下水降落漏斗。该区域至 1980 年代初期已是徐州市最重要的供水水源地，有开采井 231 眼，开采规模达 17.41 万 m^3/d，出现超采现象，特别是城市中心区范围，开采井密集分布，超采尤其严重。在七里沟—市区一带形成地下水漏斗漏斗区，最大水位埋深达 33.2 m。在 1990 年代开采高峰期，七里沟水源地日开采规模达 20 万 m^3/d，水位下降速率 1～2 m/a，2002 年后徐州市采取了水源替代等措施，七里沟水源地开采规模逐步缩小，水位基本稳定。岩溶地面塌陷始发于 1986 年 5 月，2000 年以前先后在市电业局宿舍、新生街等地发生 10 多起岩溶塌陷；2000 年后，徐州市区又发生两起岩溶地面塌陷，与 1990 年代相比，岩溶地面塌陷发生频率明显减少。

张集水源地位于徐州市东南约 25 km 的梁堂—赵圩一带，面积约 353 km^2。该区域西侧为低山丘陵，以南为黄泛冲积平原，黄河故道从丘陵区南缘通过。主要含水层由震旦系碳酸盐岩组成，单井涌水量 500～5 000 m^3/d。黄河古道北和贺楼—朱可山一带裸露，其余多为第四系覆盖，盖层厚度多小于 30 m。地下水主要依靠大气降水的入渗补给，覆盖区以孔隙水越流及地表水的渗漏为主要补给源。

由于离徐州城区较远，张集水源地在 2002 年前地下水开采量不足 100 万 m^3/a，2002 年后城区供水水源逐步由原来的七里沟、丁楼水源地转向张集，地下水开采量逐步增大，至 2010 年张集水源地地下水开采量增加到 4 659 万 m^3/a，超过 4 386 万 m^3/a 的可开采量，主要供应徐州市经济开发区（潘塘一带）的居民生活及工业用水，目前年均水位埋深多在 10 m 以浅。

徐州已有岩溶塌陷分布表明：岩溶塌陷主要发生在第四系松散层厚度 20 m 左右，且下伏岩溶发育地区，而且不论是砂性土单层结构还是砂性土—老黏性土双层结构模式，均是在岩溶地下水水位降至土层底板（即岩溶顶板）时最易产生塌陷。

七里沟水源地及张集水源地第四系厚度多在 20～40 m，土层结构为砂性土单层土体或砂性土—黏性土双层土体，其中双层结构土体下部黏性土厚度不大于 10 m（张集水源地内不大于 5 m）。下伏基岩为震旦系、寒武系、奥陶系石灰岩，并受到横向断裂（废黄河断裂带）的切割，岩溶发育强烈。七里沟水源地 2002 年以前地下水开采井密集，岩溶地下水开采量大，超采严重，导致岩溶地下水水位长期在土层底板附近波动，已发生岩溶地面塌陷 12 次。而张集水源地由于土体下部黏性土厚度不大（局部可能缺失），今后随着岩溶地下水开采量逐年加大，部分地段当岩溶地下水水位降到土层底板附近时，发生岩溶地面塌陷的可能性很大。

考虑到岩溶水受降雨影响明显，年水位变幅大，一般在 5～15 m。为减小水位在土层底板上的频繁波动，理论上应将岩溶水年平均水位埋深控制在岩溶顶板以上 5 m 为控制水位目标，以确保岩溶水常年水位埋深多在土层底板之上，有效避免岩溶水位在土层底板上下频繁波动，从而降低岩溶塌陷产生风险。

采用七里沟及张集水源地平均岩溶顶板埋深（30 m）以上 5 m 即 25 m 作为控制水位埋深。

3. 其他水源地

其他水源地目前开发利用程度低，岩溶水年开采系数为 0.1～0.6（表 6-19）。

表 6-19 徐州水源地岩溶水开采系数总览

水源地名称	面积（km^2）	可开采量（万 m^3/a）	开发利用		水位埋深动态			引发的环境地质问题
			2010 年开采量（万 m^3/a）	开采系数	2001 年平均水位埋深（m）	2010 年平均水位埋深（m）	变幅（m）	
利国水源地	168	3 784.80	641.01	0.2	1.2	5.0	−3.8	
茅村水源地	153	3 182.70	1 841.26	0.6	12.3	13.7	−1.4	

续表

水源地名称	面积(km²)	可开采量(万 m³/a)	开发利用		水位埋深动态			引发的环境地质问题
			2010年开采量(万 m³/a)	开采系数	2001年平均水位埋深(m)	2010年平均水位埋深(m)	变幅(m)	
丁楼水源地	148	4 577.00	5 884.80	1.3	27.7	29.4	−1.7	自1986年以来,共发生12次岩溶塌陷
青山泉水源地	132	3 956.80	530.98	0.1	10.1	8.6	1.5	
七里沟水源地	262	5 290.10	4 099.23	0.8	16.1	12.0	4.1	
卞塘水源地	130	2 322.50	307.76	0.1	3.4	5.3	−1.9	
张集水源地	353	4 386.10	4 659.09	1.1	5.6	3.5	2.1	

注:① 变幅为负,表示水位下降;反之表示上升;

② 平均变幅为各监测点水位埋深变幅除以监测点数求得。

其他水源地多年来水位埋深多稳定在10 m以浅,未曾发生过岩溶地面塌陷。据《徐州市城市规划区地质灾害防治规划》(2007～2020年),其他水源地多为岩溶塌陷低易发区,为进一步降低岩溶塌陷产生风险,本着从严原则将其他水源地控制水位埋深参照七里沟及张集水源地,为25 m。

通过定性分析徐州已有岩溶塌陷的空间分布规律及形成机理,研究覆盖土层条件、岩溶发育程度等因素,避免岩溶塌陷发生的岩溶水年平均水位埋深应控制在岩溶顶板以上5 m,减少水位在土层底板上的频繁波动,以确保岩溶水常年水位埋深多在土层底板之上,有效避免岩溶水位在土层底板上下频繁波动,从而降低岩溶塌陷产生风险。

通过研究表明,若徐州市丁楼水源地控制水位埋深为40 m;七里沟、张集及其他水源地的为25 m。通过控制年平均水位埋深可以有效地控制岩溶塌陷发生,减少地面塌陷的风险。

6.4 浅层地下水与地面沉降防治

地面沉降主要发生在开采孔隙承压水的平原地区。由于地下水水位下降,导致地层内部压力失衡，含水层本身及顶、底板黏性土层失水压密而引起的。目前江苏省沿海平原、丰沛等区域地下水降落漏斗分布区多发生了不同程度的地面沉降。

6.4.1　地下水开采引起的地面沉降

6.4.1.1　盐城—南通沿海平原地区

苏北沿海地区地面沉降也是出现在大量开采地下水后。1980 年代，这一区域的地面沉降仅局限在大丰、盐城、南通、东台等城区，累计沉降量多小于 100 mm，其中大丰城区地面沉降量较大（累计沉降量在 300 mm 以上），形成沉降洼地。此后，随着地下水的区域性和多层次开采，地面沉降也从城市区向周边乡镇发展，沉降程度也由轻微趋向严重。

目前，沿海平原地区分布有大小不等 8 个地面沉降区（盐城市 5 个，南通市 3 个，见表 6-20）。其中盐城南部（盐城城区—大丰城区）沉降区分布面积达 1 142.9 km^2，累计地面沉降量多在 200～600 mm，居盐城市之首。此外，响水城区、滨海城区、射阳城区、阜宁城区、东台城区等多个县城也出现地面沉降，累计地面沉降量多在 200～400 mm。南通市分布有 3 个地面沉降区，最大的沉降区位于南通中部，包括海门大部分地区、通州东南部及启东西部，面积达 1 061.2 km^2，累计地面沉降量在 200～300 mm。如东及启东城区也发生轻度地面沉降，累计地面沉降量在 200～300 mm。

表 6-20　江苏省地面沉降区（累计地面沉降量大于 200 mm）一览

序号	地面沉降区名称	分布范围	地市级行政区	面积（km^2）	2010 年地面沉降速率（mm/a）	累计地面沉降量（mm）
1	盐城南部沉降区	盐城城区及其周边龙岗、永丰、新兴、潘黄、伍佑、便仓等乡镇，大丰城区及其周边刘庄、西团、龙堤等乡镇	盐城市	1 142.9	小于 10	多在 200～400 mm，盐城城区多在 400～600 mm，大丰城区 400～800 mm
2	盐城北部沉降区	盐城北部响水城区—滨海城区	盐城市	557.5	多在 5～15	多在 200～300 mm，响水城区及滨海城区在 300～400 mm

续表

序号	地面沉降区名称	分布范围	地市级行政区	面积（km^2）	2010年地面沉降速率（mm/a）	累计地面沉降量（mm）
4	盐城阜宁沉降区	盐城阜宁城区及其周边	盐城市	138.9	小于10	200～300
5	盐城射阳沉降区	盐城射阳城区及其周边	盐城市	280.4	小于5	200～300
6	盐城东台沉降区	盐城东台城区及其周边	盐城市	83.2	小于5	200～400
7	南通如东沉降区	南通如东中部	南通市	773.8	小于10	200～300
8	南通海门沉降区	南通海门大部分地区、通州东南部及启东西部	南通市	1 061.2	多在5～15	200～300
9	南通启东沉降区	南通启东城区	南通市	44.9	小于10	200～300
10	徐州丰县沉降区	徐州丰县城区及其周边	徐州市	122.5	城区大于10	200～300
11	徐州沛县沉降区	徐州沛县城区	徐州市	35.6	10～15	200～300
12	连云港灌南沉降区	连云港灌南城区	连云港市	33.3	小于10	200～300

6.4.1.1　其他地区

目前，丰沛、淮安市区等地虽已形成较大规模的地下水降落漏斗，且漏斗中心水位埋深超过40 m，已经具备了发生区域性地面沉降的基本诱发条件，但由于地面沉降监测工作的滞后，鲜有地面沉降方面的报告。

据江苏省国土资源厅《江苏省地质灾害防治规划(2011～2020年)》，徐州市丰县城区、沛县城区及连云港市灌南城区也已发生轻度地面沉降，累计地面沉降量多大于200 mm。地面沉降速率多小于10 mm/a，丰沛城区、淮安市涟水县城区、连云港市东南部燕尾港临港工业区一带年沉降量超过10 mm。此外，淮安等市(县)地面沉降也初露端倪，局部地区出现井管上升、井台下陷、泵房开裂现象，累计地面沉降量大于100 mm。

6.4.2　地下水开采引起的地面沉降机理

地面沉降是地下土层被压缩引起土颗粒间产生相对位移或重新排列而产生土体变形后在地表的宏观表现。

松散地层作为一种多孔介质是由固体颗粒和孔隙水两部分组成的。根据太沙基(Terzaghi)有效应力原理,饱水土体中任一点的垂向总应力(σ)是由颗粒骨架的有效应力(σ')和孔隙水压力(u)共同承担:

$$\sigma = \sigma' + u \tag{6-1}$$

在天然状态土体垂向总应力不变的条件下,土层中各点的有效应力和孔隙水压力可相互转化,孔隙水压力的变化会引起有效应力的变化。

松散地层的沉积、固结压缩过程十分漫长,在天然状态下,土层中各点的压力均已达到平衡,土体的固结压缩作用很小。开采地下水时,含水层水位下降,砂层中的孔隙水压力也随之减小,砂层颗粒骨架所受有效压力则相应增加,从而导致砂层产生压缩变形。与此同时,含水砂层与顶部的黏性土隔水层之间的孔隙水压力平衡也被打破,两者产生一定的水头差,黏性土中的孔隙水在压力差的作用下,向含水层缓慢越流,导致黏性土中静水压力降低,黏性土层也随之被失水压实,这就是开采地下水引起地面沉降最基本的机理。

6.4.2.1　含水砂层的压缩特征

含水砂层的压缩与砂层的初始密度、颗粒的均匀程度及磨圆度等因素有关,初始密度低,颗粒级配及磨圆度差的砂层变形量较大,反之则较小。由于砂层渗透性强,水位降低时,砂颗粒骨架的有效应力迅速增加,砂层被压缩,理论上这种变形属弹性变形,速度快,沉降量小,当水位恢复时可回弹。

但当含水砂层处于疏干开采或水位经常大幅度波动时,砂颗粒骨架将错位而进行重新排列,颗粒间孔隙度将减小,压缩量明显增大。这种改变砂层结构的变形难以恢复。

6.4.2.2　弱透水层的压缩特征

与含水砂层相比由于土体颗粒不同,弱透水层的孔隙水压力降低不是瞬时完成的。释水首先从靠近含水层的部位开始,逐渐发展到远离含水层的部位。先释水者先压密,且靠近含水层的部位压缩量要大于远离含水层的部位(图 6-22)。随着时间的延长,黏性土层中的水头不断降低,其孔隙水释放速度将逐渐减小。

同时先期固结历史也是影响黏性土层的压缩量大小的重要原因。在欠固结地层中,自重压力使土体处于持续压缩状态,孔隙水压力下降会加剧土体的压缩;在正常固结地层中,当没有附加应力作用时,其内部应力处于平衡状态,孔隙水压力降低,使有

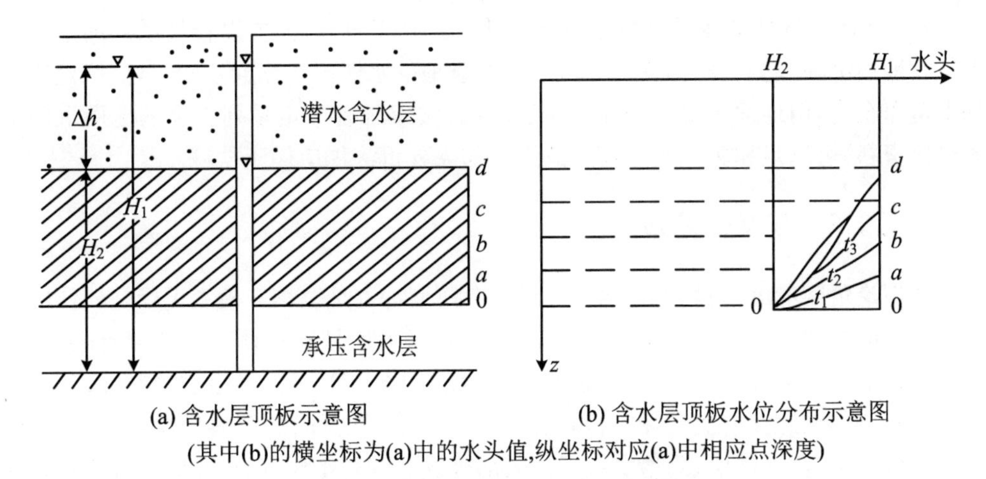

(a) 含水层顶板示意图　(b) 含水层顶板水位分布示意图

(其中(b)的横坐标为(a)中的水头值,纵坐标对应(a)中相应点深度)

图 6-22　黏土层释水垂向压缩示意图

效应力增加,也将导致土体压缩变形;在超固结地层中,当孔隙水压力下降所引起的附加应力不超过前期固结压力时,土层的压缩变形不明显。

6.4.3　研究方法

对以控制地面沉降为约束条件的平原区承压水,根据地面沉降研究程度,采用相关分析、模型计算或类比分析等方法。

据《江苏省地质灾害危险性评估技术要求》的标准,累计地面沉降量大于 800 mm 时地质灾害危险性多为中等—大,结合江苏省地面沉降现状及各地地质环境特征,确定地面标高在 40 m 左右的丰沛地区累计地面沉降量控制目标为 800 mm,盐城地区为 600 mm。

6.4.3.1　相关分析法

已有研究表明:地面沉降主要发生于大量超采下部承压水的平原地区。地下水长期超量开采后导致水位持续下降,静水压力降低,土层的有效应力增加,造成含水层及上覆黏性土层释水压密,从而产生地面沉降,是江苏省苏锡常地区、沿海地区、丰沛等地地面沉降的共同模式。地面沉降的影响因素很多,但总体而言,无论是苏锡常地区,还是苏北沿海地区,地面沉降漏斗基本与地下水降落漏斗相吻合,地面沉降发育区无一例外地发生在地下水开采量较大、地下水水位下降区。地面沉降的发生、发展和地下水水位变化密切相关。

本次研究通过目前主流数据分析软件 SPSS 软件建立地下水水位与地面沉降数据的回归分析模型,根据确定的地面沉降控制目标,反推得出控制地面沉降的水位埋深。

基于SPSS软件的相关分析法虽然科学、实用、简便，但需要以较长系列的地下水水位及地面沉降监测资料为支撑。虽然江苏省地下水监测工作起步较早，监测范围也基本覆盖全省，但地面沉降监测相对滞后，仅盐城市区有一定系列长度的地面沉降监测对比资料，可满足相关分析所需。故本次相关分析法仅应用于盐城。

6.4.3.2 模型计算法

从理论角度考虑，采用地下水—沉降耦合模型特别是全耦合模型无疑是最佳的计算方法。但在现实中耦合模型的参数要求高，且对大区域地质体刻画能力有限，难以满足复杂的实际情况，而且当介质是非均质时还需给出不同土层各自的参数，其参数将更为复杂。因此在解决实际问题时有很大的困难，就目前的资料反映，在地面沉降总量的构成中，含水砂层、弱透水层以及局部极发育的软土层都有贡献，这种贡献比例随区域的不同而不同。面对复杂的地质条件，要建立全区的数值模型必须要以大量的有关信息数据为基础。

本次研究仍采用普遍使用的非耦合计算模型即太沙基一维固结模型。

1. 顶底板弱透水层的沉降计算模型

黏性土弱透水层中，地层的压密变形与孔隙水渗透消散是紧密联系的，其是渗透固结作用的结果。此压密过程近似采用太沙基一维固结方程表示，即

$$\frac{\partial u}{\partial t} = c_v \frac{\partial^2 u}{\partial z^2} \tag{6-2}$$

式中，$u_{z,t}$为时间t时深度z处的孔隙水压力(MPa)；

c_v为土的竖向固结系数(m^3/a)，$c_v=\dfrac{k(1+e_0)}{a_v\gamma_w}$；

k为土的渗透系数(m/a)；

e_0为土的孔隙比；

a_v为土的压缩系数(MPa^{-1})；

γ_w为水的容重(kN/m^3)。

若为隔水底板释水固结，初始条件、边界条件如下：

$$\begin{cases} u(z,t)\big|_{t=0} = u_0(z) \\ \dfrac{\partial u}{\partial z}\Big|_{z=H} = 0 \\ u(z,t)\big|_{z=0} = 0 \end{cases} \tag{6-3}$$

若为隔水顶板释水固结，初始条件、边界条件如下：

$$\begin{cases} u(z,t)\big|_{t=0} = u_0(z) \\ \dfrac{\partial u}{\partial z}\Big|_{z=0} = 0 \\ u(z,t)\big|_{z=0} = 0 \end{cases} \tag{6-4}$$

式中，H 为压缩层厚度(m)；

单面排水时取土层厚度 M；

双面排水时，水从土层中心分别向上下两方向渗透，取土层厚度之半 $M/2$。

地下水水位的下降过程相当于荷载施加的过程。据初始条件和边界条件，用分离变量法，采用傅里叶级数，得式(6-5)的解析解：

$$u_{z,t}=\frac{4}{\pi}\Delta h\gamma_{\mathrm{w}}\sum_{m=1}^{\infty}\frac{1}{m}\sin\left(\frac{m\pi z}{2H}\right)\mathrm{e}^{-m^2\frac{\pi^2}{4}\cdot T_{\mathrm{v}}}\tag{6-5}$$

式中，T_{v} 为时间因数，无量纲，$T_{\mathrm{v}}=C_{\mathrm{v}}t/H^2$；

Δh 为水位下降速率(m/a)；

m 为正奇数(1,3,5…)。

据式(6-5)可求出地层某一时刻的沉降量：

$$S_t=\int_0^H\frac{a}{1+\mathrm{e}}(\Delta h\gamma_{\mathrm{w}}-u_{z,t})\mathrm{d}z=\frac{a}{1+\mathrm{e}}\Delta h\gamma_{\mathrm{w}}HU\tag{6-6}$$

$$U\approx1-\frac{8}{\pi^2}\sum_{m=1,3,5\cdots}^{\infty}\frac{1}{m^2}\mathrm{e}^{-\frac{m^2\pi^2}{4}T_{\mathrm{v}}}\tag{6-7}$$

式中，U 为固结度；

S_t 为地层沉降量(mm/a)。

由此可求得地层的 n 年累计沉降量 S：

$$S=\sum_{t=1}^{n}S_t\tag{6-8}$$

式中，S 为累计沉降量(mm)。

2. 含水砂层的沉降计算模型

本次计算将水位下降引起的含水砂层压缩视为完全弹性压缩，即在水位下降时，砂层表现为瞬时弹性压缩，且不考虑水位回升后的砂层回弹。砂层的沉降计算公式为

$$S_t=\frac{\Delta h\cdot\gamma_{\mathrm{w}}\cdot H}{E_{\mathrm{s}}}\tag{6-9}$$

式中，S_t 为地层沉降量(mm/a)；

E_{s} 为砂土层的压缩模量(MPa)；

H 为砂土层的厚度(m)；

γ_{w} 为水的容重(kN/m^3)；

Δh 为 t 年水位下降(m)；

S_t 为地层沉降量(mm/a)。

3. 沉降计算

考虑到含水层水位随时间是连续变化的，要得到沉降方程的精确解析解较为困难，而通过数值法可得到较为满意的近似解。因此，本次计算采用基于收敛性好、稳定度高的隐式差分法的沉降计算程序对主采层(含顶底板弱透水层)进行数值离散求解，

计算得到主采层(含顶底板弱透水层)在不同水位下降条件下的总累计沉降量。

4. 可靠性验证

数值模型是否符合所研究的对象,能否反映其变化规律,是模型预测需要首先考虑的一个问题。因此,需要找到观测数据较为完整的参照点,将其代入计算模型,以验证计算模型的可靠性。本次数据可靠性验证采用的是设置在常州市清凉小学的地面沉降监测标从1984年积累至今的地下水水位动态、沉降监测数据。因监测对象可靠(由1个基岩标和10个分层标组成)、监测精度较高,能满足模型可靠性验证的精度和深度要求。故本次计算模型利用该监测标所测数据验证模型的可靠性。

据区域资料,5～6分层和7～8分层为常州市地下水主采层。故选取5～6分层、7～8分层、顶板弱透水层3～5分层和层间弱透水层6～7分层为沉降计算目的层。因6～7分层位于5～6和7～8两砂层间,为便于计算将该层分为均等的上、下两层,上层受5～6砂层的水力影响,下层受7～8砂层的水力影响。

考虑到常州市区地下水规模化开采始于1960年代,模型计算初始时间取为1964年,将常州市清凉小学各对应分层标监测数据作为模型计算分层的观测数据。由于该标沉降监测始于1984年,1964～1983年的各层沉降观测值则由常州沉降拟合结果显示,计算模型对受开采影响的含水砂层和弱透水层的沉降描述较为可信,计算模型具有一定精度和置信度(表6-21～表6-22、图6-23～图6-26)。

表6-21 各分层时间段参数表

分 层	层厚(m)	识别时间段(年)	水位变化速率(m/a)	验证时间段(年)	水位变化速率(m/a)
3～5	57.40	1964～1994	2.12	1995～2010	−2.12
5～6	15.00	1964～1994	2.12	1995～2010	0
6～7	4.93	1964～1994	2.12	1995～2010	−2.12
	4.93	1964～2000	1.54	2001～2010	−2.64
7～8	25.95	1964～2000	1.54	2001～2010	0

表6-22 拟合后各分层土体物理参数表

分 层	k(m/a)	e_0	a_v(MPa^{-1})	E_s(MPa)
3～5	0.031	0.81	0.1	\
5～6	\	\	\	64
6～7	0.0065	0.73	0.08	\
7～8	\	\	\	59

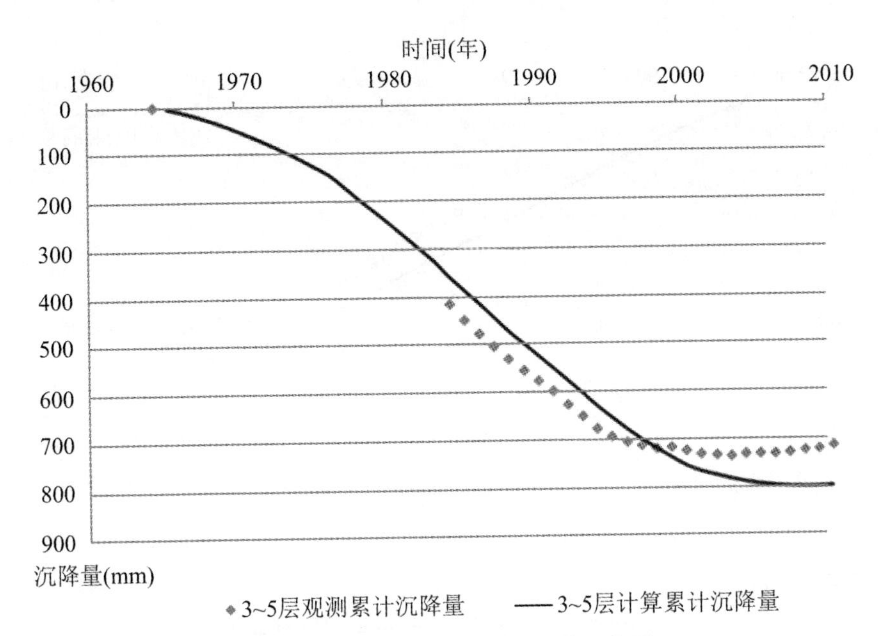

图 6-23　分层标 3～5 层沉降计算拟合图

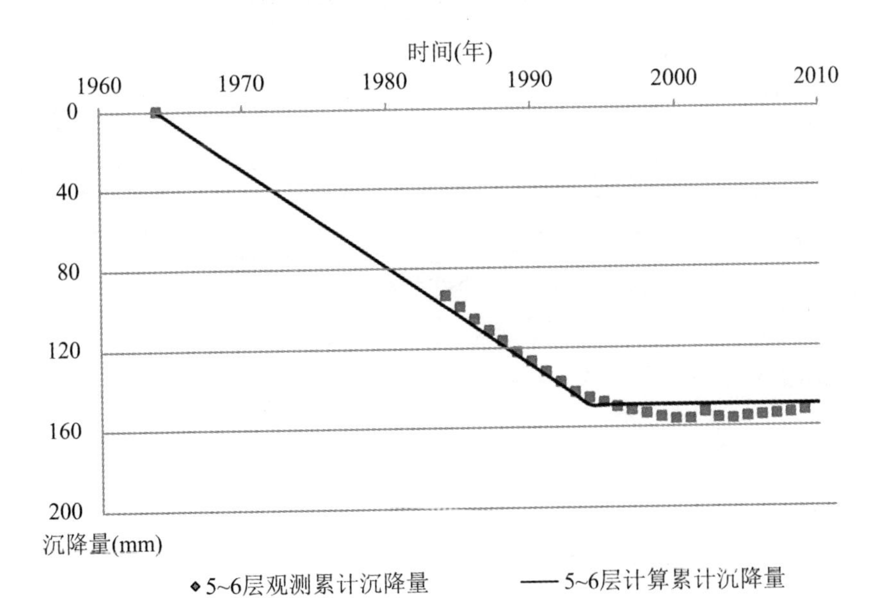

图 6-24　分层标 5～6 层沉降计算拟合图

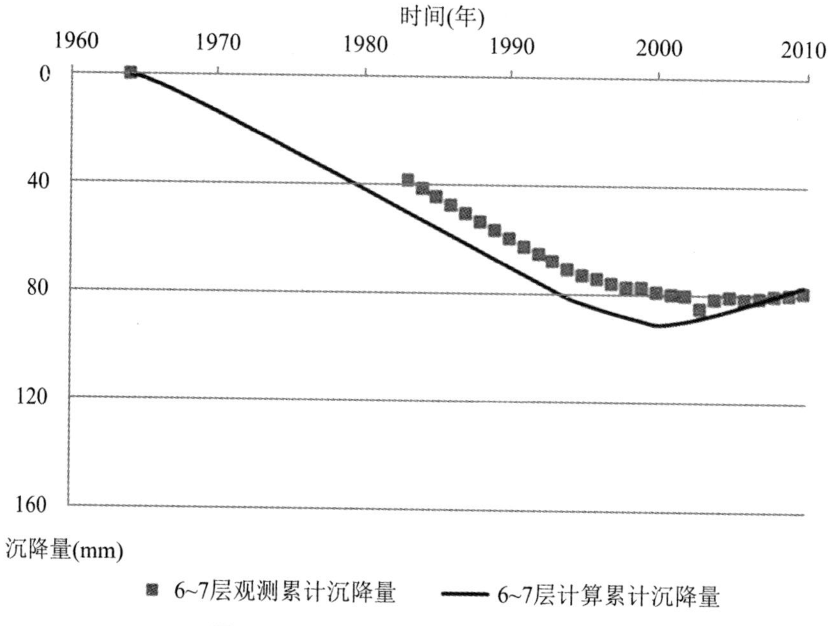

图 6-25 分层标 6～7 层沉降计算拟合图

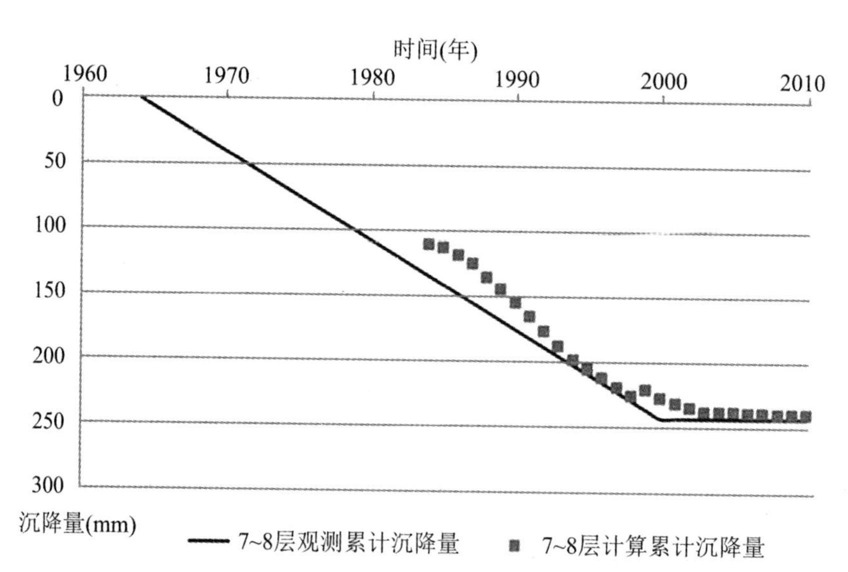

图 6-26 分层标 7～8 层沉降计算拟合图

5. 模型计算概述

首先在各个以控制地面沉降为约束条件的水位红线控制管理区内选取计算点(一般从本区地下水开采时间较长、水位下降较大的地下水漏斗区中选取有水文地质钻孔资料且水位动态监测及沉降观测资料相对齐全的监测点,作为本区一维沉降模型的计算点)。

选定计算点后,确定计算层位和计算时段。计算层位由各区地下水主采层和计算点地层结构确定。计算时段划为两段,包括现状计算时段和预测计算时段。现状计算时段为计算起始时间(多为大规模开采起始时间)至2010年;预测计算时段为2011年至满足累计地面沉降量限制条件的预测时间。将现状水位年下降速率(大规模开采开始时至2010年的年均水位埋深变化值)代入计算时段,计算至某一预测水位埋深并稳定5年(以模拟弱透水层滞后效应)的累计沉降量(自计算起始时间起),将满足设定的地面沉降控制目标的各主采层预测水位埋深值作为本区各主采层禁采水位埋深。

同时,为提高模型土工计算参数的可靠性,若某计算点掌握有一定的现状沉降监测资料,则将现状计算时段作为参数识别时间段,根据现状沉降数据对土工计算参数进行识别,将识别后的参数代入预测计算时段进行预测水位埋深计算;若计算点无沉降观测资料,则土工计算参数需综合考虑邻近地区、常州市清凉小学地层参数和当地地层沉积历史后赋予。

6.4.3.3　类比分析

1. 总体思路

本次研究采用分层类比的方法,以常州市清凉小学地面沉降分层标多年来水位降与地层沉降的关系为类比基准,建立沉降经验分析模型;并通过对比各区地下水开采后引起地面沉降的主要压缩层厚度、岩性、时代及水位埋深等形成经验系数,得到其他地区主要压缩层比沉降量。根据设定的地面沉降控制目标反推得到禁采水位埋深,是一种便于应用和普及的、半经验半理论的分析方法。各区类比分析的计算点选取同沉降模型计算点。具体分析步骤如下:

首先根据钻孔资料及当地地下水开发利用现状,确定各计算点主要沉降层(主采层及其顶板),然后根据常州市清凉小学地面沉降分层标监测结果,得到常州市清凉小学各沉降层比沉降量。通过综合指数模型形成经验系数,分层类比得到其他地区各主要沉降层比沉降量。继而采用分层总和法对主要沉降层(主采层及其顶板)建立如下沉降模型:

$$S_Z = \sum_{i=1}^{n} a_i \Delta h \cdot \gamma \cdot H_i \tag{6-10}$$

式中,a_i 为计算层与常州市清凉小学相应监测层比照得到的经验系数;

Δh 为含水层的水位降(m);

H_i 为计算层厚度(m);

γ 为常州市清凉小学相应监测层比单位压缩量(mm);

S_Z 为主要沉降层计算得到的累计沉降量(mm)。

最后将对沉降层进行计算得到的累计沉降量 S_Z 乘以经验系数 b,得到计算点其他地层的累计沉降量 S_b,见式(6-11),两者之和为计算点最终累计沉降量,见式

(6-12)。

$$S_b = S_Z \cdot b \tag{6-11}$$

式中，S_Z为对主要沉降层进行计算得到的累计沉降量(mm)；

b 为经验系数，取 12.5%～30%；

S_b为其他地层累计沉降量(mm)。

$$S = S_Z + S_b \tag{6-12}$$

式中，S_Z为对主要沉降层进行计算得到的累计沉降量(mm)；

S_b为其他地层累计沉降量(mm)；

S 为计算点地层累计沉降量(mm)。

模型计算和类比分析法均是以一定的地面沉降控制目标为前提(地面标高在 40 m 左右的丰沛地区累计地面沉降量控制目标为 800 mm；徐州东部及宿迁市累计地面沉降量控制目标为 700 mm；其他地区为 600 mm)的，反推确定合理的禁采水位埋深。所需基础资料主要为水文地质钻孔、土工实验、水位动态监测资料等，各区基本可满足，适用性较强。

2. 经验系数的确定

(1) 经验系数 a_i

主要沉降层计算中的经验系数 a_i 采用综合指数模型，由计算层与常州市清凉小学相应监测层比照得到：

$$a_i = \frac{A_i}{A_j} \tag{6-13}$$

A_i 采用综合指数模型构建，数学形式如下：

$$A = \sum_{x=1}^{n} w_x r_x \tag{6-14}$$

式中，A 为综合指数；

r_x 为单因子影响程度分级($x=1,2,\cdots,4$)；

w_x 为权系数($x=1,2,\cdots,4$)；

n 为评价因子数(本例中 $n=4$)。

① 评价因子的选择

选取评价因子，科学建立评价指标体系，是采用类比分析法评价地面沉降的客观前提。可通过对影响地面沉降的众多因子进行分析、分类，略去一般因子，选择重要因子进行评价。

作为一种地质现象，地面沉降的发生发展同样遵循着内因外因共同作用这一地学基本规律，地层岩性、结构、水文地质工程地质条件以及水动力条件等构成了地面沉降的因子体系。通过对地面沉降成因机理及常州市清凉小学分层标监测结果进行分析，最终确定水位埋深、地层岩性、时代、厚度是影响地层比沉降量的重要因素，以元作为本次的评价因子，如图 6-27 所示。

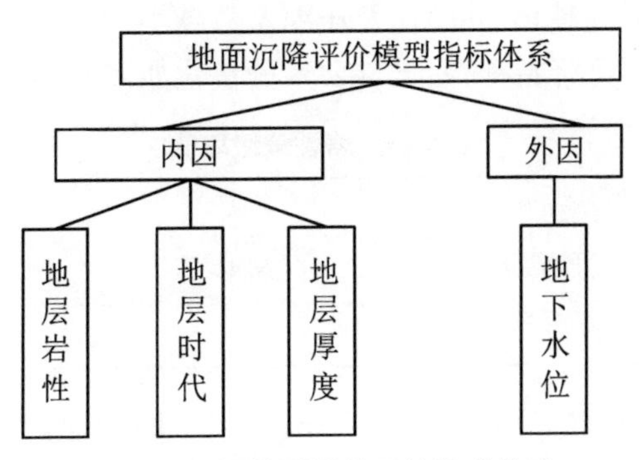

图 6-27 评价因子的系统组成关系

② 评价因子的量化

对各评价因子的量化直接影响到整个模型的评价结果，为使之趋于合理，量化原则是在定性分析的基础上，以常州市清凉小学分层标监测结果为重要依据，采用专家评分法对各因子按10分制进行标定的。

a. 地下水水位埋深

如前所述，地面沉降的发生在时空上与地下水水位密切相关。地面沉降发展过程可分为初始、发展、延续及稳定4个阶段，不同阶段的表现形式各异。

以常州城区为例，1976年以前为地面沉降初始阶段，地下水开采量不大，地下水水位埋深小于40 m，地面沉降表现为井管倾斜，虽已发展，但很轻微和缓，不为人所觉；1976～1994年为地面沉降发展阶段，地下水水位大幅持续下降，地面沉降急剧发生。地面沉降速率一般在40～70 mm/a；1994年后，随着各地压缩和禁采地下水，地下水水位下降势头得到控制并出现回升，但地面沉降还在延续。从常州市清凉小学分层标监测的结果看，其滞后延续时间达10余年。2003年后，随着苏锡常地下水禁采令的全面贯彻实施，大部分地区地下水水位明显回升，地面沉降趋于稳定。依据地面沉降发展趋势，对水位埋深要素的量化如表6-23所示。

表 6-23 水位埋深分级取值

水位埋深(m)	＜40	40～55	55～65	≥65
r	1	6	8	10

b. 地层岩性及沉积时代

大量抽取地下水会产生地面沉降是因为含水层水位下降引起土层中孔隙水压力降低，颗粒间有效应力增加土层被压密的缘故。因此有效应力原理是抽水引起地层沉降的基本原理。据太沙基一维沉降固结方程，在水位降一定的前提下，黏性土层最终比沉降量取决于初始孔隙比及压缩系数，砂性土层最终比沉降量取决于弹性模量。

已有研究表明，土层的孔隙比及压缩系数主要与其岩性、物理状态、沉降时间有关。一般而言，岩性越细，孔隙比及压缩系数越大；流塑状态土层的孔隙比大于可塑状态、硬塑状态;而沉积时间越长,孔隙比及压缩系数越小。

依据不同岩性地层沉降特征,对岩性要素的量化如表 6-24 所示。

表 6-24 岩性分级取值

含水层岩性	软塑状黏土	软塑状粉质黏土	黏　土	粉质黏土	粉　土	粉细砂	中粗砂
r	10	9	5	4	3	2	1

据《土工原理》记载,格罗福德(Grawford)曾用不同的加荷历时进行压缩实验,结果显示荷载历时愈长,孔隙比愈低。可见由于沉降时间的延长,土层的前期固结压力增加,土由正常固结状态变成拟超固结状态,土层单位厚度压缩量减小。这和该区地层以 Q_1、N 为主,沉积时代久不无关系。地层时代的量化如表 6-25 所示。

表 6-25 地层时代分级取值

地层时代	N	Q_1	Q_2	Q_3
r	1	4	7	10

c. 地层厚度

由于含水层水位的降低,含水砂层与顶、底板黏性土层之间的水力平衡被打破,前者与后两者产生一定的水压力差,顶、底板的孔隙水对含水层进行越流补给。与含水砂层相比,顶、底板的孔隙水压力降低不是瞬时完成的。释水首先从靠近含水层的部位开始,逐渐发展到远离含水层的部位。先释水者先压密,且靠近含水层的部位压缩量要大于远离含水层的部位。

依据不同厚度黏性土层沉降特征,按其与砂层顶板距离进行分段量化,如表 6-26 所示。砂层不论厚度大小,因释水压密均视为和水位降同步完成,故厚度分级取值均为 10。

表 6-26 厚度分级取值

厚度(m)	<20	20～40	40～60	≥60
r	10	7	4	1

② 权系数确定

本次权重分配采用层次分析法与专家法相结合的办法,最终权系数如表 6-27 所示。

表 6-27 评价权系数

评价因子	水位埋深	地层岩性	地层时代	地层厚度
权　重	0.3	0.3	0.2	0.2

(2) 经验系数 b

据常州市清凉小学地面沉降分层标的监测结果，其他地层沉降量为主要沉降层的12.5%。经验系数 b 视各类比分析点地层厚度、岩性、结构等因素变化取值于12.5%～30%。

6.4.4　控制地面沉降的地下水埋深

6.4.4.1　盐城地区

1. 相关分析法

对盐城市区1987～1996年的地面沉降量及水位(图6-28、表6-28)采用SPSS软件进行回归分析，选取地面沉降量 S 作为因变量，第Ⅱ承压水、第Ⅲ承压水、第Ⅳ承压水水位 h_1, h_2, h_3 作为自变量，按照回归分析步骤，经过 F 和 t 检验，可确立变量间的多元线性关系，其多元线性回归方程如下：

$$S = -4.966h_1 - 22.378h_2 - 2.567h_3 - 515.348 \tag{6-15}$$

式中，S 为沉降量；

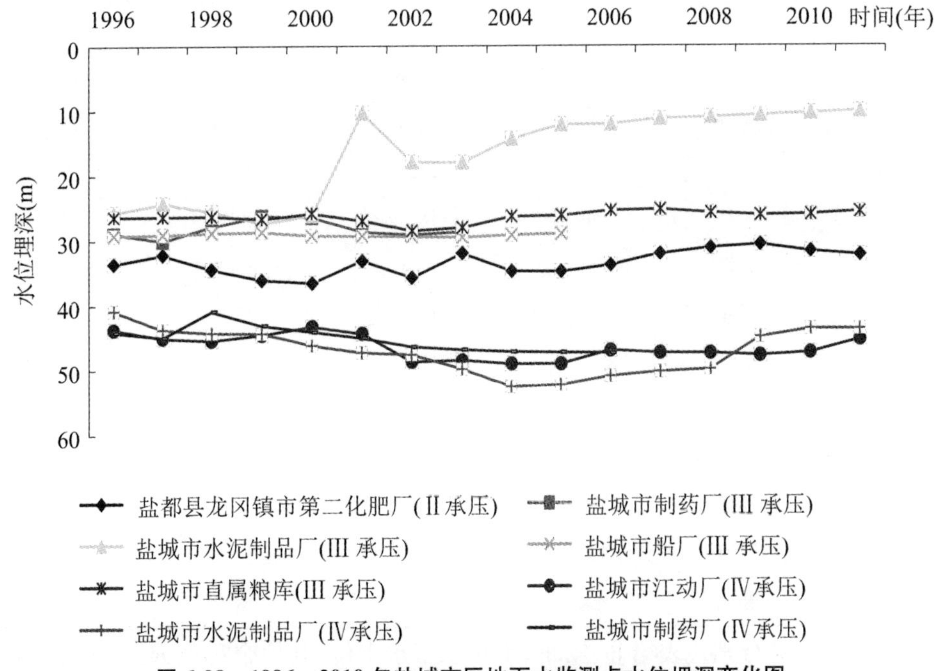

图6-28　1996～2010年盐城市区地下水监测点水位埋深变化图

表 6-28　盐城市区部分地下水监测点水位变化一览

监测点位置	监测层次	水位埋深(m)				
		1989 年	1996 年	2003 年	2005 年	2010 年
盐都县龙冈镇市第二化肥厂	第Ⅱ承压		33.59	32.03	34.83	31.69
盐城市制药厂	第Ⅲ承压	27.32	28.93	28.63		
盐城市水泥制品厂	第Ⅲ承压		25.67	17.98	12.19	10.37
盐城市船厂	第Ⅲ承压		29.23	29.47	28.93	
盐城市直属粮库	第Ⅲ承压		26.31	27.98	26.15	25.96
盐城市江动厂	第Ⅳ承压	26.24	43.69	48.45	49.02	47.30
盐城市水泥制品厂	第Ⅳ承压		40.79	49.83	52.27	43.68
盐城市制药厂	第Ⅳ承压	26.64	44.13	46.83	47.27	

表 6-29　盐城市区水位埋深与地面沉降监测原始数据一览

监测点		沉降量 S (mm)	水位(m)		
			第Ⅱ承压水	第Ⅲ承压水	第Ⅳ承压水
1	前进	198	−24.0	−24.3	−27.5
2	长坝	355	−24.3	−26.4	−33.8
3	先锋	468	−23.7	−33.5	−39.5
4	东升	170	−21.7	−26.1	−29.0
5	大孙	89	−18.7	−20.8	−18.1
6	北港	267	−20.0	−25.8	−34.7
7	五星	244	−19.7	−25.1	−34.7
8	玉新	47	−17.5	−19.7	−16.5
9	大星	102	−18.5	−22.5	−29.7
10	东闸	93	−17.5	−22.5	−24.0
11	娱乐	110	−17.5	−21.5	−17.5
12	开发区	132	−16.5	−21.1	−20.0
13	新墩	64	−15.5	−18.7	−17.5

h_1，h_2，h_3 为分别代表第Ⅱ、第Ⅲ、第Ⅳ承压水水位，其拟合程度 $R=0.942$，利用式(6-14)可推测不同水位下的地面沉降量值，经地面标高换算得到不同水位埋深下的地面沉降量值，见表 6-29。

上述回归分析采用的地面沉降量是 1987～1996 年间的沉降量，未考虑 1987 年前的地面沉降初值。据国家Ⅰ等临无线84号水准点高程复测资料，盐城城区1980年代以前地面沉降量较小(1961～1977年沉降量为1 mm/a)；1980年代后沉降才较为明显，1981～1987年基本以11 mm/a的速度下沉。据此推测，1987年累计地面沉降量初值在100 mm左右。

分析认为，若将盐城城区累计地面沉降量控制在600 mm，且按100 mm的沉降初值及15%的滞后地面沉降量计(1996年后城区各承压水水位稳中有升)，则第Ⅱ承压水、第Ⅲ承压水、第Ⅳ承压水禁采水位埋深分别控制在27 m,34 m和46 m。

2. 模型计算法

盐城市选取的计算点位于盐城市区的盐城印染厂。盐城市地下水主采层为第Ⅱ承压、第Ⅲ承压、第Ⅳ承压含水层，故计算层选取埋于144.84～466.96 m的地层，总厚度322.12 m。

参数识别：已有资料显示，盐城市区地下水规模化开采始于1970年代末至80年代初。因此将1980年作为计算初始时间，选取1980年第Ⅱ承压水、第Ⅲ承压水、第Ⅳ承压水区域水位埋深6.0 m,9.0 m,4.2 m为计算初始水位。据计算点附近已有地下水动态监测数据推测，2010年计算点第Ⅱ承压水、第Ⅲ承压水、第Ⅳ承压水位埋深分别为27.6 m,32.1 m和40.7 m，由此可得该点1980～2010年年均水位埋深下降速率分别为0.72 m/a,0.77 m/a和1.22 m/a。已有沉降监测资料和水准点测量结果显示，至2010年计算点累计地面沉降量约400 mm。以1980～2010年为参数识别时间段，1980～2010年累计地面沉降量400 mm计，将邻近地区土工计算参数经验值、各层水位年均下降速率代入沉降模型中对计算参数进行反演，参数反演结果见表6-30。

表6-30　盐城印染厂反演后地层沉降计算参数

地层年代	岩　性	层厚(m)	含水层	k(m/a)	e_0	a_v(MPa^{-1})	E_s(MPa)
Q_2	黏土	19.33		0.002 3	0.73	0.11	
	细砂	28.70	第Ⅱ承压				87
Q_1	粉质黏土	66.27		0.008 5	0.67	0.09	
	粉土	16.97		0.053	0.71	0.13	
	中细砂	16.14	第Ⅲ承压				94
N	黏土	118.72		0.000 83	0.57	0.07	
	细砂	22.86	第Ⅳ承压				102
	粉质黏土	33.13		0.004 3	0.05	0.08	

预测结果：现状计算时段取1980～2010年，预测计算时间起点为2011年，将识别后的计算参数和各含水层1980～2010年年均水位下降速率(第Ⅱ承压现状水位埋深已达27.6 m，不宜再下降，故该层速率取0)代入模型，计算得到将累计地面沉降量控

制在 600 mm 时第Ⅱ承压水、第Ⅲ承压水、第Ⅳ承压水预测水位埋深为 27.6 m，34.0 m 和 43.8 m。

3. 类比分析

以盐城市市区的盐城印染厂为类比分析点，将地下水主采层第Ⅱ承压、第Ⅲ承压、第Ⅳ承压含水层及其顶板作为主要沉降层，通过式(6-12)、式(6-13)得到各沉降层经验系数 a_i，再通过和常州市清凉小学地面沉降分层标监测结果进行类比，得到各主要沉降层比沉降量(表 6-31)，根据式(6-9)对主要沉降层(主采层及其顶板)建立沉降模型，其他地层按式(6-10)计算，经验系数 b 取 12.5%(参照常州市清凉小学监测结果，因为类比分析点已将第Ⅱ承压、第Ⅲ承压、第Ⅳ承压含水层及其顶板均计入主沉降层，厚达 322 m)。按累计地面沉降量控制目标 600 mm，第Ⅱ承压水、第Ⅲ承压水、第Ⅳ承压水水位埋深初值以 1980 年区域水位埋深计(分别为 6 m，9 m 和 4.2 m)，反推得到第Ⅱ承压、第Ⅲ承压、第Ⅳ承压水禁采水位埋深分别为 25.0 m，35.5 m 和 43.7 m。

表 6-31 盐城印染厂类比分析结果一览

分层		埋藏深度(m)	厚度(m)	岩性	沉积时代	比沉降量(mm/(m·m))	水位埋深降至禁采水位埋深时预计沉降量(mm)
主要沉降层	1	144.84～164.17	19.33	黏土	Q_2	0.077 10	28
	2	164.17～192.87	28.70	细砂	Q_2	0.067 55	37
	3	192.87～216.11	23.24	粉质黏土	Q_1	0.015 72	7
	4	216.11～276.11	60.00	粉质黏土为主、粉土	Q_1	0.053 50	85
	5	276.11～292.25	16.14	中细砂	Q_1	0.055 34	24
	6	292.25～350.97	58.72	黏土	N	0.012 49	20
	7	350.97～410.97	60.00	黏土	N	0.072 38	172
	8	410.97～424.37	13.40	细砂	N	0.072 43	38
	9	424.37～457.50	33.13	粉质黏土	N	0.073 36	96
	10	457.50～466.96	9.46	中细砂	N	0.069 99	26
其他层		0～144.84 m 以及 466.96 m 以下	>197	粉质黏土、黏土	Q_4、Q_3、N		67(以主要沉降层的 12.5%计，同常州市清凉小学)
累计							600

6.4.4.2 丰沛地区

1. 模型计算法

选取位于地下水降落漏斗区及地面沉降区，且具有水文地质钻孔的丰县张五楼作为计算点。目前丰县的地下水主采层为第Ⅱ＋Ⅲ承压含水层，故计算层位选取埋于61.80～208.40 m的地层，总厚度为146.60 m。

参数选择：已有资料显示，徐州市地下水规模化开采始于1970年代末。将1978年作为计算初始时间，取计算点钻孔第Ⅱ＋Ⅲ承压静水位埋深5.0 m为计算初始水位。据计算点附近已有地下水动态监测数据推测，2010年计算点第Ⅱ＋Ⅲ承压水位埋深约40.4 m，其年均水位下降速率为1.1 m/a。在综合常州市清凉小学和邻近地区相应地层参数的基础上结合本地地层沉积历史后确定土工计算参数，各层土工计算参数见表6-32。

表6-32 丰县张五楼地层沉降计算参数

地层年代	岩 性	层厚(m)	含水层	k(m/a)	e_0	a_v(MPa^{-1})	E_s(MPa)
Q_2	粉质黏土	37.35		0.005 3	0.72	0.13	
	细砂	3.08	第Ⅱ承压				56
Q_2+Q_1	粉质黏土	47.77		0.005 5	0.62	0.07	
Q_1	粉砂夹粉质黏土	3.80	第Ⅲ承压				67
	黏土夹粉质黏土	35.60		0.002 5	0.63	0.09	
	细砂	19.00	第Ⅲ承压				85

预测结果：现状计算时段取1978～2010年，预测计算时间起点取2011年，将土工计算参数和含水层年均水位下降速率代入计算模型，计算得到在将累计地面沉降量控制在800 mm时第Ⅱ＋Ⅲ承压含水层预测水位埋深为52.5 m。

2. 类比分析法

类比分析点的选择同模型计算点。将位于地下水降落漏斗区及地面沉降区，且具有水文地质钻孔的丰县张五楼作为分析点。

将地下水主采层第Ⅱ承压、第Ⅲ承压含水层及其顶板作为主要沉降层，通过式(6-13)、式(6-14)得到经验系数A_i，再和常州市清凉小学地面沉降分层标监测结果类比，得到各主要沉降层比沉降量（表6-33），据式(6-10)对主要沉降层（主采层及其顶板）建立沉降模型，其他地层按式(6-10)计，经验系数b取20%。按将累计地面沉降量控制目标800 mm，水位埋深初值5 m计，反推得到禁采水位埋深为50.5 m。

表 6-33 丰县张五楼类比分析结果一览

分层		埋藏深度(m)	厚度(m)	岩性	沉积时代	比沉降量(mm/(m·m))	水位埋深降至禁采水位埋深时预计沉降量(mm)
主要沉降层	1	41.61～59.80	18.19	粉质黏土	Q_2	0.100 71	83
	2	59.80～61.80	2.00	粉砂	Q_2	0.096 85	9
	3	61.80～99.15	37.35	粉质黏土	Q_2	0.096 32	164
	4	99.15～102.23	3.08	细砂	Q_2	0.094 4	13
	5	102.23～145.20	42.97	粉质黏土	Q_2～Q_1	0.082 24	161
	6	145.20～146.62	1.42	粉细砂	Q_1	0.084 64	5
	7	146.62～150.00	3.38	粉质黏土	Q_1	0.081 82	13
	8	150.00～153.80	3.80	粉砂夹粉质黏土	Q_1	0.084 64	15
	9	153.80～189.40	35.60	粉质黏土、黏土	Q_1	0.082 41	133
	10	189.40～208.40	19.00	细砂	Q_1	0.084 64	73
其他层		0～41.61 以及 208.40 以下	>48	粉土、粉质黏土、黏土	Q_4、Q_3、Q_1		134(以主要沉降层的 20%计)
累计							803

6.4.4.3 控制埋深的确定

在将以控制地面沉降为约束条件的情况下，采用了相关分析、模型计算或类比分析等不同分析方法，获取了以不同方法分析计算的控制水位埋深(表 6-34)。

表 6-34 控制水位埋深分析结果

分区	含水层	以防治地面沉降为出发点(m)		
		相关分析	模型计算	类比分析
盐城市	第Ⅱ承压	27	27.6	25.0
	第Ⅲ承压	34	34.0	35.5
	第Ⅳ承压	46	43.8	43.7
徐州市丰县、沛县	第Ⅱ+Ⅲ承压		52.5	50.5

综合考虑方法的优劣，采取取其平均值作为本区该约束条件下的控制水位埋深，

根据这一原则，盐城市和徐州市丰县、沛县区域的控制水位埋深见表6-35。

表6-35　以地面沉降为约束条件地下水控制水位表

分布范围	主要目标层	控制水位埋深(m)
盐城市	第Ⅱ承压 第Ⅲ承压 第Ⅳ承压	第Ⅱ承压:27 第Ⅲ承压:35 第Ⅳ承压:45
徐州市丰县、沛县	第Ⅱ＋Ⅲ承压	52

6.5　浅层地下水与河道生态流量

6.5.1　淮河平原区河道内最小生态流量

在影响河流生态健康的诸多要素中，水起着制约性的作用。河流生态系统对水的要求包括水量、流速、水质、水温、含沙量等各个方面。目前国内生态流量研究主要集中在河流流量变化对河流健康的影响：一是河道对流量改变的物理响应，其主要影响河流生态系统的非生物组成部分；二是河流系统对流量改变的生态响应，这体现在生物的生长和变化上。

生态需水量分为河道外需水及河湖内需水两部分。淮河水系处于湿润半湿润地区，对淮河流域生态蓄水量的研究主要集中在河道内需水上。

6.5.1.1　河道内最小生态需水量目标

河道最小生态需水量是指为维持河道生态系统现状、避免进一步恶化、保障河道天然生态系统关键物种生存，从而保证河道生态系统基本功能不严重退化所必须在河道中常年流动着的最小(临界)水量。河流最小生态环境需水量会随河流特性、河段位置和时段范围发生变化，具有动态变化的特征，所以必须同时考虑其总水量和流量过程。

河流最小生态需水量的最基本功能是维持河流水体的基本形态，保证其成为一个连续体。为保证淮河水系生态至少维持现状而不再继续恶化，首先必须保证河段不断流，防止河道生态系统发生毁灭性的破坏。这就需要在河道内保留足够水流量以维持低级生物链，如底栖动物和浮游动植物的正常生长、繁殖，并为关键物种如鱼类提供最小的生存和活动空间。河道由于航运要求不允许水生维管植物过度生长，因此在最小生态需水中不考虑维管植物的生态需水。同样地，在这种极端情况下也不考虑河道地貌塑造以及滨岸植被或湿地维护。

6.5.1.2 最小生态流量确定方法

根据淮河流域生态流量的研究成果,淮河平原区选取涡河的亳州、蒙城段为典型断面分析最小生态流量的样本。

淮河流域的各项规划与研究报告采用了 Tennant 法、栖息地模拟法、湿周法以及 Tennant 法基础上衍生的“淮河法”确定了部分重要河流断面的生态流量(表 6-36)。《淮河流域综合规划(2012～2030)》采用以 Tennant 法为基础的“淮河法”计算了部分河流断面的最小生态流量;《淮河流域水资源保护规划》(2016 年)采用 Tennant 法计算了部分河流断面的生态流量;淮河流域“十二五”重大水专项课题“淮河流域水量—水质—水生态联合调度关键技术研究与示范”采用栖息地模拟法计算了部分断面的生态流量;《淮河流域生态流量(水位)试点工作》采用湿周法计算了部分断面生态流量。

表 6-36 不同生态流量成果针对的生态环境功能保护要求

成 果	保护要求
“Tennant 法”最小生态流量	维持河流基本形态和基本生态功能
“淮河法”最小生态流量	保持大多数水生生物短时间生存和鱼类的最小需水空间
“栖息地模拟法”最小生态流量	保护特定指示物种的生态环境,淮河干流保护长吻鮠的生态环境
“湿周法”最小生态流量	水生生物栖息地基本的环境需水

1. Tennant 法

Tennant 法是水文学法中最常用的一种方法,解决的是水生生物、河流景观及娱乐条件和河流流量之间的关系问题。其是一种更多依赖于河流流量统计的方法,建立在历史流量记录的基础上,将多年平均天然流量的简单百分比作为基流,详见表 6-37。

表 6-37 Tennant 法对栖息地质量的描述

流量值与相应栖息地的定量描述	推荐的基流占平均流量	
	一般用水期 (10 月～次年 3 月)	鱼类产卵育幼期 (4 月～9 月)
最大	200%	200%
最佳范围	60%～100%	60%～100%
极好	40%	60%
非常好	30%	50%
好	20%	40%

续表

流量值与相应栖息地的定量描述	推荐的基流占平均流量	
	一般用水期（10月～次年3月）	鱼类产卵育幼期（4月～9月）
中	10%	30%
差或最差	10%	10%
极差	0～10%	0～10%

在利用Tennant法计算时，应根据不同的区域状况，多需要根据实际情况进行修正。考虑淮河流域及山东半岛属于缺水较严重地区，水资源开发利用程度较高且流域内不同区域水资源状况差异较大的特点。非汛期生态流量取值在一般在多年平均天然径流量的3%～10%之间，汛期生态流量取值一般在多年平均天然径流量的10%～15%。

(2) 淮河法

"淮河法"是《淮河流域生态用水调度研究报告》(2008年)中提出的生态流量计算方法。淮河法既保留了水文指标法简便快捷的优点，又通过基于生态分析的水力学计算使结果具有坚实的生态学基础。通过综合不同方法取长补短，提高了计算速度和可靠性，适用于流域规划尺度的生态用水研究或者作为其他更深入研究的基础。

对于大江大河，河道流量仅有5%～10%时仍有一定的河宽、水深和流速，可以满足鱼类回游、生存和旅游、景观的一般要求，是保持绝大多数水生物短时间生存所必需的瞬时最低流量。鉴于研究区域内河道径流受到一定程度的人工控制，水资源开发利用程度很高，水资源严重缺乏、淮北支流经常断流或干涸的现状，拟根据蒙大拿法给出的标准，采用河道内多年平均年径流量的5%～10%为保持大多数水生生物短时间生存的最小生态流量，称为标准流量；同时考虑鱼类的最小需水空间，用以校正标准流量；另外通过分析近50年的河道天然径流过程，利用历史流量资料构建各月流量历时曲线，按多年平均流量过程推算最小生态用水的年内过程。

按平均年径流是否大于80 m^3/s或20 m^3/s且C_v是否大于1将各河段划分为三大类(表6-38)。三类河段生态需水的流量和稳定性差别较大，从而导致其涵养的生态系统结构及其需水要求有很大的差异性。第一类河段所涵养的生态系统规模大、生物链层次丰富、生物数量多，对淮河流域的生态健康和沿淮群众的生产生活具有特别重要的意义；第三类的小支流规模较小，所涵养的生态系统结构也相对简单，这类支流近年来通常处于断流状态，造成了生态系统的急剧衰退，防止断流是这类河段的最基本要求。第二类河流的生态流量标准则可介于两者之间。根据三类河段的不同特点就可以因地制宜地分别设定各自的生态需水目标和生态流量标准。

表 6-38 淮河水系重点河段分类

类 型	类型名称	指 标	河 段
第一类	大流量稳定型	平均年径流＞80 m^3/s 及 C_v＜1	主要包括淮河干流、洪河、颍河、史河蒋家集以下、淠河、沂河港上、沂河临沂段
第二类	中流量稳定型	20 m^3/s＜平均年径流＜80 m^3/s 及 C_v＜1	主要包括涡河亳县下游、池河、史河上游、怀洪新河、新濉河、祊河角沂、沭河大官庄段、沭河新安段
第三类	低流量不稳定型	平均年径流＜20 m^3/s 及 C_v＞1	涡河鹿邑—蒙城段、东沙河、新汴河、汾泉河、沱河、惠济河、奎河、包河、沱河、浍河、沭河莒县段、沂河跋山水库、东汶河岸堤水库、沭河青峰岭水库、新沭河石梁河水库、新沂河沭阳段

对三类河段分别采用不同的生态水量分配标准。

第一类河段：80 m^3/s 以内部分按 10%分配生态流量，80 m^3/s 以上部分按 5%分配，同时计算保障鱼类最小空间的需水量值为校核标准；第二类河段直接取总径流的10%为最小生态流量，可基本维持底栖动物和浮游动植物生长、繁殖的最小空间；第三类河段以不断流为最小生态流量控制目标，为防止生态因断流产生毁灭性的衰退，维护河流连续性。该河段最小生态流量的比例与第二类河段相同，但需要提高该流量的保证率，在调度中优先保证。

结合多年平均月流量过程，同比缩减进行年内展布，并分别对非汛期(每年 10 月至次年 3 月)、汛前期(4～5 月)及汛期(6～9 月)过程做坦化处理(分别平均)，得到重要断面流量的控制指标。

(3) *栖息地模拟法*

通过研究区域内的水文、水质、气象数据及断面资料，进行分析和整理，建立水动力水质耦合模型。其次，在研究区域内进行鱼类资源调查，筛选目标鱼种，对目标鱼种进行针对性调查，同时进行实验室胁迫实验，筛选关键水环境因子。利用实验室及野外调查获得的数据，建立鱼类与水环境因子间的响应关系，研究鱼类栖息地模型，并与水环境模型耦合，根据鱼类生境保护目标和不同生长期鱼类的生境需求，确定相应的生态流量过程线。计算方法如图 6-29 所示。

淮河流域代表性河流生态指示物种：

根据淮河平原区涡河的水生生态调查，选择翘嘴鲌为河流生态指示物种。

二维水动力模型如下：

二维水动力模型采用二维 Navier-Stokes 方程组，其控制方程组如下：

$$\frac{\partial H}{\partial t}+\frac{\partial (hu)}{\partial x}+\frac{\partial (hv)}{\partial y}=Q_a \tag{6-16}$$

$$\frac{\partial u}{\partial t}+u\frac{\partial u}{\partial x}+v\frac{\partial u}{\partial y}=-\frac{1}{\rho_0}\frac{\partial p}{\partial x}+fv+v\left(\frac{\partial^2 u}{\partial x^2}+\frac{\partial^2 u}{\partial y^2}\right)+\frac{1}{\rho_0 H}\tau_x \tag{6-17}$$

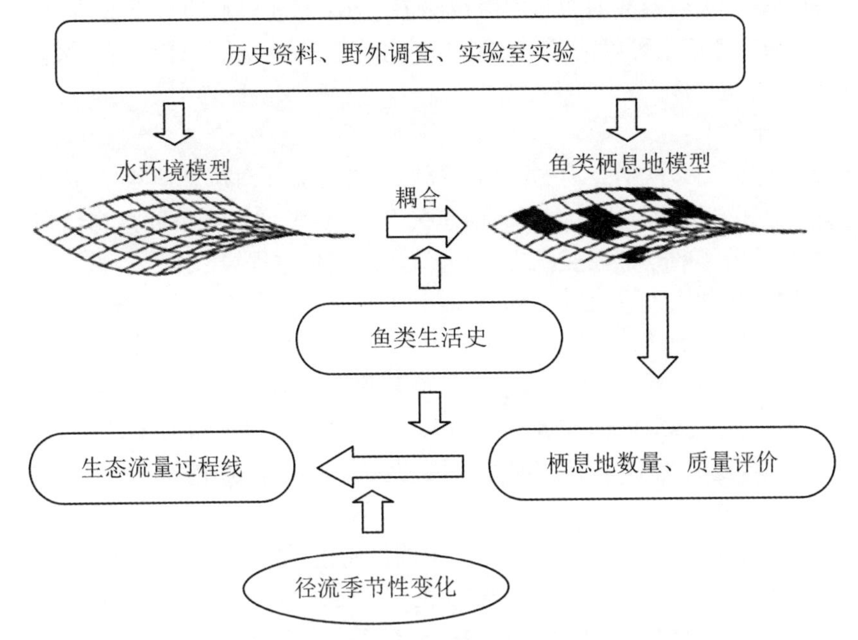

图 6-29　生态流量计算方法

$$\frac{\partial v}{\partial t}+u\frac{\partial v}{\partial x}+v\frac{\partial v}{\partial y}=-\frac{1}{\rho_0}\frac{\partial p}{\partial y}-fv+\upsilon\left(\frac{\partial^2 v}{\partial x^2}+\frac{\partial^2 v}{\partial y^2}\right)+\frac{1}{\rho_0 H}\tau_y \tag{6-18}$$

式中，Q_a 为流量，单位为 m^3/s；

H 为水位，单位为 m；

u，v 为 x，y 方向上的速度，单位为 m/s；υ 为水平黏性系数，单位为 m_2/s；

f 为科氏力系数；

τx，τy 为底部剪应力，单位为 N/m。

二维水质模型如下：

二维水质模型采用包括源汇项及反应项的二维对流扩散方程：

$$\frac{\partial c}{\partial t}+u\frac{\partial c}{\partial x}+v\frac{\partial c}{\partial y}=D_x\frac{\partial^2 c}{\partial x^2}+D_y\frac{\partial^2 c}{\partial y^2}+S+f_R(c,t) \tag{6-19}$$

式中，c 为物质浓度，单位为 kg/m^3；

D_x，D_y 为 x，y 方向扩散系数，单位为 m^2/s；S 为源汇项；$f_R(c,\ t)$为反应项。

在水质模型的差分过程中，时间项继续采用 ADI 差分格式，水平对流项及垂向黏性项采用迎风差分格式。

二维模型边界及初始条件如下：

二维水动力模型入流边界以日均流量为输入条件，出流边界以日均水位作为边界条件。二维水质模型中水质因子在入流和出流边界均以日均值作为边界条件。

水流计算的流速初始条件以冷启动形式给出，即 $u=v=0$ m/s，水位淹没整个计算区域。设置入流和出流节点为逐日流量和水位值，在完成 3 天的计算后可以消除冷启动带来的影响。水质参数的初始值由观测值给出，通过与水动力模型结合计算，在完成 2～3 天的计算后也可以消除由水动力冷启动带来的误差。计算结果保存作为正式计算时的热启动文件。

栖息地模型如下：

鱼类栖息地模型是从栖息地的面积、形状、位置等方面对栖息地数量、质量进行分析，建立栖息地评价指标与流量之间的动态关系；综合考虑鱼类不同生命阶段对生境的需求及水环境因子的季节性变化，提出河流生态流量过程线。

在考虑以上各种因素后，就可以进行河流生态流量的推求，主要步骤如下：

确定水库下游鱼类栖息地恢复参照体系，计算参照条件下的有效栖息地面积；确定鱼类栖息地恢复的目标，使用有效栖息地面积恢复比例为指标；采用建立的栖息地模型反算不同恢复目标对应的流量（可能非单一），并进行栖息地质量评价，结合质量评价结果，选择合适的流量值；根据时间尺度和鱼类生活史，确定完整水文年内的流量过程线。

为进一步计算平原河流生态基流和水文调控阈值，初步构建淮河主要水域（洪泽湖以上）的化学完整性和生物完整性指标。淮河主要水域（洪泽湖以上）水质水生态调查及河湖生态系统健康评价结果表明：基于底栖动物多样性指数、生物指数（BI 指数）、BMWP 计分系统和生物完整性指数（Index of Biological Integreity）的水质生物评价结果基本一致，除了淮河源头的断面为健康状况外，其余点位的底栖动物健康状况均较差（中度污染、重度污染和严重污染等级）；基于水质指标的无加权综合污染指数、变异系数加权综合污染指数、污染贡献率加权综合指数、内梅罗指数评价的结果和生物指数的评价结果基本一致，绝大部分采样断面的水质状况也为中度污染、重度污染和严重污染状况。

（4）湿周法

湿周法是计算生态流量的水力学法中最常用的方法，利用湿周作为水生生物栖息地指标，通过收集水生生物栖息地的河道尺寸及对应的流量数据，分析湿周与流量之间的关系，建立湿周—流量的关系曲线，主要适用于河床形状稳定的宽浅矩形和抛物线型河道。该方法针对的生态环境功能保护要求为水生生物栖息地基本的环境需水。

根据大断面资料及 1956～2010 年实测逐日流量、水位资料分析，各个断面分别建立湿周—流量关系曲线（图 6-30～图 6-33）。按照曲率最大法确定湿周—流量关系曲线变化的最大拐点处，该处对应的流量即为生态流量。

湿周—流量关系建立如下：

根据实测大断面资料逐段累加不同水位对应的湿周值，结合实测流量值或查相应水位对应的流量值，确定湿周—流量关系。

当资料收集不充分时，可假设河流为明渠均匀流，则任意河道的湿周和流量可以借助曼宁公式表示如下：

$$Q = \frac{S^{1/2}}{n} \cdot \frac{A^{5/3}}{X^{2/3}} \tag{6-20}$$

式中，Q 为流量，单位为 m^3/s；

S 为水力坡度；

n 为糙率；

A 为过水断面面积，单位为 m^2；X 为湿周，单位为 m。

采用幂函数或对数函数对湿周—流量关系进行拟合，视拟合效果采用不同的函数。幂函数与对数函数的拟合形式分别为

$$X = aQ^b \tag{6-21}$$

$$X = c\ln Q + d \tag{6-22}$$

式中，a，b，c，d 均为常数。

湿周—流量关系曲线变化点、最小生态流量的确定方式如下：

湿周—流量关系曲线变化点的确定是估算河道内最小生态流量的核心。按照曲率最大法确定湿周—流量关系曲线变化的最大拐点处。最大拐点处对应的流量即为生态流量，幂函数与对数函数拟合的生态流量计算公式如下：

$$Q_{\min} = \left(\frac{1}{ab}\right)^{\frac{1}{b-1}} \left(\frac{b-2}{2b-1}\right)^{\frac{1}{2(b-1)}} \tag{6-23}$$

$$Q_{\min} = c\sqrt{0.5} \tag{6-24}$$

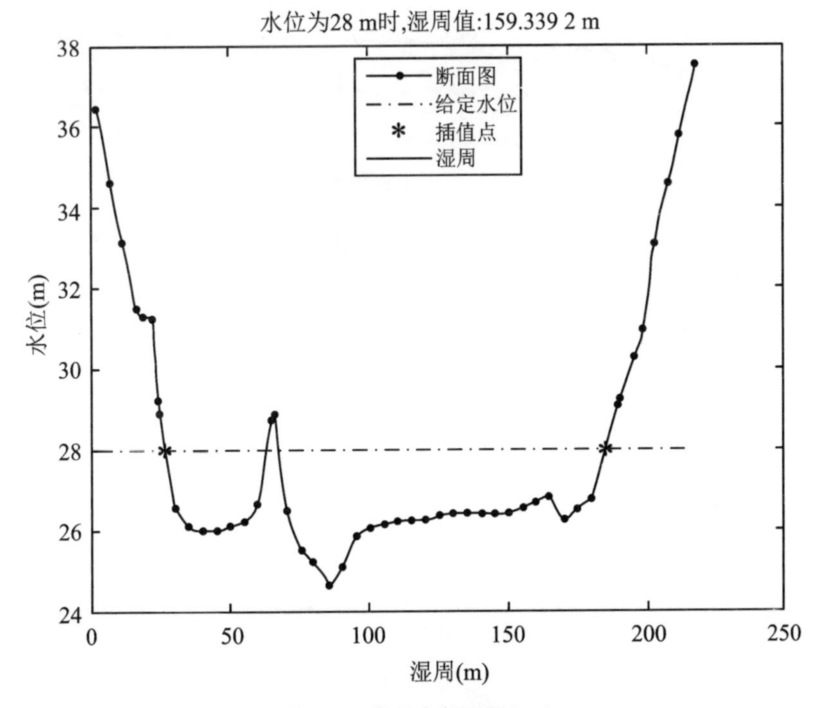

图 6-30　亳州大断面图(一)

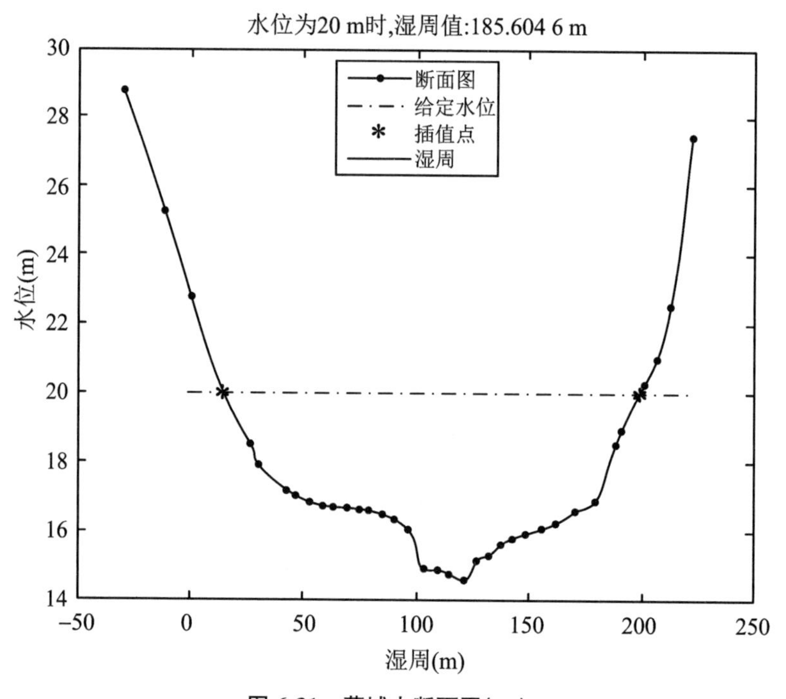

图 6-31 蒙城大断面图(二)

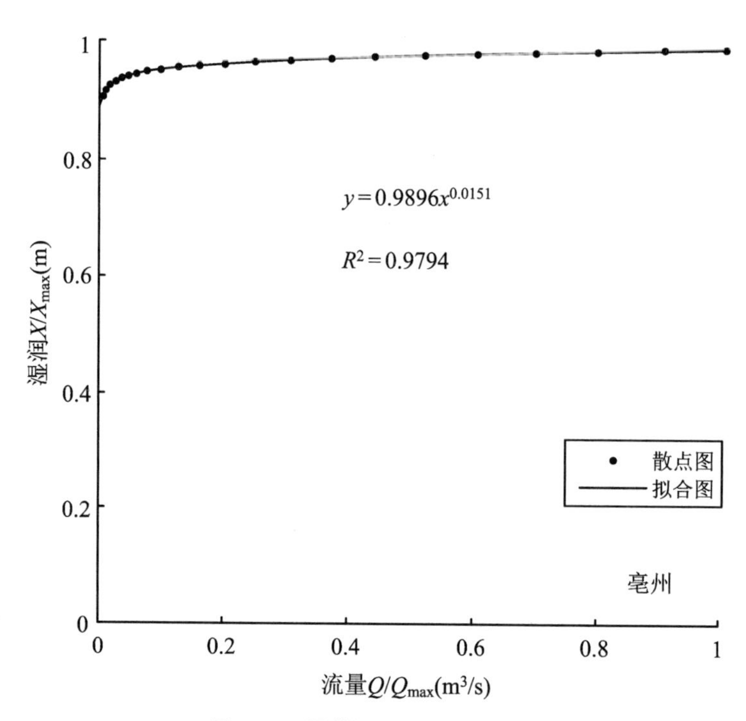

图 6-32 界首湿周—流量关系图

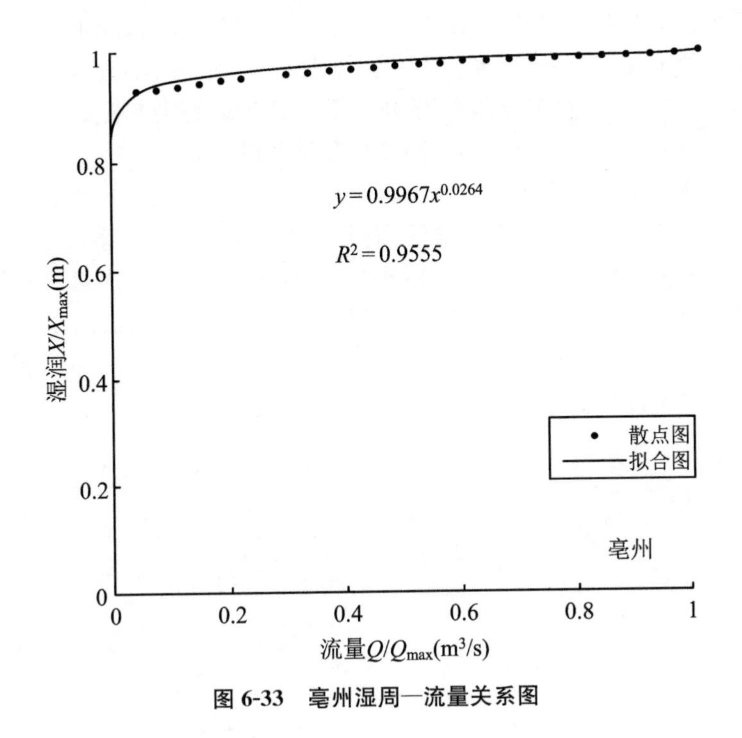

图 6-33　亳州湿周—流量关系图

6.5.1.3　涡河典型断面河道内最小生态流量

按照《河湖生态环境需水计算规范》(SL/Z 712 — 2014)的要求，根据生态环境功能保护要求，分别计算各项生态环境功能对应的生态流量后选取外包值。根据流域水资源管理要求对取外包的生态流量成果进行适当调整，根据生态流量计算方法与确定原则确定典型断面亳州与蒙城的最小生态流量分别为 2.3 m^3/s 和 2.5 m^3/s(表 6-39)。

表 6-39　淮河平原区典型断面生态流量成果

河流	控制断面	生态流量(m^3/s)			
		每年 10～次年 3 月	4～5 月	6～9 月	全年均值
涡河	亳州	2.30	2.40	6.90	3.85
	蒙城	2.50	2.70	7.80	4.30

6.5.2　淮河平原区浅层地下水对生态流量作用

6.5.2.1　平原区地下水和地表水交互作用

地表水和地下水之间的交互作用是流域水文循环的重要组成部分，长期以来，地表水和地下水在水资源开发利用、评价和管理方面相互独立，但地下水和地表水之间的水力联系往往十分密切，地下水和地表水之间的交互作用不仅仅是水文上的一种物理过程，同时也是近年来水资源调查、评价和管理领域研究的热点。对地下水和地表水交互作用的研究有助于水资源的可持续开发和管理。

地下水和地表水交互作用可以分为两大类，一类是地下水向地表水体排泄；另一类是地表水补给地下水。从概念上来说，地下水和河水之间的关系可以分为如图6-34所示的地下水和地表水交互作用的两种基本类型，图(a)、(c)中河道两侧的地下水水位高于河水水位，是地下水向河水排泄；图(b)、(d)中为河水水位高于河道两侧的地下水水位，是河水补给地下水；图(a)、(b)为地下水水位和河水水位示意图，图(c)、(d)为区域地下水水位分布示意图。

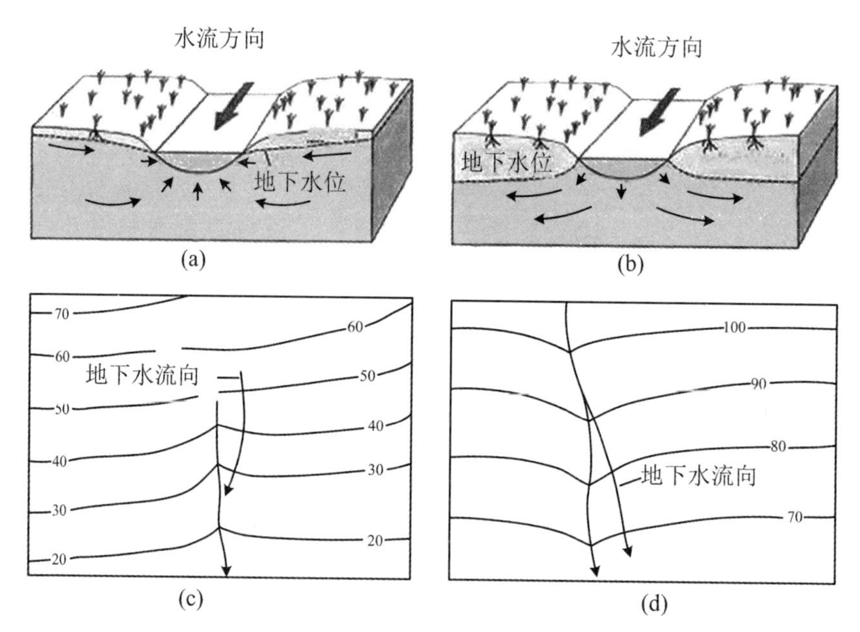

图6-34　地下水和河水交互作用关系示意图，图(a)、(c)为地下水排泄至河水，图(b)、(d)为地表水补给地下水(Winter et al.，1998)

基流分割一直是水文学领域关注的重点和难点之一，基流分割法可用来区分基流和直接径流(Brodie et al.，2007)，基流分割法的假设前提是河道里的水量可以分为基流和直接径流(Eckhardt，2008)。从地下水和地表水交互作用研究角度来说，基流可以认为是地下水排泄量，而直接径流为地表水。长时间内的基流占河道总流量的比例称为基流指数，基流指数能够在流域尺度上反应地下水排泄占总流量的比例。基流和基流指数的计算公式如下：

$$y_k = f_k + b_k \tag{6-25}$$

$$BFI = \frac{\sum b_k}{\sum y_k} \tag{6-26}$$

式中，y 为河流总流量，单位为 m^3/d；

f 为直接径流，单位为 m^3/d；

b 为基流量，单位为 m^3/d；

k 为时间步长数。

BFI 为基流指数。

选择涡河上控制断面亳州和蒙城断面为研究断面。亳州断面以上河道面积约 4 800 km^2，蒙城断面以上流域面积约 11 000 km^2，亳州和蒙城 2006～2010 年流量见表 6-40 和图 6-35、图 6-36。

表 6-40　亳州、蒙城 2006～2010 年流量观测统计表

指　标	亳　州	蒙　城
均值(m^3/s)	16.671	40.970 85
标准方差	35.356 38	101.603 8
方差	1 250.073	10 323.34
最小值	0	0
最大值	524	1 270

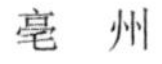

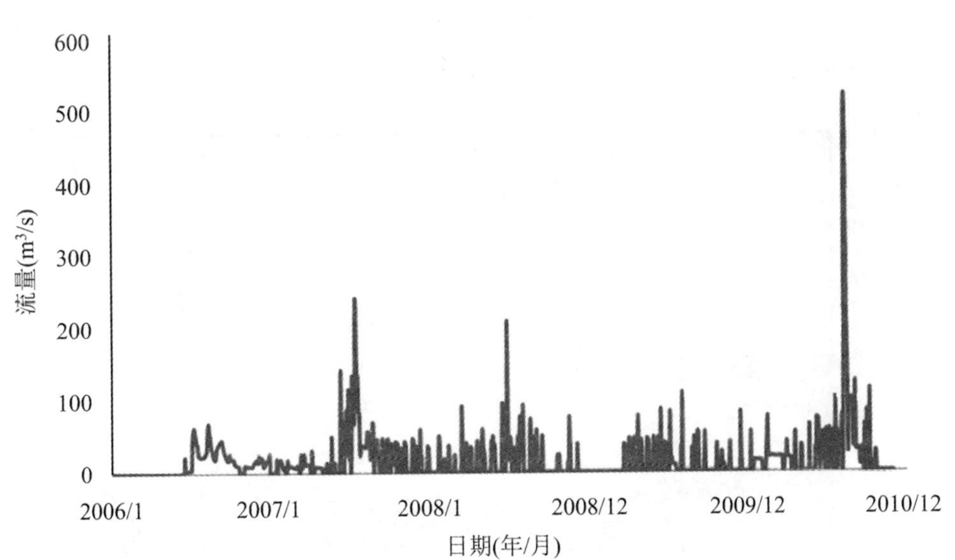

图 6-35　涡河亳州 2006～2010 年流量

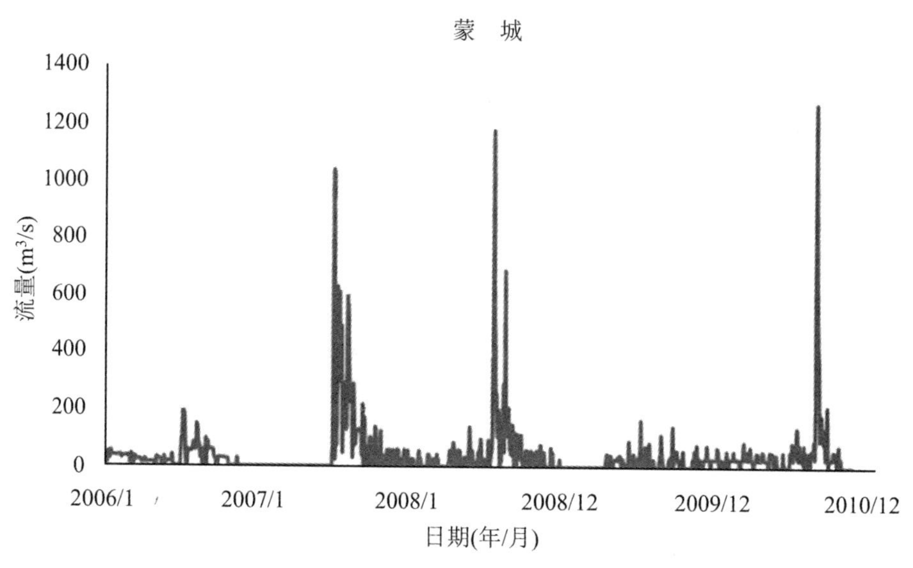

图 6-36 涡河蒙城水文站 2006～2010 年流量

6.5.2.2 地下水排泄量估算

采用 HYSEP(Sloto and Crouse,1996)方法对亳州、蒙城基流进行估算,分析基流量和基流指数 *BFI*。HYSEP 采用固定间隔、移动间隔和最小值三种方法进行基流分割,其三种方法示意图见图 6-37～图 6-39。

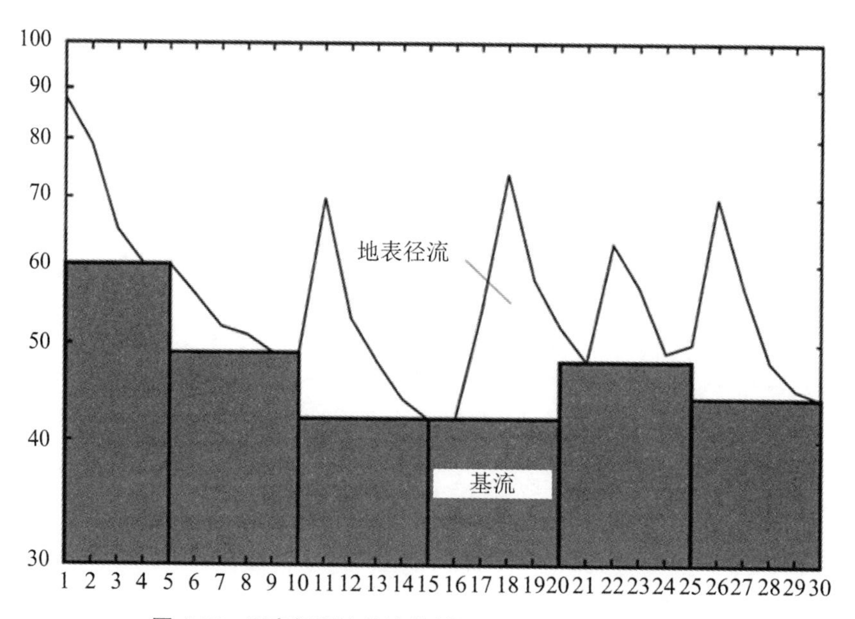

图 6-37 固定间隔法基流分割(Sloto and Crouse,1996)

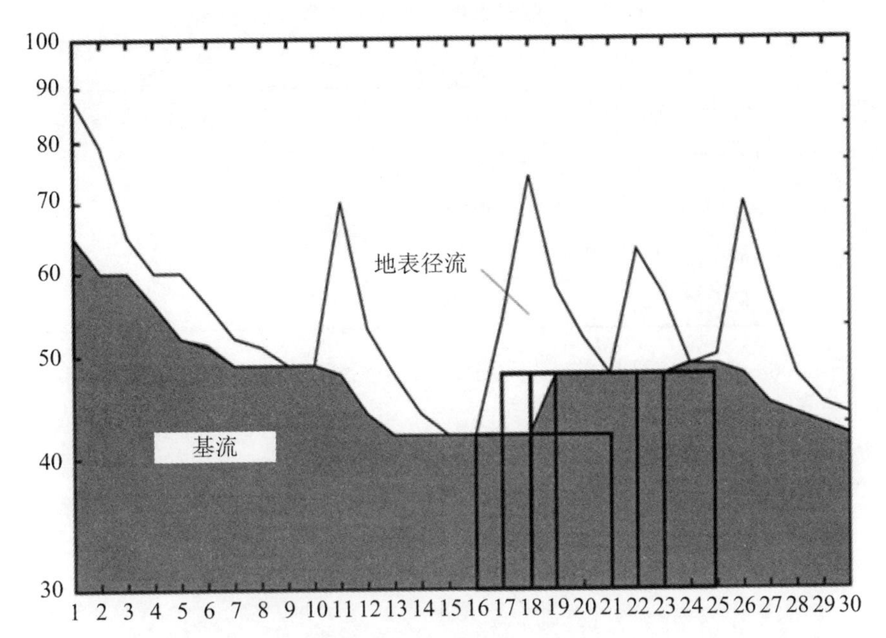

图 6-38　移动间隔法基流分割(Sloto and Crouse,1996)

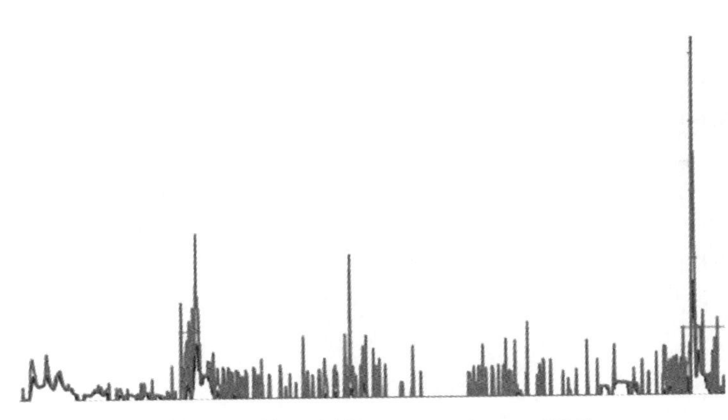

图 6-39　最小值法基流分割(Sloto and Crouse,1996)

按照 HYSEP 估算的地下水排泄量统计见表 6-41、表 6-42 和图 6-40、图 6-41。

表 6-41　亳州、蒙城 2006～2010 年流量观测统计表

指　标	亳　州	蒙　城
均值(m^3/s)	5.471 558	25.602 536 14
标准方差	13.815 42	84.133 458 21
方差	190.865 7	7 078.438 791
最小值	0	0
最大值	166.666 7	1 212.809

亳州 2006～2010 年平均基流指数 BFI 为 0.328，蒙城 2006～2010 年平均基流指数 BFI 为 0.731。

按照枯水期、平水期和丰水期划分基流指数见表 6-42。

表 6-42　2006～2010 年分水期基流指数表

站　点	枯水期	平水期	丰水期	年　均
亳州	0.317	0.105	0.357	0.328
蒙城	0.302	0.837	0.840	0.731

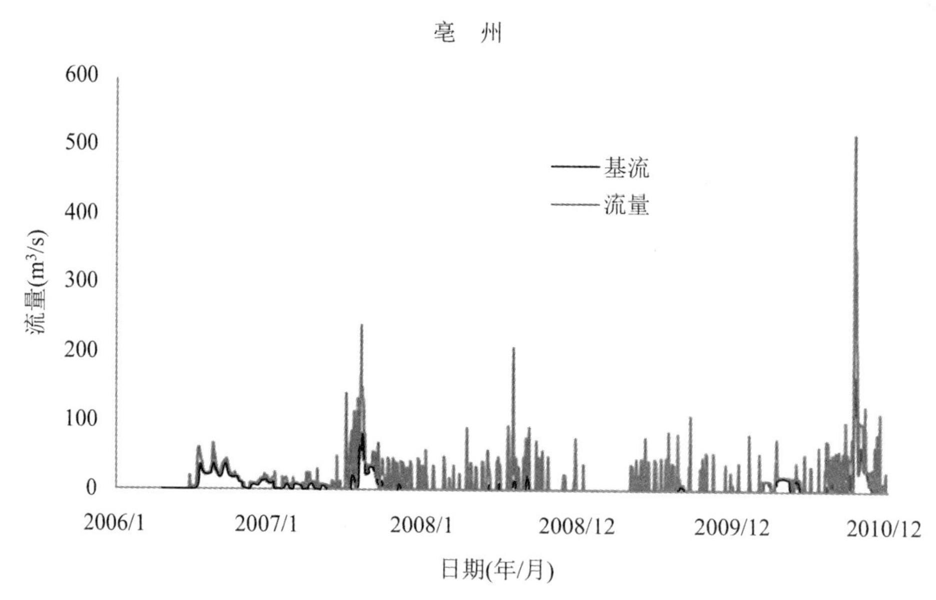

图 6-40　亳州地下水基流排泄量和河流流量示意图

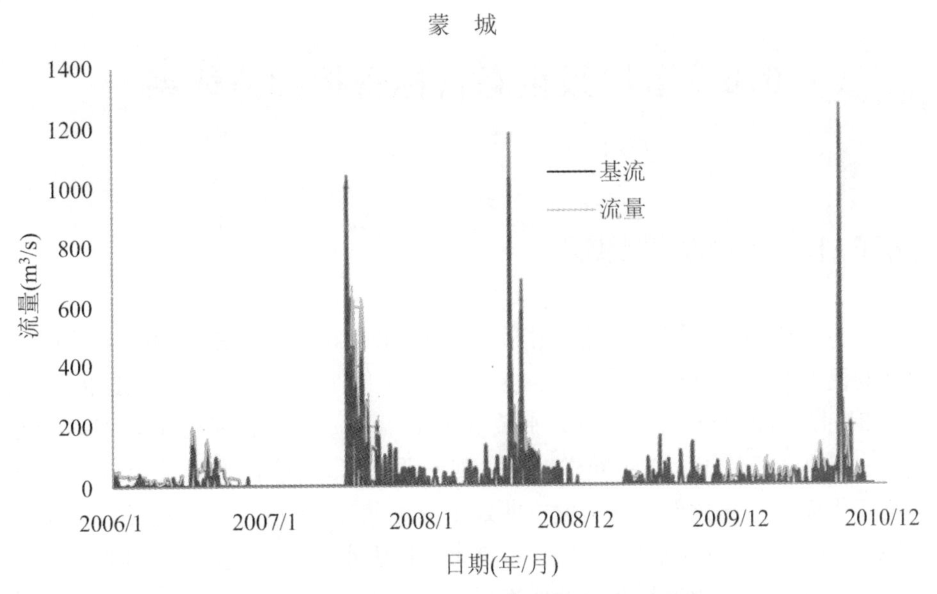

图 6-41　蒙城地下水排泄基流和流量示意图

6.5.2.3　浅层地下水对维持生态流量的作用

1. 生态流量满足程度

生态流量满足程度可以用逐日流量和河道内最小生态流量估算值进行对比，并用百分比表示(表 6-43)。

表 6-43　2006～2010 年涡河生态流量满足程度表

站　点	枯水期	平水期	丰水期	年　均
亳州	39.1%	36.7%	63.1%	46.9%
蒙城	45.0%	59.0%	69.5%	55.5%

2. 地下水排泄对维持河道内最小生态流量的作用

对比亳州和蒙城流量分析结果，蒙城站基流指数 0.731 大于亳州站基流指数 0.328，蒙城流量更多的是地下水排泄占流量比重大于亳州站。

和亳州断面相比，蒙城断面枯水期生态流量(逐日)满足程度从 39.1%提高到 45.0%，增加了 5.9 个百分点；平水期生态流量(逐日)满足程度从 36.7%提高到 59.0%；增加了 22.3 个百分点。地下水排泄能够显著提高河流最小生态流量保证率。

6.6 多层级生态目标管控阈值体系

6.6.1 作物防渍埋深

作物生长应当“水、肥、气、热”相协调，其中，水是指土壤含水量，根据五道沟实验站多年观测实验成果，作物生长适宜土壤含水量范围是18%～25%，当土壤含水量低于18%时，作物即出现旱情，土壤含水量低于12%～14%时甚至会出现作物凋萎；当土壤含水量高于25%时，作物同样也会出现不适，如果土壤含水量长期高于30%，作物就会发生渍害。作物生长的土壤长期处于过湿状态（土壤含水量高于30%超过72小时）对作物生长造成的影响就是渍害，涝害是地表水对作物生长造成的伤害，而渍害则是土壤水过多对作物生长造成的伤害。

根据五道沟实验站多年观测的实验成果，当地下水埋深在0.5 m以浅时，受土壤毛细管水强烈的上升补给作用，其上层土壤的土壤含水量普遍在28%～35%之间，而0～0.5 m正是作物的主要根系活动层，此层土壤长期处于过湿状态（土壤含水量高于30%超过72小时）对作物生长将产生渍害，基于此项实验成果，同时考虑到工程投入的成本，所以淮北地区农田除涝防渍工程除涝防渍效果的标准解释即为：基于本地最大3日暴雨，要求雨后地面无积水（地表水），雨后3天地下水降至地面下0.3～0.5 m，满足上述要求的农田即为达到除涝防渍标准的农田，能排除五年一遇最大3日暴雨的，就是五年一遇除涝标准；能排除十年一遇最大3日暴雨的，就是十年一遇除涝标准。地面下0.5 m地下水埋深即为农田防渍埋深。实验表明，当浅层地下水埋深降至地面下0.5 m时，就可以使作物90%的根系处于非饱和土壤中，能正常进行光合作用而不致受渍而凋萎。

6.6.2 作物生长适宜埋深

通过实验站大型地中蒸渗仪进行的农作物产量与地下水关系实验，对作物生长的适宜地下水埋深总结如下（表6-44）。

1. 小麦

结合五道沟小麦根系下扎观测实验与作物生长控制地下水埋深实验，从作物根系的发育过程来看，冬小麦根系在整个生育过程中呈现出快—慢—快—慢的增长趋势。播种至出苗前和拔节后至灌浆这段时期出于较快的生长阶段，结合蒸渗仪测筒实验小麦长势观察，砂姜黑土中，播种至苗期，地下水埋深宜控制在0.4 m以内，然后适宜地下水埋深逐渐下移，以0.5～0.8 m为宜，拔节期后，地下水埋深宜控制在0.8～1.5 m，较为利于小麦对水分的吸收。黄潮土适宜地下水埋深平均比砂姜黑土下移0.7～1.5 m，为1.5～3.0 m。

2. 大豆

大豆根系的生长大致要经历4个时期：砂姜黑土中，播种后20天以内，根系干重增长缓慢，长度增至0.2 m左右，播种后1～2个月，根系干重呈指数增长，根长从0.2 m增至1.3 m；播种后2～2.5个月，根系干重的增长由快变慢，长度维持在1.4 m以内。从根系的发育过程来看，大豆分枝后，地下水埋深控制在0.8～1.2 m有利于大豆吸收水分。黄潮土适宜地下水埋深平均比砂姜黑土下移0.7～1.3 m，为1.5～2.5 m。

3. 玉米

砂姜黑土土壤中，玉米根系的生长过程呈现慢—快—慢的增长趋势，根系最长可达2.07 m。由于玉米的根系吸水多集中在上层，因此从根系的生长过程来看，地下水埋深控制在0.8～1.2 m最利于玉米的生长。黄潮土适宜地下水埋深平均比砂姜黑土下移0.7～1.0 m，为1.5～2.0 m。

表6-44　旱作物生长适宜地下水埋深(单位：m)

土质类别	小　麦	大　豆	玉　米
砂姜黑土	0.8～1.5	0.8～1.2	0.8～1.2
黄潮土	1.5～3.0	1.5～2.5	1.5～2.0

6.6.3　旱涝均衡治理埋深

淮北平原现行除涝标准通常采用五至十年一遇，五年一遇最大3日设计暴雨量为157 mm，十年一遇最大3日设计暴雨量为215 mm。根据五道沟实验站相关实验成果分析与调查，在淮北平原中南部地区，相当于十年一遇标准的农田除涝田间工程，遭遇最大3日设计暴雨量为215 mm时，一般情况下，除涝效果能做到雨后田面无积水；3天即可将田块中间地下水埋深降至地面下50 cm，做到田间无涝渍；12天后即将地下水埋深降至地面下90 cm；15天后地下水埋深基本上与田间中、小沟沟底持平，即半月后田间地下水控制埋深与农田除涝工程中、小沟沟底高程(1～1.50 m)基本接近，这就是除涝治理条件下的地下水控制埋深。但是，这一地下水控制埋深还要取决于大区域排水是否通畅，如抽排的河口排涝泵站的除涝装机能力、自排的外河顶托水位等。如淮北平原西北部地区，由于地下水排降不受河水顶托，15天后，地下水埋深普遍降至2.0～3.0 m。

中华人民共和国建立以来，在“蓄泄兼筹”治淮方针指引下，淮河干流行洪更加通畅，干流高水位顶托时间大幅减少，一级支流下泄速度相应加快，随着茨淮新河、怀洪新河、新汴河等大型人工新河的开通以及面上除涝防渍河沟系统、沟口排涝泵站等农田水利工程建设标准全面提升，淮北平原农田涝渍几乎绝迹。淮河中南部地区，在遭遇五年一遇最大3日暴雨时，雨后10～15天地下水埋深普遍降至1.2～1.5 m，而北部地区普遍降至1.8～2 m。这一点，从淮北平原面上浅层地下水埋深指标分析中也获得验证。统计淮北平原面上180眼地下水动态长期观测井36年实测资料可以发现，59%的站点多年平均地下水埋深处在1.50～3.00 m之间，92%的站点多年平均地下水埋深处在1.00～4.00 m之间，多年平均地下水埋深小于1.50 m的站点占10%，大于3.00 m的站点占21%，详见表6-45所示。由表6-45可知，从除涝角度看，仅10%的站点多年平均浅层地下水埋深在1.50 m以浅，不满足除涝标准要求，这些站点多位于淮北平原南部沿淮洼地。

表6-45 地下水平均埋深站点分布分析

埋深范围(m)	站点数	占 比	埋深范围(m)	站点数	占 比
≤0.5	0	0%	4.0～4.5	3	2%
0.5～1.0	2	1%	4.5～5.0	2	1%
1.0～1.5	15	9%	5.0～5.5	3	2%
1.5～2.0	42	23%	5.5～5.0	2	1%
2.0～2.5	53	29%	5.0～5.5	0	0%
2.5～3.0	31	17%	5.5～7.0	1	1%
3.0～3.5	17	9%	>7.0	0	0%
3.5～4.0	8	4%	合计	180	100%

综上所述，在淮北平原现行除涝标准条件下，淮北平原雨后控制地下水埋深，中南部在1.0～1.5 m，而西北部普遍在2.0～3.0 m。除涝就总是希望雨后控制地下水埋深越深越好，就淮北平原中南部来说，要求雨后控制地下水埋深不浅于1.5 m；而防旱则要求地下水埋深越浅越好，且至少不深于1.5 m，综合考虑淮北平原旱涝均衡治理的要求地下水埋深范围以1.0～3.0 m为宜。

6.6.4 作物生长利用极限埋深

作物对地下水的利用量与作物品种、长势及地下水埋深有密切关系，在作物品种、长势相同或相差不大情况下，作物对地下水的利用量与地下水埋深呈现线性相关，埋深一般在0.4～0.5 m达到峰值，然后随埋深增加，作物对地下水的利用量逐渐减小，最终降为零。作物对地下水的利用量可以通过五道沟地中蒸渗仪潜水蒸发观测实验求得。统计不同埋深下多年潜水蒸发的特征值,其中潜水蒸发量为作物对地下水利用量与棵间蒸发量之和,而棵间蒸发远小于作物对地下水的利用量,因而,可以将作物对地下水的利用量看作是潜水蒸发量。可以看出,如果把年潜水蒸发量小于 10 mm 视为零蒸发,那么相应的埋深就是潜水蒸发临界埋深 Z_m,有作物时就是作物对地下水利用量的极限埋深。砂姜黑土无作物的 Z_m 可定为 2.5 m;有作物的 Z_m 为 3.5 m。黄潮土无作物的 Z_m 可定为 4.0 m;有作物的 Z_m 为 5.0 m。也就是说,砂姜黑土作物对地下水利用量的极限埋深为 3.5 m,黄潮土作物对地下水利用量的极限埋深为 5.0 m。

6.6.5　安全开采埋深

所谓地下水安全开采埋深又称均衡地下水埋深或地下水警戒埋深,从地下水管理角度叫地下水安全开采埋深;从地下水开发利用角度叫均衡地下水埋深,即地下水能达到多年均衡,从而可持续利用的埋深;从区域农田水生态环境角度叫地下水警戒埋深。地下水安全开采埋深的实质是,当浅层地下水埋深降至此埋深及其以深时,浅层地下水将长期得不到降水入渗补给,随着浅层地下水不断开采,地下水水位不断下降,呈无法恢复状态。

依据包气带水量平衡方程,本次地下水补给量为

$$I_{入} = \alpha P - V_{土} \tag{6-26}$$

实验求得,五道沟地区:

$$V_{土} = 72.0(h_0 - 0.20)0.805$$

式中的 h_0 为雨期初始地下水埋深。上式表明,降水入渗补给地下水量 $I_{入}$ 和雨期初始地下水埋深关系密切,如果本次降水入渗补给地下水量 $I_{入} \leqslant 0$ 则表示本次降水未能补给浅层地下水。从较长期(如多年)看,如果

$$\sum I_{入} = \sum \alpha P_i - \sum V_{开} - \sum E_{陆} - V_{土} \leqslant 0 \tag{6-27}$$

则表明多年情况下,降水入渗量扣除地下水开采量及陆面总蒸发量之后,余量仍小于土壤蓄水库容,导致浅层地下水仍未获得补给,此时的 h_0 就是不可恢复地下水埋深,或称为地下水安全开采埋深。

根据淮北地区浅层地下水多年调节计算成果,不可恢复地下水埋深为 8～10 m。

另外,从淮北平原大埋深站点埋深多年动态变化分析中也能得出不可恢复地下水埋深范围。在淮北平原 180 个地下水水位长期观测站中,多年平均地下水埋深在 4 m 以深的所谓地下水大埋深站点共 10 个,详见表 6-46。而大埋深站点占淮北平原 180 个地下水水位长期观测站的比例约为 6%,也就是说,淮北平原大约有 6%的区域多年平均地下水埋深在 4 m 以深,这些大埋深站点多分布在淮北平原北部和西部,其中,有 9 个站点分布在北纬 33°30′以北地区,1 个站点位于东经 115°30′以西地区。

表 6-46　大埋深站点补给周期分析表

县	站名	浅埋深(m)	出现时间	平均埋深(m)	深埋深(m)	出现时间	变幅(m)	最长恢复周期(年)
砀山	李庄	1.21	2005 年 10 月	4.07	8.89	1995 年 7 月	7.68	20
砀山	唐寨	1.65	1985 年 10 月	5.49	8.83	1990 年 11 月	7.18	20
砀山	陇海	0.12	1979 年 4 月	5.13	15.93	1999 年 8 月	15.81	20
砀山	官庄	3.07	1985 年 11 月	5.72	8.39	2002 年 12 月	5.32	20
萧县	丁楼	0.62	1975 年 8 月	4.97	14.18	1995 年 2 月	13.56	20
萧县	永堌	−1.74	1985 年 9 月	4.18	11.45	2003 年 3 月	13.19	5
宿州	褚兰	0.70	2007 年 8 月	5.76	8.13	2003 年 2 月	7.43	4
亳州	翁庄	0.60	2003 年 9 月	4.34	8.81	1975 年 6 月	8.21	7
涡阳	义门	0.43	2003 年 9 月	4.67	7.34	1996 年 6 月	6.91	9
临泉	艾亭	0.47	2007 年 7 月	5.06	8.45	1999 年 9 月	7.98	5

表 6-46 系统分析了淮北平原地下水开采量大、降水相对较低小的地区的地下水采补周期，这些地区在遭遇干旱年份时，由于缺乏地表水，农业灌溉只能依靠地下水的大强度开采，个别站点的地下水开采降幅甚至达 15 m 以上，需要长达 20 年的降水累积补给，才能最终恢复平衡。但是，从农田水土与作物生长环境相协调来看，20 年间地下水埋深持续下降，会导致地下水埋深过深，较长期处于作物无法自然利用的状态，虽然农作物在人类灌溉干预下可获得一定产量，但野生植物将濒于死亡，情况严重时甚至会诱发荒漠化，从而间接影响底栖动物安全，进而破坏环境协调，20 年的补给周期显然不安全。如果把最长恢复周期定为 10 年，将断续有一定时间使地下水埋深处于地下水极限埋深以浅，而使总体浅层地下水埋深不致过深，野生植物不致消亡。建议以此作为地下水安全开采深度的多年补给周期，如果以 10 年作为地下水安全补给周期，同时参考式(6-27)，可以推得，地下水安全开采深度为 8～10 m，且为该区域的警戒埋深标准。浅层地下水埋深深于此值的地区，即为地下水不安全区，要实行浅层地下水“开采总量、静水埋深”双控制，控制次灌溉总量，提高灌溉水利用系数，做到灌后农田最低浅层地下水静水埋深不深于 8 m；或实行浅层地下水“开采总量、埋深降幅”双控制，控制次灌溉总量，提高灌溉水利用系数，控制农灌井埋深降幅在 6 m 以内。要大力发展河灌，通过河灌解决农业灌溉，推广节水灌溉，提高灌溉效率，限采浅层地下水、涵养地下水、抬升浅层地下水水位，防范生态与环境风险。无地表水源的，可通过种植耐旱作物、调整种植结构来解决农民收入问题，如种植果树、发展滴灌等。总之，要通过设定最严格浅层地下水“总量、埋深”管控红线，防止浅层地下水不安全区域继续扩大，保护淮北平原生态环境，防止淮北平原局部生境恶化，制止“淮北变华北”。

6.6.6　埋深阈值体系

构建了浅层地下水“排泄、适宜、蓄补、警戒”的多目标生态管控阈值体系，分别提出了作物防渍埋深(0.5 m以浅)、作物生长适宜地下水埋深(0.8～2 m)、旱涝均衡治理地下水埋深(1.0～3.0 m)，作物对地下水利用极限埋深(砂姜黑土作物为3.5 m，黄潮土为5.0 m)和地下水安全开采埋深(8～10 m)4个管控阈值，为地下水调控提供了定量可靠的技术支撑(图6-42)。

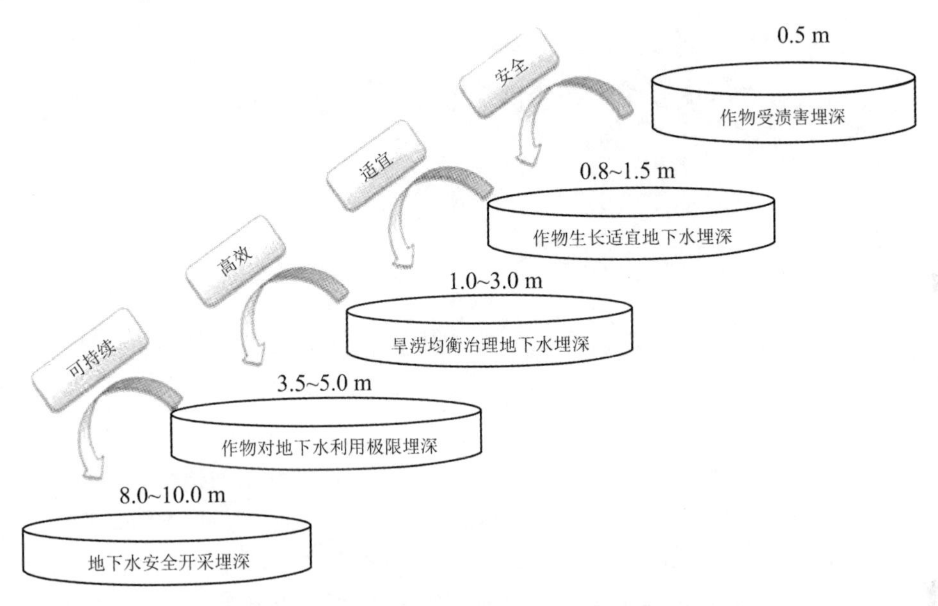

图6-42　作物生长多目标地下水埋深管控指标体系

第7章　地表生态特征与奥德姆生态管控趋势线

7.1　怀洪新河地表生态特征

7.1.1　区域概况

怀洪新河流域原属崇潼河水系，上游在河南省，流经安徽省，下游出口在江苏省，干流河道怀洪新河自涡河下游左岸何巷起，沿符怀新河、澥河洼、香涧湖，经分汊河道新浍河、香沱引河，在十字岗与新开沱河汇合后，过漴潼河至杨庵附近，沿皖苏省界向东经峰山切岭引河，接窑河、老淮河、双沟引河入洪泽湖溧河洼。河道全长127 km，其中安徽省境内约95 km。怀洪新河流经安徽省蚌埠市的怀远、固镇、五河3县。该流域由北淝河、澥河、浍河、沱河、北沱河、唐河、石梁河等7条支流组成。怀洪新河最大支流为浍河，其源于河南省境内废黄河堤南侧，至固镇县九湾入香涧湖，集水面积4 850 km^2；淝河、澥河通过澥河洼入香涧湖，集水面积2 560 km^2，沱河、北沱河、唐河于樊集汇合入沱湖，其中沱河集水面积1 115 km^2，北沱河、唐河及沱湖等区间集水面积1 945 km^2；石梁河汇入天井湖，湖口以上集水面积791 km^2。

怀洪新河流域属亚热带和暖温带半湿润季风气候，为我国南北气候的过渡地带。常为西风带系统与副热带系统的交汇处，大气变化剧烈。其特点是气候温和、四季分明、雨量适中，但年际年内变化大，日照时数多、温差大、无霜期长，季风气候明显。表现为夏热多雨、冬寒晴燥、秋旱少雨、冷暖和旱涝的转变往往很突出。

该区域年平均气温14～15 ℃，由南向北递减，年际间变化不大。最高月平均气温在27.8 ℃左右，通常出现在7月份，极端最高气温超过40 ℃；最低月平均气温为－1.3～0.7 ℃，通常出现在1月份，极端最低气温为－23.3 ℃。无霜期一般年份在210天左右，初霜期发生在10月下旬至11月上旬，终霜期一般在4月上旬。受季风影响，本地区风向多变。冬季多偏北风，夏季多偏南风，春秋季多东风、东北风。年平均风速在2.3～3.6 m/s，平均风力3级左右，最大风力可达8级。

怀洪新河流域年平均降水量在 800～900 mm，由于受东南季风的影响，降水量由东南向西北方向递减。降水量年内变化很大，汛期 6 月中下旬至 9 月上中旬的雨量占全年降水量的 60%～70%，其余 8 个多月的雨量只占全年降水量的 30%～40%。以五河站为例，多年平均降水量为 896. 3 mm，其中汛期 6～9 月占 63%，非汛期 10 月至次年 5 月占 37%。降水量年际变化也很大，怀洪新河流域年平均面雨量以 1956 年最大，为 1 319 mm；以 1978 年最小，为 516 mm。年降水量最大值蚌埠为 1 565 mm（1956 年）、泗县 1 560. 9 mm（1956 年）。年降水量最小值蚌埠为 471. 5 mm（1978 年），泗县 469 mm（1978 年）。年最大降水量是年最小降水量的 3～5 倍。降水的丰枯变化频繁，丰水年与枯水年常连续发生。如 1959～1961 年为连续 3 个枯水年，平均年降水量 772 mm，只有多年平均的 85%；而 1954～1954 年、1963～1965 年则是连续丰水年，平均降水量分别为 1 129 mm 和 1 082 mm，是多年平均的 1. 2～1. 3 倍。

怀洪新河流域位于淮河平原区中南部，淮河干流北侧，域内水系包括北淝河、澥河、浍河、沱河、新北沱河、唐河、石梁河等，7 个子流域加干流，流域面积共 1. 21 万 km^2，流域面积等特征参数见表 7-1。

表 7-1　怀洪新河流域几何特征表

序号	河　名	河长(km)	流域面积(km^2)	落差(m)	河流纵比降	河流弯曲系数	流域圆度系数
1	浍河	265	4 726	36. 0	1/7 400	1. 2	0. 27
2	北淝河	130	1 693	10. 1	1/12 900	1. 3	0. 30
3	澥河	79	618	7. 7	1/10 000	1. 1	0. 23
4	沱河	95	877	10. 5	1/9 000	1. 1	0. 29
5	北沱河	92	692	9. 7	1/9 500	1. 1	0. 21
6	唐河	88	981	6. 0	1/14 600	1. 3	0. 22
7	石梁河	59	785	4. 9	1/12 000	1. 2	0. 51
8	干流	111	1 737	5. 7	1/19 500	1. 2	0. 31
合计			12 109				

从生态功能上，怀洪新河地处 I_{2} 淮北河间平原农业生态亚区、$\text{I}_{2\text{-}2}$ 涡淝河间平原旱作农业生态功能区和 $\text{I}_{2\text{-}3}$（淮北平原东部低平原农业生态功能区）（安徽省生态功能区划，2003）。

涡淝河间平原旱作农业生态功能区位于涡河与北淝河之间，包括阜阳市辖区东部、颍上县东部、太和县东部、亳州市谯城区东南部、涡阳县西南与东北部、利辛县和蒙城县全部、濉溪县南部、埇桥区南部、凤台县和怀远县的北部地区，面积 11 813. 3 km^2。基本位于淮北平原中部，为淮河多条支流之间地势平坦开阔的河间平原，其间有涡河、浍河、沱河、西淝河、北淝河及澥河等穿过。本区地处南北气候过渡带，四季分明，光照充足，水热条件较好，年降水量 900 mm 左右，年蒸发量 1 700 mm 左右，年平均气温 14.5～15.0 ℃，无霜期 210 天左右。土壤主要类型为砂姜黑土，沿河流两岸呈条带状分布有潮土、黄褐土，南部颍上县境内有少量潴育水稻土分布。耕作制度上以一年两熟制旱作农业为主，农作物主要有小麦、大豆、芝麻、棉花、玉米等，是淮北平原主要的粮油产区。本区内生态农业建设开展较早，并取得了较大成绩，位于本功能区内的"全球环境 500 佳"的颍上县小张庄村就是其中的代表。本生态功能区内畜牧业发展较好，全国著名的黄牛大县就位于本区内。

本区人口密集，区域生态系统受人为活动影响强烈。本区内河间洼地较多，排水不畅，加上降水集中，容易造成洪涝灾害，同时可用水资源量相对不足。本区生态建设的方向是按照土地生态适宜性特点，合理调整农业产业结构，发展无公害特色农产品，利用秸秆资源发展黄牛等畜牧业，完善防护林体系建设。

淮北平原东部低平原农业生态功能区位于淮北平原东部，包括埇桥区东南部、灵璧县和泗县的中南部、固镇县全部以及五河县的西北部等地区，面积 5 379.2 km^2，系淮北平原东部的低平原区，地势较低，其间有濉河、新濉河、新汴河、北沱河、潼河等流过。本区属亚热带和暖温过渡带，气候兼有南北之长，四季分明，光照充足，年平均气温 14.6 ℃，水热条件好，年日照时数 2 170 小时，年降水量 850～900 mm，年蒸发量 1 800 mm，无霜期 204～210 天。本生态功能区地势平坦，海拔在 16.0～22.5 m。土壤主要类型为砂姜黑土，沿河流两岸呈条带状分布有潮土和黄褐土。耕作制度上多为一年两熟制旱作农业为主，农作物主要有水稻、小麦、玉米、大豆、花生、棉花和烟草等，是全省重要的粮、油、棉、烟草、畜禽产区。近年来，随着农业产业结构的调整，蔬菜、蚕桑、油料作物和畜禽产品、水产品已正在成为区内重要特色产品。

本区是淮北平原重要农业生产区，部分区域地势较低，容易发生洪涝灾害；人口密度大，土地垦殖系数高，化肥农药流失严重。本区生态建设的方向是通过优化资源配置，合理调整农业产业结构，加强农田基本建设，加强沿河湖低洼地综合整治，发展特色农业。

7.1.2　区域生态系统

怀洪新河流域生态系统主要由下列下述 4 个分系统组成：

（1）农田生态系统

广泛分布于评价区两侧，连通度极高，对本区环境质量具有重要的动态控制功能，农作物以稻麦轮作为主。

（2）河流、湖泊生态系统

评价区河网密布，仅工程范围内的就有 7 条河流，还包括纵横交错的各类大沟。

（3）林地生态系统

主要零散分布于居民区周围、河岸的护堤林、田间林带，大部分为人工林。

(4) 村庄、城镇人工生态系统

是受人类干扰的景观中最为显著的成分，分布也比较密集，是人造的拼块类型，具有低的自然生产能力。

各分系统评价采用的数据为2014年5月的Landsat 8影像数据，结合专用遥感数据图像处理软件(ENVI 5.0)、地理信息系统软件(Arc GIS 10.0)。以1∶10 000地形图为基准，利用二次多项式进行几何精校正，最后利用Arc GIS 10.0对矢量图进行编辑修改，最终得到评价区土地利用类型数据。各分系统土地利用及其面积百分比详见表7-2。

表7-2 怀洪新河流域分系统土地利用及其面积百分比

土地利用类型	面积(km^2)	面积占比
耕地	616.63	61.05%
林地	3.03	0.30%
水体	373.05	36.94%
建设用地	17.29	1.71%
合计	1010	100%

根据卫星影像解译数据和图片结果分析，怀洪新河流域土地利用类型以农地为最多，占比为61.05%，其次为水域36.94%。这符合平原地区典型的土地利用类型特征：农地面积大，河网分布广，水域占比达到36.94%。

7.1.3 区域景观生态结构

7.1.3.1 景观格局分析方法

景观生态分析主要是指在以GIS和RS为基本手段的生态调查基础上，以景观生态学的基本原理为指导，基于景观要素的空间位置和形状特征，反映景观格局与过程之间相互关系为基本目的的景观要素的生态分析。其目的主要有如下几点：

① 了解环境系统中所包含的资源数量、质量及其时空分布；

② 分析环境对系统的限制、约束的因素和程度，特别是不利影响和障碍因子及其作用的大小；

③ 找出造成系统现实状态、功能和理想状态、功能之间的差距及其原因。

一般遵循四个基本原则，即整体化原则、多样性原则、综合性原则和科学性原则。在进行景观生态分析的时候，通常采用景观格局分析。

景观空间格局是生态系统或者系统属性空间变异程度的具体体现，它影响着物种的运动、各种干扰的传播、土壤侵蚀等生态现象。景观格局分析主要针对景观构成的三要素(即斑块、廊道和基质)进行分析。基质是景观的背景地域,是一种重要的景观元素类型,在很大程度上决定了景观的性质,对景观的动态起着主导作用。判定是否为基质有三个标准,即相对面积是否够大、连通程度是否够高,是否具有动态控制能力。可以认为其中相对面积大、连通程度高的斑块类型,即为我们寻找的具有生境质量调控能力的基质。

以野外调查结果为基础,应用RS和GIS工具针对评价区域的景观结构指标进行分析,选取景观丰富度、多样性、均匀度、优势度4个指标进行分析,这些指标能够证明景观空间结构与生态过程的定量关系,也是景观生态格局分析的基础。

7.1.3.2 景观生态体系组成与特点

根据现场调查,并结合评价范围内的遥感卫星影像图分析,在Arc GIS 10.0支持下根据不同的土地利用类型的自然属性和人为干扰程度以及不同生态系统的群落的外貌特征,在人工数字化的基础上,建立如下4类景观生态分类系统(表7-3)。

表7-3 评价区景观生态分类组成

景观类型编号	景观要素类型	土地利用类型
1	耕地斑块	水田、旱地
2	林地斑块	护堤林、四旁林、田间林、经济林
3	水域斑块	河流、湖泊
4	建设用地斑块	城镇、农村居民点、道路

调查发现,评价区内景观结构简单,共划分为4类,其中耕地景观面积最大,在整个评价区内占主导优势,其次为建设用地景观。本工程所在区域主要有耕地、水域两类景观斑块类型,其中以耕地面积为最大,占总面积的61.05%,耕地斑块以栽培的水稻、小麦等作物为主,耕地斑块属引进斑块中的种植斑块,受人类控制,在这类斑块中,人以耕作、种子、肥料的方式汇入能量。河流水域斑块由怀洪新河、北沱河、沱河、唐河、浍河、澥河、石梁河等河流、区域内的湖泊坑塘及受到水系影响的河岸植被共同构成,属于环境资源斑块类型。

7.1.3.3 景观生态结构分析

根据景观结构的基本模式,可将评价区内的斑块类型划分为林地、耕地、水域、建设用地等4种类型。运用Arc GIS 10.0软件,根据野外植被调查情况,采用景观格局指数对重点评价区域内的景观生态结构进行分析。景观格局指数是高度浓缩的景观格局信息,它能够反映区域内景观结构组成和空间配置某些方面的定量指标,本评价采用斑块类型和景观两个水平上的指数（表7-4、表7-5）进行分析。景观指数的计算采用国际上的通用软件FRAGSTATS 3.3完成。

表7-4　斑块类型水平上的景观指数

编号	景观指数	值　域	表达式	含　义
1	斑块数(个)	$NP \geqslant 1$	$NP = n_i$	一类景观所包含的斑块数量
2	斑块类型面积(hm^2)	$CA > 0$	$CA = \frac{1}{10\ 000}\sum_{j=1}^{n} a_{ij}$	一类景观所包含的斑块的总面积
3	斑块类型面积占比(%)	$PLAND > 0$	$PLAND = \frac{100}{A}\sum_{j=1}^{n} a_{ij}$	某类景观的面积占所有景观类型总面的比例
4	平均斑块面积(hm^2)	$MPA > 0$	$MPA = \frac{1}{n_i}\sum_{j=1}^{n} a_{ij}$	某类景观包含斑块的平均面积
5	聚集度(%)	$0 \leqslant AI \leqslant 100$	$AI = \left(\sum_{i=1}^{m} \frac{g_{ii}}{g_{ii\max}} \times P_i\right) \times 100$	描述斑块聚集分布的程度，其值越大分布越聚集

表7-5　景观水平上的景观指数

编号	景观指数	值　域	表达式	含　义
1	景观丰富度(个)	$CR \geqslant 1$	$CR = m$	景观所包含的景观类型数
2	香农—维纳景观多样性指数	$SHDI > 0$	$SHDI = -\sum_{i=1}^{m}(P_i \cdot \ln P_i)$	香农—维纳景观多样性指数。描述景观类型的多少和面积上分布的均匀程度。各类景观所占面积比例相等时，景观多样性指数最大；反之相差越大，景观多样性指数下降
3	辛普森景观多样性	$SIDI > 0$	$SIDI = 1 - \sum_{i=1}^{m} P_i^2$	辛普森景观多样性，原理同上

续表

编号	景观指数	值域	表达式	含义
4	景观均匀度	$0<SHEI<1$	$SHEI=\frac{-\sum_{i=1}^{m}(P_i\cdot\ln P_i)}{\ln m}$	描述景观中各斑块在面积上分布的均匀程度。以香农—维纳景观多样性指数与其最大值$\ln m$的比值表示，$SHEI$越趋近1，景观分布就越均匀
5	景观优势度指数	$DLI>0$	$DLI=\ln m+\sum_{i=1}^{m}P_i\ln P_i$	描述某种景观板块类型支配景观的程度，其值越大，对应的某种或多种斑块类型就越占景观的主导位置
6	景观破碎度指数	$0<LFI<1$	同上表	描述景观被分割的破碎程度
7	景观分离度指数	$0\leqslant DIVISION<1$	$DIVISION=1-\sum_{i=1}^{m}\sum_{j=1}^{n}\left(\frac{a_{ij}}{A}\right)^2$	描述景观类型中空间上的分离程度，其值越大表明景观分布越复杂，破碎程度也越高

景观要素类型为4类，景观多样性较低，各类型景观在空间上的分布均匀程度较低，而景观优势度指数较高，这主要是因为耕地和建设用地面积占评价区总面积的95.9%，特别是耕地面积占总面积一半以上，景观优势明显，导致评价区内景观均匀度较低。评价区内的景观较为破碎，特别是建设用地景观类型斑块中农村居民点散布，数量多，但斑块面积很小，导致区域内景观破碎度和分离度指数均较高(表7-6)。

表7-6　评价区景观水平上的空间格局特征

景观指数	评价区
景观丰富度	69.00
香农景观多样性指数	5.38
辛普森景观多样性指数	0.87
景观均匀度指数	0.69
景观优势度指数	2.53
景观破碎度指数	0.42
景观分离度指数	0.58
景观聚集度指数	53.12

从表7-7可以看出，耕地斑块的总面积远远大于其他斑块类型，即耕地景观占绝对优势，在其中发挥主要的生态功能。耕地的面积较大，连通性高，在景观格局中占有重要的地位；其次是水域斑块，占总面积的36.94%，作为评价区景观重要组成部分的水域景观，主要由怀洪新河、北沱河、沱河、唐河、浍河、澥河、石梁河等河流及区域内的湖泊坑塘组成，各斑块面积并不大，在景观格局中主要起到廊道的作用，水域斑块数量较多，平均斑块面积较小，反映出平原河网分布众多。评价区内建设用地景观类型斑块(主要是农村居民点)数量较多。

分析结果显示，耕地景观无论是总面积还是平均斑块面积都最高，其聚集度处于中等水平，破碎度较低，反映了耕地类型在整个区域景观中的主导地位，作为景观重要组成部分的河溪景观，斑块数量较多，平均斑块面积较小，反映出平原河网分布众多。

表7-7 评价区斑块类型指数

景观要素类型	面积(km^2) *CA*	面积百分比	斑块数量(个)	斑块平均面积 *MPA*(km^2)
耕地斑块	616.63	61.05%	126	0.112
林地斑块	3.03	0.30%	98	0.109
水域斑块	373.05	36.94%	35	0.015
建设用地斑块	17.29	1.71%	32	0.019

7.1.3.4 景观生态质量

本流域景观生态由林地生态系统、河流生态系统、耕地生态系统以及城镇农村居民点生态系统有规律地相间组成，景观生态体系的质量现状是由区域内自然环境、各种生物以及人类社会之间复杂的相互作用来决定的。评价区域是一个以人工环境为主的区域，从景观生态学结构与功能相匹配的观点出发，结构是否合理决定了景观功能状况的优劣。

在景观的三个组分(斑块、廊道和基质)中，基质是景观的背景地域，是一种重要的景观元素类型，在很大程度上决定了景观的性质，对景观的动态起着主导作用。

判定基质有三个标准，即相对面积要大，连通程度要高，具有动态控制能力。可以认为其中相对面积大、连通程度高的斑块类型，即为我们寻找的具有生境质量调控能力的基质。

在本工程评价区域的各类斑块中，耕地斑块的景观比例值(景观比例值=斑块面积/样地总面积)为61.05%，说明耕地已符合基质的判定标准，是该区域生态环境质量的控制性组分。耕地属于人工干扰强烈的拼块类型，不属于环境资源性拼块，但由于大量化肥等营养物质的输入，使得耕地具有较高的生产力，因此耕地对生态环境依然具有较强的调控能力，因此该区生态环境质量较好。

7.1.4　区域生态完整性

对生态完整性维护现状进行调查与评价要从评价区自然系统的生产能力的维护和系统稳定(自维持)能力两方面来分析。这是由于区域自然系统的核心是生物,而生物有适应环境变化的能力和生产的能力,可以修补受到干扰的自然系统,使之始终维持波动平衡状态所确定的。当人类干扰过大,超越了生物的修补(调节)能力时,该自然系统将失去维持平衡的能力,由较高的等级衰退为较低的等级(如由绿洲衰退为荒漠),可见自然系统中生物组分的生产能力和抗御内外干扰的能力是识别非污染生态影响程度的首选判定因子。

7.1.4.1　本底生产力

本底生产力是指自然系统在没有或近似没有人为干扰条件下的生产力。本底生产力可通过模型计算得到。目前计算自然系统生产力的模型较多,比较了众多模型后,本评价采用了周广胜、张新时根据水热平衡联系方程及生物生理生态特征建立的模型,该模型根据生物温度和降水量两个重要的生态因子为参数,可较为准确地测算自然植被的净第一性生产力,计算结果列于表7-8。

表7-8　流域自然植被本底的净第一性生产力测算结果

降水量(mm)	生物温度(℃)	净第一生产力(t/(hm^2·a))
1 300	4 000	9.54
	4 500	10.04
	5 000	10.53
	5 500	11.03
1 200	4 000	9.11
	4 500	9.61
	5 000	10.11
	5 500	10.60
1 100	4 000	8.68
	4 500	9.18
	5 000	9.68
	5 500	10.17
1 000	4 000	8.26
	4 500	8.75
	5 000	9.24
	5 500	9.73

从表7-8中可以看出，评价区自然系统本底的自然植被净生产力在8.26～11.03 t/(hm²·a)之间，这个本底值范围接近林地所处的生产力范围。

7.1.4.2　背景生产力

本评价采取先测量植被生物量，然后再计算植被的生产力的方法调查背景的生产力。

1. 生物量测算

生物量调查采用样方调查法(图7-1)，具体步骤如下：

(a) 样方设置　　(b) 滩地芦苇群落调查

图7-1　现场样方调查

(1) 选取样地

2012年6月，对现场进行实地调查。沿着工程线路设置采样带，在采样带上每隔2 km设置一个10 m×10 m的样地，在该样地内调查乔木植物。

(2) 样方调查

在该样地内设置2个5 m×5 m的样方调查灌木植物，设置3个1 m×1 m的样方调查草本植物。记录每个样方的地理坐标，统计该样方中植株的密度、盖度、平均高度，收割植株地上部分并称鲜重，最后取各样地3个样方的平均值。农田、林地不方便采用收割法进行样方调查，则采用资料收集法和经验法获得生物量。

(3) 调查结果

根据上述调查方法，获得了每类群落的生物量，详见表7-9。

表7-9　流域植被样方生物量调查结果

群落名称	密　度(株/m²)	平均株高(m)	单位面积植株地上部分鲜重(kg/m²)	单位面积植株地上部分干重(kg/m²)
芦苇	90	116	3.86	0.96
黄花蒿	34	21	0.34*	0.15*

注：* 表示黄花蒿一栏数字为地上和地下总的生物量。

根据 Anderson(1976)的研究，芦苇干重地下部分/地上部分的比值为 3.2。由此可以估算出流域各植被的总生物量为 778 618 t，详见表 7-10。

表 7-10　流域植被总生物量计算结果

群落名称	单位面积总生物量(kg/m^2)	面　积(km^2)	评价区总生物量(t)
芦苇	2.41	10.13	24 413
黄花蒿	0.15	1.08	162
农田	1.10	616.63	678 293
林地	25.00	3.03	75 750
合计		630.87	778 618

2. 第一性生产力估算

参考评价区植被生物量的调查结果，用《非污染生态影响评价技术导则培训教材》所载的生产力的计算方法及日本生态学家武藤净生产力的计算公式，可以粗略地得出评价区植被净第一性生产力，详见表 7-11。

表 7-11　评价区植被净第一性生产力

类　型	净第一性生产力($t/(hm^2 \cdot a)$)	面积(km^2)
芦苇	28.2	10.13
黄花蒿	6.3	1.08
农田	10.1	616.63
林地	6.9	3.03
平均	10.4	—

通过表 7-11 所示的计算结果可知，评价区植被平均净第一性生产力约为 10.4 $t/(hm^2 \cdot a)$，在本底值 8.26～11.03 $t/(hm^2 \cdot a)$范围之间，这个本底值接近于林地所处的生产力范围，这说明大量化肥等营养物质的输入，使得评价区具有较高的生产力。

奥德姆(Odum，1959)将地球上的生态系统按生产力高低，划分为 4 个等级，10.4 $t/(hm^2 \cdot a)$的生产力水平处于较低等级的第一亚等级上。该等级生产力阈值为 8 $t/(hm^2 \cdot a)$，这个值可看作该等级生态承载力的阈值。如果工程使评价区生产力降低到 8 $t/(hm^2 \cdot a)$以下，说明超出生态承载力，自然系统将衰退到下一等级，反之则说明影响不大，自然系统可以承受。

7.1.5　区域生态系统稳定性

由于各种生态因素的变化，自然系统处于一种波动平衡状况。当这种波动平衡被打乱时，自然系统具有不稳定性。自然系统的稳定性包括两种特征，即阻抗和恢复，这是从系统对干扰的反应的角度定义的。阻抗是系统在环境变化或潜在干扰时反抗或阻止变化的能力。恢复(或回弹)是系统被改变后返回原来状态的能力。对自然系统稳定状况的度量阻抗稳定性进行度量。

1. 阻抗稳定性

阻抗稳定性是指景观在环境变化或存在潜在干扰下抵抗变化的能力。自然系统的阻抗稳定性是通过植被的异质性来度量的。由于异质性的组分具有不同的生态位，给动物物种和植物物种的栖息、移动以及抵御内外干扰提供了复杂和微妙的相应利用关系，异质性高的生态系统类型具有较高的阻抗稳定性。由于评价区水热条件优越，本底的植被以温带落叶阔叶林和湿地植被为主，植物种类丰富，植被类型较多，这使得评价区植被的本底异质化程度较高。因此，评价区内自然系统的本底抗性稳定性是很强的。

2. 恢复稳定性

自然系统的恢复稳定性由高亚稳定性元素(指具有较高生物量或生命周期较长的物种或种群，例如，树木或哺乳动物。)能否占主导地位来决定的。通过前面计算结果可知，评价区的生产力处于较低等级的第一亚等级，相当于北方针叶林的生产力水平，这个生态系统具有较高的生物量和生产力水平。因此，评价区内自然系统的恢复稳定性较高。

7.2　淮北平原区生态分布带

7.2.1　作物种植结构与地下水响应

浅层地下水和土壤水联系紧密，特别是在有农作物种植的情况下，作物根系吸水会极大增加地下水向包气带土层水分运动的强度。因此，地下水埋深在相当程度上决定了一个区域适宜种植的农作物。在淮北平原农业区，应对不同地下水埋深分布，农作物的种植结构也呈现出显著的分区特点。例如，在本书所调查的180个监测站点中，多年平均埋深值在1.0 m以浅的站点有2个，分别是淮南市凤台县尚塘乡夏集与杨村乡杨村集，地下水补给丰富，根据调查，凤台县尚塘乡和杨村乡均种植水稻。根据此思路，对安徽淮北平原全区域地下水埋深分布及农作物种植结构分布进行统计发现，两者存在一定的耦合关系，尤其是水稻的种植比格局与地下水埋深分布有着较强耦合性。

从地下水埋深在1～2 m、2～3 m和3～4 m区间的区域分布以及水稻种植面积比例在0.1%以下、0.1%～5%以及15%以上区间的比例可以直观看出，两者之间存在较强的对应关系。可表述为：在地下水处于1～2 m浅埋深地区，水稻种植比超过15%；在地下水处于2～3 m中等埋深地区，水稻种植比在0.1%～5%之间；而在地下水处于3～4 m深埋深的地区，水稻种植比几乎为零。其原因在于水稻的需水量较大，生长过程对水资源需求量高，浅层地下水丰沛的地区无论是地表或是地下水资源均比较丰富，因此适宜种植水稻。

小麦、玉米和大豆的种植比分布与地下水埋深分布的耦合关系不显著。其原因在于，玉米和大豆不属于粮食作物，种植比例均不高，基本在20%左右，规律性不强；小麦的需水量低于水稻，因此对水资源的依赖性也远低于水稻，也就是说水资源并不是小麦种植的制约性因素，因此小麦的种植比与地下水分布耦合关系也不强。淮北平原区各地小麦种植比也非常接近，在45%～55%之间。

淮北平原是安徽省重要的粮、油、棉、果、烟、麻产区，主要种植作物有：小麦、玉米、大豆、水稻、甘薯、烤烟、芝麻、高粱、棉花、花生等；同时全区还分布有林地、桑园、果园等。一个区域的地表农业种植结构是和该区域的气候与下垫面及人类需求要素密切相关的，本书试图从水文角度研究生态问题，探讨淮北平原浅层地下水埋深与区域地表农作物种植比的关联性。

本书的数据取自《数据安徽》，采用的该区主要农作物——水稻、小麦、玉米和大豆的种植面积为2010～2015年的数据。从研究结论看，淮北平原地表生态的代表性特征值即是水稻种植比，与浅层地下水埋深关系十分密切，若将水稻种植比大于20%的区域称为亚湿地，因为淮北平原种水稻地区，均是一稻一麦，所以称为亚湿地。亚湿地分布带地下水平均埋深均在1.5 m以浅，亚湿地分布带宽约60 km，基本与淮河干流平行；中部是过渡带，过渡带间或有极小面积水稻，水稻种植比在10%以下；西北部为纯旱作种植区，水稻种植比为零。

7.2.2 纯旱作物种植带

本区域的纯旱作物种植带，在西北以淮北平原边界，区域涵盖亳州西北大部、淮北全部、宿州西北部，包括：阜阳市颍东区、阜阳市颍州区、阜阳市颍泉区、阜阳市太和县、亳州市谯城区、宿州市砀山县、淮北市相山区、淮北市濉溪县、亳州市涡阳县、阜阳市界首市。各县区农作物种植面积、种植百分比如表7-12～表7-21、图7-2～图7-11所示。

表7-12 阜阳市颍东区主要农作物种植面积及种植比(单位：hm^2)

年份	颍东区主要农作物								
	水稻	小麦	玉米	大豆	合计	水稻种植比	小麦种植比	玉米种植比	大豆种植比
2010	0	32 579	12 223	20 873	65 675	0.00%	49.61%	18.61%	31.78%
2011	0	33 023	13 352	20 525	66 900	0.00%	49.36%	19.96%	30.68%

续表

年份	颍东区主要农作物								
	水稻	小麦	玉米	大豆	合计	水稻种植比	小麦种植比	玉米种植比	大豆种植比
2012	0	33 783	13 352	20 525	67 660	0.00%	49.93%	19.73%	30.34%
2013	0	33 884	15 599	18 118	67 601	0.00%	50.12%	23.08%	26.80%
2014	0	27 615	19 195	15 297	62 107	0.00%	44.46%	30.91%	24.63%
2015	0	30 047	25 619	9 769	65 435	0.00%	45.92%	39.15%	14.93%

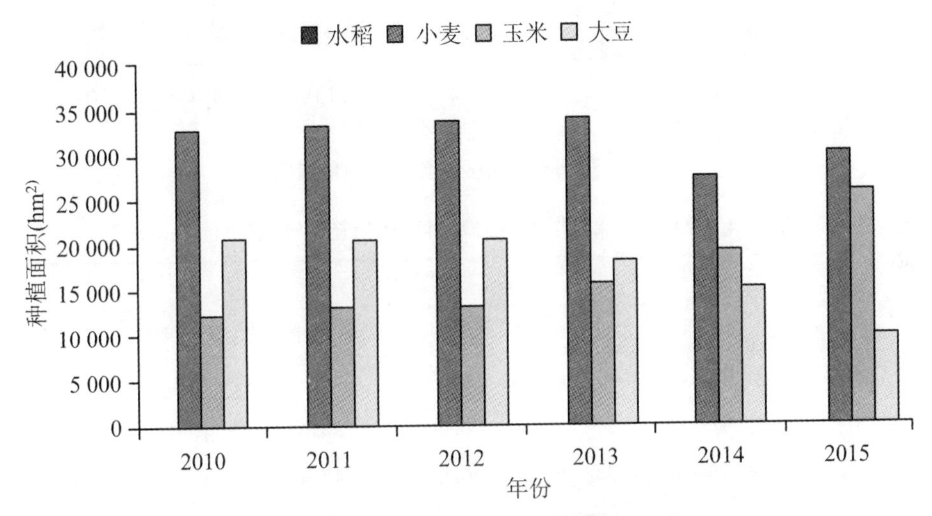

图 7-2　阜阳市颍东区主要农作物种植面积

表 7-13　阜阳市颍州区主要农作物种植面积及种植比(单位:hm^2)

年份	颍州区主要农作物								
	水稻	小麦	玉米	大豆	合计	水稻种植比	小麦种植比	玉米种植比	大豆种植比
2010	0	20 606	17 890	4 455	42 951	0.00%	47.98%	41.65%	10.37%
2011	0	20 709	18 928	3 913	43 550	0.00%	47.55%	43.46%	8.99%
2012	0	21 180	18 928	4 254	44 362	0.00%	47.74%	42.67%	9.59%
2013	0	21 265	18 839	4 241	44 345	0.00%	47.95%	42.48%	9.56%
2014	0	25 198	23 075	3 950	52 223	0.00%	48.25%	44.19%	7.56%
2015	0	23 079	21 917	2 968	47 964	0.00%	48.12%	45.69%	6.19%

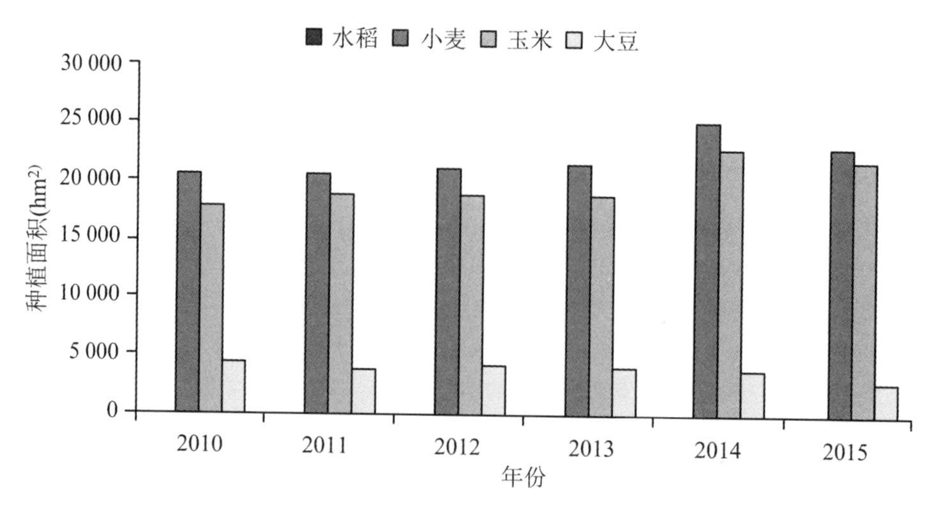

图 7-3 阜阳市颍州区主要农作物种植面积

表 7-14 阜阳市太和县主要农作物种植面积及种植比（单位：hm²）

年份	太和县主要农作物								
	水稻	小麦	玉米	大豆	合计	水稻种植比	小麦种植比	玉米种植比	大豆种植比
2010	0	94 895	18 302	80 952	194 149	0.00%	48.88%	9.43%	41.70%
2011	0	95 445	19 988	81 649	197 082	0.00%	48.43%	10.14%	41.43%
2012	0	94 586	19 988	80 627	195 201	0.00%	48.46%	10.24%	41.30%
2013	0	94 870	21 214	79 270	195 354	0.00%	48.56%	10.86%	40.58%
2014	0	95 724	22 400	79 000	197 124	0.00%	48.56%	11.36%	40.08%
2015	0	95 992	43 247	53 463	192 702	0.00%	49.81%	22.44%	27.74%

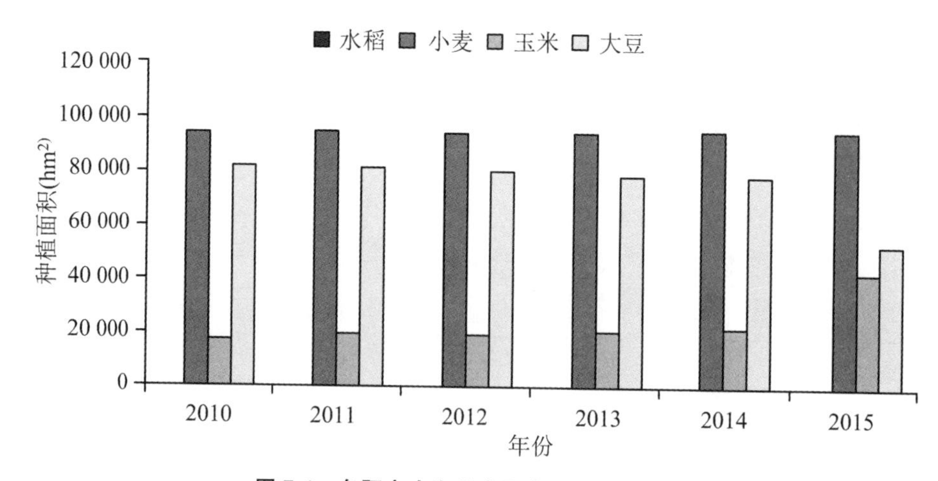

图 7-4 阜阳市太和县主要农作物种植面积

表 7-15　阜阳市颍泉区主要农作物种植面积及种植比（单位：hm²）

年份	颍泉区主要农作物								
	水稻	小麦	玉米	大豆	合计	水稻种植比	小麦种植比	玉米种植比	大豆种植比
2010	0	29 463	10 548	19 063	59 074	0.00%	49.87%	17.86%	32.27%
2011	0	29 892	11 107	19 284	60 283	0.00%	49.59%	18.42%	31.99%
2012	0	30 550	11 107	19 384	61 041	0.00%	50.05%	18.20%	31.76%
2013	0	30 642	12 550	18 485	61 677	0.00%	49.68%	20.35%	29.97%
2014	0	30 918	14 586	16 972	62 476	0.00%	49.49%	23.35%	27.17%
2015	0	31 011	18 778	14 586	64 375	0.00%	48.17%	29.17%	22.66%

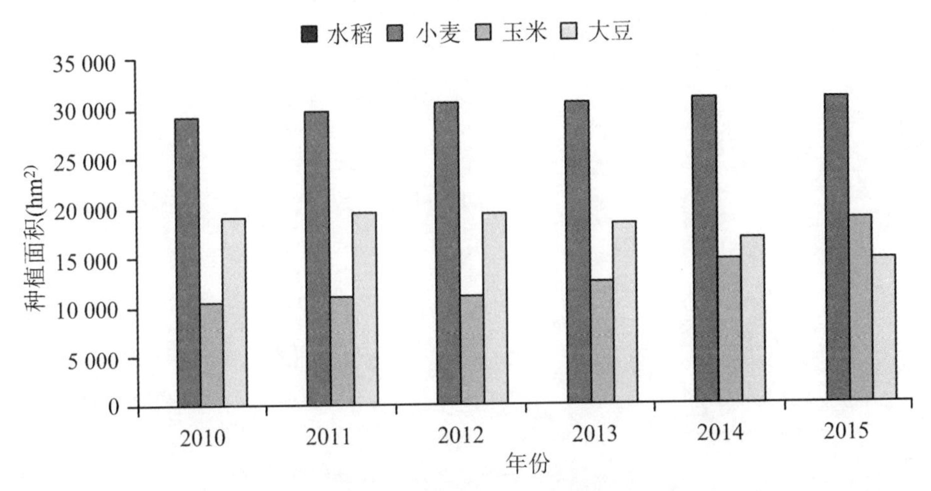

图 7-5　阜阳市颍泉区主要农作物种植面积

表 7-16　亳州市谯城区主要农作物种植面积及种植比（单位：hm²）

年份	谯城区主要农作物								
	水稻	小麦	玉米	大豆	合计	水稻种植比	小麦种植比	玉米种植比	大豆种植比
2010	0	84 090	29 096	50 298	163 484	0.00%	51.44%	17.80%	30.77%
2011	0	84 268	30 460	51 617	166 345	0.00%	50.66%	18.31%	31.03%
2012	0	84 212	30 874	51 726	166 812	0.00%	50.48%	18.51%	31.01%
2013	0	84 667	31 244	53 412	169 323	0.00%	50.00%	18.45%	31.54%
2014	0	85 514	31 244	57 106	173 864	0.00%	49.18%	17.97%	32.85%
2015	0	85 863	32 297	57 106	175 266	0.00%	48.99%	18.43%	32.58%

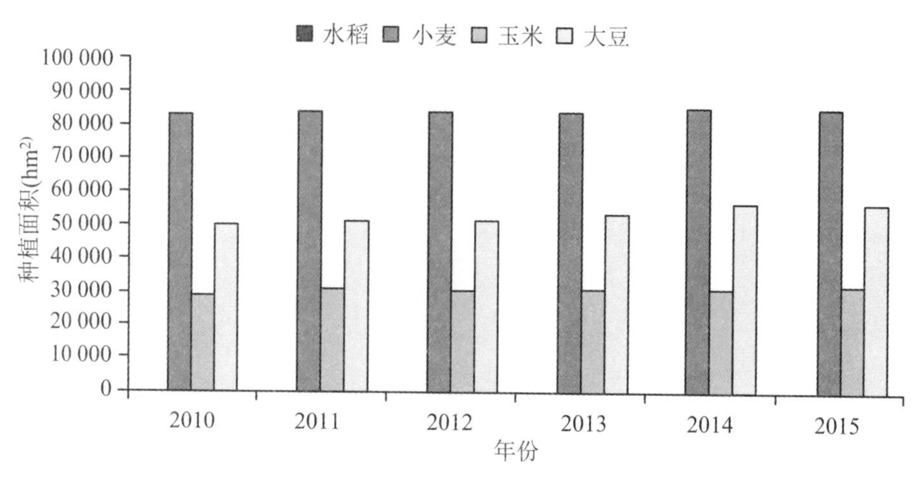

图 7-6　亳州市谯城区主要农作物种植面积

表 7-17　宿州市砀山县主要农作物种植面积及种植比（单位：hm²）

年份	砀山县主要农作物								
	水稻	小麦	玉米	大豆	合计	水稻种植比	小麦种植比	玉米种植比	大豆种植比
2010	0	24 808	17 988	12 015	54 811	0.00%	45.26%	32.82%	21.92%
2011	0	24 963	18 893	12 100	55 956	0.00%	44.61%	33.76%	21.62%
2012	0	25 070	19 515	12 180	56 765	0.00%	44.16%	34.38%	21.46%
2013	0	25 158	20 359	12 240	57 757	0.00%	43.56%	35.25%	21.19%
2014	0	25 850	20 680	11 478	58 008	0.00%	44.56%	35.65%	19.79%
2015	0	25 522	21 290	11 980	58 792	0.00%	43.41%	36.21%	20.38%

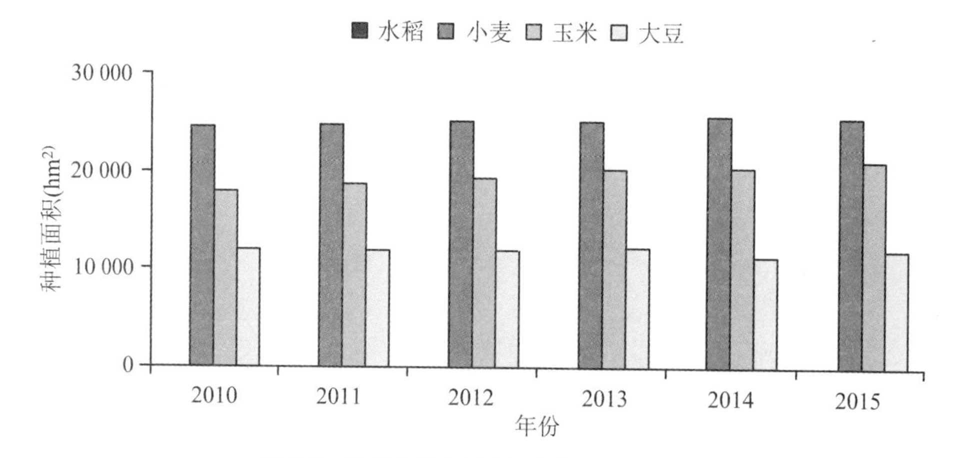

图 7-7　宿州市砀山县主要农作物种植面积

表 7-18　淮北市相山区主要农作物种植面积及种植比(单位:hm²)

年份	相山区主要农作物								
	水稻	小麦	玉米	大豆	合计	水稻种植比	小麦种植比	玉米种植比	大豆种植比
2010	0	3 853	1 367	1 462	6 682	0.00%	57.66%	20.46%	21.88%
2011	0	3 688	1 413	2012	7 113	0.00%	51.85%	19.87%	28.29%
2012	0	3 492	1 332	1 850	6 674	0.00%	52.32%	19.96%	27.72%
2013	0	3 495	1 346	1 879	6 720	0.00%	52.01%	20.03%	27.96%
2014	0	3 282	1 472	2 051	6 805	0.00%	48.23%	21.63%	30.14%
2015	0	3 304	2 070	868	6 242	0.00%	52.93%	33.16%	13.91%

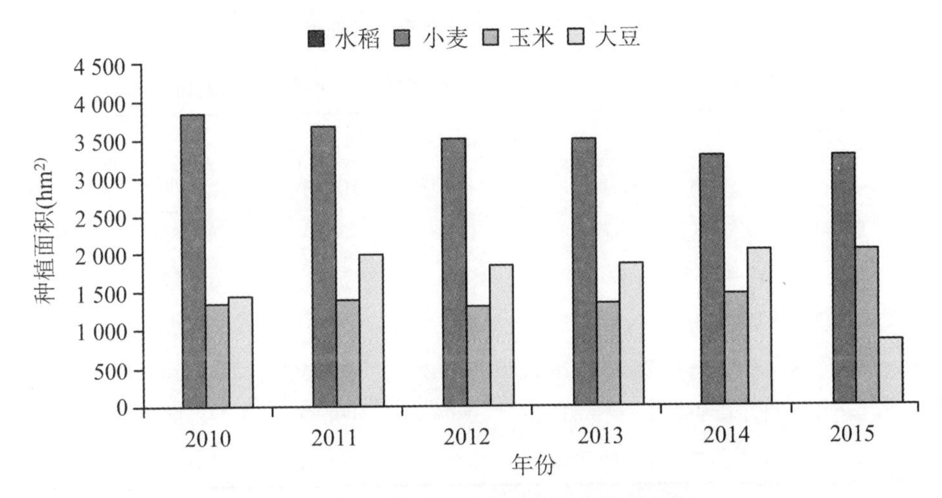

图 7-8　淮北市相山区主要农作物种植面积

表 7-19　淮北市濉溪县主要农作物种植面积及种植比(单位:hm²)

年份	濉溪县主要农作物								
	水稻	小麦	玉米	大豆	合计	水稻种植比	小麦种植比	玉米种植比	大豆种植比
2010	0	99 730	38 148	51 445	189 323	0.00%	52.68%	20.15%	27.17%
2011	0	97 643	41 497	49 659	188 799	0.00%	51.72%	21.98%	26.30%
2012	0	100 299	39 508	47 488	187 295	0.00%	53.55%	21.09%	25.35%
2013	0	100 329	41 205	48 543	190 077	0.00%	52.78%	21.68%	25.54%
2014	0	101 407	52 630	38 720	192 757	0.00%	52.61%	27.30%	20.09%
2015	0	101 733	64 456	29 318	195 507	0.00%	52.04%	32.97%	15.00%

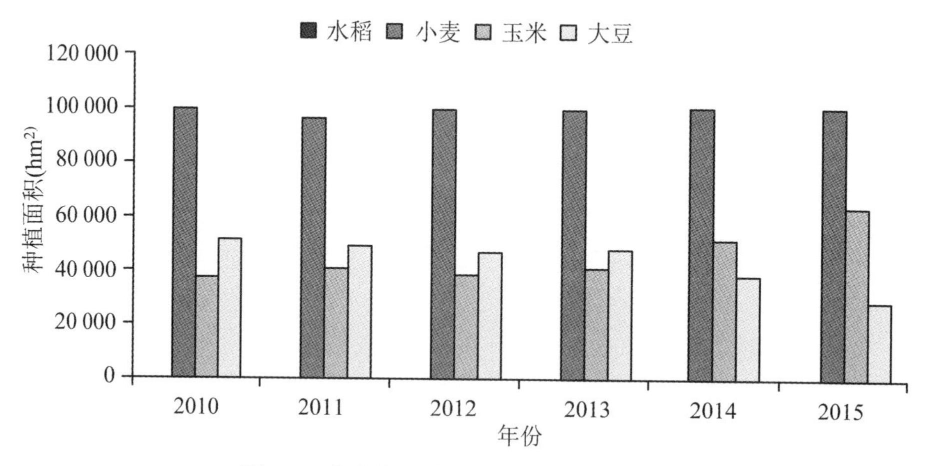

图 7-9　淮北市濉溪县主要农作物种植面积

表 7-20　亳州市涡阳县主要农作物种植面积及种植比（单位：hm²）

年份	涡阳县主要农作物								
	水稻	小麦	玉米	大豆	合计	水稻种植比	小麦种植比	玉米种植比	大豆种植比
2010	0	114 149	40 328	73 478	227 955	0.00%	50.08%	17.69%	32.23%
2011	0	114 395	42 573	69 901	226 869	0.00%	50.42%	18.77%	30.81%
2012	0	114 395	43 392	70 253	228 040	0.00%	50.16%	19.03%	30.81%
2013	0	114 903	43 999	70 253	229 155	0.00%	50.14%	19.20%	30.66%
2014	0	115 887	43 999	73 949	233 835	0.00%	49.56%	18.82%	31.62%
2015	0	116 322	46 788	73 049	236 159	0.00%	49.26%	19.81%	30.93%

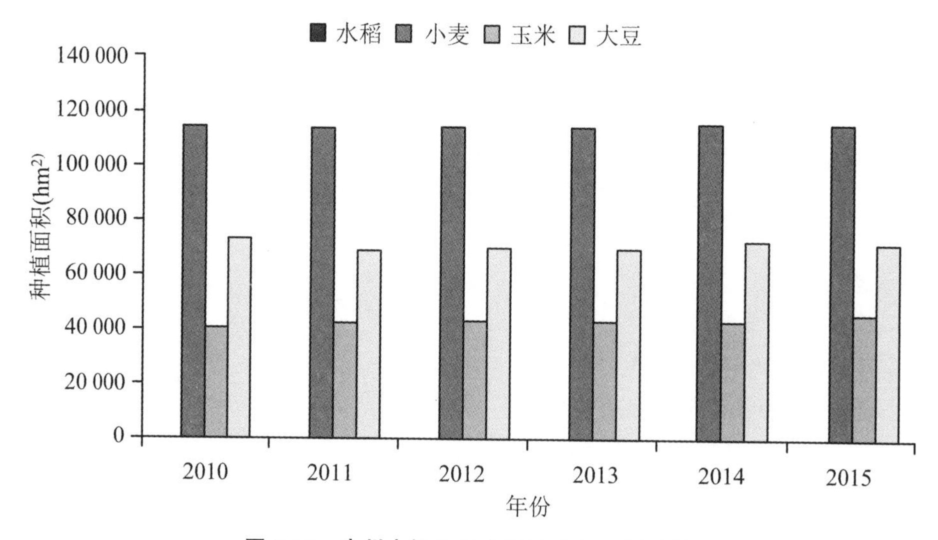

图 7-10　亳州市涡阳县主要农作物种植面积

表 7-21　阜阳市界首市主要农作物种植面积及种植比(单位:hm^2)

年份	界首市主要农作物								
	水稻	小麦	玉米	大豆	合计	水稻种植比	小麦种植比	玉米种植比	大豆种植比
2010	0	31 908	20 388	9716	62 012	0.00%	51.45%	32.88%	15.67%
2011	0	32 089	22 118	9 618	63 825	0.00%	50.28%	34.65%	15.07%
2012	0	31 287	22 118	9 797	63 202	0.00%	49.50%	35.00%	15.50%
2013	0	31 384	23 331	9 805	64 520	0.00%	48.64%	36.16%	15.20%
2014	0	31 729	27 705	7 860	67 294	0.00%	47.15%	41.17%	11.68%
2015	0	31 818	30 026	7 246	69 090	0.00%	46.05%	43.46%	10.49%

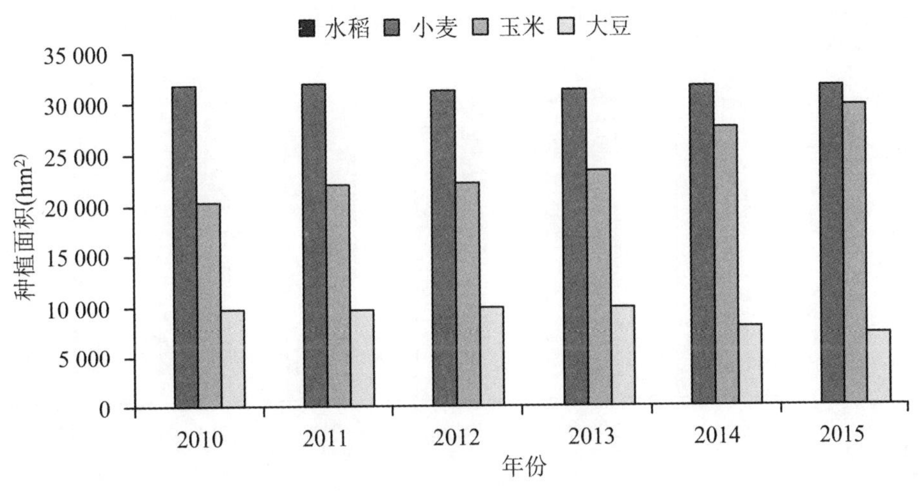

图 7-11　阜阳市界首市主要农作物种植面积

7.2.3　过渡区域种植带

以水稻种植比为划分标准,过渡区域种植带为水稻种植比为10%以内的县区。淮北平原区过渡区域种植带共10个县区,包括:淮北市烈山区、宿州市萧县、宿州市、亳州市蒙城县、阜阳市临泉县、亳州市利辛县、蚌埠市固镇县、宿州市泗县、宿州市灵璧县、淮北市杜集区(表7-22~表7-31、图7-12~图7-21)。

表 7-22 淮北市烈山区主要农作物种植面积及种植比(单位:hm^2)

年份	烈山区主要农作物								
	水稻	小麦	玉米	大豆	合计	水稻种植比	小麦种植比	玉米种植比	大豆种植比
2010	109	12 598	2 435	10 634	25 776	0.42%	48.87%	9.45%	41.26%
2011	117	12 415	1 468	11 989	25 989	0.45%	47.77%	5.65%	46.13%
2012	87	12 041	1 379	10 956	24 463	0.36%	49.22%	5.64%	44.79%
2013	55	12 051	1 432	10 625	24 163	0.23%	49.87%	5.93%	43.97%
2014	49	12 167	6 014	6 344	24 574	0.20%	49.51%	24.47%	25.82%
2015	35	12 190	7 862	4 130	24 217	0.14%	50.34%	32.46%	17.05%

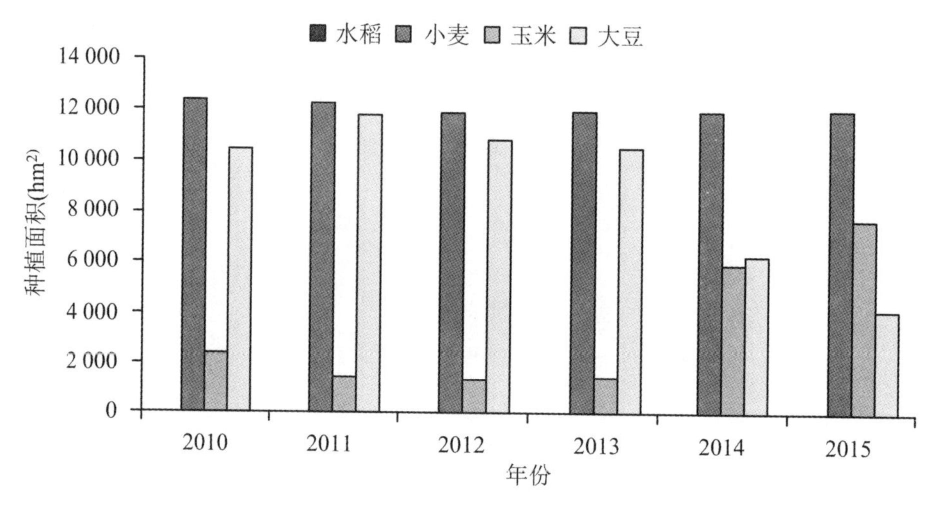

图 7-12 淮北市烈山区主要农作物种植面积

表 7-23 宿州市萧县主要农作物种植面积及种植比(单位:hm^2)

年份	萧县主要农作物								
	水稻	小麦	玉米	大豆	合计	水稻种植比	小麦种植比	玉米种植比	大豆种植比
2010	50	63 881	55 548	18 761	138 240	0.04%	46.21%	40.18%	13.57%
2011	43	64 146	58 516	17 007	139 712	0.03%	45.91%	41.88%	12.17%
2012	54	64 862	60 144	17 021	142 081	0.04%	45.65%	42.33%	11.98%
2013	54	64 926	62 225	17 216	144 421	0.04%	44.96%	43.09%	11.92%
2014	54	66 067	63 752	15 428	145 301	0.04%	45.47%	43.88%	10.62%
2015	54	65 404	65 510	15 850	146 818	0.04%	44.55%	44.62%	10.80%

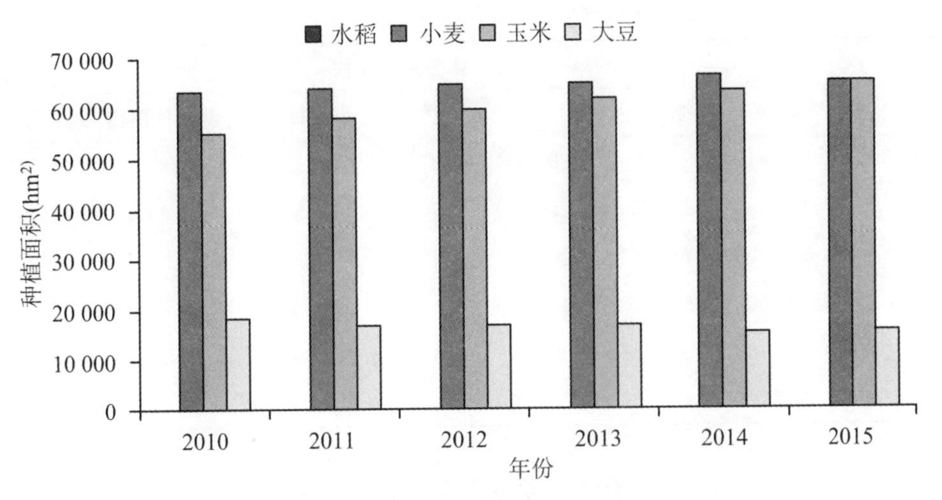

图 7-13　宿州市萧县主要农作物种植面积

表 7-24　宿州市主要农作物种植面积及种植比（单位：hm^2）

年份	宿州市主要农作物								
	水稻	小麦	玉米	大豆	合计	水稻种植比	小麦种植比	玉米种植比	大豆种植比
2010	462	102 629	66 189	58 256	227 536	0.20%	45.10%	29.09%	25.60%
2011	466	103 173	69 510	56 886	230 035	0.20%	44.85%	30.22%	24.73%
2012	400	104 542	71 603	57 197	233 742	0.17%	44.73%	30.63%	24.47%
2013	453	104 590	75 019	57 852	237 914	0.19%	43.96%	31.53%	24.32%
2014	173	105 909	81 160	54 713	241 955	0.07%	43.77%	33.54%	22.61%
2015	173	92 557	82 728	40 845	216 303	0.08%	42.79%	38.25%	18.88%

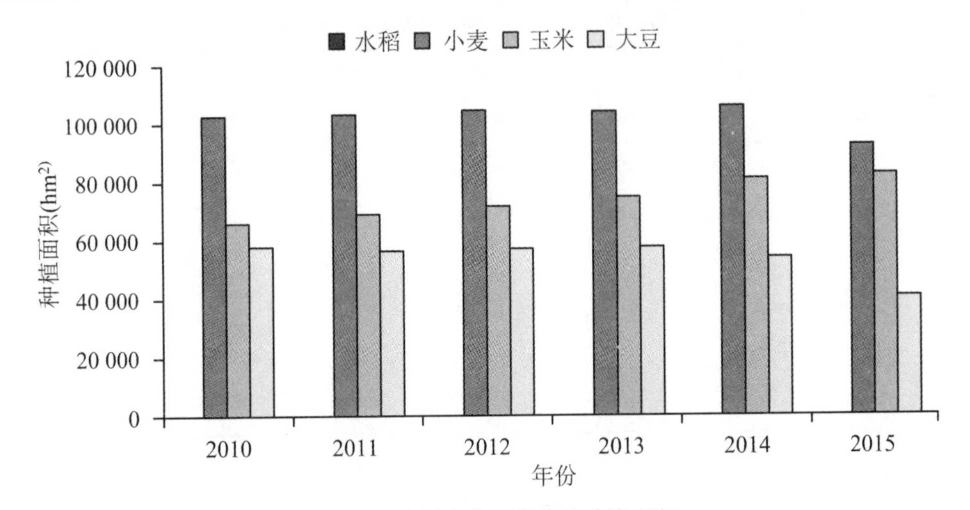

图 7-14　宿州市主要农作物种植面积

表 7-25　亳州市蒙城县主要农作物种植面积及种植比(单位:hm²)

年份	蒙城县主要农作物								
	水稻	小麦	玉米	大豆	合计	水稻种植比	小麦种植比	玉米种植比	大豆种植比
2010	2 552	104 817	69 939	23 153	200 461	1.27%	52.29%	34.89%	11.55%
2011	2 947	101 480	73 147	23 153	200 727	1.47%	50.56%	36.44%	11.53%
2012	2 783	101 480	74 258	17 819	196 340	1.42%	51.69%	37.82%	9.08%
2013	2 970	102 008	74 648	17 819	197 445	1.50%	51.66%	37.81%	9.02%
2014	2 970	102 783	74 648	21 514	201 915	1.47%	50.90%	36.97%	10.65%
2015	3 022	102 786	75 487	21 514	202 809	1.49%	50.68%	37.22%	10.61%

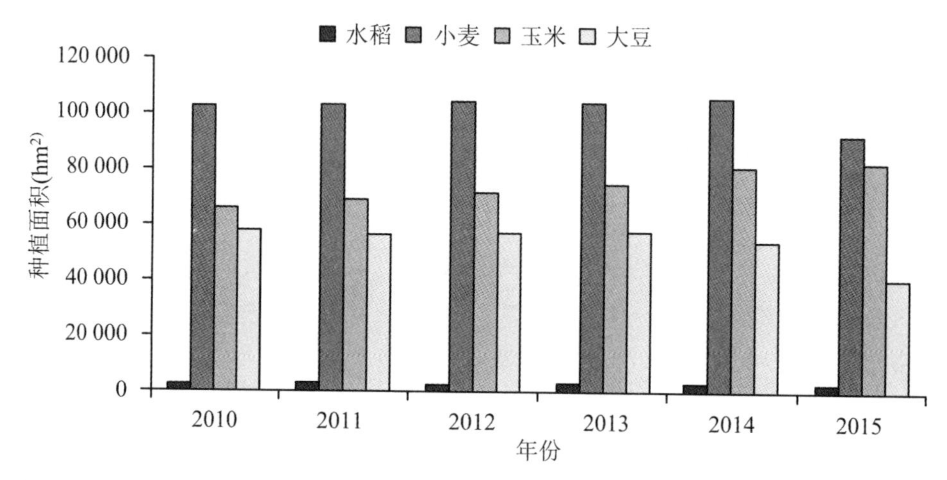

图 7-15　亳州市蒙城县主要农作物种植面积

表 7-26　阜阳市临泉县主要农作物种植面积及种植比(单位:hm²)

年份	临泉县主要农作物								
	水稻	小麦	玉米	大豆	合计	水稻种植比	小麦种植比	玉米种植比	大豆种植比
2010	2 862	98 329	73 244	6 598	181 033	1.58%	54.32%	40.46%	3.64%
2011	2 333	98 624	76 781	6 071	183 809	1.27%	53.66%	41.77%	3.30%
2012	2 600	100 794	76 781	6 353	186 528	1.39%	54.04%	41.16%	3.41%
2013	2 062	101 066	77 785	5 210	186 123	1.11%	54.30%	41.79%	2.80%
2014	1 993	102 178	77 315	4 347	185 833	1.07%	54.98%	41.60%	2.34%
2015	1 952	102 464	79 119	3 315	186 850	1.04%	54.84%	42.34%	1.77%

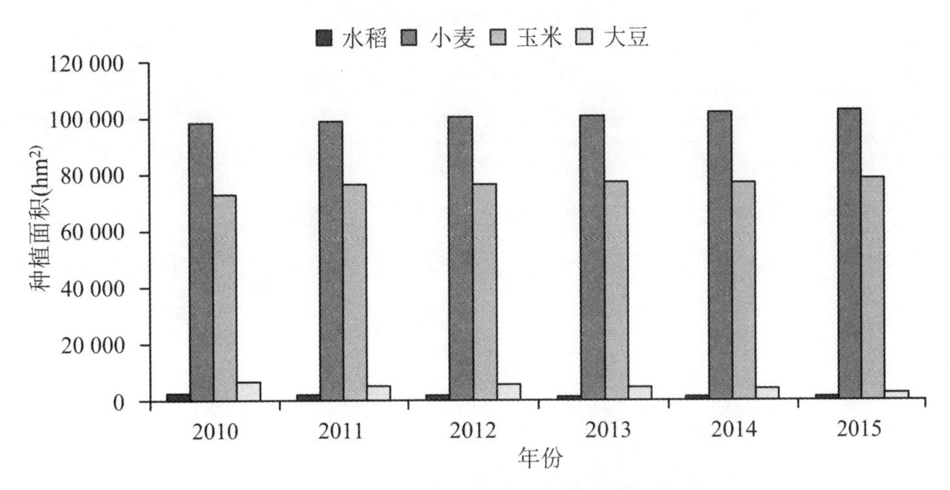

图 7-16　阜阳市临泉县主要农作物种植面积

表 7-27　亳州市利辛县主要农作物种植面积及种植比（单位：hm^2）

年份	利辛县主要农作物								
	水稻	小麦	玉米	大豆	合计	水稻种植比	小麦种植比	玉米种植比	大豆种植比
2010	1 845	101 331	42 833	59 444	205 453	0.90%	49.32%	20.85%	28.93%
2011	4 175	101 818	45 792	49 274	201 059	2.08%	50.64%	22.78%	24.51%
2012	1 171	101 818	48 628	45 536	197 153	0.59%	51.64%	24.67%	23.10%
2013	784	102 216	49 183	45 536	197 719	0.40%	51.70%	24.88%	23.03%
2014	819	102 679	49 183	49 231	201 912	0.41%	50.85%	24.36%	24.38%
2015	768	103 207	50 201	49 231	203 407	0.38%	50.74%	24.68%	24.20%

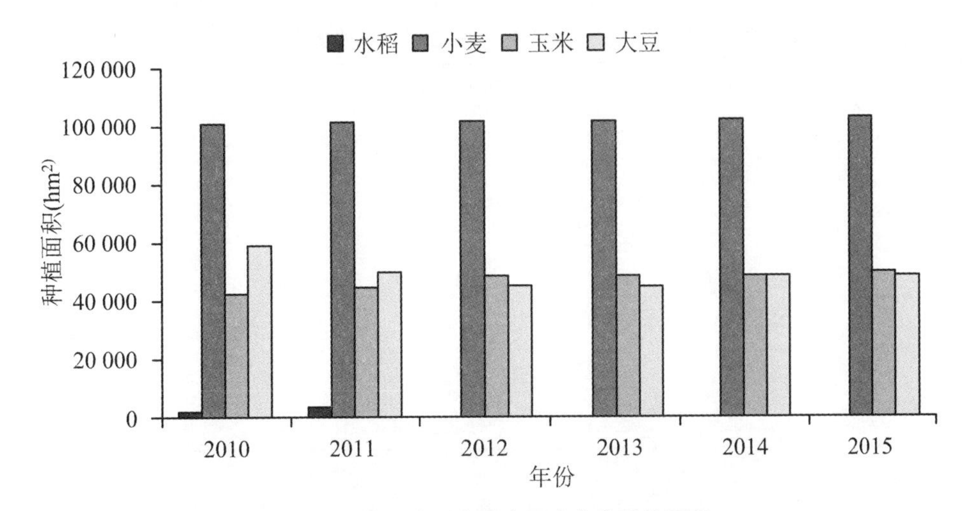

图 7-17　亳州市利辛县主要农作物种植面积

表 7-28　蚌埠市固镇县主要农作物种植面积及种植比（单位：hm^2）

年份	固镇县主要农作物								
	水稻	小麦	玉米	大豆	合计	水稻种植比	小麦种植比	玉米种植比	大豆种植比
2010	2 151	48 156	26 734	5 225	82 266	2.61%	58.54%	32.50%	6.35%
2011	2 298	48 200	27 297	5 847	83 642	2.75%	57.63%	32.64%	6.99%
2012	1 988	49 353	28 179	5 131	84 651	2.35%	58.30%	33.29%	6.06%
2013	1 987	49 538	29 000	4 740	85 265	2.33%	58.10%	34.01%	5.56%
2014	1 800	50 214	34 000	4 487	90 501	1.99%	55.48%	37.57%	4.96%
2015	1 202	50 375	35 845	4 390	91 812	1.31%	54.87%	39.04%	4.78%

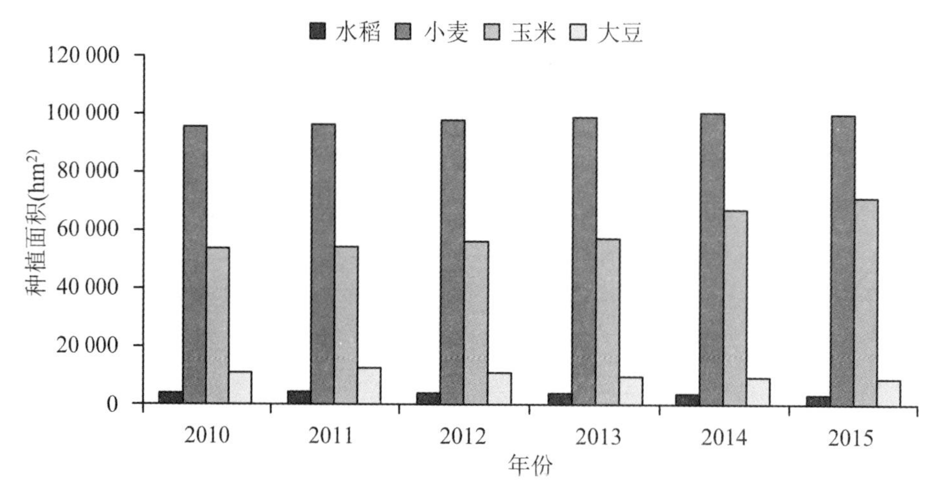

图 7-18　蚌埠市固镇县主要农作物种植面积

表 7-29　宿州市泗县主要农作物种植面积及种植比（单位：hm^2）

年份	泗县主要农作物								
	水稻	小麦	玉米	大豆	合计	水稻种植比	小麦种植比	玉米种植比	大豆种植比
2010	5 680	69 337	38 994	23 224	137 235	4.14%	50.52%	28.41%	16.92%
2011	5 767	69 420	40 491	21 671	137 349	4.20%	50.54%	29.48%	15.78%
2012	5 786	70 800	41 412	21 923	139 921	4.14%	50.60%	29.60%	15.67%
2013	5 795	71 031	42 380	22 316	141 522	4.09%	50.19%	29.95%	15.77%
2014	6 279	71 706	43 250	20 924	142 159	4.42%	50.44%	30.42%	14.72%
2015	6 350	71 085	44 300	21 426	143 161	4.44%	49.65%	30.94%	14.97%

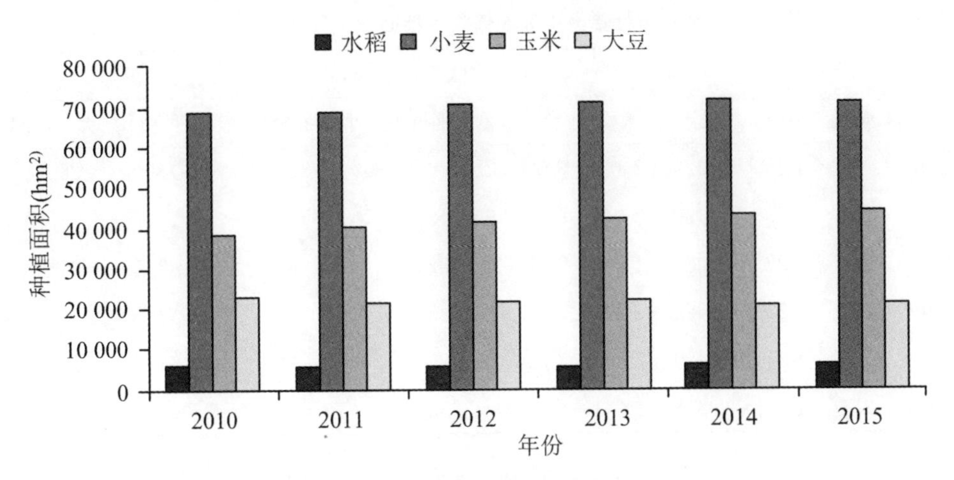

图 7-19 宿州市泗县主要农作物种植面积

表 7-30 宿州市灵璧县主要农作物及种植比(单位:hm²)

年份	灵璧县主要农作物								
	水稻	小麦	玉米	大豆	合计	水稻种植比	小麦种植比	玉米种植比	大豆种植比
2010	2 090	86 343	62 392	34 763	185 588	1.13%	46.52%	33.62%	18.73%
2011	2 067	86 887	65 521	33 496	187 971	1.10%	46.22%	34.86%	17.82%
2012	2 068	87 936	71 472	28 973	190 449	1.09%	46.17%	37.53%	15.21%
2013	1 481	88 035	76 768	24 864	191 148	0.77%	46.06%	40.16%	13.01%
2014	1 496	88 327	78 912	25 379	194 114	0.77%	45.50%	40.65%	13.07%
2015	1 484	88 226	82 901	24 116	196 727	0.75%	44.85%	42.14%	12.26%

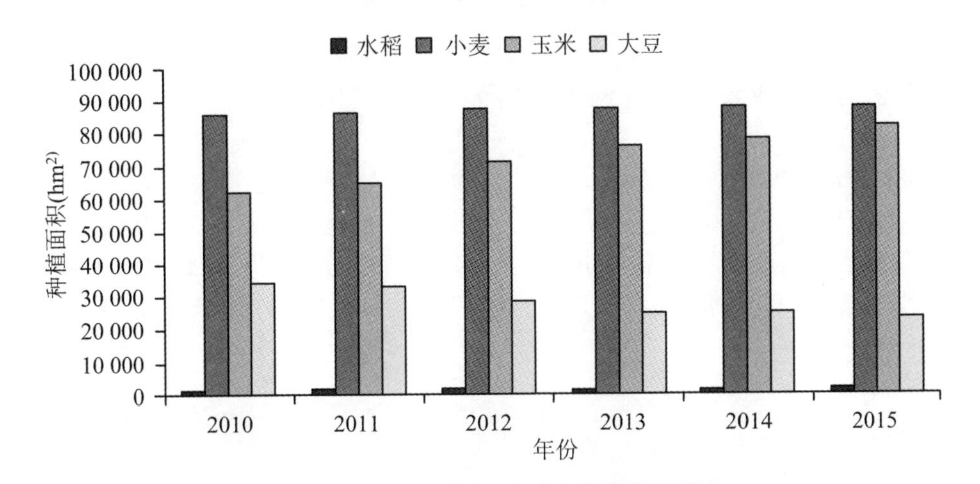

图 7-20 宿州市灵璧县主要农作物种植面积

表 7-31 淮北市杜集区主要农作物种植面积及种植比(单位:hm²)

年份	杜集区主要农作								
	水稻	小麦	玉米	大豆	合计	水稻种植比	小麦种植比	玉米种植比	大豆种植比
2010	0	4 456	1 422	2 142	8 020	0.00%	55.56%	17.73%	26.71%
2011	281	4 388	1 430	2 044	8 143	3.45%	53.89%	17.56%	25.10%
2012	274	4 221	1 359	1 923	7 777	3.52%	54.28%	17.47%	24.73%
2013	261	4 231	1 422	1 867	7 781	3.35%	54.38%	18.28%	23.99%
2014	260	4 271	1 480	1 985	7 996	3.25%	53.41%	18.51%	24.82%
2015	214	4 301	1 953	2 031	8 499	2.52%	50.61%	22.98%	23.90%

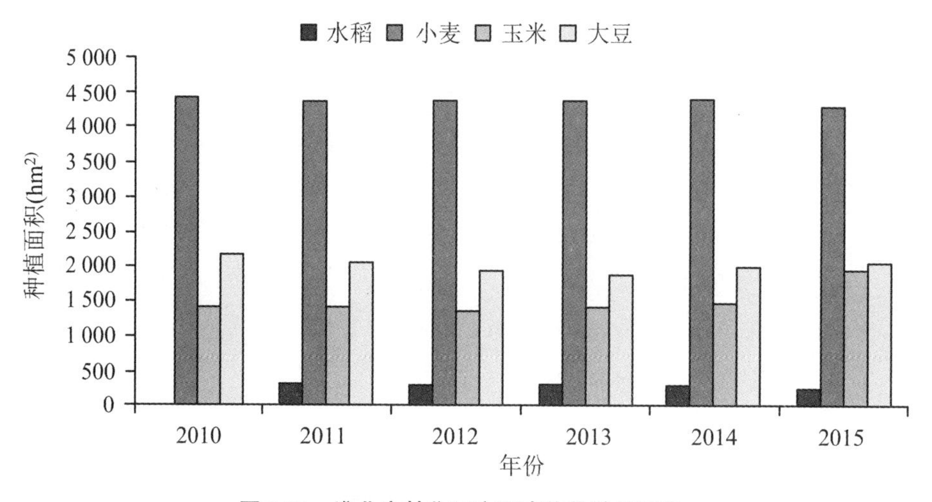

图 7-21 淮北市杜集区主要农作物种植面积

7.2.4 “亚湿地”区域种植带

湿地通常是指河、湖、沼系统,而所谓“亚湿地”是指稻麦轮作或一稻一油菜,本书以水稻种植比大于 25%为划分标准。淮北平原区亚湿地分布带共 6 个县区,包括:阜阳市阜南县、淮南市凤台县、蚌埠市怀远县、阜阳市颍上县、蚌埠市、蚌埠市五河县、淮南市潘集区(表 7-32~表 7-38、图 7-22~图 7-28)。

表7-32　阜阳市阜南县主要农作物种植面积及种植比(单位:hm^2)

年份	阜南县主要农作物								
	水稻	小麦	玉米	大豆	合计	水稻种植比	小麦种植比	玉米种植比	大豆种植比
2010	28 145	78 066	38 368	9 598	154 177	18.25%	50.63%	24.89%	6.23%
2011	28 369	78 660	40 520	9 556	157 105	18.06%	50.07%	25.79%	6.08%
2012	28 178	80 705	40 520	9 749	159 152	17.71%	50.71%	25.46%	6.13%
2013	26 491	80 963	45 253	9 417	162 124	16.34%	49.94%	27.91%	5.81%
2014	25 202	78 499	42 134	8 280	154 115	16.35%	50.94%	27.34%	5.37%
2015	25 432	78 719	43 782	8 312	156 245	16.28%	50.38%	28.02%	5.32%

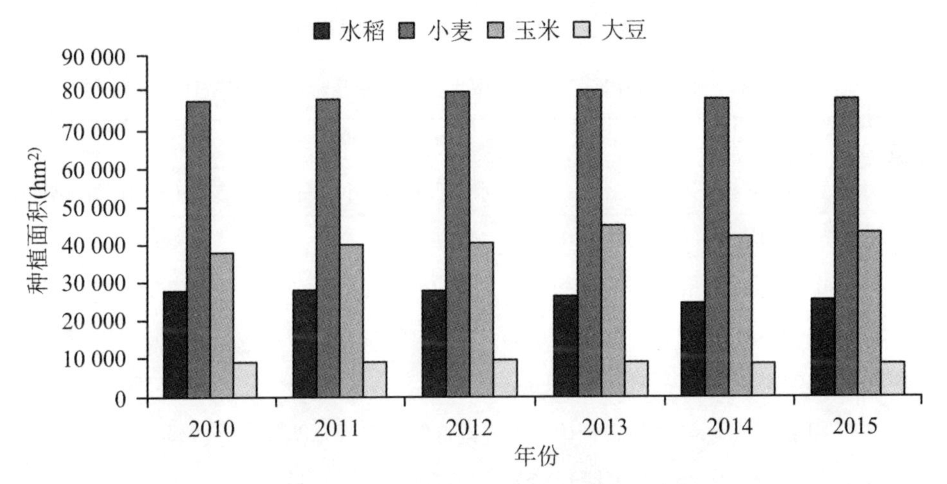

图7-22　阜阳市阜南县主要农作物种植面积

表7-33　淮南市凤台县主要农作物种植面积及种植比(单位:hm^2)

年份	凤台县主要农作物								
	水稻	小麦	玉米	大豆	合计	水稻种植比	小麦种植比	玉米种植比	大豆种植比
2010	36 984	40 154	1 126	1 820	80 084	46.18%	50.14%	1.41%	2.27%
2011	37 343	40 492	786	1 644	80 265	46.52%	50.45%	0.98%	2.05%
2012	38 053	41 319	711	1 883	81 966	46.43%	50.41%	0.87%	2.30%
2013	38 159	41 654	708	1 909	82 430	46.29%	50.53%	0.86%	2.32%
2014	38 837	41 274	695	1 510	82 316	47.18%	50.14%	0.84%	1.83%
2015	39 105	41 580	733	1 529	82 947	47.14%	50.13%	0.88%	1.84%

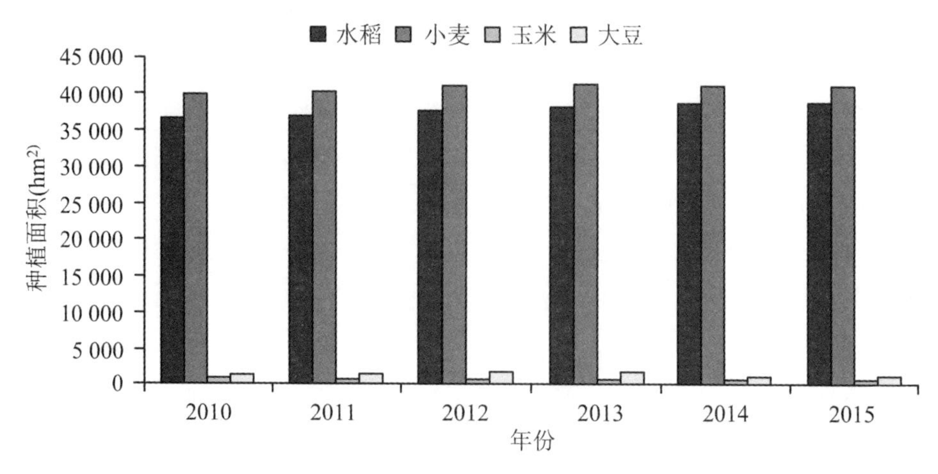

图 7-23 淮南市凤台县主要农作物种植面积

表 7-34 蚌埠市怀远县主要农作物种植面积及种植比(单位：hm^2)

年份	怀远县主要农作物								
	水稻	小麦	玉米	大豆	合计	水稻种植比	小麦种植比	玉米种植比	大豆种植比
2010	47 177	98 515	20 208	18 440	184 340	25.59%	53.44%	10.96%	10.00%
2011	49 604	99 144	21 037	15 680	185 465	26.75%	53.46%	11.34%	8.45%
2012	52 746	100 386	21 753	15 969	190 854	27.64%	52.60%	11.40%	8.37%
2013	52 800	100 728	26 047	12 069	191 644	27.55%	52.56%	13.59%	6.30%
2014	54 831	101 738	28 541	10 709	195 819	28.00%	51.96%	14.58%	5.47%
2015	54 415	102 163	31 553	10 444	198 575	27.40%	51.45%	15.89%	5.26%

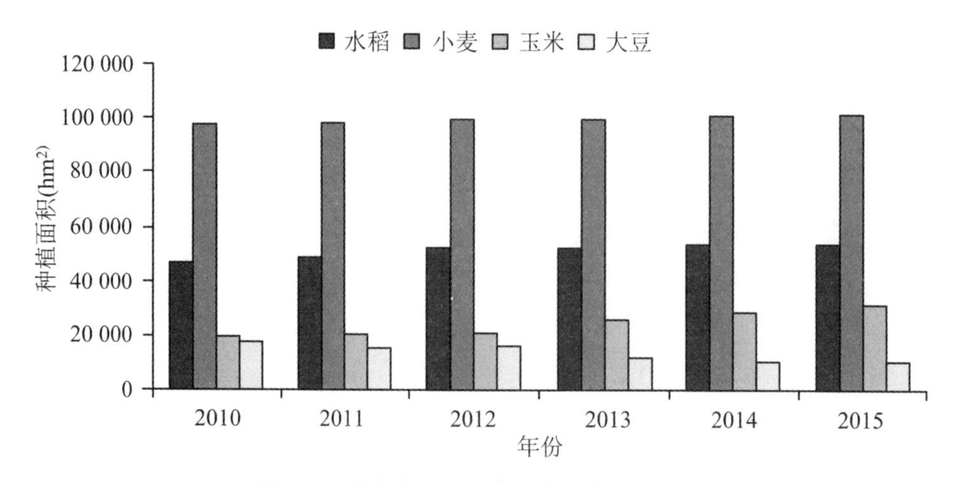

图 7-24 蚌埠市怀远县主要农作物种植面积

表 7-35 阜阳市颍上县主要农作物种植面积及种植比(单位:hm²)

年份	颍上县主要农作物								
	水稻	小麦	玉米	大豆	合计	水稻种植比	小麦种植比	玉米种植比	大豆种植比
2010	36 849	88 934	25 649	25 558	176 990	20.82%	50.25%	14.49%	14.44%
2011	41 718	89565	25 127	23 893	180 303	23.14%	49.67%	13.94%	13.25%
2012	41 718	91 804	25 127	23 893	182 542	22.85%	50.29%	13.77%	13.09%
2013	40 475	92 083	29 621	21 894	184 073	21.99%	50.03%	16.09%	11.89%
2014	41 407	93 556	33 072	20 727	188 762	21.94%	49.56%	17.52%	10.98%
2015	40 784	93 818	41 356	12 097	188 055	21.69%	49.89%	21.99%	6.43%

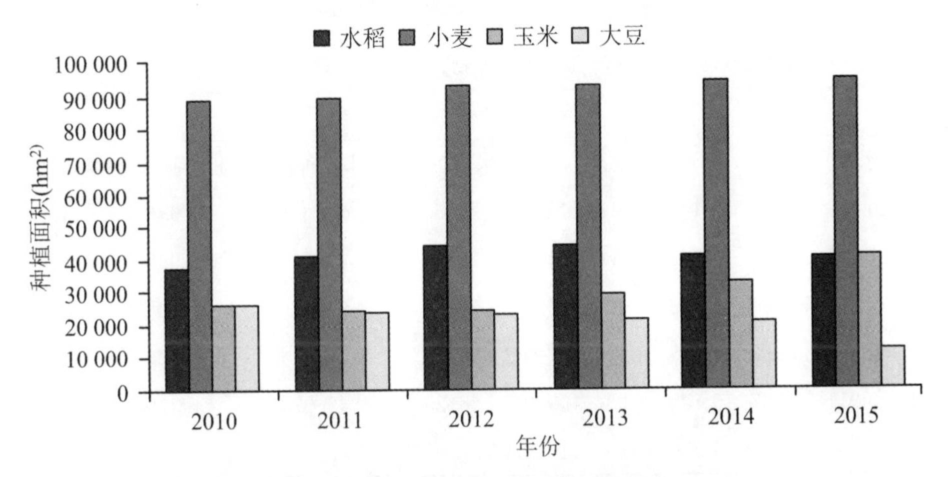

图 7-25 阜阳市颍上县主要农作物种植面积

表 7-36 蚌埠市主要农作物种植面积及种植比(单位:hm²)

年份	蚌埠市主要农作物								
	水稻	小麦	玉米	大豆	合计	水稻种植比	小麦种植比	玉米种植比	大豆种植比
2010	12 849	17 899	465	3 787	35 000	36.71%	51.14%	1.33%	10.82%
2011	12 601	17 774	1 183	3 688	35 246	35.75%	50.43%	3.36%	10.46%
2012	12 515	17 837	1 427	2 779	34 558	36.21%	51.61%	4.13%	8.04%
2013	12 492	18 197	1 436	2 498	34 623	36.08%	52.56%	4.15%	7.21%
2014	12 759	18 418	2 640	2 551	36 368	35.08%	50.64%	7.26%	7.01%
2015	12 945	18 478	3 357	1916	36 696	35.28%	50.35%	9.15%	5.22%

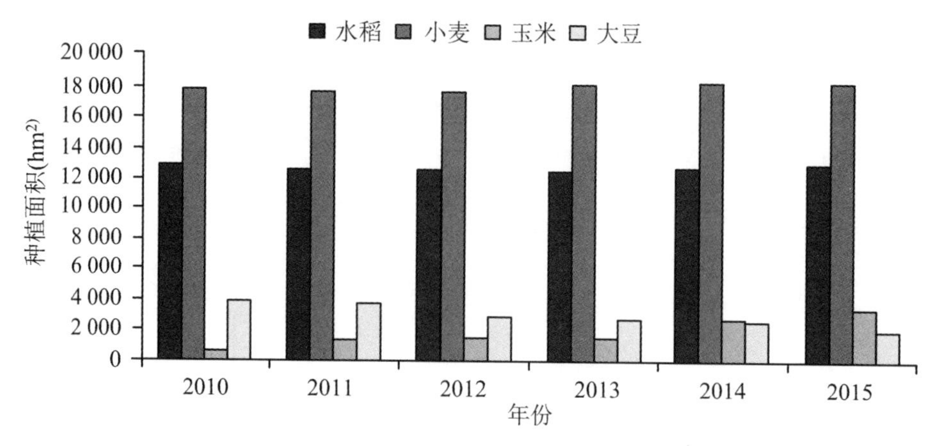

图 7-26　蚌埠市主要农作物种植面积

表 7-37　蚌埠市五河县主要农作物种植面积及种植比（单位：hm^2）

年份	五河县主要农作物								
	水稻	小麦	玉米	大豆	合计	水稻种植比	小麦种植比	玉米种植比	大豆种植比
2010	29 529	52 879	12 189	16 417	111 014	26.60%	47.63%	10.98%	14.79%
2011	29 758	53 065	12 340	16 417	111 580	26.67%	47.56%	11.06%	14.71%
2012	30 291	53 980	12 543	9 485	106 299	28.50%	50.78%	11.80%	8.92%
2013	30 784	53 852	14 155	9 117	107 908	28.53%	49.91%	13.12%	8.45%
2014	30 911	54 237	15 725	8 534	109 407	28.25%	49.57%	14.37%	7.80%
2015	29 969	54 377	19 186	7 191	110 723	27.07%	49.11%	17.33%	6.49%

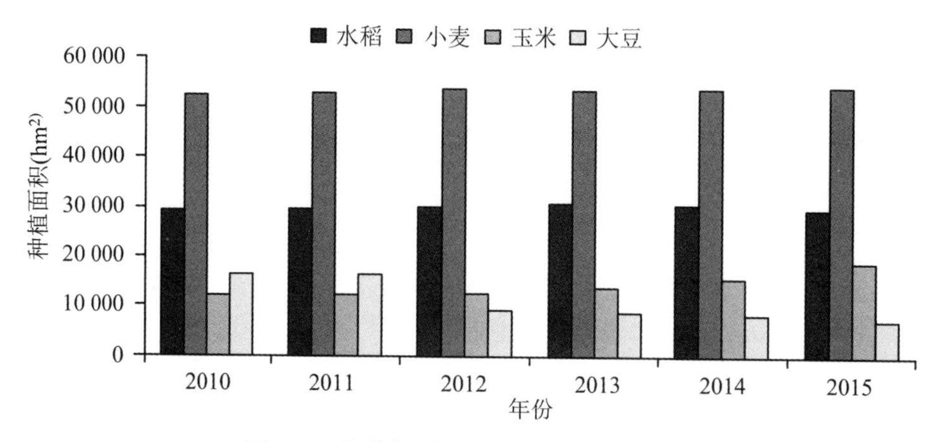

图 7-27　蚌埠市五河县主要农作物种植面积

表 7-38 淮南市潘集区主要农作物种植面积及种植比(单位:hm²)

年份	淮南市潘集区主要农作物								
	水稻	小麦	玉米	大豆	合计	水稻种植比	小麦种植比	玉米种植比	大豆种植比
2010	22 713	24 317	234	2 381	49 645	45.75%	48.98%	0.47%	4.80%
2011	22 948	24 083	202	2 680	49 913	45.98%	48.25%	0.40%	5.37%
2012	23 393	24 570	189	2 984	51 136	45.75%	48.05%	0.37%	5.84%
2013	23 433	25 022	181	2 994	51 630	45.39%	48.46%	0.35%	5.80%
2014	23 723	25 444	143	3 231	52 541	45.15%	48.43%	0.27%	6.15%
2015	23 829	25 690	866	2 733	53 118	44.86%	48.36%	1.63%	5.15%

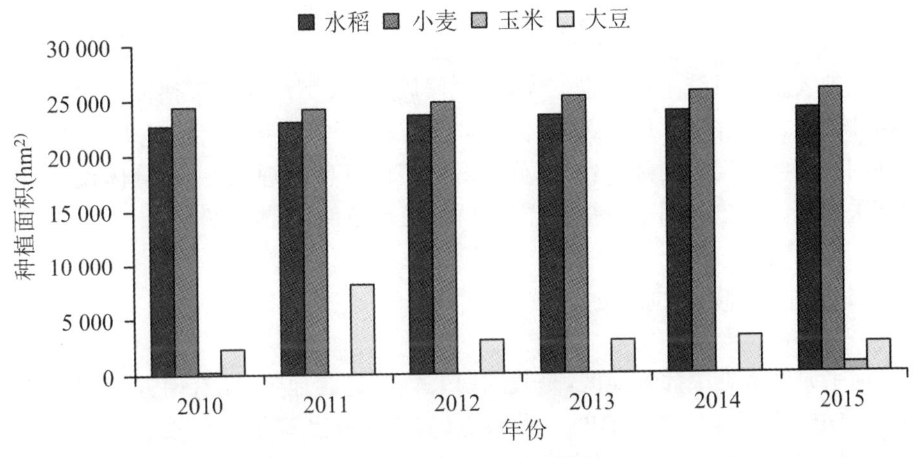

图 7-28 淮南市潘集区主要农作物种植面积

7.2.5 “生态三带”和地下水耦合关系

本章7.2.1～7.2.3节从统计学角度出发,以水稻种植比为判别标准,分别对淮北平原北部纯旱作带—中部过渡带—亚湿地分布带三带的特征进行了描述。

本节根据前文内容,结合历年平均地下水埋深,以平均埋深小于2 m、2 m～3 m以及大于3 m为界点,点绘浅层地下水的3个分布带。可以发现,淮北平原浅层地下水和地表生态联系紧密,地下水埋深在相当程度上决定了一个区域适宜种植何种农作物。对应不同地下水埋深分布,水稻的种植比例也呈现出显著的分区特点,地下水埋深3个分布带与地表农作物生态分布带高度吻合。这是一个全新的发现,在我国其他地区尚未发现有同样情况,这也是淮河这一南北气候分界点所独具的特色,因此这也是一个佐证浅层地下水和地表生态联系紧密的重大发现。

从地下水埋深在1～2 m、2～3 m和3～4 m区间的区域分布以及旱作物种植带、过渡带和亚湿地分布带3个生态分布带可以直观看出，两者的分布存在较强的对应关系：地下水处于1～2 m的浅埋深地区属于亚湿地分布带，该地区水稻种植比大于25%；地下水处于2～3 m的中等埋深地区属于过渡带，水稻种植比在10%以内，过渡带和亚湿地分布带差异显著，表现为水稻种植比在10%～25%区间出现了断层；而地下水处于3～4 m的深埋深地区为旱作物种植带，该区域近5年来水稻种植比均为零，是非常典型的干旱区域生态。以上为淮北平原地下水埋深与生态分布带的耦合规律及其机理。

7.3 区域地表生态影响要素

影响地表生态系统主导要素三大类：气候因素、人类活动与下垫面因素。气候因素包括：降水、日照、蒸发、风力风向、大气环流、辐射及其通量、气温、地温、湿度等。人类活动因素主要体现在两部分：一部分为对河流的开发治理，另一部分体现在对地下水的开采方面。下垫面因素包括农作物种植、植被条件、土壤条件等。

7.3.1 气候因素

淮河平原区地处中纬度地区，是我国南北气候过渡地带，既有南方气候的某些特征（如盛夏酷热），又有北方气候的一些特点（如蒸发量比南方大）。受西部欧亚大陆与东部太平洋海陆温差的作用，形成了典型的由北亚热带向暖温带过渡的季风气候。淮河流域年平均气温为11～16 ℃，气温变化由北向南，由沿海向内地递增。极端最高气温达44.5 ℃，极端最低气温为−24.1 ℃。蒸发量南小北大，年平均水面蒸发量为900～1 500 mm。降水量时空分布不均，多年平均降水量变幅为600～1 600 mm，多年平均降水量的分布状况大致是由南向北递减，山区多于平原，沿海大于内陆。其中伏牛山区、下游近海区降水量较高，年平均降水量大于1 000 mm，大别山区超过1 400 mm，流域北部降水量最少，低于700 mm。流域内有4个降水量高值区，均在山丘区：其中大别山区最高，为1 600 mm；次高值区位于伏牛山区，为1 100 mm，主峰石人山的迎风坡降水量明显高于周边地区；石漫滩水库和白沙水库上游山区，降水量相对周围平原地带较高，分别形成1 000 mm和700 mm的小高值区。流域内广阔的平原地区，为降水量低值区，降水量在600～1 000 mm范围内变化，其中淮北平原在600～1 000 mm之间，淮河下游平原稳定在1 000 mm左右。安徽省池河、洛河上游的河谷地带，地势低于两侧，为水汽畅流通道，形成900 mm的相对低值区。表7-39反映了淮河流域部分地区降水量及其年内分配情况。

表 7-39　淮河流域部分地区雨量年内分配

市级区	县级区	测站名称	多年平均降水量(mm)				
			全年	春季	夏季	秋季	冬季
信阳市	潢川县	潢川	1 021.92	256.54	490.45	177.96	96.97
滁州市	定远县	定远	924.47	214.92	445.43	169.31	92.87
泰州市	兴化县	兴化	1 043.58	210.53	541.10	194.50	101.11
驻马店	泌阳县	贾楼	862.33	165.87	491.05	155.15	50.26
周口市	扶沟县	扶沟	729.81	142.98	401.07	144.45	42.02
阜阳市	市辖区	阜阳	940.83	207.35	484.20	173.78	82.81
宿州市	灵璧县	灵璧	885.12	159.36	507.07	156.20	67.16
临沂市	沂南县	葛沟	904.42	139.61	576.95	147.33	48.89
枣庄市	滕州市	滕州	791.89	126.17	492.20	136.54	45.17
徐州市	邳州市	运河	891.71	156.38	532.96	147.84	60.53
连云港市	赣榆县	小塔山	880.69	143.29	540.69	149.63	51.69
	淮河流域		911.00	182.20	491.94	173.09	63.77

淮河流域的降水与季风环流密切相关,南部地区一般在 4～5 月开始受到夏季风的影响;而其他地区则处于冬夏季风交替过渡时期,天气多变。6 月份,由于每年夏季风到达的时间不同,故大部分地区此月降水变率都是最大的,常常发生春夏干旱。淮河流域降水集中在汛期(6～9 月),占全年降水量的 50%～80%,降水量在时间上严重分布不均。历史上的大面积农业干旱都是由于长期无雨或少雨造成的。因此,降水量和农作物需水量、某时段降水量和农作物某生育阶段需水量之间的对比关系,是干旱发生的主导因素。夏秋季节是淮河流域气温较高时段,日平均气温高,各地日最高气温大于或等于 35 ℃的酷暑期也大多集中在这一时段。这一时期蒸发量也大,最大的可达同期降水量的 4 倍以上,更进一步加剧了干旱。

对地表生态系统不利的气候因素是大气环流异常。高压系统长时间稳定控制,导致本区持续晴天少雨或无雨,是造成农业干旱最为基本、直接的原因,特别是对中、低纬度的热带、亚热带地区和作物旺盛生长季节来说更加如此。至于太阳、火山活动和地球轨道偏移,厄尔尼诺现象等天文、地球物理因子的变化,最终也都是通过大气降水等天气气候表现出来的,因此均可归纳在气象因素范畴以内。

从气候发展趋势看,全球温室效应不断加重,气候变暖趋势明显,出现异常气候的可能性增加,干旱灾害尤其是连续干旱的发生频率增加。干旱灾害的发生与我国的自然地理和气候背景条件密切相关。我国气候的特点是大部分地区受东南和西南季风的影响,自然形成东南多雨,西北干旱的基本特征。由于不同年份冬、夏季风进退的时间、强度和影响范围以及台风登陆次数的不同,致使降水量在年内和年际间的时空分布差异很大，这是我国干旱灾害频发的主要原因。

7.3.2 下垫面因素

影响地表生态系统下垫面因素包括地形地貌、土壤植被、农业生物资源等。地形地貌特征是影响地表生态系统的重要因素之一。我国地形十分复杂，地势西高东低呈三级阶梯，淮河流域位于第二级阶梯前缘，大都处于第三级阶梯，流域地形总态势为西高东低，大体由西北向东南倾斜，其中，淮河以南山丘区、沂沭泗山丘区分别向北和向南倾斜。淮河流域地貌类型复杂多样、层次分明，东北部为鲁西南断块山地，西部和南部是山地丘陵，中部为黄淮冲积、湖积、海积平原，平原与山丘之间是洪积、冲洪积平原和冲积扇过渡区。平原、丘陵、山地和盆地等不同地形，使降水分布产生很大差异，从而造成不同频率和强度的农业干旱。

流域内降水量高值区均在山丘区，大别山区年平均降水量 1 600 mm，而流域内广阔的平原地区，降水量在 600～1 000 mm 范围内变化，可以看出山丘区降水量明显高于平原地区。地形既能促进降水的形成，又能影响降水的分布和强度，一山之隔，山前、山后往往干湿悬殊，使局地气候产生显著差异，例如，山区主峰石人山的迎风坡降水量明显高于周边地区。这是由于地形对降水分布的影响主要是随坡向和高度而异，在迎风的山地对降水的形成有促进作用。

各种地貌类型及地势的高低差异，制约着水、热和植被的分布，直接或间接地影响土壤的类型形成、性状发育及肥力特征。在山区，由于温度、降水和湿度随着地势升高的垂直变化，形成不同的气候和植被带，导致土壤的组成成分和理化性质均发生显著的垂直地带分化。流域东北部、西部、南部的山丘区，地势高亢、土层瘠薄，林木覆盖率低，多发育为黄棕壤、棕壤和褐土，地表蓄水能力低，灌溉条件差，水土流失严重。高程 15～50 m 的淮北平原，地势平坦开阔，土地垦殖率高，荒地少，多发育成黄潮土和砂姜黑土等适宜种植旱作物的土壤；高程为 2～10 m 的苏北淮河下游平原，河泊众多，河港纵横，绝大部分为近代河湖沉积物所覆盖，土深厚，光、热、水资源十分丰富，农业生产发达，多发育成土质肥沃的水稻土。

山丘地区虽然降水量大，但耕作困难，土地垦殖率较低；平原地区易于耕作，但降水量较低，易发生干旱，因此宜种植旱作物。

由地形引起的土壤植被差异，也与地表生态系统发生密切有关。例如，土层深厚疏松、质地较细、结构良好的肥沃土壤，蓄水保水能力强，农业干旱发生轻；反之，农业干旱发生重。植被能够减少地表通流，保持水土，植被茂密的地方农业干旱发生轻；植被稀疏的地方，农业干旱发生重。据统计，桐柏山、大别山区的森林覆盖率为 30%，伏牛山区为 21%，沂蒙山区为 12%，这有助于山区水土保持。

淮河流域西部的伏牛山区主要为棕壤和褐土，丘陵区主要为褐土。其中棕壤是在暖温带落叶阔叶林和针阔混交林下形成的，质地黏重，结合度适中，田间持水量高，为

25%～30%，保水性能好，抗旱能力强；表层 30 cm 的水分季节变化最明显，80 cm 以下相当稳定，每年 3～6 月为水分消耗期，7～11 月为水分补给时期，对作物供水来说，除 5～6 月份土壤水分缺少外，其余时期均相对充足。褐土成土母质为各类岩石风化物、洪积冲积物及人工堆垫物，土层深厚，质地疏松，易受侵蚀冲刷，适宜种植多种旱作物。淮南山区主要为黄棕壤，其次为棕壤和水稻土；丘陵区主要为水稻土，其次为黄棕壤。其中黄棕壤是黄、红壤与棕壤之间过渡性土类，主要分布于山脚低坡，土层浅薄，常伴有碎石出现；由于地形坡度较大，加之过去滥伐森林及不合理开垦，故极易产生水土流失，使一些地区的土壤肥力大为降低，特别在大别山区尤为严重。水稻土是指发育于各种自然土壤之上、经过人为水耕熟化、淹水种稻而形成的耕作土壤，种植作物类型以水稻为主，也可种植小麦、棉花、油菜等旱作物；一般水稻土的腐殖质的含量较高，由于受到长期种植水稻的潜育影响，土壤通透性能极弱，保水、保肥能力较好；抗旱方面主要受到地下水、水利设施等影响。沂蒙山丘区多为粗骨性褐土和粗骨性棕壤。其中粗骨性褐土成土母质为硅质岩类和钙质岩类，土层极薄；粗骨性棕壤系由岩石的风化残积，坡积物发育而成，土层浅薄，质地疏松，多夹砾石，蓄水保肥能力很差，水土流失严重。

淮北平原北部主要为黄潮土，系由河流沉积物和近代黄泛沉积物发育而成，它含有较多可溶性盐类，属砂壤土类，除少数黏质和壤质土壤外，多数质地疏松，肥力较差，土壤透水性较强，并在其间零星分布着小面积的盐化潮土和盐碱土。黄潮土是主要的旱作土壤，盛产粮、棉，但受限于旱涝灾害，加之土壤养分低或缺乏，大部分属中、低产土壤。淮北平原中部和南部主要为砂姜黑土，其次为黄潮土和棕潮土等。砂姜黑土是淮河流域平原地区分布较广的一种颜色较黑的半水成土，也是一种古老的耕种土壤，以安徽省淮北平原地区分布的面积为最大。砂姜的形成受地下水水位和水质（富含重碳酸钙）的影响，不过面砂姜的形成，还与土体中碳酸钙的淋溶淀积有密切关系。砂姜黑土的质地比较黏，没有明显的沉积层理，结构性能差，干缩湿涨性强，耕性不良，易涝易旱，不利于农业稳产高产。淮河下游平原水网区为水稻土，系由第四纪湖相沉积层组成，土壤肥沃。苏、鲁两省滨海平原新垦地多为滨海盐土，含盐量较高，宜种植耐盐植物。

农业生物本身的抗旱性强弱受农业干旱的发生和危害的影响也很大。因为不同的作物种类，生物学特性不同，抗旱能力差别较大；同一种作物的不同品种，甚至同一品种的不同发育期，抗旱能力差异也很明显。

7.3.3　人类活动因素

人类活动分为改造自然与资源利用。

中华人民共和国建立以来，人类活动对淮河平原区的旱涝灾害防治与对地表生态的影响总体可分为了四个阶段。在 20 世纪 50～60 年代，淮河流域水利工程十分薄弱，地表生态系统呈天然状况，淮河平原区农业生产呈“大雨大灾、小雨小灾、无雨旱灾”的状态，治淮工作在“蓄泄兼筹”方针指引下，主要是上游山区建水库和大江大河防洪，此阶段，面上生态系统遭洪涝威胁大幅减轻。20世纪60～80年代，流域全面开展了面上农田基本建设，沟、渠、田、林、路配套，区域涝渍灾害问题得到缓解，“人民公社化”也促进了沿河中小泵站的建设与使用，地下水水位有所降低但灌溉利用较少，此阶段，农业生产及地表生态系统遭受面上干旱及农田涝渍的威胁进一步减轻。在20世纪80年代至2000年前后，一方面国家和地方加大了水利工程续建配套，江河与城市防洪标准普遍提高，部分浅层地下水下泄加快；另一方面，由于包产到户，使众多河灌泵站与家庭小面积灌溉模式脱节，河灌泵站及配套渠系因长期闲置而损毁严重，而“小口井＋小白龙”成本较低使用方便，适应了家庭承包制农业生产形式，故而淮河平原区井灌遍地开花，部分区域浅层地下水开采达到极限，浅层地下水水位普遍持续下降，加之“三生”之间的竞争性用水和煤炭开采对地下水的扰动，使得干旱季节和干旱年份农业灌溉缺水问题尤为突显，水生态系统因生态需水得不到供给，使得淮北平原的水生态退化较为严重。2000年后，各地开展了“地下水安全开采”“沟网蓄水”“地表、地下水联合调控”等一系列研究与实验，平原区农田的涝渍灾害防治由“涝渍强排”逐渐向“排蓄结合”的模式转变；同时，通过大河、大沟坝控、闸控拦蓄地表水返补地下水及制定地下水开采“双控”红线等措施，增强了地下水的可恢复性，也部分改善了地表生态环境。

人类活动在资源利用方面也不断增长。随着社会的发展，人口急剧增长，全流域人口由2005年的1.65亿人增长至2014年的2.02亿人，占全国总人口的13%左右，其中农村人口约1.36亿人，约占流域总人口的80%；平均人口密度近636人/km^2，是全国平均人口密度的4.7倍，居全国各大流域之首。随着城市化水平的提高以及郑州、徐州、扬州、济宁、平顶山、许昌、蚌埠、淮南、连云港、日照、盐城等中等以上新兴工业城市的发展，因为缺乏经验，许多地区在确定经济布局、产业结构和发展规模时没有考虑水资源承载能力，未做到因水制宜、量水而行，即使在水资源极度贫乏，开发难度大或不利于环境保护的地区，也兴建高耗水工业，发展高耗水农业，城市规模不断扩大，使得供水压力进一步增大(表7-40)。随着城市不断向农村扩张，流域耕地总量急剧减少，从1997年的1 335.3万hm^2减至2007年的1 273.3万hm^2，人均占有量小，用途不稳，质量不断下降，局部地区土壤污染严重。为了满足粮食需求，本地区种植农作物主要分夏、秋两季，夏季主要种植小麦、油菜，秋季种植水稻、玉米、薯类、大豆、棉花、花生等，复种指数的提高，加重了干旱的发生和发展。

表 7-40　淮河流域部分年份用水量统计(单位:亿 m^3)

年　份	生活用水	工业用水	农业用水	生态用水	总用水量
2004	72.7	97.9	381.7	4.1	556.4
2005	75.7	105.3	357.8	5.0	543.8
2006	76.9	107.2	402.9	5.5	592.4
2007	78.4	99.6	370.0	6.4	554.4
2009	84.2	97.9	449.2	8.4	639.7

从表 7-40 中可以看出,随着经济建设的高速发展、人民生活水平的提高,对水的需求无论是数量、质量还是供给保证率的要求都越来越高,生活和生态用水量逐年提高,工业用水量比较平稳,农业由于受到降水等自然因素影响,用水量有所波动,但仍占据着 65%以上的用水量。各方面的需水量在增加,缺水的程度在不断加剧,但由于缺乏理想的替代水源,多数城市在干旱年份只能限制或挤占农业用水和不断超采中、深层地下水,加剧了城乡用水矛盾,恶化了生态环境。干旱造成的损失和影响越来越大,一些原本不缺水的区域也出现了水资源日益紧张的趋势。

人类活动既可能减轻或避免农业干旱的发生及地表生态的恶化,也可能造成或加剧农业干旱的危害和加重农业生态的恶化。例如,在农业生产实践中,注意兴修水利,加强农田基本建设,因时因地制宜合理安排作物布局和种植,推广应用各种行之有效的节水农业、设施农业等农技措施,则可减轻或避免农业干旱的发生;反之,乱垦滥伐、过樵过牧以及耕作种植不当等,则可引发或加剧农业干旱的发生。

在长期的自然和人为因素作用下,沿淮化工厂增多,城镇扩张加快,原生生态环境衰退;过度开发利用、污染和浪费水资源造成一些河网枯竭、湿地消失,地下水水位下降、水生态环境恶化等导致干旱及其灾害加剧;森林植被的破坏,使生态失去平衡,水土流失日趋严重,人类生存的自然环境恶化,抗御自然灾害的能力被削弱;矿产开发方面,开采占用和破坏的土地面积持续增长,造成的水资源污染严重;水利工程老化失修,水利基础设施的局限性和发展的不平衡使抗旱能力降低,若不采取强有力的措施,今后干旱缺水形势将日趋严峻,旱灾危害将会更大,地表生态环境会进一步恶化。

7.4　淮河平原区奥德姆生态管控趋势线

7.4.1　生产力等级划分

奥德姆(Odum,1959)将地球上的生态系统按生产力高低,划分为 4 个等级:① 最低级：荒漠化、深海，平均生产力低于 0.5 g/ (m^2 • d)；② 较低级：山地森林、热带稀树草原、农耕地、半干旱草原、深湖和大陆架，平均生产力 0.5～3.0 g/(m^2 • d)；③ 较高级：热带雨林、农耕地和浅湖，平均生产力为 3～10 g/(m^2 • d)；④ 最高级：高产农田、河漫滩、三角洲、珊瑚礁、红树林等特殊生态系统，其生产力 10～20 g/(m^2 • d)，最高可达 25 g/(m^2 • d)。具体见表 7-41。

表 7-41　地球上生态系统按生产力划分等级表

<table>
<tr><th colspan="3">等级名称</th><th>生产力(t/(hm^2 • a))</th><th>代表性生态系统</th><th>备　注</th></tr>
<tr><td>1</td><td colspan="2">最高等级</td><td>36.5～73</td><td>农业高产田、河漫滩、三角洲、珊瑚礁、红树林</td><td></td></tr>
<tr><td>2</td><td colspan="2">较高等级</td><td>10.95～36.5</td><td>热带雨林、温带阔叶林和浅湖</td><td></td></tr>
<tr><td rowspan="3">3</td><td rowspan="3">较低等级</td><td>第一亚等级</td><td>8～10.95</td><td>北方针叶林，平均生产力约为 8.5 t/(hm^2 • a)</td><td rowspan="3">该等级的生产力范围是 1.82～10.95 t/(hm^2 • a)，此范围比较宽泛，指导意义不强，因此本评价以温带阔叶林、疏林灌丛和温带草原 3 个比较典型的生态系统的生产力为代表，将该等级进一步细化为 3 个亚等级</td></tr>
<tr><td>第二亚等级</td><td>6～8</td><td>疏林灌丛，平均生产力约为 7 t/(hm^2 • a)</td></tr>
<tr><td>第三亚等级</td><td>1.82～6</td><td>温带草原，平均生产力约为 5 t/(hm^2 • a)</td></tr>
<tr><td>4</td><td colspan="2">最低等级</td><td>小于 1.82</td><td>荒漠和深海</td><td></td></tr>
</table>

注：本表来源于 Odum，评价人员为了更清晰地反映评价区生产力水平所处的位置，将“较低等级”又细分为 3 个亚等级。

Odum 的等级划分还给出几个重要量纲：当生产力最高的生态系统的生产力降低至 3 650 g/(m^2 • a)以下时，系统就由最高级降到较高级；当系统第一性生产力降至 1 095 g/(m^2 • a)时，系统已由较高级降至较低级了，在陆地上则由森林生态退化为灌草生态了；当系统第一性生产力再降至 182.5 g/(m^2 • a)时，系统就由较低级降至最低级了，对应的陆地生态已由草原退化为荒漠生态了(非污染生态影响评价技术导则. 北京：中国环境科学出版社，1999)。

由此可见，生态系统可按其第一性生产力划分等级，不同生态系统类型转变的“阈值”或“拐点”就是一种生态系统的“标准”，越过标准生态系统类型就发生了根本性改变。因此，从生态景观判断，森林、灌草、草地、荒漠草原、沙漠，可以看作是不同等级的生态系统。当生态系统由较高一级降至较低一级时，犹如空气质量或水质级别降低一样，说明生态系统的功能也已经降级。

生态等级的划分为生态环境质量划分提供了一种重要准则，也成为研究生态标准的重要思路。对于特定地区，各种类型的生态系统都有其比较理想的质量状态，也会有退化恶化或降低到较低质量状态的情况。研究其相对"理想"状态、"较理想"状态、一般状态和"最不理想"的状态界限，并以一定的指标如植被生产力表征，就可以构成一个指标系列和提供可选择的标准。生态质量标准既要体现区划规划对生态功能的要求，也要体现特定地域的自然条件和不同生态系统类型的生态规律和可能性。

按奥德姆《地球上生态系统按生产力划分等级表》，淮河平原区地表生态系统处于"较低等级第一亚区"。淮河平原区生产力水平在 11～8(t/hm^2 · a)，而华北平原则处在"较低等级第二亚区"，生产力水平在 8～6(t/hm^2 · a)。

7.4.2　奥德姆生态管控趋势线

淮北平原生态分布带与浅层地下水关联性研究表明，淮北平原浅层地下水埋深是影响淮北平原地表生态系统的重要因子；参照周广胜、张新时等人利用水热平衡联系方程及生物生理生态特征关联性研究成果，该成果认为生物温度(积温)和降水量是两个最重要的生态因子，结合淮北平原水热特征，我们认为浅层地下水埋深对淮河平原区地表生态的影响程度要高于生物温度(积温)。因此，本研究以降水与浅层地下水埋深两个因子为地表生态影响因子，建立淮河平原区奥德姆生态趋势线。

五道沟实验站的长期实验研究表明，正常年份，浅层地下水埋深位于 0.8～1.5 m，旱作物将获得高产，同时此埋深也是亚湿地分布带(水稻)所对应的埋深，此时地表生态系统是处于健康状况，第一性生产力测算，生产力水平在 11～8 t/(hm^2 · a)，属第一亚等。随着埋深增加，生产力水平在不断下降，当地下水埋深降至 3.5～5.0 m 时，不同埋深蒸渗仪群实验结果表明，潜水蒸发为"0"，也即，砂姜黑土作物对地下水利用极限埋深为 3.5 m，黄潮土作物对地下水利用极限埋深为 5.0 m。在此极限下作物根系无法汲取地下水，生物生长只能靠降水和土壤水，第一性生产力将降至 8～4 t/(hm^2 · a)，健康状况由第一亚等降到第二亚等。当地下水埋深降至 8.0～10.0 m 时，依靠浅层地下水灌溉的地区，此时继续开采地下水，会导致地下水呈难以恢复的状态，一方面导致地表干旱烈度增加，另一方面会导致地表干旱时间增加，致使地表植物枯萎死亡，第一性生产力将降至 4～2 t/(hm^2 · a)，健康状况由第二亚等降到第三亚等。因此，在正常降水年份，浅层地下水埋深生态上拐点在 1.5 m 左右，下拐点在 8.0 m 左右；而对于特旱年份，如 1978 年，浅层地下水埋深的生态上、下拐点均要右移，上拐点降至小于 1.0 m，下拐点降至 6.0 m 左右；同样地，当降水增加时，如降水均匀，如 2003 年，则作物生长甚至不需灌溉，浅层地下水对地表生态的支撑作用将下降，浅层地下水埋深生态上、下拐点均要左移，上拐点升至 3.0 m 左右，下拐点升至

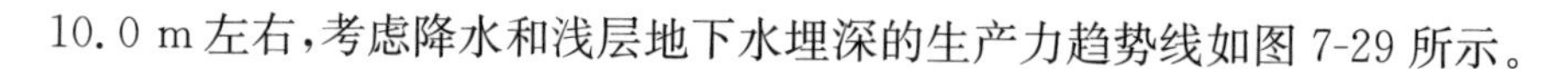

10.0 m左右，考虑降水和浅层地下水埋深的生产力趋势线如图7-29所示。

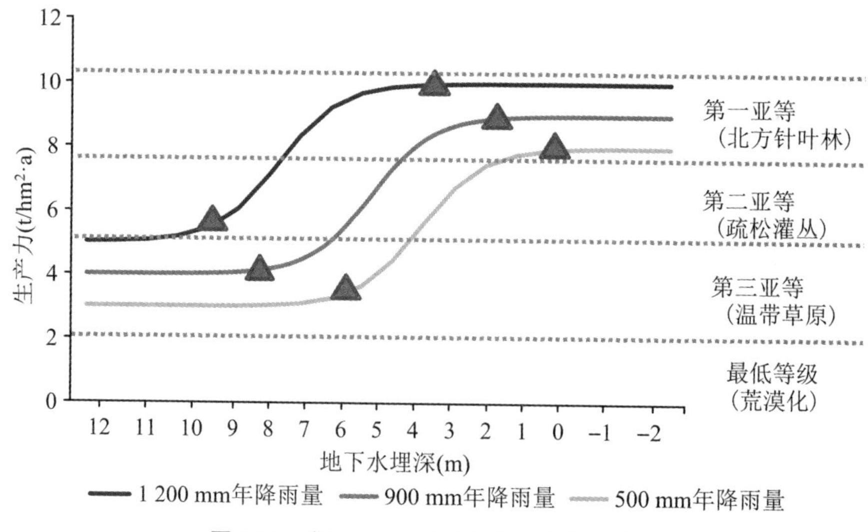

图7-29　淮河平原区奥德姆生态管控趋势线

7.4.3　奥德姆生态管控趋势线参数率定

淮河平原区双要素奥德姆生态管控趋势线表明，地表生产力与地下水埋深的关系呈倒“S”曲线关系，如式(7-1)所示：

$$f(x)=\frac{k}{1+e^{a+bx}}+c \tag{7-1}$$

其中，$f(x)$为奥德姆生产力值，x为地下水埋深值，a，b，c，k为待定参数。再将地表生产力与地下水埋深控制拐点作为约束条件，可推演出年降水量分别为500 mm，900 mm和1 200 mm条件下的奥德姆生态管控趋势线参数，如表7-42所示。

表7-42　奥德姆生态管控趋势线参数

年降水量(mm)	a	b	c	k
500	−5.62	1.30	3.06	4.90
900	−0.68	1.12	3.94	4.96
1 200	−10.92	1.44	5.00	4.94

不同降雨年份下，奥德姆生态管控趋势线如图7-30所示。

在正常降水年份，浅层地下水埋深生态上拐点地下水埋深(横坐标)在1.5 m左右，下拐点地下水埋深(横坐标)在8.0 m左右；而对于特旱年份，如1978年，浅层地下水埋深生态上、下拐点地下水埋深(横坐标)均要右移，上拐点降至小于1.0 m，下拐点降至6.0 m左右；同样地，当降水增加，如降水均匀，如2003年，作物生长甚至不需灌溉，浅层地下水对地表生态的支撑作用将下降，浅层地下水埋深生态上、下拐点地下水埋深（横坐标）均要左移，上拐点升至 3.0 m 左右，下拐点升至 10.0 m 左右。

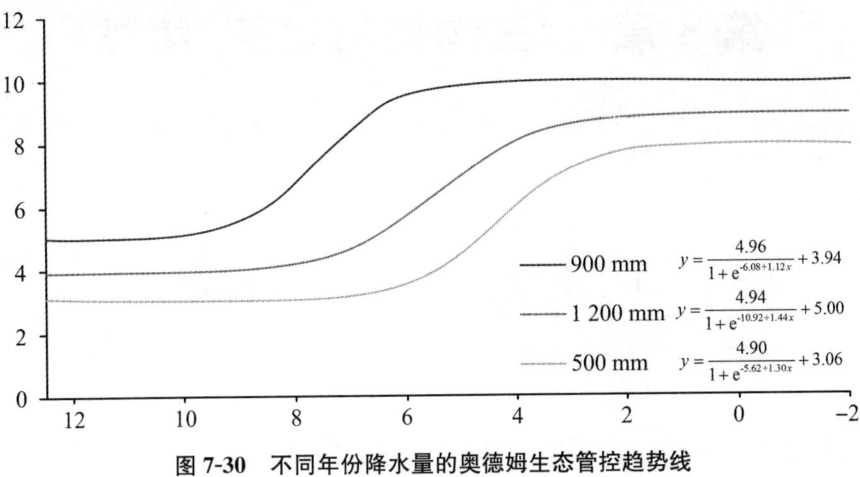

图 7-30　不同年份降水量的奥德姆生态管控趋势线

第8章 “三沟两田双控”实践

8.1 土壤水与作物生长环境

8.1.1 小麦生长期的土壤水影响与变化

适宜的土壤水分是保证作物正常生长发育，获得稳产高产的重要条件之一。作物的生理特性决定了它在不同生长阶段对水分有着不同的要求，所以，土壤水分过高或过低对其生长发育都会产生不利影响，最终导致减产。

土壤水分的变化直接影响小麦生长与单产。据对地下水控制埋深为0.1 m和0.2 m的测筒的多年实验记录，每年返青前无论是出苗还是长势，该埋深的作物长势均比其他控制埋深大的测筒好。这主要是因为地下水埋深浅，土壤湿度大，能充分满足种子发芽及苗期生长所需的水分。但到返青之后植株渐渐黄枯，长势远不及其他测筒，特别是抽穗、灌浆时烂根死亡率高。这说明小麦生长后期如果土壤湿度太大，就不利于植株生长。另据实验，本区表土(地面下0.5 m以浅)的土壤水分变化虽受降雨蒸发影响大，但与地下水的关系却相当好；地面下0.5～0.8 m土层的土壤水分主要受地下水水位控制，而0.8 m以下的土壤水分受蒸发的影响较小。此次分析，着重统计计算了受气象因素影响大而且与植株生长关系最密切的表土层(0～0.5 m)的平均含水率(土壤水分占干重的百分数)的年内、年际变化，并把每年逐日土壤含水率的18%～26%作为适宜作物生长的土壤水分指标，进行天数统计。统计表明，表层土壤水分的年内分配、年际变化与降水年内分配不均匀、年际变化大的规律大致是一致的。从多年平均统计看(表8-1)，小麦生长期的8个月中约有28天，土壤水分不适宜，或多或少，多有25天甚至一个月不适宜。因此，在小麦生长期有必要对0～0.5 m耕层土壤水进行人工调节。“三沟两田”，侧重雨期农田涝渍调控，“三沟”侧重排涝，“两田”侧重排渍，即排除0～0.5 m耕层饱和土壤水；而“双控”则侧重留下降水后期涝渍水，以防止地下水下降得过快、过低。

表8-1 五道沟地区历年小麦生长期0～0.5 m耕层土壤水特征统计

月份		10	11	12	1	2	3	4	5
0～0.5 m 土壤水(%)	多年平均	24.4	23.8	22.0	22.6	23.1	24.0	23.7	23.1
	最大	34.8	36.0	29.2	27.7	31.4	35.0	36.0	36.0
	最小	17.4	17.2	15.6	20.4	17.6	19.4	15.0	17.0
适宜含水率 (18%～26%) 天数(天)	多年平均	25	27	30	30	25	25	26	27
	最多	31	30	31	31	29	31	30	31
	最少	12	12	15	24	10	9	5	13

另据五道沟实验资料记载，1964年小麦在抽穗扬花期，自4月1～17日阴雨12天，降水量达163.8 mm，雨前地下水埋深0.70 cm；降水期间地下水升至地表并有2天时间地面积水深达2 cm，而且雨止后直到4月27日地下水埋深还处在0.5 m的位置，导致4月1～27日0～0.5 m土层的日平均含水率达32.0%，超过了田间最大持水率31.7%之值。接着5月15～28日又出现连阴雨天气，雨日数10天，降水量107 mm。地下水埋深由0.91m升至地表，并且小于0.3 m的天数持续13天之久，有15天的0～0.5 m土层日平均含水率为32.1%。这对小麦后期生长极为不利，其产量与同等生产水平下风调雨顺的1976年产量相比减产72.8%，与常年平均产量比减产47.6%。另外，在小麦生长期中如果发生连阴雨天气，则0～0.5 m土层含水率占田间最大持水率比重在88.0%～102.2%，多数情况下自雨止之日起都会延续10天以上(最长可达16天)，这远远超过了作物实际需要的含水量值。这就告诉我们，一旦出现这种状况，尤其在生长后期，绝不可等闲视之，应立即采取排水措施。

8.1.2 大豆生长期的土壤水影响与变化

大豆的生长特性也与土壤水息息相关，尤其苗期多阴雨天气并经常发生地面积水现象，从而影响作物正常生长。五道沟地区大豆生育期土壤水地下水特征统计情况见表8-2。

表8-2 五道沟地区大豆生育期土壤水地下水特征统计

月份		4	5	6	7	8	9	4～8	6～9
0～0.5 m土壤含水率	平均(%)	23.7	23.1	23.0	26.2	25.3	28.7	24.3	25.8
	适宜天数	27	27	27	19	22	24	122	92

续表

月份			4	5	6	7	8	9	4～8	6～9
地下水埋深(m)	平均(m)		1.09	1.15	1.13	0.69	0.73	0.90	0.95	0.87
	平均出现天数(天)	≤0.3	1.9	1.5	1.9	6.0	3.5	2.6	14.3	14.0
		0.3～0.5	0.9	1.9	1.2	5.4	3.3	3.1	13.2	13.5
		0.5～1.0	11.0	11.3	10.7	9.3	16.8	13.9	59.1	50.7
		1.0～1.5	9.3	6.7	9.1	8.1	5.6	6.5	33.8	29.3
		≥1.5	6.8	9.8	7.4	2.5	1.3	3.9	27.8	15.1

从表 8-2 可以看出，大豆生育期内，各月分别有 3～12 天土壤水不适宜，以 7 月份不适宜天数最多，达 12 天。地下水在 0.5 m 以浅，各月需要降渍的天数分别有 3～12 天，以 7 月份最多；约有一半时间，地下水在 0.5～1.0 m 的适宜范围内。大豆生育期，更需要“三沟两田双控”农田排蓄体系的调控。

另据实验资料记载，1969 年 7 月 6～16 日降水日数为 9 天，总降水量 160.9 mm，造成近 6 天的地面积水，深度达 6 cm，导致 0～0.5 cm 土层的日平均土壤含水率 7 月 6～27 日一直维持在 30.8%，占田间最大持水率的 97.2%，最终因涝渍造成严重减产，其产量与同等条件下的 1976 年产量相比减产 69.7%。因土壤水分不足造成作物减产的最典型例子是 1978 年，该年大旱，大豆全生长期(6～9 月)降水日数只有 24 天，总降水量仅 237.2 mm，同期的 E601 型水面蒸发器测得的量则高达 856.7 mm，而 0～0.5 m 土层的土壤含水率最小时只有 13.2%，这种严重的缺水，导致了大量农田几乎颗粒无收，本区 3 000 多亩大豆平均亩产只有 7.5 kg。

8.2 作物生长适宜地下水埋深蒸渗仪实验成果

作物生长适宜地下水埋深实验是利用五道沟实验站地的中蒸渗仪群，在五道沟实验站开展的。五道沟水文水资源实验站是淮河平原区水文水资源综合实验站，位于东经 117°21′，北纬 33°09′，安徽省蚌埠市固镇县新马桥原种场境内，距离蚌埠市 25 km，紧邻京沪铁路和蚌徐公路，占地面积近 3 万 m^2。

五道沟实验站前身为青沟径流实验站，始建于 1953 年 5 月。原淮委为解决淮北平原除涝水文计算及淮北平原的严重内涝问题，通过在淮北坡水区设置了 5 条不同标准的大、中、小排水沟(即五道沟的得名)开展除涝水文原型观测与实验，探求农田排水标准，为大规模沟洫工程建设提供科学依据。实验区设置各类相互嵌套的实验流域，开展了径流、气象、入渗、蒸发、土壤水、潜水蒸发、水均衡场观测实验，开启了新中国的流域水文实验。这是中国第一个系统的水文实验站，是继苏联国立水文研究所 1933

年设立的瓦尔达依站(Валдай)和美国 1934 年设立的科韦泰站（Coweeta）之后的全世界第三个水文实验站。

1985 年以来，几经扩建，五道沟实验站现已成为淮河流域水文水资源综合实验研究基地；1998 年成为安徽省水利水资源重点实验室的主要组成部分；2003 年 5 月经水利部水文局批准成为水利部淮委水文局共建共管水文水资源实验站；2004 年 10 月成为河海大学水资源开发教育部重点实验室五道沟野外实验基地；2007 年 5 月成为河海大学水文水资源与水利工程科学国家重点实验室实验研究基地；2007 年 8 月成为武汉大学水文水资源与水电工程科学国家重点实验室实验研究基地。

2014 年以来，在水利部和安徽省水利厅的大力支持下，先后投入了近 2 000 万元资金，新增了 10 套自动称重式蒸渗仪设备(原有 60 套非称重式蒸渗仪群)，新建了大型人工降雨模拟实验场，扩大了农田排水实验区(10 km^2)，实现了信息化和自动化，成为国内、国际现代化水平较高的流域水文实验基地，为新时期水文水资源实验研究提供了较先进的实验平台。实验站经过 65 年的发展，具备了较强的科研实验实力，60 多年不间断地系统刊布了安徽淮北坡水区水文观测实验资料年鉴；先后有 30 余项成果获奖，发表学术论文 300 余篇，出版专著 20 多部。这些成果在淮北及在类似地区的农业、水利、能源、交通、教学、科研等国民经济部门得到了广泛应用，社会效益显著，为我国水文事业及工农业生产发展做出了重要的贡献。

五道沟实验站主要实验设施如下：

1. 非称重式大型蒸渗仪群(60 台套)

1989 年建成运行，有砂姜黑土和黄泛区砂壤土两种状土柱，有 5 种不同的器口面积(0.3 m^2，0.5 m^2，1.0 m^2，2.0 m^2 和 4.0 m^2)，15 种地下水水位控制埋深(即 0 cm，10 cm，20 cm，30 cm，40 cm，50 cm，60 cm，80 cm，1.0 m，1.5 m，2.0 m，2.5m，3.0 m，4.0 m 和 5.0 m)地中蒸渗仪群 60 套(其中含 1 套人工回填土)。除可进行常规潜水蒸发、地表径流(超渗产流)及下渗补给量(土壤自由重力水下渗补给地下水量)等观测项目外，可开展“四水”转化、水文循环、农田排水指标、农作物对地下水的利用量、有作物和无作物潜水蒸发规律、水均衡分析、生态环境、水资源以及水资源价参数等专项实验研究。现已积累 40 余年潜水蒸发及农作物生长与水的关系实验资料。

2. 自动称重式地中蒸渗仪群(10 台套)

新建了自动称重式地中蒸渗仪共 10 台套，其中口径 4 m^2，土柱高 4 m 规格的回填土自动称重式地中蒸渗仪 6 套；口径 2 m^2，土柱高 4.2 m 规格的原状土自动称重式地中蒸渗仪 2 套；口径 2 m^2，土柱高 2.2 m 规格的原状土自动称重式地中蒸渗仪 2 套。自动称重式地中蒸渗仪在土柱的不同层位布设有土壤水分、土壤温度、电导率和土壤水势传感器，同时可以进行不同层位的土壤溶液取样。自动称重式地中蒸渗仪群主要用于开展土壤和作物水分平衡、物质平衡、土壤溶质运移、降水入渗—饱和产流及非饱和产流的水文机理、面源污染机理与控制等实验研究。

3. 径流实验场

主要由集水面积为 1 600 m^2,60 000 m^2 和 1.36 km^2 互相嵌套的 3 个大、中、小封闭径流实验场组成。径流实验场内设 8 个地下水水位观测点,2 个土壤水测点,探讨人类活动影响下的平原产流、汇流规律和排涝模数等。

4. 水文气象全要素观测场

主要为配合水文实验研究开展常规地面气象全要素观测,包括:干湿球温度、E601 水面蒸发、标准雨量、自记雨量、日照时数、梯度地温、20m^2 口径水面蒸发、风速风向、太空辐射等,已积累 60 余年不断地观测资料。

5. 农田灌溉与排水综合治理实验区

实验区域面积约为 10 km^2,其中综合治理农田有 667 hm^2,原种繁殖基地为 330 hm^2,主要开展农田排灌与水资源利用综合技术研究、工程措施与非工程技术密切结合的节水增效技术研究及其示范与推广应用。

6. 人工模拟降雨径流实验场

建有 6 个实验区小区,每个实验区面积 32 m^2(4 m×8 m)。6 个实验小区为:2 个小区采用固定式液压变坡钢槽,可在 0°～20°范围内调节任意坡度,模拟不同坡度的坡面;4 个实验小区设定坡度为 0°和 20°固定坡度。实验小区下垫面土壤类型为人工回填的沙姜黑土和黄泛沙土。实验场能够模拟仿真自然降雨条件下的降雨径流、壤中流、入渗量,土壤中污染物运移、水土流失监测,也可以开展水土流失保护措施等方面的模拟实验研究。

7. 浅、中、深层地下水补排关系实验观测井

五道沟实验站内布设有浅层(50 m)、中深层(150 m)、深层(300 m)地下水实验机井各 1 眼及对应深度的浅层、中深层、深层地下水水位观测孔各 1 眼。可通过抽水实验研究井的涌水量与水位降深的关系及其与抽水延续时间的关系、含水层之间及含水层与地表水体之间的水力联系、获取含水层水文地质参数(渗透系数 K、导水系数 T、贮水系数 λ、给水度 μ 等)、评价含水层富水性。在优化开发调控条件下,建立浅层、中深层、深层孔隙水系统越流补给—弹性释放运动模型,研究浅层、中深层、深层孔隙水优化开发、调控和保护技术。

8. 墒情监测点

站内建有土壤墒情监测点 1 处,可进行定点的 10 cm,20 cm 和 40 cm 土壤含水率的自动监测。

五道沟实验站周边地区地下水的特点是埋藏浅(地下水埋深小麦生长期多年平均 1.15 m,大豆生长期多年平均 0.87 m),遇雨陡升缓降,能较长时间维持在根系活动层,影响作物正常生长。因为作物生长过程中,根系活动层内一方面要有足够的水分供其吸收,但也要有空气供其呼吸;同时作物的根在吸收土壤中的矿物质时,必须要有

分解土壤矿物质的微生物提供帮助，而这种微生物也需要土壤中含有一定的空气，才能生长和活动。所以，地下水埋藏就不宜太浅，太浅产量就会受到影响；当然太深也不好。淮北平原区地下水埋深较浅，年平均地下水埋深 1～4 m，变幅在 2 m 以内。地下水水位过高，土壤水分经常处于饱和状态，土壤含氧量少，会造成作物根系老化、叶片早衰而减产。地下水水位过低，作物难以利用地下水，易产生干旱，不适时灌水，就会影响产量。对于作物来说，地下水水位控制不合理会影响产量。因此，在淮河平原区，合理地控制地下水水位可以改善作物生态环境，协调水、肥、气、热状况，促进作物生长发育，起到提高作物产量的作用。在地下水浅埋区，大气水、植物水、土壤水和潜水一起构成一个完整的农田水分系统。已有的研究成果表明，潜水对 SPAC（土壤—植物—大气）系统的作用是不可低估的。土壤水动态变化和地下水动态变化相互作用、相互影响。同时，土壤水分状况会诱发作物从形态到生理许多方面的反应，可影响到作物生育各个方面和阶段，作物生育状况会改变自身水分消耗并反过来影响到土壤水分状况。因此，潜水的存在必将影响作物的生长发育过程。

8.2.1 玉米模拟实验

通过对玉米的考种资料分析可知：对于砂姜黑土，地下水埋深控制在 0.6～2.0 m 的玉米籽粒重较大。对于黄潮土而言，地下水埋深控制在 1～2 m 的玉米百粒重和籽粒重相对较大。砂姜黑土地下水控制埋深为 1～1.5 m 的玉米生长状况与同期大田玉米的生长状况相比最为接近。在砂姜黑土测筒中种植的玉米产量普遍比在黄潮土里种植的玉米产量高。从图 8-1 可知，2011 年测筒玉米最适宜地下水埋深为 1.5～1.8 m。

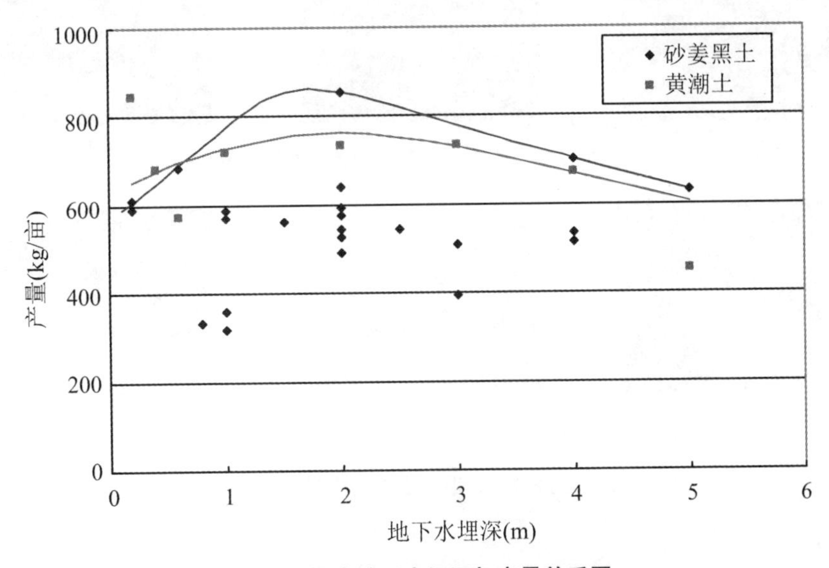

图 8-1 玉米地下水埋深与产量关系图

2011年玉米全生育期降水量575.1 mm,比多年平均降水量偏多16.5%。测筒玉米在品种、种植方式、化肥相同条件下,长势主要取决于玉米根系活动层的土壤水分,而玉米根系活动层的土壤水分则主要取决于降水和地下水补给(潜水蒸发)。从高产外包线看,正常年份高产埋深在0.8～1.2 m,而当年降水丰时,适宜埋深降到2.0 m。这与历史成果是一致的。

8.2.2 小麦模拟实验

2011年小麦适宜地下水埋深实验于2011年10月开始。该年站内实验地于10月20日播种小麦,地中式蒸渗仪测筒中的小麦于10月27日适时播种,小麦品种为皖麦24,播种时测筒中施尿素20 kg/亩、二铵钾肥15 kg/亩的底肥。实验中没有进行灌溉。小麦于2012年6月5日收割。小麦生育期为223天。小麦实验共采用40个测筒,其中装有砂姜黑土的测筒32个,装有黄潮土的测筒8个。

通过对2011年小麦生育期适宜地下水埋深实验考种资料进行分析可知:砂姜黑土地下水埋深控制在1.0 m的籽粒重和千粒重最大。对于黄潮土而言,地下水埋深和籽粒重都相对较大。大田里的小麦考种结果与控制埋深在2.5 m的测筒埋深控制在0.8～1.5 m的小麦千粒重的小麦考种结果接近。砂姜黑土里的小麦长势普遍好于黄潮土中的小麦长势。各阶段小麦长势可见图8-2。

2011年11月9日,二期实验小麦苗期

2011年12月30日,二期实验小麦返青期

图8-2 二期小麦实验现场记录

2012年3月8日，二期实验小麦分蘖期

2012年4月2日，二期小麦拔节期

2012年4月27日，二期小麦抽穗期

2012年5月22日，二期小麦乳熟期

图 8-2 二期小麦实验现场记录(续)

2011～2012 年小麦全生育期降水量 249.3 mm，比多年平均降水量偏少 11.5%。测筒小麦在品种、种植方式、化肥相同条件下，长势主要取决于小麦根系活动层的土壤水分，而小麦根系活动层的土壤水分主要取决于降水和地下水补给(潜水蒸发)，从高产外包线看，正常年份高产埋深在 0.8～1.5 m，而当年降水正常偏旱，适宜埋深亦在 0.8～1.5 m。这与历史成果是一致的(图 8-3)。

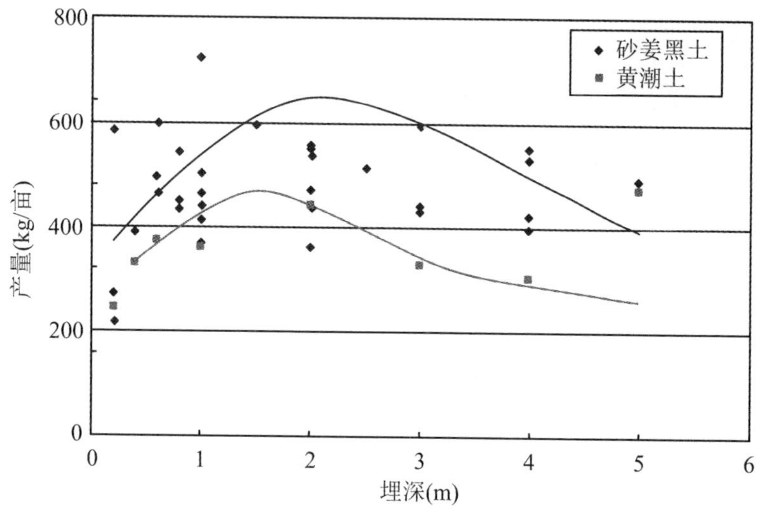

图 8-3 二期小麦埋深与产量关系图

8.2.3 大豆模拟实验

2012 年地中式蒸渗仪测筒中的大豆于 2012 年 6 月 25 日适时播种，大豆品种为中黄 1 号。参与实验的装有砂姜黑土的测筒有 32 个，装有黄潮土的测筒有 8 个。实验过程中没有施肥和灌溉。大豆于 9 月 22 日收割，生育期为 89 天。

对大豆的考种资料进行分析。装有砂姜黑土的测筒埋深在 0.8 m 控制水位下有较高的百粒重和籽粒重(1.0 m^2)；装有黄潮土的测筒在地下水控制埋深在 2.0 m 时有较高的百粒重和籽粒重(1.0 m^2)，如图 8-4 所示。

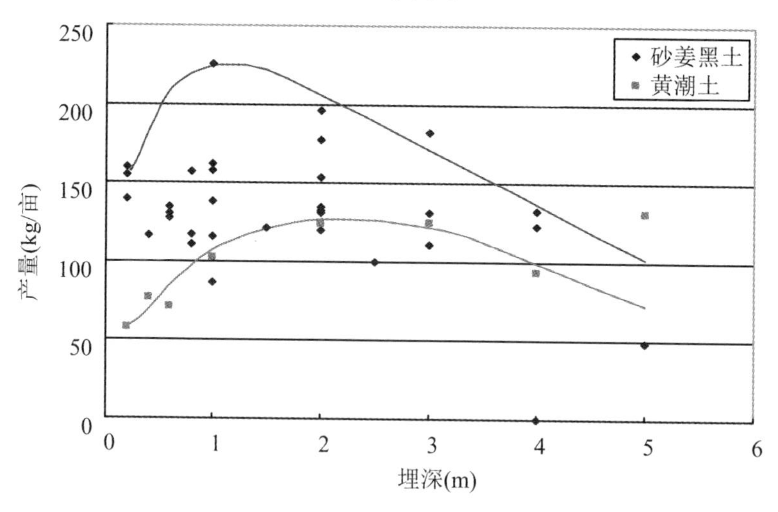

图 8-4 三期大豆埋深与产量关系图

2012年大豆全生育期降水量为477.0 mm,比同期多年平均降水偏少10.5%,尤其是分枝期—花荚降水偏少,达81.1%,致使当年大豆产量偏低。从高产外包线看,正常年份高产埋深在0.8～1.2 m,而当年降水正常偏旱,适宜埋深仍在0.8～1.2 m。这与历史成果是一致的。

1990年代之前地下水埋深实验成果详见表8-3。小麦生长适宜的地下水埋深在0.5～1.5 m之间,在此范围内,小麦产量波动幅度不大;大豆和玉米的最大单产量所对应的地下水埋深在0.6 m左右。此表由地中蒸渗仪测筒实验资料整理而得,但与农田实际情况也是吻合的。

表8-3 不同地下水埋深对作物产量的影响($S=0.3\ m^2$)

作物产量	埋深(m)									
	0.1	0.2	0.3	0.4	0.5	0.6	1.0	1.5	2.0	备注
小麦(g)	245	357	479	486	494	514	514	490	463	1970～1988年平均
大豆(g)		186.4		163.6		208.2	132.4	104.0	65.0	1972年为大青豆
玉米(g)		107.4		185.9		195.5	147.0	137.5	96.0	1978～1978年平均

8.2.3 蒸渗仪2010年以前实验成果总结

五道沟近年来的主要农作物小麦和大豆的考种资料:砂姜黑土小麦(2002～2008年)、黄潮土小麦(1992年、2003年、2004年以及2006～2008年)、砂姜黑土和黄潮土大豆(1998年、2000年以及2006～2009年)以及相应年份的地下水埋深,分析并找出最适合两种主要农作物生长的地下水埋深条件(图8-5)。可以看出,总体来说近两年小麦产量较高,可能是新近推广的小麦品种烟农19号比2003年时使用的皖麦19号产量要高。砂姜黑土和黄潮土种植的小麦,最高亩均产量是700 kg,砂姜黑土上的最高亩产发生在潜水埋深0.8 m,黄潮土上的最高亩产发生在1.0 m附近。地下水埋深在2.0 m以下时,砂姜黑土的小麦亩产量维持在亩均550 kg的水平,而黄潮土的小麦亩产量在[500 kg,600 kg]区间内微幅波动,大田小麦亩产量维持在450 kg左右(以2005年为准,大田面积300 m^2)。这说明,适当地控制地下水水位埋深,小麦的产量会有所提高,而且效果明显。维持在地下水水位最佳埋深,理论上亩产量最大能提高250 kg左右,这对小麦的产量而言非常可观。

对于大豆(有豫豆22号、17号、19号和16号)而言,从图8-5中的(c)、(d)可以看出,两种土质种植的大豆产量最高时的地下水埋深均在1.0 m左右,在地下水埋深

1.0 m时，黄潮土大豆最高亩产量达250 kg，而砂姜黑土大豆最高亩产量在170 kg左右；随着地下水埋深的增加，多数年份黄潮土大豆亩产量维持在150 kg或者以上，而砂姜黑土大豆亩产量维持在100～150 kg之间，由此可以得出黄潮土比砂姜黑土更适宜种植大豆。

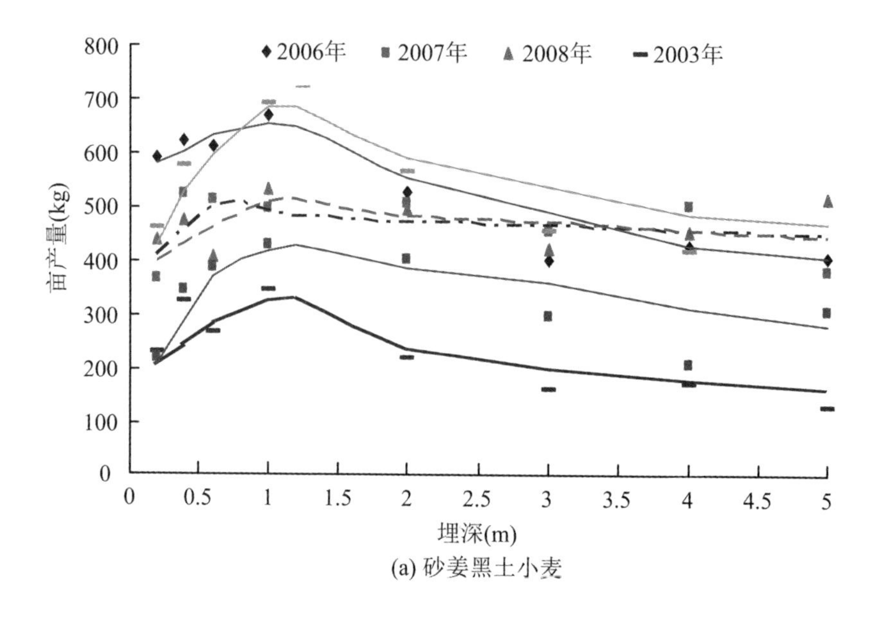

(a) 砂姜黑土小麦

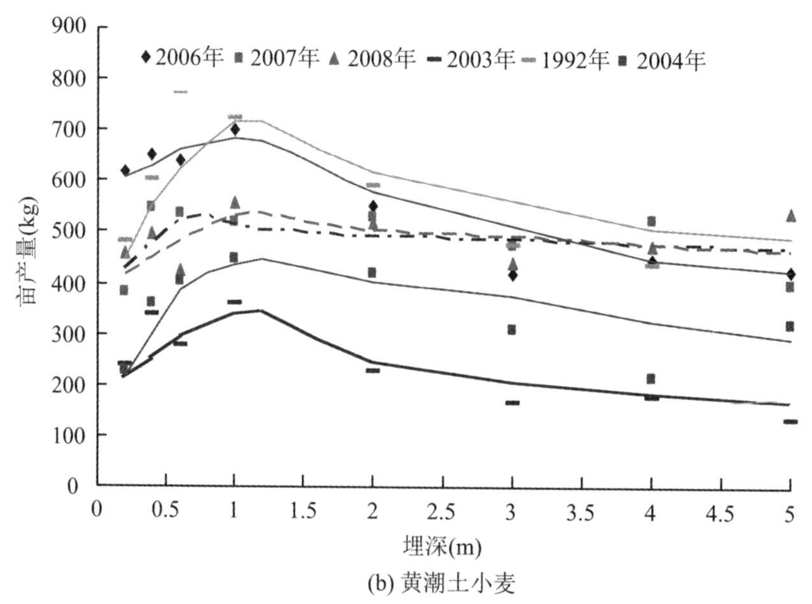

(b) 黄潮土小麦

图8-5　五道沟蒸渗仪测筒主要农作物产量与地下水埋深关系实验成果

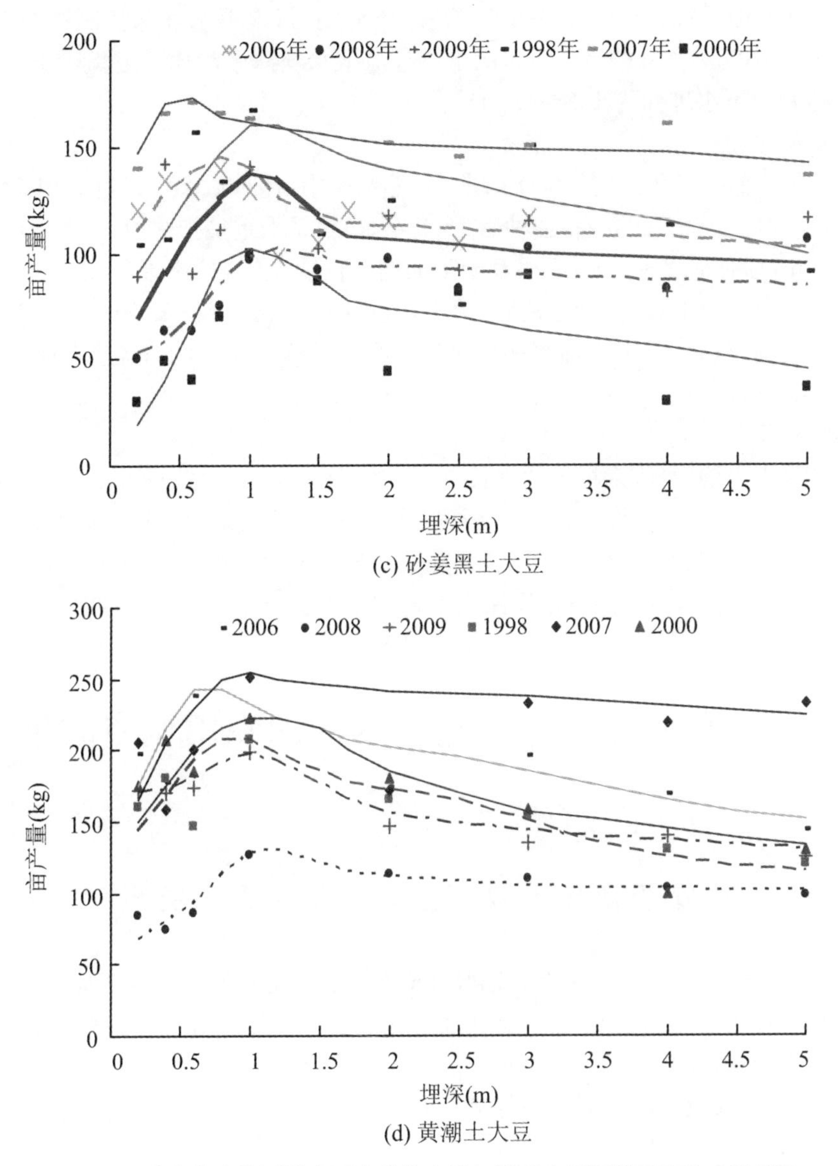

(c) 砂姜黑土大豆

(d) 黄潮土大豆

图 8-5 五道沟蒸渗仪测筒主要农作物产量与地下水埋深关系实验成果(续)

通过实验站测筒农作物产量与地下水关系实验,对作物生长适宜地下水埋深总结如下:

(1) 小麦

结合五道沟小麦根系下扎观测实验与作物生长控制地下水埋深实验,从作物根系的发育过程来看,冬小麦根系在整个生育过程中呈现出快—慢—快—慢的增长趋势。播种至出苗前和拔节后至灌浆这段时期出于较快的生长阶段。结合蒸渗仪测筒实验小麦长势观察:砂姜黑土中,播种至苗期,地下水埋深宜控制在 0.4 m 以内,然后适宜地下水埋深逐渐下移，以0.5～0.8 m为宜；拔节期后，地下水埋深控制在0.8～1.5 m，较为利于小麦对水分的吸收。黄潮土适宜地下水埋深平均比砂姜黑土下移0.4～0.6 m，适宜地下水埋深为1.2～1.6 m。

(2) 大豆

大豆根系的生长大致经历4个时期：砂姜黑土中，播种后20天以内，根系干重增长缓慢，长度增至0.2 m左右；播种后1～2个月，根系干重呈指数增长，根长从0.2 m增至1.3 m；播种后2～2.5月，根系干重的增长由快变慢，最终维持在1.4 m以内。从根系的发育过程来看，大豆分枝后，地下水埋深控制在0.8～1.2 m较利于大豆吸收水分。黄潮土适宜地下水埋深平均比砂姜黑土下移0.4～0.8 m，适宜地下水埋深为1.2～1.8 m。

(3) 玉米

砂姜黑土土壤中，玉米根系的生长过程呈现慢—快—慢的增长趋势，根系最长可达2.07 m。由于玉米的根系吸水多集中在上层，因此从根系的生长过程来看，地下水埋深控制在0.8～1.2 m最利于玉米的生长。黄潮土适宜地下水埋深平均比砂姜黑土下移0.5～1.0 m，适宜地下水埋深为1.3～1.6 m。

8.3　作物生长适宜地下水埋深农田调查成果

8.3.1　固镇县历年作物产量与地下水埋深关系

固镇县位于淮北平原中南部。选取五道沟实验站附近的固镇县新马桥镇韦店乡，统计该乡历年小麦(1962～1987年)、大豆(1965～1984年)单产及与生长期对应的月平均地下水埋深，如表8-4、表8-5所示。

点绘小麦、大豆单产与对应的月平均地下水埋深相关图，并绘产量外包线，外包线锋值附近即高产所在埋深区间。由图8-6可知，按小麦产量水平分成两个等级，1982年以前产量较低，但高产埋深区域趋势关系明显，最适宜埋深为0.7～1.0 m；1983～1987年产量较高，也存在较好的高产埋深区间，最适宜的埋深为0.9～1.3 m。

表8-4　固镇县韦店小麦大田产量与地下水埋深关系(单位：kg)

年份	埋深(m)	小麦产量(kg)	年份	埋深(m)	小麦产量(kg)	年份	埋深(m)	小麦产量(kg)
1962	0.4	30	1967	0.94	20	1972	1	25
1963	0.8	40	1968	0.96	30	1973	1.04	70

续表

年份	埋深(m)	小麦产量(kg)	年份	埋深(m)	小麦产量(kg)	年份	埋深(m)	小麦产量(kg)
1964	0.82	90	1969	0.96	50	1974	1.08	90
1965	0.9	55	1970	0.98	50	1975	1.12	40
1966	0.92	20	1971	0.98	100	1976	1.14	20
1977	1.16	105	1981	1.7	25	1985	0.68	230
1978	1.18	50	1982	1.08	195	1986	1.16	265
1979	1.26	110	1983	1.36	210	1987	1	250
1980	1.28	25	1984	1.38	210			

表 8-5 固镇县韦店大豆大田产量与地下水埋深关系(单位:kg)

年份	埋深(m)	大豆产量(kg)	年份	埋深(m)	大豆产量(kg)	年份	埋深(m)	大豆产量(kg)
1965	0.4	22	1972	0.7	24	1979	1.22	8
1966	0.56	26	1973	0.76	46	1980	1.4	16
1967	0.58	28	1974	0.8	32	1981	0.58	74
1968	0.62	20	1975	0.82	12	1982	0.78	90
1969	0.62	30	1976	0.84	48	1983	1.16	88
1970	0.68	16	1977	0.92	38	1984	1.24	84
1971	0.68	30	1978	1.1	32			

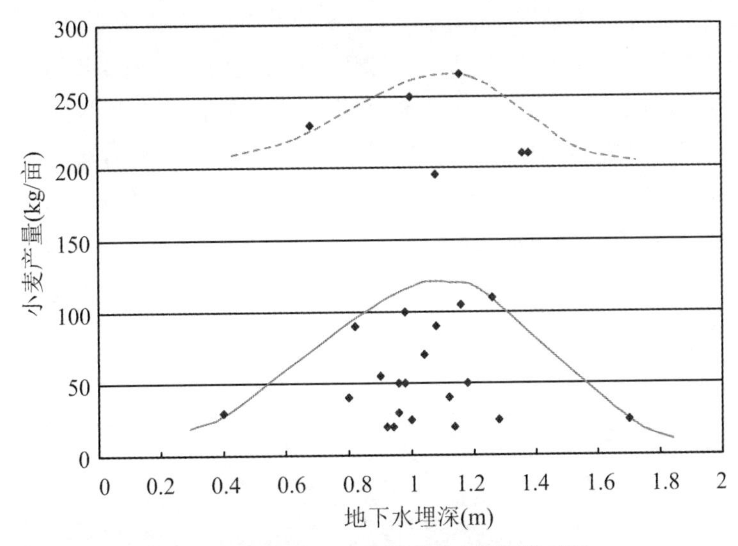

图 8-6 小麦大田产量与地下水埋深关系图

由图 8-7 可知,大豆产量水平也分成两个等级,1982 年以前产量较低,但高产埋深区域趋势关系明显,最适宜埋深为 0.8～1.0 m;1983～1987 年产量较高,也存在较好的高产埋深区间,最适宜的埋深为 0.8～1.2 m。

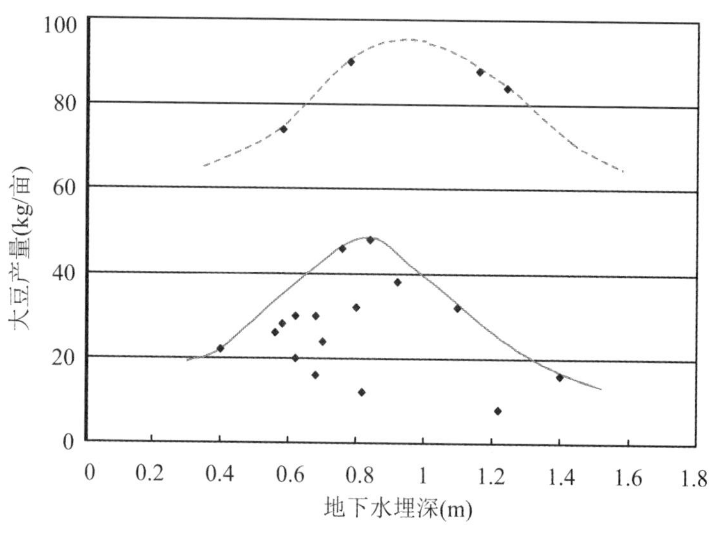

图 8-7 大豆大田产量与地下水埋深关系图

8.3.2 临泉县历年作物产量与地下水埋深关系

临泉县位于淮北平原西部,产量数据选自临泉县统计年鉴资料,先对小麦、大豆和玉米历年产量资料进行 5 年滑动平均产量分析,以求得增产点据,然后再绘制增产幅度与对应的地下水埋深关系图,如图 8-8～图 8-13 所示。

由图 8-8 可知,临泉县的小麦单产呈波浪式上升趋势。采用 5 年滑动平均值法消除产量增长综合影响(线上点据为增产点,线下点据为歉收点),因小麦增产是品种、施肥、植保、水利综合措施共同作用的结果,而滑动平均值法基本消除了产量增长的品种、施肥、植保等方面影响。点绘丰产年增产量与同期 10 月至次年 5 月平均地下水埋深散点图,并作增产点据外包线,最大增产区间即可看作适宜地下水埋深区间,如图 8-9 所示。由图 8-9 可知,临泉县小麦生长期(10 月至次年 5 月)适宜地下水埋深范围为 1.5～2.5 m。

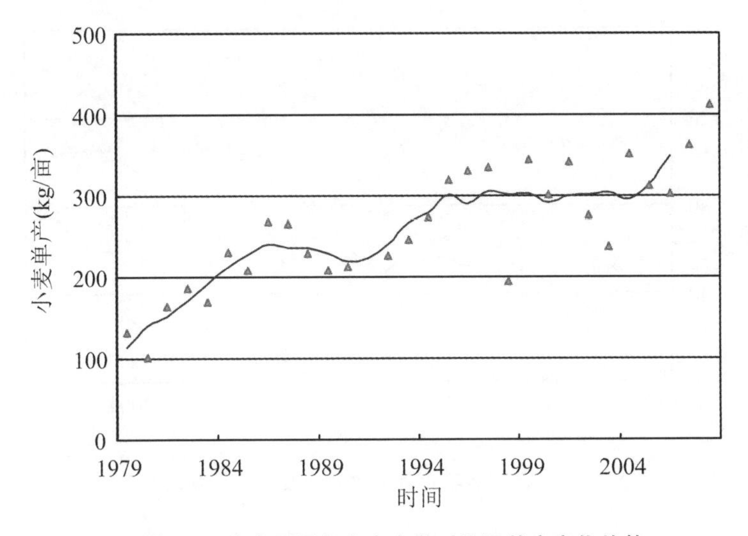

图 8-8 临泉县历年小麦丰歉对比及单产变化趋势

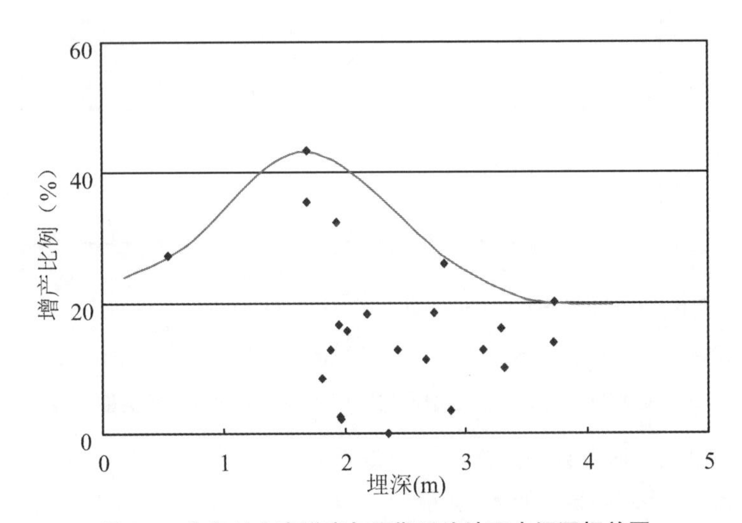

图 8-9 临泉县小麦增产与同期平均地下水埋深相关图

如图 8-10 可知,临泉县的大豆单产呈波浪式上升趋势。采用 5 年滑动平均值法消除产量增长综合影响(线上点据为增产点,线下点据为歉收点),大豆增产是品种、施肥、植保、水利综合措施作用的结果,而滑动平均值法基本消除了产量增长的品种、施肥、植保等方面影响。点绘丰产年增产量与同期 6～9 月平均地下水埋深散点图,并作增产点据外包线,最大增产区间即可看作适宜地下水埋深区间,如图 8-11 所示。由图可知,临泉县大豆生长期(6～9 月)适宜地下水埋深范围为 1.5～3.0 m。

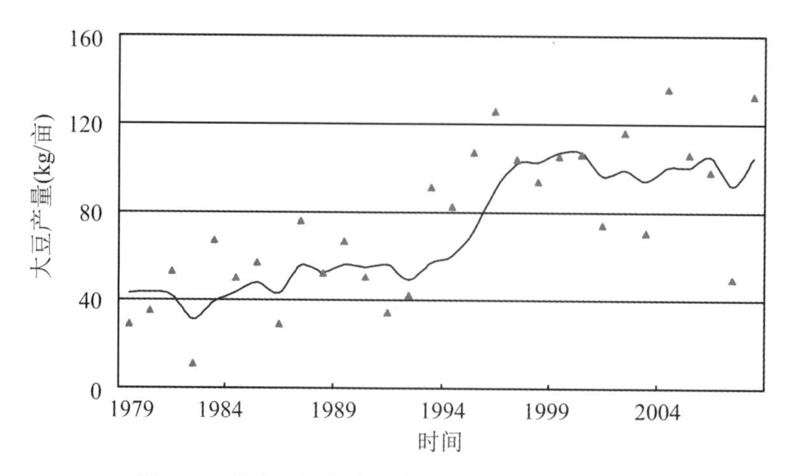

图 8-10 临泉县历年大豆丰歉对比及单产变化趋势

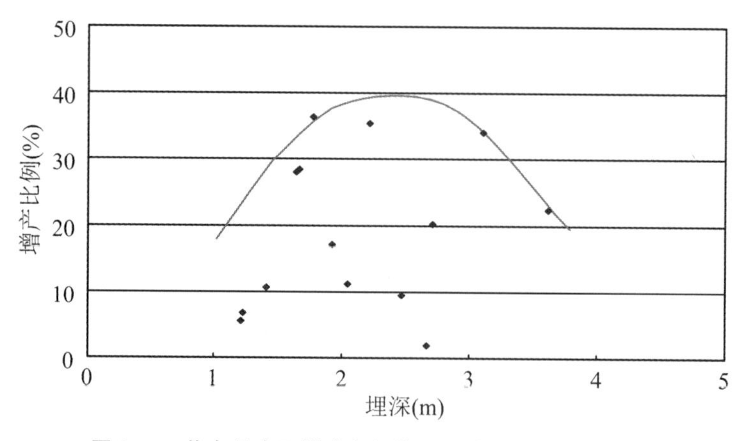

图 8-11 临泉县大豆增产与同期平均地下水埋深相关图

如图 8-12 所示,临泉县的玉米单产呈波浪式上升趋势。采用 5 年滑动平均值法消除产量增长综合影响(线上点据为增产点,线下点据为歉收点),玉米增产是品种、施肥、植保、水利综合措施作用的结果,而滑动平均值法基本消除了产量增长的品种、施肥、植保等方面影响。点绘丰产年增产量与同期 6～9 月平均地下水埋深散点图,并作增产点据外包线,最大增产区间即可看作适宜地下水埋深区间,如图 8-13 所示。由图可知,临泉县玉米生长期(6～9 月)适宜地下水埋深范围为 1.5～2.0 m。

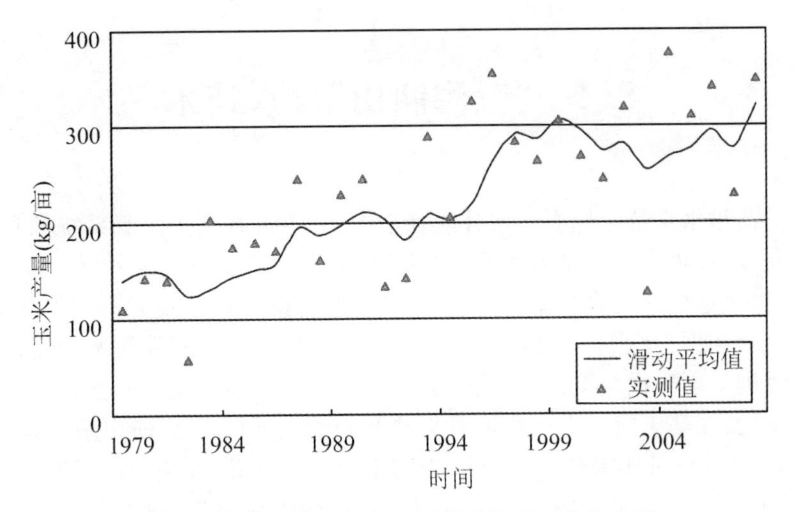

图8-12 临泉县历年玉米丰歉对比及单产变化趋势

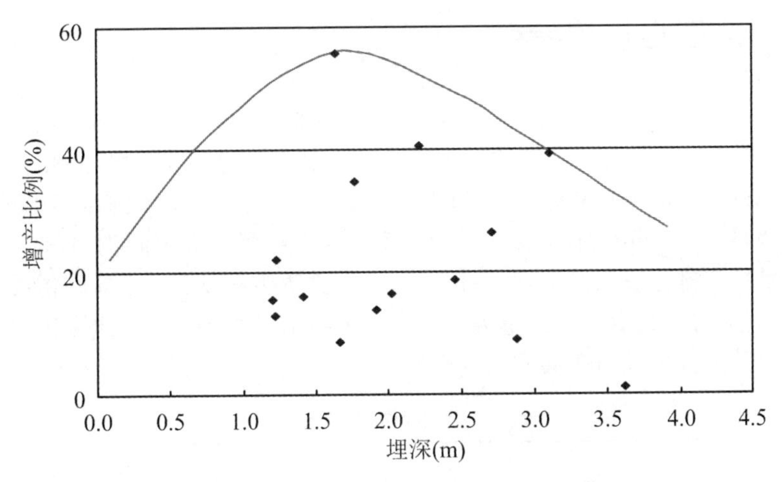

图8-13 临泉县玉米增产与同期平均地下水埋深相关图

8.4 “三沟两田”排水技术

除涝防渍排水系统应使农田水分适宜于作物生长、有利于灌溉系统的布置、土壤向良好性状发展、生态环境可得到不断改进，同时不致挖压土地过多、费工太大和不妨碍生产；以能迅速排除地表径流、疏干耕作层土壤的饱和水分及无雨条件下旱作物对地下水可充分利用为原则。具体地说就是：从砂姜黑土区的实际情况出发，规划排水系统应考虑到暴雨后根系发育层（地面下 0.5 m）内的土壤中重力水能迅速排除（即据实验分析认为：在暴雨后地下水水位升临地面的情况下，3 天应使田块的地下水水位降至 0.5 m 以下）；耕作层（0～30 cm）内的土壤在 10～20 d 连阴雨情况下不致过饱和；而距地面 0.5 m 以深的地下水水位应为相对缓慢地下降，前者利于除涝防渍，后者利于保墒耐旱，维持土壤中水、肥、气、热平衡。

8.4.1 工程规模参数

五道沟水文水资源实验站在总结前期 20 余年农田排水实验资料与调查资料的基础上，1970 年代总结提出了一套适用于淮北平原中南部的标准排水沟系统，又称排蓄工程沟网化标准。简单地总结，即为 1 000 hm^2 农田，配挖一条大沟，100 hm^2 农田；配挖一条中沟，10～20 hm^2 农田；配挖一条小沟，然后再配两级田间沟系统。此系统的主要功能是尽快排除农田涝水，两级田间沟的主要功能是降低暴雨期间耕层土壤含水量，消除田间渍害。其工程土方量为每平方千米约 1.2 万 m^3，以此便可达到除涝和防渍的目的。其工程标准与布局如表 8-6 所示。

表 8-6　“三沟两田”工程标准

沟　级	沟深（m）	沟底宽（m）	沟口宽（m）	边　坡	沟距（m）	控制面积（hm^2）	功　能
大沟	3.0～4.0	4.0～5.0	15.0～20.0	1∶2 1∶2.5	1 500～2 500	1 000	除涝
中沟	1.5～2.0	1.5～2.0	8.0～10.0	1∶1.5/1∶2	500～1 000	100	
小沟	1.0～1.5	0.7～1.0	4.0～5.0	1∶1/1∶1.5	150～300	10	
田头沟	0.7～0.8	0.3～0.5	1.0～1.5	1∶0.5	40～50	1	降渍
田墒沟	0.2～0.3	0.2～0.3	0.3～0.5		3～4	依承包地而定	

由于本地区产流，大小表现为全剖面饱和产流，因前期旱、地下水埋深大或雨强超过 20 mm/h，由于相对滞水层的作用，上层先饱和先产流。流域局部面积产流得到上层土壤的调节。因此，小沟及以下沟距的沟，深度以地下水深度对作物生长影响为主要依据较恰当。由达西定律知：壤中出流量的大小与地下水面坡降成正比，所以地下水水位下降一定深度所需时间与地下水面坡降成反比，其关系式为

$$T = aJ^{-n} \qquad \left(J = \frac{\Delta h}{L}\right) \tag{8-3}$$

式中，T 为地下水水位下降至一定深度所需时间；

a，h 为与地下水消退有关的参数；

J 为地下水面坡降；

Δh 为地下水水位与稳定沟水位之差；

L 为测井至排水沟距离。

由实测资料计算结果，得 3 种经验关系式：

a. 沟系畅排条件下：

$$T = 12.0J^{-0.318} \tag{8-4}$$

得

$$L = 4 \times 10^{-4} T^{3.14} \times \Delta h \tag{8-5}$$

b. 大沟闸控自由排水，中、小沟受变动回水顶托：

$$T = 17.0J^{-0.318} \tag{8-6}$$

c. 大部分为农作区和大沟翻板闸门控制排水：

$$T = 340J^{-0.318} \tag{8-7}$$

据实地考察和实验分析，一般旱作物被淹时间不超过 3 d，以雨后 36 h 内田面中心地下水水位降至地面下 0.3 m 为准。据此由式(8-8)得田间沟沟距与沟深的经验关系式为

$$L = 30\Delta h, \quad B = 60\Delta h \tag{8-8}$$

式中，B 为田间沟沟距(或田面宽)；

Δh 为实际排渍沟深度，一般不小于 0.5 m。

根据实验材料，各级排水沟的影响半径与沟深的关系为

$$h = 0.17r^{0.45} \quad 或 \quad r = 50h^{2.23} \tag{8-9}$$

$$B = 100h^{2.23} \tag{8-10}$$

式中，h 为排水沟深；

r 为影响半径；

B 为排水沟(大、中、小沟)间距。

结合除涝设计标准的沟系断面设计，将大、中、小沟的深度带入，便可求得相应的沟距。各级排水系统规格及布置方式各项指标见表 8-7 和表 8-8。

表 8-7　农田除涝防渍排水系统各级排水沟规格及布置方式

沟级	口宽(m)	沟深(m)	底坡	边　坡	沟距(m)	控制面积(亩)	布置方式
大沟	15～20	3～4	1∶8000	1∶2(或 2.5)	1 500～2 500	15 000	篦式
中沟	8～10	1.0～1.5		1∶2	500～1 000	1 500～3 000	梳式
小沟	4～6	1.0～1.5		1∶1.5(或 2.0)	150～300	150～200	梳式
田头沟	1.5～2.0	0.7～0.8		1∶0.5	40	10	
田间沟(墒沟)	1.0～1.5	0.2～0.3			一耙		灌排两用

表 8-8　农田除涝防渍排水系统每平方公里工程建设标准计算表

布置方式	土方工程及其他标准									建筑物及造价	
	沟级	挖填面积(m^2)	挖压占地宽(m)	平均间距(m)	条数(条)	长度(m)	土方(m^3)	工日(d)	占地(%)	建筑物名称	数量(座)
篦式	大沟	40.0	30.0	2 000	1	500	18 400	12 270	1.5	大沟桥	0.5
梳式	中沟	12.0	15.0	500	1	1 000	12 000	4 800	1.5	中沟桥	3
梳式	小沟	3.3	7.5	200	10	4 500	14 850	4 950	3.4	小沟桥	6
灌排两用	田间沟	0.52	1.0	40	100	1 800	9 360	2 340	1.8	涵管桥	4
合计							54 610	24 360	8.2		13.5

综上所述，地下水保持适合的深度，可使农田水分适宜于作物生长，同时不致挖压过多，有利于土壤良好性状发展和生态环境不断改进。因此最佳的排水系统应能迅速排除地面径流、疏干耕作层土壤饱和水分。据实验分析，淮北砂姜黑土区应按大、中、小田结合种植方式，按照分区排水原则，不搞成网格，以免打乱水系。对于五至十年一遇的暴雨洪水、连阴雨 15～20 d，可达到排涝除渍的要求。此种排水系统土方标准为每平方千米 50 000 m^3 左右。大沟间距 1.5～2.0 km，沟深 3～5 m，底坡 1/8 000，口宽 15～20 m，边坡 1∶2(或 2.5)；中沟间距 500～1 000 m，沟深 1.5～2.0 m，口宽 8～10 m，底坡 1/5 000，边坡 1∶1.5(或 2.0)；小沟间距 150～300 m，深 1.0～1.5 m，口宽 4～6 m，底坡 1/3 000，边坡 1∶1(或 1.5)；田间沟根据地形沟深以取 0.7 m 为宜，田间宽采用 60 倍的沟深。按此布局，田间沟控制面积约 10 亩；小沟控制面积 200～450 亩；中沟控制面积约 2 500 亩；大沟控制面积约 15 000 亩。

8.4.2 农田排水工程水文效应

排水工程的水文效应是指因建造排水工程而产生的对周围以及上、下游地区的水文、水环境的影响，其可直接改变河湖水流、地下水水文情势、水量以及水质的时空分布特征等。

排水工程的水文效应，主要表现在加速地下水消退、降低地下水水位、减少潜水蒸发3个方面，进而加大地下水对河流的补给量，使得水流量增大。此外，排水还能减少地面积水与蒸发、改善汇流条件、加快水流的汇集，进而增加河川径流量。该工程对洪峰流量的影响随排水区在流域中位置的不同而有所不同，一般流域上游的排水工程，会加速洪水汇集，加大洪峰流量，使洪水过程线趋于尖瘦；而排水工程处在流域下游则可能会降低洪峰，拉平洪水过程线。排水措施的影响程度主要由排水沟系的密度和深度即排涝标准所决定。

农田排水工程的兴建，使与农田水资源水量平衡相关要素的演变情势发生显著变化，同时也会给周围的生态环境带来一定影响，一般表现在以下几个方面：

兴建排水工程（简称治理）引起的地表径流规律的变化主要表现在洪峰、净雨深以及峰量关系指数与治理前不同。据分析五道沟实验站相关试验资料发现有如下规律：小洪水（中沟水位在半槽以下）时，治理标准高的排水区较治理标准低的排水区或治理后较治理前的洪水总体上有减小趋势；大洪水（中沟水位达半槽以上排水）时，在输水通畅的条件下，治理标准高的排水区的洪峰模数、洪水总量（或净雨深）均较治理标准低的大；相同条件下，同一流域在治理前后洪峰及洪量均有明显差异，小洪水治理后的洪峰模数、洪水总量较治理前小，大洪水时则增大。

排水工程沟网化标准排水效果比较见表8-9。

表8-9 五道沟地区“三沟两田”标准排水效果比较

排水区名	排水区面积(km^2)	前期状况	次降雨量(mm)	雨前地下水埋深(m)	雨后地下水埋深(m)	洪峰流量(m^3/s)	洪峰模数($m^3/(s/km^2)$)	净雨深(mm)	次径流系数
Ⅰ区中沟	0.4	干旱	185.9	2.53	0	2.45	5.12	88.8	0.48
Ⅱ区中沟	0.8	干旱	185.9	1.90	0	2.37	2.95	79.5	0.43
Ⅰ区中沟	0.4	湿润	149.3	0.18	0	2.50	5.25	135.0	0.91
Ⅱ区中沟	0.8	湿润	149.3	0.24	0	3.35	4.20	130.3	0.87

根据淮北平原区的区域水文地质状况，地下水上涨、消退规律为渗入—蒸发型。然而，随着排水系统的不断健全，这种规律逐渐发生改变。主要表现在两个方面：一是兴建排水工程加速了土壤水分的消退，在雨后相同条件下，一般治理标准高的排水区域要比治理标准低的区域的土壤水分消退速度快，同时在连续阴雨的条件下，适宜农

作物生长的土壤含水率天数也多。二是加速了地下水的消退，暴雨过后，升临地面的地下水埋深在作物的主要根系层(0.5 m以内)的滞留时间有如下规律：只有大沟的区域地下水消退时间为7～9 d；有大沟和中沟的区域为5 d；有大沟、中沟及小沟的区域为3～4 d；而对于健全的由大、中、小沟与田间沟构成的排水小区仅为1 d，相较其他地区提前3～8 d，大大减轻了农作物的渍害风险(图8-14、表8-10)。

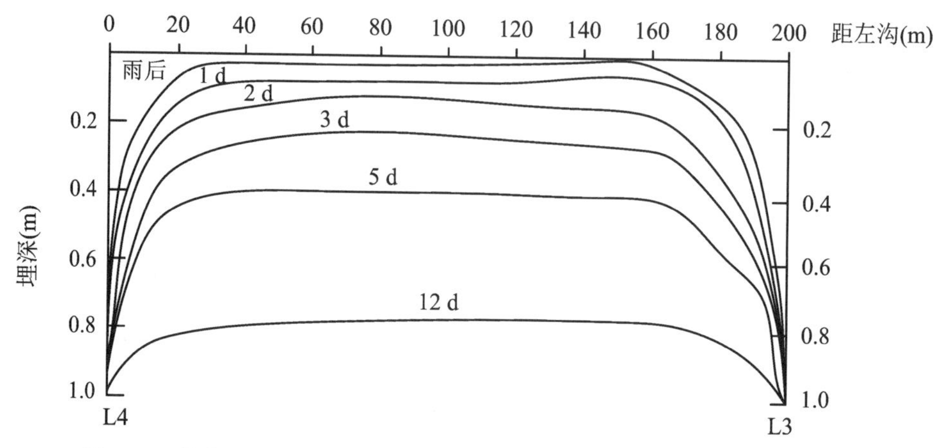

图8-14 排蓄工程沟网化标准排水200 m两沟间农田地下水水位消退分布图

表8-10 五道沟地区不同工程标准排水水文效应

降雨特征					地下水特征									
					Ⅰ区					Ⅱ区				
年份	起止时间	雨日数(d)	最大三天雨量(mm)	总降雨量(mm)	雨前埋深(m)	埋深0.15 m以上滞留时间(h)	埋深0.5 m以下天数(d)	雨后埋深(m)	雨后第三天埋深(m)	雨前埋深(m)	埋深0.15 m以上滞留时间(h)	埋深0.5 m以下天数(d)	雨后埋深(m)	雨后第三天埋深(m)
1955	5月30日～7月22日	20	178.7	299.9	2.54	44.2	3	0.12	0.5	1.84	400	2	0.03	0.25
1975	5月20日～7月15日	17	111.8	139.5	0.77	31	18	0.75	0.81	0.92	129	7	0.48	0.71

续表

年份	降雨特征				地下水特征									
					Ⅰ区					Ⅱ区				
	起止时间	雨日数(d)	最大三天雨量(mm)	总降雨量(mm)	雨前埋深(m)	埋深0.15 m以上滞留时间(h)	埋深0.5 m以下天数(d)	雨后埋深(m)	雨后第三天埋深(m)	雨前埋深(m)	埋深0.15 m以上滞留时间(h)	埋深0.5 m以下天数(d)	雨后埋深(m)	雨后第三天埋深(m)
1977	7月17日～7月30日	10	119.9	155.8						1.02	59	5	0.15	0.51
1979	5月18日～7月24日	19	153.2	384.8	0.75	20	11	0.22	0.55	1.13	118	11	0.05	0.27
1980	6月16日～7月20日	21	195.5	359.5	0.9	35	23	0.18	0.55	0.81	118	9	0.03	0.31
1987	7月1日～8月5日	23	170.5	388.9	1.02	13	15.1	0.15	0.45	1.14	44	4	0.14	0.25

总结五道沟地区多年排水实验数据得知，不同排水工程标准水文效应呈现以下规律：

(1) 小洪水(中沟水位在半槽以下)时

治理标准高的排水区较治理标准低的排水区或治理后较治理前的洪水总量有减小趋势。经对五道沟两排水区(Ⅰ区面积 0.4 km^2，小沟深 0.5 m 和 1.0 m，沟距 100 m，沟长 1 000 m；Ⅱ区面积 0.8 km^2，小沟深 1.0 m 和 1.5 m，沟距 200 m，沟长

1 000 m。两排水区十年一遇的设计排涝模数Ⅰ区为5.40,Ⅱ区为4.54。)同期施测的次降雨径流深 R 介于20～60 mm之间的孤立小洪水分析比较可知,Ⅰ区平均径流系数为0.65,Ⅱ区为0.69;Ⅰ区产水量比Ⅱ区小6.7%。

(2) 大洪水(中沟水位达半槽以上排水)时

在输水通畅的条件下,治理标准高的排水区的洪峰模数、洪水总量(或净雨深)均较治理标准低的大。

(3) 同一流域治理前后在相同条件下洪峰、洪量有明显差异

小洪水时,治理后的峰、量较治理前小,大洪水时则增大。

(4) 治理后峰量关系指数增大

经分析资料可知,排水面积小于20 km^2 的特小流域 $m=0.85\sim1.43$;大流域($F>5\ 000\ km^2$)$m=0.65\sim0.85$。但当下游顶托、漫滩时,大、小流域的 m 值均降低。而同一流域治理后 m 值增大。例如,西淝河控制站—王市集水文站,1957年前流域内基本未治理,一般洪水和大洪水时 m 为0.68和0.45;1960年以后面上逐步治理,在相同条件下 m 增大到1.02和0.65。

洪水情势也随工程标准提高而向着峰高、量大、下泄快、泄势猛的方向发展,当然 K 值不会无限增长下去。

(5) 改变了平原渗入—蒸发型的水分垂直运动结构

平原区地下水上涨、消退规律明显为渗入—蒸发型。但是,由于健全了排水系统,这种规律发生了改变。例如,暴雨后地下水埋深在0.5 m时的横向排泄量(横向排泄量$=C_7$井排泄量—12号仪排泄量,其中,C_7井为农田机井,雨后地下水存在纵横向排泄,12号仪为四周封闭测筒,雨后地下水只存在纵向排泄。)占 C_7 井总排泄量的29.1%。

(6) 加速土壤水分的消退

雨后在相同条件下,治理标准高的排水区土壤水分消退速度快,而连阴雨时土壤含水率适宜于农作物生长的天数亦多(图8-15)。

(7) 加速地下水消退

据实测资料统计,暴雨后地下水埋深在作物主要根系层(地面下0.3 m以内)的滞留时间:大沟的地区为7～9 d;有大、中沟的地区为5 d;有大、中、小沟的地区为3～4 d;而大、中、小沟加台条田的地区为1 d,较之其他地区提前3～8 d,这就大大减轻了渍害(图8-15)。

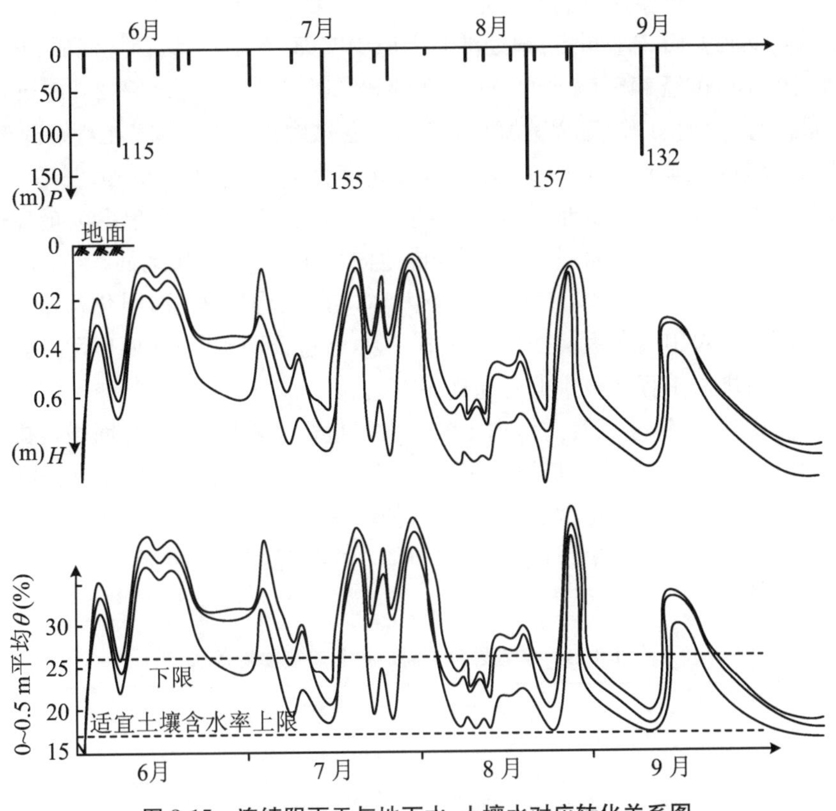

图 8-15 连续阴雨天与地下水、土壤水对应转化关系图

8.5 “三沟两田双控”排蓄技术

“三沟两田”农田排水体系标准，是在总结五道沟实验站20余年农田排水实验资料基础上，于1970年代总结提出的一套适用于淮北平原中南部的标准排水沟系。“三沟”即为每1 000 hm^2农田配挖一条大沟，每100 hm^2农田配挖一条中沟，每10 hm^2农田配挖一条小沟，主要用于除涝；“两田”即农田小沟之下再配田头沟和墒田沟，主要用于防渍；这种排水模式侧重“涝渍强排”。2000年后，随着地下水水位普遍下降与涝水资源化需求，平原区农田的除涝防渍由“涝渍强排”逐渐向“排蓄结合”的模式转变，“三沟两田”发展为“三沟两田双控”即在大沟中段建溢流坝，在沟口建节制闸，拦蓄涝水，达到回补浅层地下水的目的。大沟双控结合河道闸控，构成淮河平原特有的区域浅层地下水调蓄模式。使农田在除涝防渍前提下，整体实现了涝渍水的“自然汇集、科学调蓄、自动补用”。

“三沟两田双控”农田排蓄工程调控示范实践在蒙城灌区开展。现以蒙城县为例，总结五道沟实验站排蓄工程的浅层地下水拦蓄效果。

蒙城县隶属安徽省亳州市，地处淮北平原中南部，东临怀远，西接涡阳、利辛，南靠凤台，北依濉溪，东经115°15′～115°49′、北纬32°55′～33°29′，总面积2 091 km^2。蒙城县历来重视河沟蓄水工作，现以蒙城县为例分析县域农田地下水调蓄工程及调蓄效果。

蒙城县境内地势由西北向东南倾斜，地面高程29.50～21.00 m(85国家高程基准)，坡降约1/8 500，以平原地貌为主，零星岛状山丘12座，其中狼山为最高山丘，海拔90.30 m。现状为国土面积314万亩，耕地面积184万亩，耕地面积占58.6%。区内共有128条大沟，平均1.44万亩一条大沟，与"三沟两田"沟网化标准——1 000 hm^2(1.50万亩)农田一条大沟的标准基本一致，这也证明了"三沟两田"沟网化标准在淮北平原农田排水工程建设中的普遍适用性。

为了实现"双控"，蒙城县对境内128条大沟进行了新的规划，全面增设排蓄措施，即大沟中段设拦河坝，大沟沟口设节制闸(表8-11)。依据"河沟地表水对两岸地下水补排成果"成果，假定闸坝增蓄水头1 m，将使两岸100～200 m范围内农田地下水水位获得抬升，按1∶5 000的大沟水面自然坡降，大沟增蓄水头将上溯5 km左右，蓄水效果显著。

表8-11　蒙城县骨干河道拦蓄建筑物特性表

序号	名称		所在河流	正常蓄水位(m)	设计流量(m^3/s)	孔数(个)	宽(m)×高(m)	备注
1	芮集闸		北淝河	24.5	215	8	4×4.2	
2	板桥橡胶坝			23			95×4	坝袋尺寸
3	蒙城闸枢纽	节制闸	涡河	24.50～25.50	1 500	20	5.2×5	
		分洪闸			800	12	5.2×4	
		船闸			200		108×10	闸室尺寸
4	吕望闸		茨河	24.5	79	5	4×4	
5	陈桥闸			22.5	184	8	4×4.8	
5	立仓橡胶坝			20			90×4	坝袋尺寸

蒙城县全境依北淝河、涡河、茨河、茨淮新河4条骨干河道及涡河蒙城闸，可将全境划分为淝北片区、涡淝片区、涡南闸上片区、涡南闸下片区和茨南片区。现对各区地下水利用调蓄工程及效果分述如下：

1. 淝北片区

该区位于北淝河以北，澥河以南，面积281 km^2。区内主要大沟有17条，即凤凰沟、岭子沟、直沟、三改沟、荣花沟、蔡花沟、玉亭沟、白马沟、双村沟、羊肠沟、清水沟、白水沟、一号沟、二号沟、三号沟、四号沟、跃进河。水系布局为根据本成果推广应用，将在 17 条大沟上中段兴建半永久蓄水坝，沟田建闸坝，以分段抬升大沟水位，间接抬升中小沟水位(图 8-16)。大沟增蓄 1 m 水头后，将使两岸 100～200 m 范围内农田地下水获得抬升，淝北片区大沟增蓄水量示意图见图 8-17，增蓄水量如表 8-12 所示。由表 8-12 可知本片区涉及大沟 17 条，总沟长 192 km，增蓄地表水 96 万 m^3，增蓄地下水 38 万 m^3。

图 8-16　蒙城北淝河橡胶坝

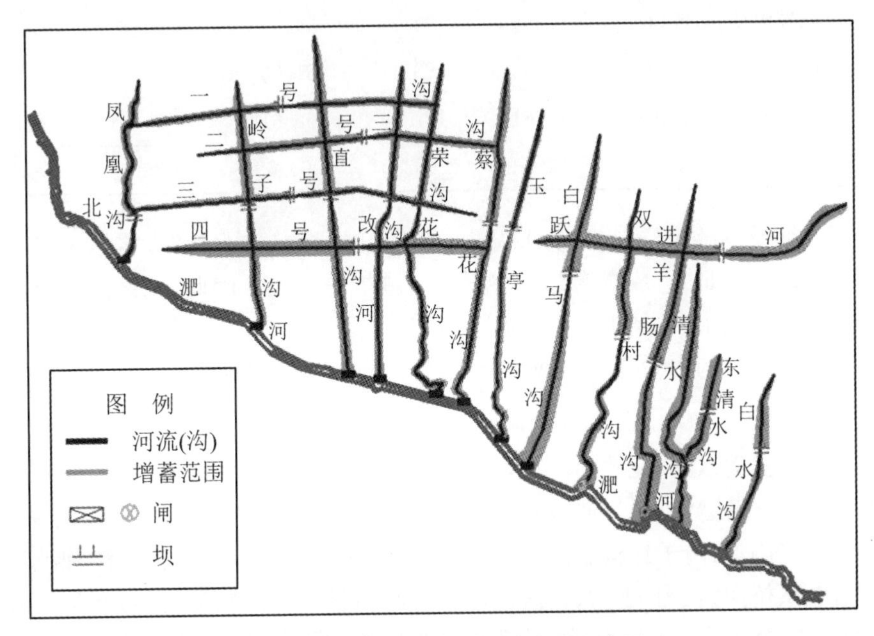

图 8-17　淝北片区闸坝增蓄水量示意图

表 8-12 淝北片区闸坝增蓄水量分析计算(按闸坝抬高 1 m 水头计)

序号	沟　名	闸坝间距(m)	坝上游长度(m)	影响范围(万 m²)	新增饱水体(万 m³)	给水度	地下水增蓄量(万 m³)
1	凤凰沟	1 843	5 300	107.15	35.72	0.04	1.43
2	岭子沟	4 547	4 504	135.76	45.25		1.81
3	直沟	6 080	6 002	181.23	60.41		2.42
4	三改河	6 701	4 816	172.75	57.58		2.30
5	荣花沟	8 388	5 135	202.84	67.61		2.70
6	蔡花沟	6 780	5 687	187.00	62.33		2.49
7	玉亭沟	7 981	4 394	185.62	61.87		2.47
8	白马沟	7 226	5 224	186.75	62.25		2.49
9	双村沟	6 098	5 477	173.62	57.87		2.31
10	羊肠沟	5 773	6 690	186.95	62.32		2.49
11	清水沟	2 301	7 863	152.46	50.82		2.03
12	白水沟	3 963	2 809	101.57	33.86		1.35
13	一号沟	5 823	5 823	174.69	58.23		2.33
14	二号沟	5 595	5 595	167.85	55.95		2.24
15	三号沟	6 494	6 494	194.81	64.94		2.60
16	四号沟	6 106	6 106	183.17	61.06		2.44
17	跃进河	6 261	6 261	187.84	62.61		2.50
合计		97 959	94 178	2 882.07	960.69		38.43

该区汛期受下游水位影响,涝水无法及时排出,加之区内多数大沟水系淤积严重且区内排涝动力不足,造成东南部地势低洼区域极易受灾。因此,该区防洪排涝治理以“筑堤防洪、疏浚水系、增加动力”为主,按二十年一遇防洪标准加固堤防,按五年一遇排涝标准疏浚大沟水系并于东南部低洼易涝区建设排涝泵站。

2. 涡淝片区

该区位于涡河以北,北淝河以南,面积 502 km²。区内主要大沟有 33 条,包括北淝河右岸 14 条:蒋湾沟、蒙坛河、白杨沟、龙江沟、枣林沟、人民沟、拉马沟、苑庙沟、龙沟、潘大沟、华阳沟、南千斤沟、北千斤沟及金项沟;涡河左岸 19 条:吕沟、四清沟、张沟、丁花沟、蔡桥沟、孔沟、丁沟、长流沟、蒙王河、白杨沟、孙沟、庞沟、行水沟、马沟、洪沟、沿涡大沟、潘大沟、曹沟、许沟,水系布局及闸坝增蓄水量示意图见图 8-18,增蓄水量如表 8-13 所示。由表 8-13 可知本片区涉及大沟 32 条,总沟长 311 km,增蓄地表水

156 万 m³，增蓄地下水 62 万 m³。

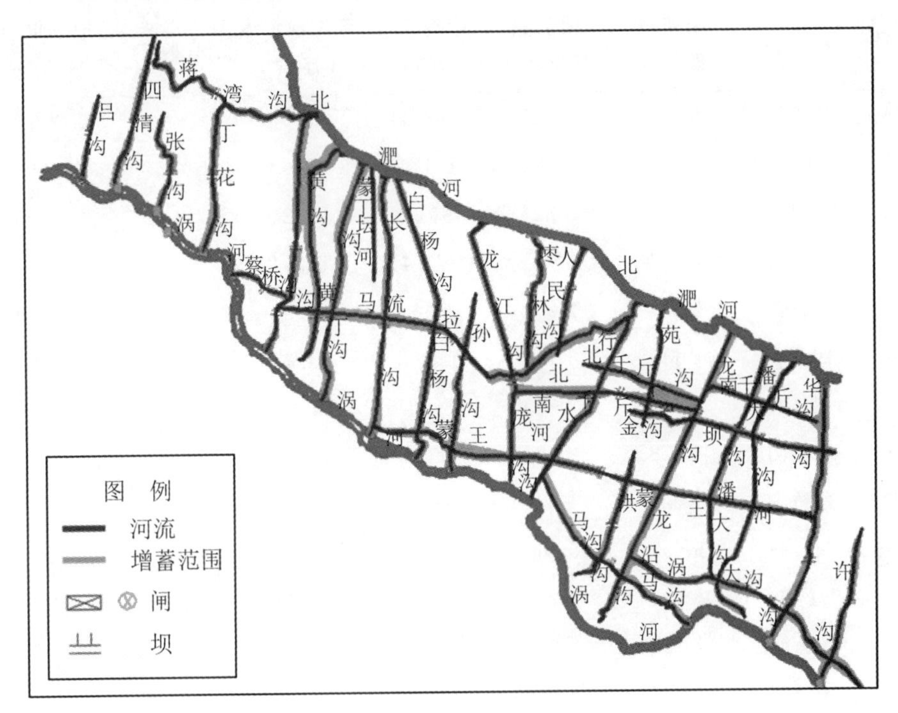

图 8-18 涡淝片区闸坝增蓄水量示意图

表 8-13 涡淝片区闸坝增蓄水量分析(按闸坝抬高 1 m 水头计)

序号	沟 名	闸坝间距(m)	坝上游长度(m)	影响范围(万 m²)	新增饱水体(万 m³)	给水度	地下水增蓄量(万 m³)
1	蒋湾沟	6 016	6 016	180.49	60.16		2.41
2	蒙坛河	574	574	17.23	5.74		0.23
3	白杨沟	8 552	6 838	230.85	76.95		3.08
4	龙江沟	8 915	5 073	209.83	69.94		2.80
5	枣林沟	3 692	3 692	110.75	36.92	0.04	1.48
6	人民沟	2 303	3 496	86.99	29.00		1.16
7	拉马沟	10 601	10 601	318.04	106.01		4.24
8	苑庙沟	5 139	1 030	92.53	30.84		1.23
9	龙沟	4 463	12 155	249.26	83.09		3.32
10	潘大沟	4 130	8 036	182.48	60.83		2.43

续表

序号	沟　名	闸坝间距(m)	坝上游长度(m)	影响范围(万 m²)	新增饱水体(万 m³)	给水度	地下水增蓄量(万 m³)
11	华阳沟	6 947	6 947	208.41	69.47		2.78
12	南千斤沟	4 802	4 802	144.05	48.02		1.92
13	北千斤沟	3 324	3 324	99.73	33.24		1.33
14	金项沟	5 714	5 714	171.41	57.14		2.29
15	吕沟	2 231	2 231	66.94	22.31		0.89
16	四清沟	4 115	4 115	123.45	41.15		1.65
17	张沟	2 909	2 909	87.27	29.09		1.16
18	丁花沟	3 928	3 928	117.84	39.28		1.57
19	蔡桥沟	1 627	1 627	48.80	16.27		0.65
20	孔沟	6 959	5 600	188.39	62.80		2.51
21	丁沟	8 434	4 250	190.26	63.42	0.04	2.54
22	长流沟	7 856	5 676	202.98	67.66		2.71
23	蒙王河	3 928	3 928	117.84	39.28		1.57
24	孙沟	5 865	3 282	137.20	45.73		1.83
25	庞沟	2 519	2 519	75.57	25.19		1.01
26	行水沟	6 144	5 563	175.60	58.53		2.34
27	马沟	4 055	4 055	121.64	40.55		1.62
28	洪沟	3 762	3 762	112.87	37.62		1.50
29	沿涡大沟	7 541	7 541	226.22	75.41		3.02
30	潘大沟	4 130	8 036	182.48	60.83		2.43
31	曹沟	2 180	2 180	65.39	21.80		0.87
32	许沟	4 055	4 055	121.64	40.55		1.62
合计		157 408	153 555	4 664.45	1 554.82		62.19

该区位于北淝河与涡河之间，北淝河、涡河是其涝水的主要出路。北淝河排蓄工程标准较低，汛期防洪排涝压力大，而涡河的排蓄工程标准较高，所以汛期应防止涡河流域洪涝水通过区内大沟水系串流进入北淝河。除此之外，区内东片大沟水系淤积严重，加之既有排涝泵站较少，排涝能力明显不足。因此，该区防洪排涝治理以“加固堤防、防止串流、疏浚水系、增加动力”为主，按二十年一遇防洪标准加固堤防，按五年一遇排涝标准疏浚大沟水系，建闸防止汛期涝水串流并于东北部低洼区域建设排涝泵站。

3. 涡南闸上片区

该区位于涡河以南，阜蒙新河以西，面积 255 km²。区内主要大沟有 14 条，即阜蒙新河、北凤沟、跃进沟、柴沟、庙沟、丁未沟、戴沟、于沟、刘沟、沙沟、黄练沟、孙湾沟、戴灰沟、蒙太路沟，水系布局及闸坝增蓄水量示意图见图 8-19，增蓄水量如表 8-14 所示。由表 8-14 可知本片区涉及大沟 14 条，总沟长 142 km，增蓄地表水 71 万 m³，增蓄地下水 28 万 m³。

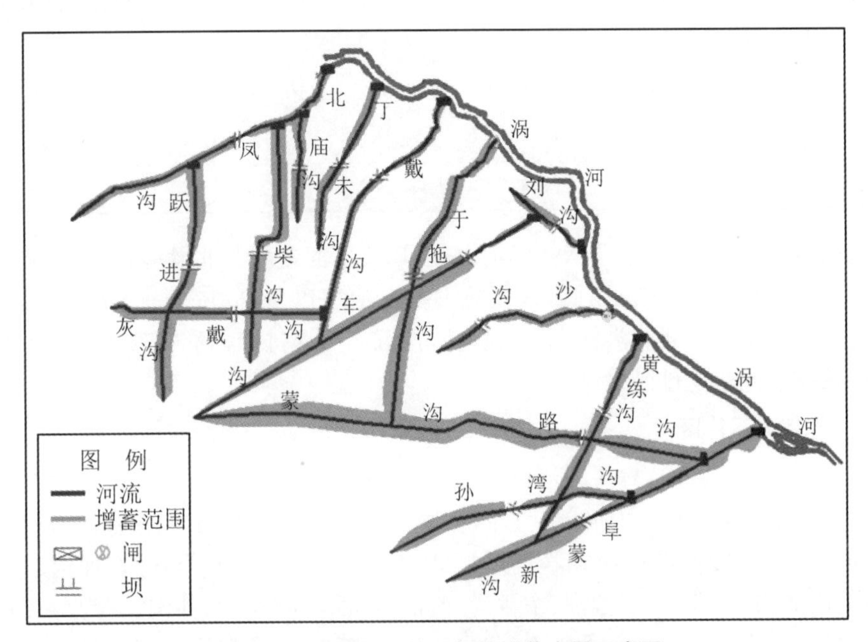

图 8-19 涡南闸上片区闸坝增蓄水量示意图

表 8-14 涡南闸上片区闸坝增蓄水量分析(按闸坝抬高 1 m 水头计)

序号	沟 名	闸坝间距(m)	坝上游长度(m)	影响范围(万 m²)	新增饱水体(万 m³)	给水度	地下水增蓄量(万 m³)
1	阜蒙新河	6 957	6 957	208.71	69.57	0.04	2.78
2	北凤沟	5 859	5 859	175.78	58.59		2.34
3	跃进沟	4 419	4 419	132.57	44.19		1.77
4	柴沟	4 744	4 744	142.33	47.44		1.90
5	庙沟	2 099	2 099	62.98	20.99		0.84
6	丁未沟	3 375	3 375	101.25	33.75		1.35
7	戴沟	5 479	5 479	164.37	54.79		2.19
8	于沟	7 202	4 851	180.79	60.26		2.41

续表

序号	沟　名	闸坝间距(m)	坝上游长度(m)	影响范围(万 m^2)	新增饱水体(万 m^3)	给水度	地下水增蓄量(万 m^3)
9	刘沟	1 833	1 833	54.98	18.33	0.04	0.73
10	沙沟	5 250	1 943	107.90	35.97		1.44
11	黄练沟	7 879	7 879	236.36	78.79		3.15
12	孙湾沟	4 908	4 908	147.24	49.08		1.96
13	灰戴沟	4 078	4 078	122.33	40.78		1.63
14	蒙太路沟	4 793	14 950	296.15	98.72		3.95
合计		68 876	73 375	2 133.76	711.25		28.45

该区地势较高，防洪主要依托涡河右堤、阜蒙新河左堤及北凤沟右堤，区域排涝以自排为主，局部辅以抽排。因此，该区防洪排涝治理以“加固堤防、疏浚水系、增加动力”为主，按二十年一遇防洪标准加固堤防，按五年一遇排涝标准畅通水系并于东南部较低区域维修或新建排涝泵站。

4. 涡南闸下片区

该区位于涡河以南，阜蒙新河以东，茨河以北，面积553 km^2。区内大沟有31条，包括涡河右岸闸下10条：马长沟、九里沟、秦沟、张大沟、东双涧沟、东孙沟、马井沟、大炮台沟、小炮台沟、蒙蚌公路沟；茨河左岸21条：胜利沟、柳沟、李长沟、浊沟、羊皮沟、白土沟、西港沟、东港沟、西益沟、东益沟、滋泥沟、西双涧沟、西孙沟、罗沟、秦沟、施大沟、炮台沟、茨北二河、苗沟、乐柳沟、茨北新河，水系布局及闸坝增蓄水量示意图见图8-20，增蓄水量如表8-15所示。由表8-15可知本片区涉及大沟31条，总沟长409 km，增蓄地表水205万 m^3，增蓄地下水82万 m^3。

表8-15　涡南闸下片区闸坝增蓄水量分析(按闸坝抬高1 m水头计)

序号	沟　名	闸坝间距(m)	坝上游长度(m)	影响范围(万 m^2)	新增饱水体(万 m^3)	给水度	地下水增蓄量(万 m^3)
1	马长沟	3 699	3 699	110.98	36.99	0.04	1.48
2	九里沟	3 722	3 722	111.65	37.22		1.49
3	秦沟	3 231	3 231	96.94	32.31		1.29
4	张大沟	7 285	7 285	218.56	72.85		2.91
5	东双涧沟	9 994	8 589	278.74	92.91		3.72
6	东孙沟	10 443	9 061	292.56	97.52		3.90
7	马井沟	4 483	4 483	134.50	44.83		1.79

续表

序号	沟 名	闸坝间距(m)	坝上游长度(m)	影响范围(万 m^2)	新增饱水体(万 m^3)	给水度	地下水增蓄量(万 m^3)
8	大炮台沟	6 267	6 267	188.00	62.67	0.04	2.51
9	小炮台沟	1 385	1 385	41.54	13.85		0.55
10	蒙蚌公路沟	8 899	8 899	266.98	88.99		3.56
11	胜利沟	3 816	3 816	114.47	38.16		1.53
12	柳沟	5 126	5 126	153.79	51.26		2.05
13	李长沟	6 586	6 586	197.57	65.86		2.63
14	浊沟	6 867	6 867	206.00	68.67		2.75
15	羊皮沟	5 982	5 982	179.45	59.82		2.39
16	白土沟	2 779	2 779	83.37	27.79		1.11
17	西港沟	7 452	7 452	223.56	74.52		2.98
18	东港沟	7 485	7 485	224.56	74.85		2.99
19	西益沟	8 273	9 785	270.87	90.29		3.61
20	东益沟	9 333	9 333	279.99	93.33		3.73
21	滋泥沟	9 756	8 380	272.05	90.68		3.63
22	西双涧沟	7 782	7 809	233.86	77.95		3.12
23	西孙沟	10 651	7 943	278.90	92.97		3.72
24	罗沟	11 690	9 663	320.30	106.77		4.27
25	秦沟	5 819	5 819	174.56	58.19		2.33
26	施大沟	5 357	5 357	160.71	53.57		2.14
27	炮台沟	4 494	4 494	134.83	44.94		1.80
28	茨北二河	11 790	11 790	353.69	117.90		4.72
29	苗沟	2 427	2 427	72.81	24.27		0.97
30	乐柳沟	6 929	6 929	207.86	69.29		2.77
31	茨北新河	8 484	8 484	254.52	84.84		3.39
合计		208 286	200 927	6 138.19	2 046.06		81.84

该区河网水系复杂，地势呈西北高，东南低，防洪主要依托涡河、茨河及阜蒙新河堤防，东南部洼地排涝以抽排为主，其他区域以自排为主。汛期茨河下游受淮河高水位顶托，涝水难以排出，加之上游客水量大，从而导致陈桥闸以下茨河沿线低洼区域“每年一小灾，三年一大灾”。此外，茨河排蓄工程的标准较低，汛期防洪排涝压力大，

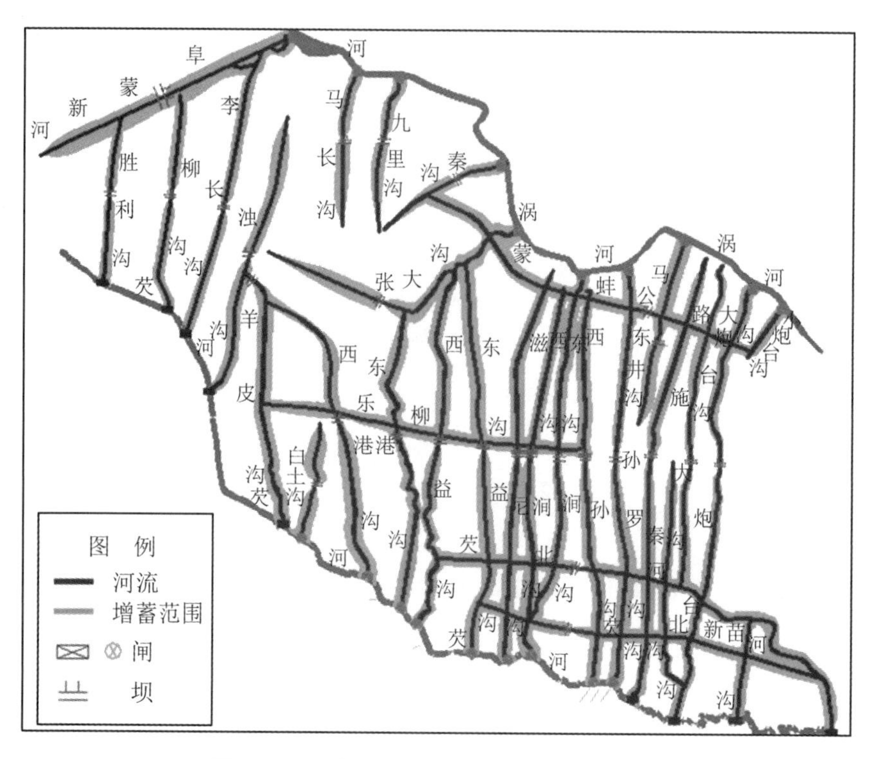

图 8-20 涡南闸下片区闸坝增蓄水量示意图

而涡河排蓄工程的标准较高,因而汛期应防止涡河流域洪涝水通过区内大沟水系进入芡河。因此,该区治理以“疏浚大沟、加强蓄滞、防止串流、增加动力”为主,按五年一遇排涝标准畅通水系,建闸防止汛期涝水串流,新建或更新改造排涝泵站,对立仓三圩进行除险加固。

5. 芡南片区

该区位于茨淮新河以北,芡河以南,面积 457 km^2。区内主要大沟有 34 条,包括芡河右岸 15 条:义蒙河、彦沟、备战沟、白桥沟、泥沟、十八里横沟、董圩沟、骑龙沟、老湾沟、蒙凤沟、北大沟、中大沟、芦沟、英水沟、东大沟、芡南新河;茨淮新河左岸 19 条:狮子沟、九龙沟、港河、红同寺沟、郭大沟、塘路沟、訾小沟、鸭咀沟、庙沟、胡沟、蒙凤沟、古路沟、益沟、草庙沟、葛沟、团结沟、十八里长沟、篱笆横沟、淮涡河,水系布局及闸坝增蓄水量示意图见图 8-21,增蓄水量如表 8-16 所示。由表 8-16 可知本片区涉及大沟 34 条,总沟长 299 km,增蓄地表水 150 万 m^3,增蓄地下水 60 万 m^3。

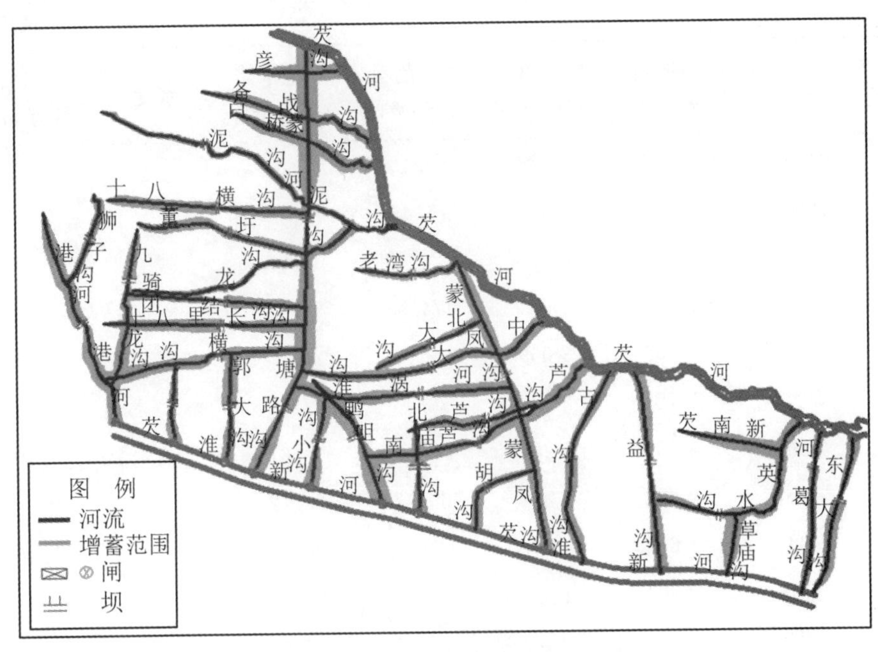

图 8-21　茨南片区闸坝增蓄水量示意图

表 8-16　茨南片区闸坝增蓄水量分析(按闸坝抬高 1 m 水头计)

序号	沟　名	闸坝间距(m)	坝上游长度(m)	影响范围(万 m²)	新增饱水体(万 m³)	给水度	地下水增蓄量(万 m³)
1	义蒙河	6 771	6 771	203.13	67.71		2.71
2	彦沟	2 435	2 435	73.04	24.35		0.97
3	备战沟	4 625	4 625	138.74	46.25		1.85
4	白桥沟	3 903	3 903	117.08	39.03		1.56
5	泥沟	8 792	8 792	263.77	87.92		3.52
6	十八里横沟	5 147	5 147	154.42	51.47		2.06
7	董圩沟	5 737	5 737	172.11	57.37		2.29
8	骑龙沟	4 582	4 582	137.45	45.82	0.04	1.83
9	老湾沟	2 628	2 628	78.84	26.28		1.05
10	蒙凤沟	7 693	7 693	230.80	76.93		3.08
11	北大沟	3 581	3 581	107.42	35.81		1.43
12	中大沟	6 479	6 479	194.38	64.79		2.59
13	芦沟	6 448	6 448	193.44	64.48		2.58
14	英水沟	7 610	3 181	161.87	53.96		2.16
15	东大沟	4 029	4 029	120.88	40.29		1.61

续表

序号	沟　名	闸坝间距(m)	坝上游长度(m)	影响范围(万 m^2)	新增饱水体(万 m^3)	给水度	地下水增蓄量(万 m^3)
16	茨南新河	3 283	3 283	98.48	32.83		1.31
17	狮子沟	2 516	2 516	75.49	25.16		1.01
18	九龙沟	4 093	4 093	122.79	40.93		1.64
19	港河	5 831	5 831	174.93	58.31		2.33
20	红同寺沟	2 069	2 069	62.06	20.69		0.83
21	郭大沟	2 782	2 782	83.45	27.82		1.11
22	塘路沟	4 261	4 261	127.82	42.61		1.70
23	訾小沟	2 322	2 322	69.67	23.22		0.93
24	鸭咀沟	3 647	3 647	109.42	36.47		1.46
25	庙沟	2 394	2 394	71.82	23.94	0.04	0.96
26	胡沟	2 467	2 467	74.00	24.67		0.99
27	古路沟	4 804	5 374	152.68	50.89		2.04
28	益沟	4 511	5 627	152.06	50.69		2.03
29	草庙沟	1 578	1 578	47.35	15.78		0.63
30	葛沟	1 883	6 212	121.43	40.48		1.62
31	团结沟	4 450	4 450	133.51	44.50		1.78
32	十八里长沟	4 992	4 992	149.76	49.92		2.00
33	篱笆横沟	5 163	5 163	154.88	51.63		2.07
34	淮涡河	5 398	5 398	161.95	53.98		2.16
合计		148 904	150 491	4 490.91	1 496.97		59.88

该区陈桥闸以上西高东低，陈桥闸以下南高北低，防洪主要依托茨河、茨淮新河堤防，排涝以自排为主，每到汛期，东北部洼地防洪排涝形势异常严峻。该区治理以“疏浚大沟、增加动力”为主。

由上述分析可见，蒙城县仅大沟经闸坝拦截增蓄地表水就有 678 万 m^3，增蓄地下水 270 万 m^3，增蓄水量效果明显，详见表 8-17。

表 8-17 蒙城县大沟两级蓄水效果统计表

序号	片 区	大沟数	总沟长（km）	增蓄地表水（万 m^3）	增蓄地下水（万 m^3）
1	淝北	17	192	96	38
2	涡淝	32	311	156	62
3	涡南闸上	14	142	71	28
4	涡南闸下	31	409	205	82
5	茨南	34	299	150	60
合计		128	1 353	678	270

“三沟两田双控”排蓄技术可总结为：

① “三沟两田”农田除涝防渍排水工程体系是一套适用于淮北平原中南部的标准排水沟系，又称农田排水工程沟网化标准。简单地总结，即为每 1 000 hm^2 农田配挖一条大沟，每 100 hm^2 农田配挖一条中沟，每 10～20 hm^2 农田配挖一条小沟，然后再配两级田墒沟系统。“三沟”系统的任务主要是尽快排除农田涝水，“两田”系统的任务主要是降低暴雨期间耕层土壤含水量，消除田间渍害。

② “三沟两田双控”农田排蓄工程体系是在“三沟两田”农田除涝防渍排水工程体系基础上发展而成的，增加了“双控”措施，即在大沟中段建临时土坝，在沟口建节制闸。“三沟两田双控”农田排蓄工程体系在蒙城灌区的调控实践效果主要表现在两个方面：一是兴建排水工程加速了土壤水分的消退，一般在雨后相同条件下，治理标准高的排水区域要比治理标准低的区域其土壤水分的消退速度快，同时在连续阴雨的条件下，土壤含水率适宜农作物生长的天数也多；二是利用在大沟中段建临时土坝，在沟口建节制闸的双控措施，能有效拦蓄涝渍水，减少地表水的不当排泄，促使地下水缓慢下降。蒙城县“双控”措施使大沟经闸坝拦截增蓄地表水 678 万 m^3，增蓄地下水 270 万 m^3，增蓄水量效果明显。

第9章 河湖调蓄与地表生态

9.1 涡河闸与地表生态

9.1.1 流域概况

涡河是淮北地区跨豫、皖两省的骨干排水河道，发源于河南省尉氏县，流经河南省的开封、尉氏、通许、太康、杞县、柘城、鹿邑等县和安徽省的亳州市谯城、涡阳、蒙城等县区，于怀远县城附近汇入淮河。涡河干流河道全长423 km，其中河南省境内196 km，安徽省境内227 km，流域总面积15 900 km^2。亳州市惠济河口以上为上游，蒙城闸以上为中游。涡河支流众多，较大的支流上游有惠济河、涡河故道、铁底河等；中、下游有小洪河、赵王河、武家河、漳河、阜蒙新河等。涡河流域地处我国南北气候过渡地带，属暖温带半湿润大陆性季风气候区。冬春干旱少雨，夏秋季西太平洋副热带高压增强，暖湿海洋气团从西南、东南方向侵入，冷暖气团交汇形成降水，降水量集中，易造成洪涝。

流域多年平均降水量为700～1 000 mm。受大气环流影响，降水量年内分布不均，6～9月多年平均降水量占全年降水量的70%左右。降水量年际变幅亦较大，最大年降水量为最小值的4倍。多年平均蒸发量，上游为1 200～1 400 mm，中、下游为1 100～1 200 mm。流域内多年平均径流深150～400 mm，北部小、南部大，汛期径流量占全年径流量的77.5%，年径流离差系数0.7～1.0，年内分配不均，年际变幅亦较大。因河道淤积、河槽下泄能力下降，洪水积滞难下，洪水过程呈矮胖形，持续时间长。

涡河位于黄淮冲积平原上，为河谷地貌形态，地势平坦，河谷呈“U”形，第四系地层分布广泛，多具二元结构。涡河魏湾—铁底河口段以河间带堆积为主，铁底河口—涡阳闸以河道带堆积为主，上部是全新统黄泛沉积的轻粉质壤土、砂壤土，下部为上更新统沉积的粉质黏土、重粉质壤土、砂壤土及粉细砂；涡阳闸以下除沿河道带状分布的全新统黄泛堆积物外，广泛出露上更新统冲、洪积的黏性土地层；惠济河主要为黄泛冲积扇堆积的全新统轻粉质壤土、砂壤土、粉细砂。地层结构，涡阳以上和惠济河以下以黏砂双层结构或黏砂多层结构为主，上部黏性土较薄；下部为轻粉质壤土、砂壤土、粉细砂为主。涡阳以下除黏砂双层结构或黏砂多层结构外，分布部分黏性土均一结构，且部分黏砂双层、多层结构中上覆黏性土较厚。

涡河流域地下水类型为第四系松散岩类孔隙潜水和孔隙承压水。潜水分布在全新统砂性土中，多与地表水相连通；承压水赋存于下部砂层中，承压水位略低于潜水位。非汛期一般河水位低于两岸地下水水位，地下水补给河水，但在闸上游蓄水河段河水位高于地下水水位，河水补给地下水；汛期河水补给地下水。一般粉质黏土、重中粉质壤土(CL)为微～弱透水性，轻粉质壤土、砂壤土(ML)为弱～中等透水性，粉细砂为中等透水性。

9.1.2　主要闸控体系

涡河历史上水深河宽，一般洪水不漫滩，素有"水不逾涡"之说。新中国成立后为控制洪水流量，发展航运和农田灌溉，相继修建了亳州大寺闸、涡阳闸、蒙城闸等三大枢纽工程(图9-1)。其中大寺闸上游正常蓄水水位为35.00 m，下游正常蓄水水位为26.50 m。水位差达8.5 m。为保持闸上35.0 m的设计水位，每月需多次开启放水，放水流量10～100 m^3/s；涡阳节制闸枢纽工程，蓄水水位在29.5 m时，总库容量为4 700万m^3；按正常蓄水水位27 m时，兴利有效库容量为2 060万m^3，节制闸泄洪流量3 000 m^3/s，闸上下落差0.4 m；蒙城闸闸上水位26.5 m(闸下相应水位17.5 m)，库容量8 800万m^3，闸上水位控制在22.5～24.5 m时，库容为2 600万m^3。涡河主要拦蓄建筑物特征见表9-1。

表9-1　涡河主要拦蓄建筑物特征表

水闸名称	闸孔数量(孔)	闸孔总净宽(m)	副闸闸孔数量(孔)	副闸闸孔总净宽(m)	水闸类型	分(泄)洪闸过闸流量(m^3/s)	节制闸过闸流量(m^3/s)
大寺枢纽—浅孔闸	20	94			节制闸		2 500
大寺枢纽—深孔闸	4	32			节制闸		700
涡河涡阳(浅孔)节制闸	22	92.4	4	32	节制闸		2 900
蒙城分洪闸	12	62.4			分(泄)洪闸	1 000	
蒙城节制闸	20	104			节制闸		2 500

(a) 大寺闸

(b) 涡阳闸

(c) 蒙城闸

图 9-1 涡河河段主要拦蓄建筑物

9.1.3　水位与径流

根据大寺闸、涡阳闸、蒙城闸实测水文资料分析，大寺闸—涡阳闸河段多年平均水位28.20 m，涡阳闸—蒙城闸段多年平均水位24.50 m。各闸历年水位极值如表9-2所示。

表9-2　涡河沿线测站极值水位统计表

测　站	最高水位		最低水位	
	水位(m)	发生时间	水位(m)	发生时间
大寺闸	36.67	1960年7月29日	24.79	1966年10月5日
涡阳闸	30.45	1963年8月7日	18.99	1960年3月4日
蒙城闸	27.10	1963年8月10月	18.29	1960年3月22日

亳州、蒙城控制断面为涡河上主要研究断面，亳州断面以上河道面积约4 800 km^2，蒙城断面以上流域面积约11 000 km^2。大寺闸多年平均流量27.0 m^3/s，涡阳闸多年平均流量39.4 m^3/s，蒙城闸多年平均流量42.1 m^3/s。另据亳州、蒙城水文站2006～2010年流量观测资料，亳州站断面年平均流量为16.671 m^3/s，最大流量524 m^3/s；蒙城站断面年平均流量为40.97 m^3/s，最大流量1 270 m^3/s，断面流量变化详见图9-2。特点为径流年内分配不均，汛期径流量占全年径流量的77.5%，大寺闸站多年平均径流深73 mm，蒙城闸站多年平均径流深100 mm。年际变幅亦较大，实测资料显示蒙城闸下最大年径流深379 mm，最小年径流深21.4 m，极值比17.7。

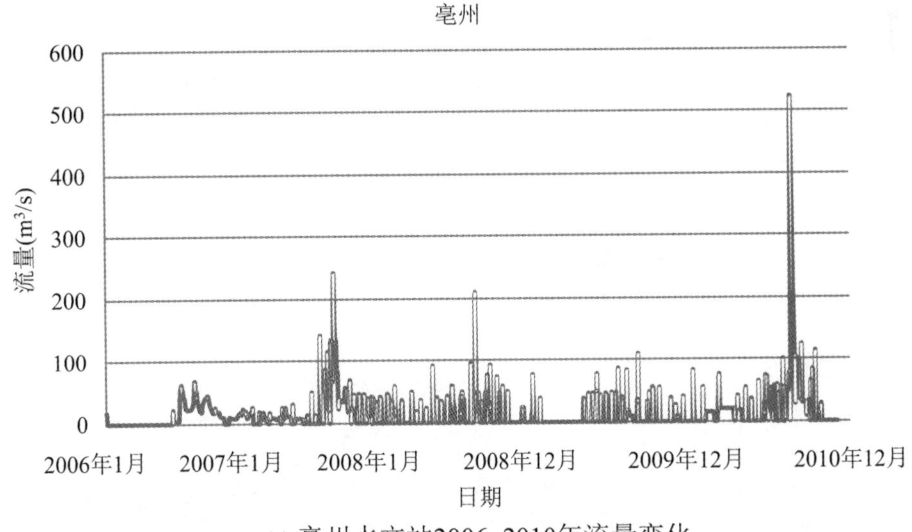

(a) 亳州水文站2006~2010年流量变化

图9-2　涡河亳州、蒙城断面流量变化图

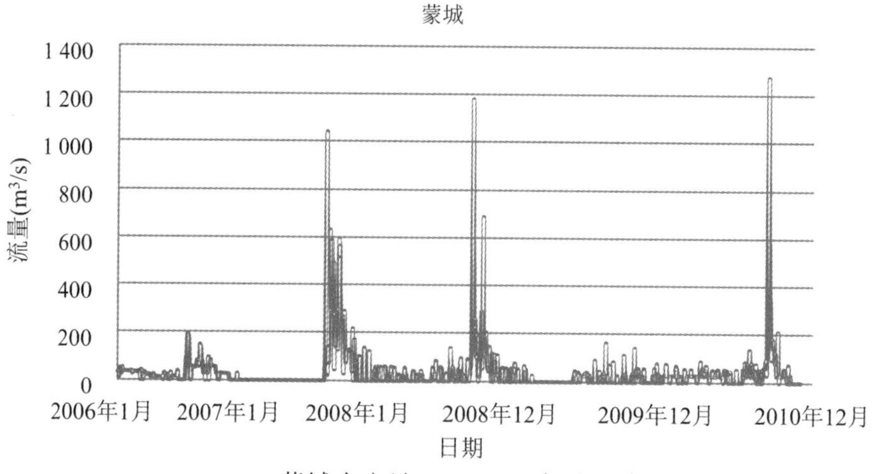

(b) 蒙城水文站2006~2010年流量变化

图 9-2 涡河亳州、蒙城断面流量变化图(续)

9.1.4 闸控系统水生态效益分析

闸坝拦蓄河道地表水,一方面可增加地表水蓄积量,另一方面可减缓周边地下水的排泄或增加河道地表水对地下水的补给。假定闸坝增蓄水头 1 m,按 1∶30 000 的大沟水面非流动自然坡降,大沟增蓄水头将上溯 30 km 左右,增蓄三维立体模型如图 9-3 所示。

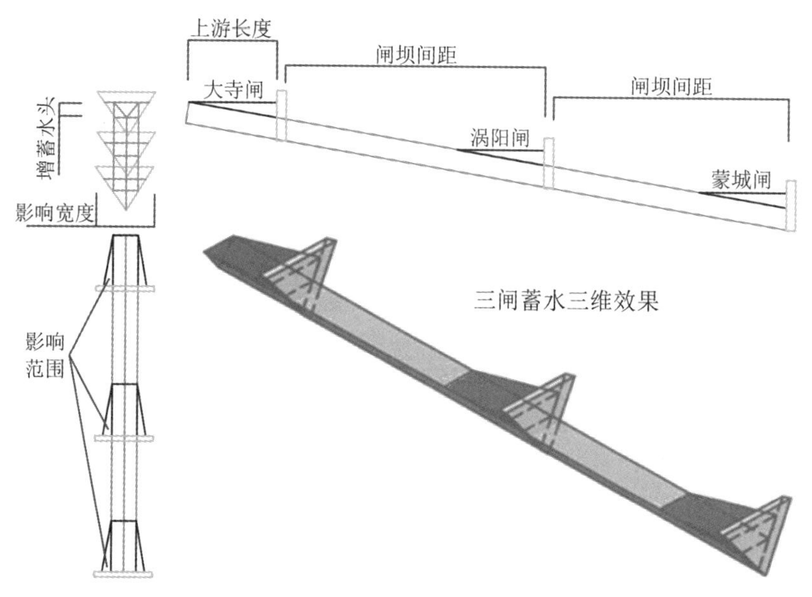

图 9-3 涡河闸控增蓄地表水计算示意图

则地表水增蓄量V可按下式计算：

$$V=\frac{1}{3}(S_1+S_2+\sqrt{S_1\cdot S_2})\cdot H \tag{9-1}$$

式中，V为地表水增蓄量(万 m^3)；

S_1，S_2分别为闸间上下游水位抬高后增蓄断面面积；

H为增蓄地表水影响距离，取 30 km。

大寺闸至涡阳闸段水面宽度 100～250 m，涡阳闸至蒙城闸段水面宽度 100～300 m。

假定闸坝增蓄水头 1 m，在增加河道路蓄水同时，也使两岸 500 m 宽范围内农田地下水水位获得不同程度的抬升，使原包气带变为饱和带，增蓄饱和水体的三维效果如图 9-4 所示。

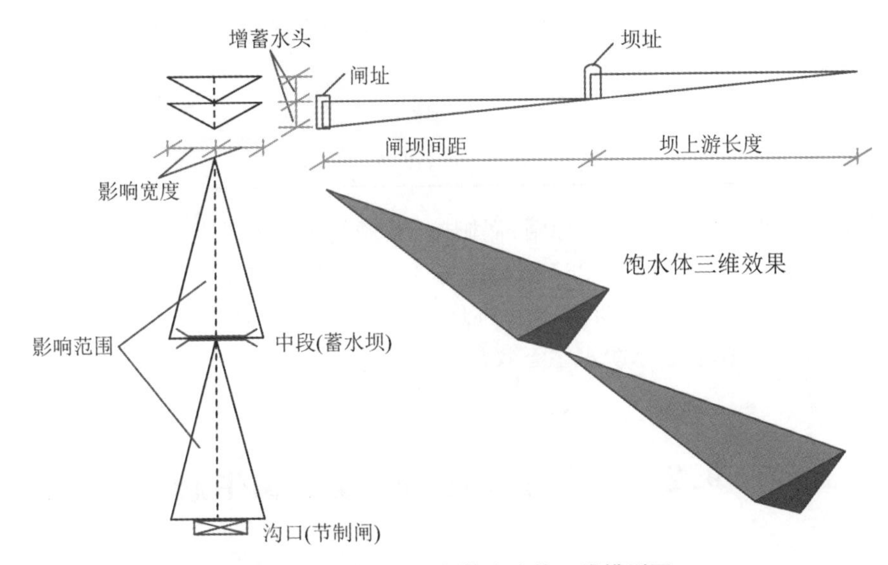

图 9-4　增蓄涡河两侧饱和水体三维模型图

图 9-4 模拟了河沟建闸后，河两侧增蓄饱和水体的三维效果，其增蓄饱和水体影响范围S的计算公式如下：

$$S=\frac{1}{2}\frac{(L_1\times 1\ 000+L_2\times 1\ 000)}{10^4} \tag{9-2}$$

式中，S为影响范围(万 m^2)；

L_1为闸蓄影响长度(m)；

L_2为闸蓄影响河两侧地下水宽度(m)，通常河道左右岸各取 500 m。

增蓄饱水体体积V_s计算公式如下：

$$V_s=\frac{1}{3}(S\times 1.0) \tag{9-3}$$

式中，V_s为饱水体体积(万 m^3)；

1.0 m 代表增蓄水头。

地下水增蓄量 V_{Δ} 为

$$V_{\Delta} = \alpha V_{s} \tag{9-4}$$

式中，V_{Δ} 为地下水增蓄量(万 m^3)；

α 为给水度，根据当地实际取为 0.04。

由式(9-1)及式(9-4)，可计算出闸上水头抬高 1 m 增蓄的地表水及地下水量，详见表 9-3。

表 9-3　涡河闸间增蓄水量分析(按闸前水头抬高 1 m 计)

序号	闸　名	闸间距(km)	影响范围(万 m^2)	新增饱水体(万 m^3)	给水度	地下水增蓄量(万 m^3)	地表水增蓄量(万 m^3)
1	大寺闸	34	1 700	566.7		227	283.3
2	涡河闸	57	2 850	950.0	0.04	380	456.0
3	蒙城闸	54	2 700	900.0		360	360.0
合计			7 250	2 416.7		967	1 099.3

由表 9-3 可以看出，涡河大寺闸、涡阳闸、蒙城闸闸上水头抬高 1 m，可增蓄地表水 1 099.3 万 m^3，增蓄地下水 967 万 m^3。实际上，三闸平均蓄水在 6～8 m 地表水，兴利库容地表水 8 000 万 m^3左右。以此推理，河两侧地下水增蓄量也应在 7 000 万 m^3 左右，可见涡河三闸闸蓄系统水生态效益明显。

9.2　怀洪新河闸蓄与地表生态

9.2.1　流域概况

怀洪新河为淮河中游地区沿淮淮北骨干排水河道，具有分洪、排涝、引水、通航等多种功用，怀洪新河西起安徽省怀远县何巷，流经皖、苏两省的怀远县、固镇县、五河县、泗洪县，东至泗洪县双沟镇入洪泽湖溧河洼，全长 121.58 km，流域面积 12 000 km^2。何巷闸(皖境)至新湖洼闸(皖境)为上游，长 26.48 km；新湖洼闸至十字岗(皖境)为中游，长 59.73 km；十字岗至洪泽湖溧河洼(苏境)为下游，长 35.37 km。安徽段河道总长 96 km，堤防 260 km，共有大、中型水闸 9 座，小型水闸 99 座。

怀洪新河干流共接纳 7 条一级支流，其中浍河为最大的支流，流域面积占总流域面积的 1/3，且属源长流急、来水较快的河流，怀洪新河流域洪水受该支流影响最大。其余支流分别为：北淝河、澥河、沱河、北沱河、唐河和石梁河。河流特性关乎流域洪水形成，直接牵涉闸坝蓄水与分洪，各支流河道几何特征见表 9-4 所示。

表 9-4　怀洪新河流域支流几何特征表

序号	河　名	河长 (km)	流域面积 (km^2)	落差 (m)	河流降纵比	河流弯曲系数	流域圆度系数
1	浍河	265	4 726	36.0	1/7 400	1.2	0.27
2	北淝河	130	1 693	10.1	1/12 900	1.3	0.30
3	澥河	79	618	7.7	1/10 000	1.1	0.23
4	沱河	95	877	10.5	1/9 000	1.1	0.29
5	北沱河	92	692	9.7	1/9 500	1.1	0.21
6	唐河	88	981	6.0	1/14 600	1.3	0.22
7	石梁河	59	785	4.9	1/12 000	1.2	0.51
8	干流	111	1 737	5.7	1/19 500	1.2	0.31
合计			12 109				

怀洪新河是为淮河分洪，并结合漴潼河水系排水而开挖的河道。整个河段中除符怀新河下段、浍沱河段、香沱引河及新开沱河是新开河段外，其余均利用原有河道并加以疏挖。依河道特性及控制闸节点，又将新河分为：符怀新河段、澥河洼段、香涧湖段、新浍河段、漴潼河段、北峰山引河段及双沟切岭引河段，各河段河道特性如表 9-5 所示。

表 9-5　怀洪新河各河段河道特性

节　点	何巷闸	湖洼闸	九湾	山西庄	十字岗	杨庵	峰山	溧河洼
河段	符怀新河	澥河洼	香涧湖	新浍河	漴潼河	北峰山引河	双沟切岭引河	
长度(km)	26.48	14.98	31.08	16.37	9.06	12.10	3.94	
河底比降	1/10 000	1/30 000	1/60 000	1/10 000～0	0			
三年除涝 (m^3/s)	480	610	1 450	1 030	1 650			
设计分洪(m^3/s)	2 000	2 490	3 700	2 550	4 710			

续表

节点	何巷闸	湖洼闸	九湾	山西庄	十字岗	杨庵	峰山	溧河洼
河段	符怀新河	澥河洼	香涧湖	新浍河	潼漴河	北峰山引河	双沟切岭引河	
河底高程(m)	14.37～11.77	10.87～10.37	13.37～9.87	9.87～7.87	7.87			
左滩(m)	35		100～200	30～160				
右滩(m)	35		100～200	30～150				
设计蓄水位(m)	17.37	14.67	14.67	13.67	13.37			
坝顶高程(m)	25.87～22.07	21.87～21.15	21.15～20.37	20.37～19.76	19.76～19.37			

备注:本表引自2004年2月《安徽省怀洪新河防汛手册》。

9.2.2 主要闸控体系

怀洪新河上起安徽省怀远县何巷分洪闸与涡河相接,向北沿符怀新河至固镇胡洼村北,经湖洼闸循澥河洼东行,至九湾纳浍河来水,再顺香涧湖东行,至五河县山西庄分为两支:主流经新浍河至五河县城西北过西坝口闸入潼漴河;另一支经香沱引河,穿山西庄闸入沱湖,纳北沱河、沱河、唐河来水,经新开沱河,穿新开沱河闸,至五河县城北十字岗与潼漴河相合,再东行至杨庵村东纳天井湖来水入江苏省泗洪县境,再东行至侯嘴入峰山切岭段。继续东行至双沟镇南又分为两支:一支向东经双沟引河入洪泽湖溧河洼;一支向南经老淮河,折东由下草湾引河入洪泽湖溧河洼。

主要拦蓄建筑物有何巷闸、胡洼闸、山西庄闸、西坝口闸、沱河闸等(地理位置见图9-5,外表形制见图9-5)。

何巷闸以分洪为主,设计分洪流量为2 000 m³/s,并兼有蓄水和引水作用,水闸顺水流向总体长度139 m,其中闸室长20 m,上游段长20 m,下游段长76 m。

胡洼闸遇淮河百年一遇洪水分洪时设计过闸流量2 000 m³/s,内水五年一遇洪水分洪时排涝过闸流量480 m³/s,二十年一遇洪水分洪时过闸流量660 m³/s

山西庄闸主要承担香涧湖和沱湖分蓄,引水、航运等任务,具有分洪、排涝功能。设计分洪时最大流量1 150 m³/s,五年一遇排涝流量420 m³/s。

西坝口闸位于怀洪新河浍沱段五河县城西北1.0 km处,五年一遇排涝流量1 450 m³/s,淮河干流百年一遇洪水分洪遭遇内水四十年一遇洪水分洪流量2 550 m³/s。

新开沱河闸主要作用是分洪、蓄水和防洪。该工程由节制闸、两岸滩地公路桥和桥下溢流堰组成,是怀洪新河末级控制枢纽的组成部分。设计分洪流量2 160 m³/s,设计排涝流量为620 m³/s。

(a) 何巷闸

(b) 胡洼闸

(c) 沱河闸

图 9-5　怀洪新河主要控制闸

(d) 西坝口闸

图 9-5　怀洪新河主要控制闸(续)

9.2.3　降水径流

根据怀洪新河流域蚌埠、五道沟、宿州、固镇、北店子、灵璧、龙亢、临涣、蒙城 9 个典型雨量站的 1951～2005 年长系列雨量资料分析本流域降水年际变化大，年内分配不均。多年平均降水量为 865 mm(合径流量 105 亿 m^3)，其中 6～9 月 4 个月平均降水量达 551 mm，占全年 64%。1951～2005 年的 55 年中，2003 年降水量最大，达 1 420 mm；1966 年最小，年雨量仅为 527 mm，丰枯比达 2.7。

流域多年平均径流深 224 mm(合径流量 26.8 亿 m^3)，其中 6～9 月 4 个月的多年平均径流深为 171 mm，占全年 76%，其余 8 个月占全年 24%。径流深年际变化很大，1954 年最大，为 594.5 mm(合径流量 71.3 亿 m^3)；1978 年最小，为 46.9 mm(合径流量 5.6 亿 m^3)，径流丰枯变幅达 13 倍。

9.2.4　闸控系统水生态效益分析

从水资源综合利用角度出发，怀洪新河将来要考虑抬高蓄水位蓄水，河水位的抬高会一定程度上改变原有的正常蓄水条件下地下水补排关系，依据前文多级闸控系统增蓄地表水及地下水模型成果，假定闸坝增蓄水头 0.5 m～1.0 m，将使两岸 400～500 m 宽范围内农田地下水水位获得抬升，按 1∶30 000 的河道非流动状态水面自然坡降，大沟增蓄水头将上溯 30 km 左右，怀洪新河增蓄地表水、地下水三维模型如图 9-6 所示。

各闸分别抬升水头 0.5 m，1.0 m 增蓄的地表水及地下水量见表 9-6 和表 9-7。

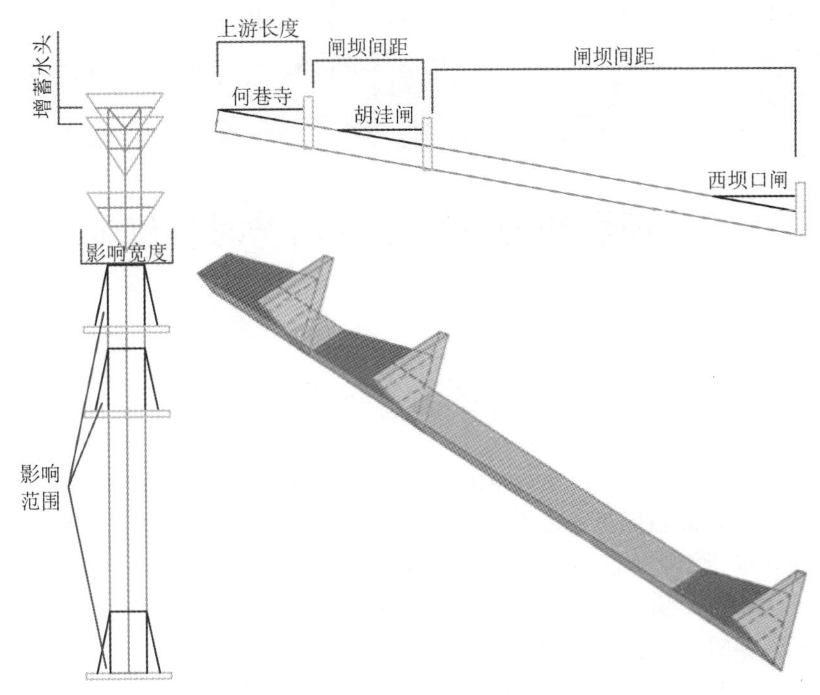

图 9-6　怀洪新河增蓄地表水、地下水三维模型

表 9-6　怀洪新河闸间增蓄水量分析(按闸前水头抬高 0.5 m 计)

序号	闸　名	闸间距(km)	影响范围(万 m^2)	新增饱水体(万 m^3)	给水度	地下水增蓄量(万 m^3)	地表水增蓄量(万 m^3)
1	何巷闸	35	1 400	455.6		182	125.2
2	胡洼闸	32	1 280	426.7	0.04	175	367.5
3	西坝口闸	74	2 960	986.7		395	329.5
合计			5 640	1 880		752	822.2

表 9-7　怀洪新河闸间增蓄水量分析(按闸前水头抬高 1.0 m 计)

序号	闸　名	闸间距(km)	影响范围(万 m^2)	新增饱水体(万 m^3)	给水度	地下水增蓄量(万 m^3)	地表水增蓄量(万 m^3)
1	何巷闸	35	1 750	583.3		233	250.4
2	胡洼闸	32	1 600	533.4	0.04	214	735.0
3	西坝口闸	74	3 700	1 233.3		493	659.0
合计			2 820	2 350		940	2 053

由上述分析可见，怀洪新河何巷闸、胡洼闸、西坝口闸闸上水头抬高 0.5 m 和 1.0 m 可分别增蓄地表水 822.2 万 m^3 和 2 053 万 m^3，增蓄地下水 752 万 m^3 和 940 万 m^3，增水量效果明显。

9.3　怀洪新河闸控系统增蓄时机研究

9.3.1　怀洪新河的设计分洪分析

怀洪新河为淮河中游地区沿淮淮北骨干排水河道，具有分洪、排涝、引水、通航等多种功用。从水资源利用角度来说，当然是一年四季都蓄水最好，但当汛期来临时，如果河道内水位高于汛限水位，将影响河道行洪，加大洪涝威胁从而增加洪涝损失，最佳的状态是在不影响河道行洪的情况下蓄水。要做到这一点，就必须研究怀洪新河的设计分洪时机与条件，同时还要研究怀洪新河的相机分洪时机与条件，科学避开设计分洪与相机分洪时机，河道闸蓄系统就可正常蓄水，在不影响水闸安全的条件下，还可以适当增蓄，以充分利用水闸的蓄水效益。

怀洪新河设计标准为：分泄淮河干流百年一遇洪水，遭遇相应内水（相当于四十年一遇），最大分洪流量为 2 000 m^3/s，出口段最大设计流量 4 710 m^3/s。

设计分洪条件所指的百年一遇洪水多是在什么情况下发生？什么时间起涨？起涨水位多高？流量多大？为回答这些问题，我们从淮河干流吴家渡流量、蚌埠闸水位入手，详细分析了淮河干流吴家渡有资料以来的 10 次大洪水流量起涨情况、蚌埠闸建闸以后所对应的 7 次大洪水的水位起涨情况，所得结论如表 9-8 所示。

系统分析蚌埠段淮河干流 10 次典型年洪水要素（表 9-8）可知，可能导致怀洪新河分洪的淮河干流典型洪水，最早起涨时间为 5 月下旬，最迟起涨时间为 7 月上旬，平均在 6 月中旬；10 年中，1991 年为早发洪水，形成于 5 月 23 日，其余 9 次均在 6 月以后，6 月上旬 1 次，6 月中旬 2 次，有 4 次形成于 6 月下旬，7 月上旬 2 次。洪水初步形成时，蚌埠闸上历次汛前最高起涨水位是 17.92 m（2003 年 6 月 20 日），最低起涨水位是 15.46 m（1963 年 7 月 9 日）。洪峰多形成于七八月份，10 年中，洪峰出现在 7 月份的有 5 年，洪峰出现在 8 月份的有 4 年，洪峰出现在 6 月中旬的有 1 年。

表 9-8　淮河干流蚌埠段典型年洪水要素表

年份	流量排序	起涨			洪峰			水位涨率(m/d)	流量涨率(m^3/s/d)	涨水时段(d)
		日期	闸上水位(m)	下泄流量(m^3/s)	日期	闸上水位(m)	下泄流量(m^3/s)			
1954	1	6/25		955	8/5		11 600		253	42
1950	2	6/28		204	7/24		8 900		334	26
2003	3	6/20	17.92	217	7/6	22.26	8 370	0.26	480	17
1991	4	5/23	17.60	150	7/13	22.15 (22.27)	7 750	0.09	149	51
1982	5	7/9	17.12	0	8/28	21.48 (21.55)	7 020	0.09	138	51
					8/5	21.03	6 510	0.14	233	28
1956	6	6/3		1 320	6/20		6 840		299	18
1975	7	6/20	16.89	87.1	7/11	18.97	4 250	0.09	189	22
		8/6	16.49	1 610	8/24	21.26	6 800	0.25	273	19
1998	8	6/28	17.90	126	7/6	21.03	6 740	0.35	735	9
1968	9	6/29	16.55	0	7/26	21.45	6 720	0.18	240	28
1963	10	7/9	15.46	595	8/27	21.27 (21.35)	6 490	0.11	117	50
平均		6/15	17.06	365	7/24	21.59	7 661	0.20	315	29
最早(大)		5/23	17.92	1 320	6/20	22.26	11 600	0.35	735	51
最迟(小)		7/9	15.46	0	8/28	21.02	6 000	0.09	117	9

备注：本表是基于逐日水位流量表分析而得的，水位采用的是蚌埠闸上水位、流量采用的是吴家渡流量，括号内水位为该次洪峰实测最高日平均水位，括号外数字为对应最大流量的日平均水位。

洪水成峰时多以 300 m^3/(s·d)的流量速率和 0.2 m/d 的水位涨率形成(平均水位涨率 0.2 m/d，平均流量涨率 315 m^3/(s·d)，水位最高涨率 0.35 m/d，流量最大涨率 735 m^3/(s·d)；)。涨水最快的洪水是 1998 年大洪水，该次洪水从 6 月 28 日起涨，其时吴家渡流量为 126 m^3/s，蚌埠闸上水位 17.90 m，该次洪水 7 月 6 日形成洪峰，洪峰水位 21.03 m，洪峰流量 6 740 m^3/s。按该次洪水水位涨率 0.35 m/d 推算，从起涨水位到达怀洪新河设计分洪水位约 12.7 d。按该次洪峰流量涨率 735 m^3/(s·d)推算，从起涨流量到达怀洪新河设计分洪流量，约 17.5 d。2003 年洪水为第三大洪水，约二十年一遇，该次洪水自 6 月 20 日起涨至 7 月 6 日达到峰量最大，共 17 d 时间，日均水位上涨 0.26 m，日均流量增幅 480 m^3/s，水位、流量涨率均位列第二。

怀洪新河分洪不仅与淮河干流来水有关，而且同涡河来水有关。根据涡河 1954～2006 年（中间缺 1955～1959 年、1979 年、1994 以及 2002 年）共计 45 年逐日流量资料，分析得出涡河蒙城闸下泄洪峰流量（最大日平均流量）超过 1000 m^3/s 的大洪水年份共 9 年，按从大到小排序依次是：1963 年、1965 年、2003 年、1954 年、1972 年、2000 年、2005 年、1971 年和 1960 年，分析求得各年洪水起涨日期、洪峰日期、洪峰流量，如表 9-9 所示。表 9-9 表明，涡河洪水多起涨于 6 月下旬至 7 月下旬，洪峰多形成于 7 月上旬至 8 月上旬，9 次洪峰中 7 月上中旬发生 3 次，7 月下旬发生 2 次，8 月上旬发生 1 次，最大洪峰流量 2 070 m^3/s（日均流量，1963 年 8 月 10 日）。洪水平均流量涨幅为 172 m^3/s，上涨最快的是 2003 年，流量日均涨幅为 260 m^3/s。流量从起涨到洪峰形成平均约需 9 d，最快 6 d，最慢 16 d。

表 9-9　涡河蒙城闸典型年洪水要素

年　份	频　率	起涨日期	起涨流量 (m^3/s)	洪峰日期	洪峰流量 (m^3/s)	流量涨率 ($m^3/(s·d)$)	涨水时段 (d)
1963	2%	7/25	99.2	8/10	2 027	123	16
1965	4%	7/7	64.9	7/15	1 900	204	9
2003	7%	6/29	0	7/4	1 560	260	6
1954	9%	7/15	166	7/20	1 450	214	6
1972	11%	6/26	15.8	7/3	1 403	173	8
2000	13%	7/7	16	7/16	1 330	131	10
2005	15%	7/4	0	7/11	1 310	164	8
1971	17%	6/25	57.5	7/3	1110	117	9
1960	20%	7/25	37.4	7/30	1 020	164	6
平均		7/10	50.8	7/22	1 461	172	9
最早(大)		6/25	166	7/3	1 020	260	16
最迟(小)		7/25	0	8/10	2 070	117	6

综合比较淮河干流蚌埠段洪水与涡河蒙城闸洪水过程可知，通常淮河洪水形成时间要比涡河洪水形成时间早 20 d 左右。同时，由于淮河干流洪水通常是峰高量大，上涨时段接近一个月，长于涡河洪水上涨时段（平均 9 d）达 20 d 左右。因此，尽管淮河干流洪水起涨比涡河洪水起涨要早 20 d 左右，但是，只要两河同时发生洪水，那么，淮河干流与涡河的洪峰在蚌埠地区基本上是同时形成的。淮涡洪峰会峰于蚌埠，无疑增大了蚌埠及以下地区的防洪压力。由于淮涡洪峰多发生在 7 月上中旬，（表 9-10），因此，怀洪新河分洪启用时间主要集中在 7 月上、中旬。

表 9-10　淮河、涡河典型洪峰时间频次统计表

时间		起涨水位		洪峰水位	
		涡河	淮河	涡河	淮河
5 月	下旬		1		
6 月	上旬		1		
	中旬		2		1
	下旬	3	4		0
7 月	上旬	3	2	3	2
	中旬	1		3	1
	下旬	2		2	2
8 月	上旬			1	1
	中旬				0
	下旬				3
平均日期		7 月 10 日	6 月 15 日	7 月 22 日	7 月 24 日

涡淮洪峰基本上同步于 7 月上中旬在蚌埠形成。按最快水位涨率 0.35 m/d 推算，从水位起涨到达怀洪新河设计分洪水位，约需 12.7 d；按最快流量涨率 735 $m^3/(s \cdot d)$ 推算，从起涨流量到达怀洪新河设计分洪流量，约需 17.5 d。

怀洪新河适度蓄水，可一定程度地减少淮水北调的供水成本，同时还能提高供水保证率，对缓解受水区缺水压力具有重要的意义。如果对相关闸坝安全进行检测并进行稳定性复核，同时辅以必要的加固，怀洪新河甚至可以适度抬高蓄水位。那么在蓄水条件下，怎样做到不影响分洪呢？也就是说怎样做好蓄水条件下的分洪准备工作呢？

准备条件之一：于 6 月 20 日前做好分洪准备。

分析淮河蚌埠段 10 次大洪水过程可以看出，洪峰平均抵蚌时间是 7 月下旬（平均 7 月 24 日），最早一次洪峰出现时间是 6 月 20 日（1966 年洪水），其余发生在 7 月上旬的 2 次、7 月中旬的 1 次、7 月下旬的 2 次、8 月上旬的 1 次、8 月下旬的 3 次，进入 9 月份基本不再有大洪水的洪峰形成，因此，应当在 6 月中旬前腾空库容至正常蓄水位以下（即河道的设计汛前蓄水位）。

准备条件之二：主汛期在吴家渡水位持续稳定上涨的 9 d 内腾空库容准备分洪。

综合分析区域降水与水情预报在蚌埠段淮河干流洪水将要形成时，可将怀洪新河下游各闸打开，于 9 d 之内将水位降至正常蓄水位以下。

通过对蚌埠段典型年洪水要素分析可知，淮河蚌埠段大洪水从洪水初涨到洪峰形成，时间最短的是 9 d，发生在 1998 年，该次洪水 6 月 28 日起涨，7 月 6 日形成洪峰（6 740 m^3/s），共 9 d 时间。实际上用 9 d 时间腾空库容是偏于保守的。以流量上涨最快的 1998 年为例，该次洪峰流量涨率为 735 m^3/s，按此涨率推算，从 7 月 6 日洪峰流量 6 740 m^3/s 再上涨到 10 000 m^3/s，还要 4.4 d；洪峰流量以此上涨到 13 000 m^3/s 还需要 8.5 d。据此推测，洪峰形成时间应该是 13～18 d。再以 2003 年实测洪水过程为例，该次洪水自 6 月 20 日起涨，到 7 月 6 日洪峰(8 470 m^3/s)形成，共用了 17 d 时间。

另外，以水位涨率推算上述结论也是安全的。根据蚌埠段典型大洪水年水文要素分析，洪水水位平均涨率为 0.2 m/d，假定蚌埠闸汛初按 18.0 m 标准蓄水，涨至 22.26 m (2003 年分洪时蚌埠闸上水位)共需 21 d 时间。按最快水位涨率 35 cm/d 推算，从水位起涨到达怀洪新河设计分洪水位，约需 12.7 d。

由此可以得出，蓄水条件下不影响分洪的重点准备工作是：

① 在 6 月 20 日前，调整各河段蓄水位，做好分洪准备工作。

② 结合降水及上游来水预报，在确认淮河干流洪水起涨 9 d 的时间内，腾空库容准备分洪。

9.3.2 怀洪新河相机分洪条件

当淮河水位居高不下，超过警戒水位，且荆山湖、花园湖附近淮河干流河段水位超过行洪区设计分洪水位时，怀洪新河是否分洪？分洪利弊有哪些？什么时机分洪合适？为回答这些问题，本项目对 2003 年、2007 年实际分洪效果；分洪对吴家渡水位降低效果；分洪对怀洪新河流域内涝影响；分洪经济效益几个方面进行了研究，取得如下认识。

1. 2003 年、2007 年实际分洪效果

2003 年怀洪新河第一次分洪时间为 7 月 4 日 10 时至 7 月 7 日 22 时。分洪开始时吴家渡水位 21.40 m，流量 8 450 m^3/s；分洪期间淮河干流水位持续上涨，7 月 6 日 22 时出现最高水位 21.92 m，相应流量 8 550 m^3/s，此时何巷闸分洪流量 1 670 m^3/s，若不分洪吴家渡水位将达 22.37 m 左右；分洪后吴家渡水位降低 0.45 m 左右。

2007 年淮河吴家渡于 7 月 20 日 12 时出现最高水位 21.25 m，相应流量 7 520 m^3/s。7 月 29 日 12 时怀洪新河分洪时(淮河干流水势缓降)吴家渡水位 20.69 m，流量 6 660 m^3/s。分洪期间前期吴家渡水位下降主要是分洪引起，根据流量变化情况，分洪 1 000 m^3/s，吴家渡水位降低 0.35 m 左右。

2. 分洪对吴家渡水位降低效果

2003 年汛后国家加大了对淮河的治理力度，先后实施了涡河口以下淮北大堤加固等一大批水利工程，这使淮河蚌埠段的防洪能力进一步提高。为分析不同分洪流量对吴家渡水位的降低效果，我们在吴家渡水位 21.47 m，21.87 m 以及 22.47 m 时，启用怀洪新河分洪 500 m^3/s，1 000 m^3/s，1 500 m^3/s 和 2 000 m^3/s 共 12 种水位、流量的组合对吴家渡水位降低效果进行了分析计算，计算结果见表 9-11。从表中可以看出吴家渡水位分别在 21.47 m，21.87 m 和 22.47 m 时，分洪 500 m^3/s 降低 0.30～

0.11 m、分洪 1 000 m^3/s 降低 0.60～0.23 m、分洪 1 500 m^3/s 降低 0.92～0.36 m，分洪 2 000 m^3/s 降低 1.27～0.50 m。

表 9-11　怀洪新河不同分洪情况降低吴家渡水位分析表

怀洪新河分洪流量(m^3/s)	吴家渡水位 21.47 m 时(流量:8 500 m^3/s)	吴家渡水位 21.87 m 时(流量:9 500 m^3/s)	吴家渡水位 22.47 m 时(流量:13 000 m^3/s)
	怀洪新河影响水位(m)	怀洪新河影响水位(m)	怀洪新河影响水位(m)
500	21.17	21.69	22.36
	0.3	0.18	0.11
1 000	20.87	21.41	22.24
	0.6	0.46	0.23
1 500	20.55	21.11	22.11
	0.92	0.76	0.36
2 000	20.20	20.77	21.97
	1.27	1.10	0.50

3. 分洪对怀洪新河流域内涝影响

根据怀洪新河不同的内水条件，按分洪 1 000 m^3/s，1 500 m^3/s 以及 2 000 m^3/s 时对各节点水位及河道流量的抬高程度，并按分洪遇内水峰值进行分析计算，计算结果见表 9-12～表 9-15。从表中比较分析可知，分洪 1 000 m^3/s 遇不同水情时沿程节点水位抬高 0.26～0.57 m；分洪 1 500 m^3/s 遇不同水情时沿程节点水位抬高 0.41～0.87 m；分洪 2 000 m^3/s 遇不同水情时沿程节点水位抬高 0.57～1.19 m。

表 9-12　不同分洪流量碰三年一遇节点水位成果表

水　情		水　位(m)					流　量(m^3/s)	
		胡洼	九湾	山西庄	十字岗	杨庵	香涧湖	漴潼河
三年一遇		16.63	16.60	15.46	15.05	14.90	1 450	1 650
1 000 m^3/s	水位	17.05	17.02	15.89	15.49	15.34	1 560	1 860
	抬高	0.42	0.42	0.43	0.44	0.44		
1 500 m^3/s	水位	17.23	17.21	16.18	15.78	15.63	1 780	2 100
	抬高	0.70	0.71	0.72	0.73	0.73		
2 000 m^3/s	水位	17.69	17.60	16.45	16.04	17.90	2 080	2 350
	抬高	0.98	1.0	0.99	0.99	1.0		

表 9-13 不同分洪流量碰五年一遇节点水位成果表

水情		水位(m)					流量(m^3/s)	
		胡洼	九湾	山西庄	十字岗	杨庵	香涧湖	漴潼河
五年一遇		16.91	16.86	15.75	15.35	15.14	1 850	1 940
1 000 m^3/s	水位	17.43	17.39	16.29	15.89	15.67	2 040	2 320
	抬高	0.52	0.53	0.54	0.54	0.53		
1 500 m^3/s	水位	17.74	17.69	16.58	16.19	16.00	2 180	2 460
	抬高	0.83	0.83	0.83	0.84	0.85		
2 000 m^3/s	水位	18.00	17.96	16.84	16.47	16.26	2 265	2 604
	抬高	1.09	1.1	1.09	1.12	1.12		

表 9-14 不同分洪流量碰二十年一遇节点水位成果表

水情		水位(m)					流量(m^3/s)	
		胡洼	九湾	山西庄	十字岗	杨庵	香涧湖	漴潼河
二十年一遇		17.87	17.74	16.91	16.50	16.21	2 299	3 090
1 000 m^3/s	水位	18.44	18.30	17.45	16.98	16.66	2 610	3 510
	抬高	0.57	0.56	0.54	0.48	0.45		
1 500 m^3/s	水位	18.74	18.61	17.77	17.26	16.91	2 900	3 920
	抬高	0.87	0.87	0.86	0.76	0.70		
2 000 m^3/s	水位	19.07	18.93	18.05	17.47	17.07	3 287	4 351
	抬高	1.19	1.19	1.14	0.97	0.86		

表 9-15 不同分洪流量碰四十年一遇节点水位成果表

水情		水位(m)					流量(m^3/s)	
		胡洼	九湾	山西庄	十字岗	杨庵	香涧湖	漴潼河
四十年一遇		18.37	18.19	17.52	17.09	16.81	2 743	3 630
1 000 m^3/s	水位	18.87	18.68	17.93	17.45	17.07	3 070	4 040
	抬高	0.50	0.49	0.41	0.36	0.26		
1 500 m^3/s	水位	19.15	18.96	18.14	17.61	17.22	3 400	4 450
	抬高	0.78	0.77	0.62	0.52	0.41		
2 000 m^3/s	水位	19.27	19.15	18.37	17.80	17.38	3 746	4 899
	抬高	0.96	0.96	0.85	0.71	0.57		

4. 分洪经济效益(以2003年实际分洪为例)

2003年怀洪新河共分泄洪水16.7亿 m^3，相当于方邱湖以下6个行洪区设计蓄滞洪总量的65%。据测算，2003年怀洪新河分洪产生的分洪效益约为23亿元。(尚未计入淮北大堤、茨河洼的防洪效益)(表9-16)。

表9-16　2003年怀洪新河分洪效益表

项　目	效益(亿元)	说　明
蚌埠市	8.9	分摊防洪效益的15%
怀远县城	5.85	分摊防洪效益的50%
方邱湖等3个行洪区	5.68	减灾面积1.14万 hm^2，扣除香浮段内涝0.2万 hm^2，减涝面积为0.94万 hm^2，按60 000元/hm^2 计算

按照怀洪新河进行治理后三年一遇、五年一遇、二十年以及四十年一遇有关节点水位降低及淹没面积减少值，结合分洪抬高沿程水位，估算分洪影响增加受灾损失。其中成灾面积按淹没面积的60%计算，成灾单位面积损失按15 000元/hm^2，其余40%部分按3 000元/hm^2 计算(2003年计算指标)。分洪1 000 m^3/s 遇不同内水增加受灾损失0.8～2.3亿元，分洪1 500 m^3/s 遇不同内水增加受灾损失(1.5～3.2)亿元，分洪2 000 m^3/s 遇不同内水增加受灾损失(2.1～4.8)亿元。

从以上分析可知2003年相机分洪可以减少淮河干流损失效益在20亿元以上；分洪使怀洪新河河流域增加受灾损失(0.8～4.8)亿元；分洪净效益在15亿元以上。因此可见，在类似2003年条件下，分洪的效益增加量远大于分洪影响的受灾损失增加量。

5. 相机分洪条件

当预报淮河干流吴家渡水位接近或超过21.47 m时；或淮河干流吴家渡水位低于21.47 m但水位长时间居高不下，且怀洪新河内水较小时，视雨情、水情和工程情况，可利用怀洪新河分泄淮河干流洪水1 000～2 000 m^3/s，以确保淮河干流中游防洪安全，最大限度减少洪涝灾害损失，为社会经济的持续、稳定、快速发展提供支撑和保障。当接近相机分洪条件时，应加强怀洪新河水情预报；在内水亦较大时，尽量错峰分洪，同时控制好分洪流量；分洪条件消除后，立即停止分洪，以最大限度的减少对内河除涝的影响。

如预报吴家渡水位低于21.47 m水位，怀洪新河内水达到或超过二十年一遇时，一般不分洪，以避免对内河除涝产生影响。

综上所述，怀洪新河蓄水条件下不影响分洪的条件是：

① 在6月20日前，调整各河段蓄水位，做好分洪准备工作。

② 结合降水及上游来水预报，在确认淮河干流洪水起涨的9 d时间内，腾空库容准备分洪。

在满足上述条件下，所有时段均可蓄水。

9.4　骆马湖调蓄与周边地表生态

9.4.1　流域概况

骆马湖地处江苏省北部，是江苏省的第 4 大淡水湖泊，位于北纬 34°00′～34°14′，东经 118°05′～118°19′范围内。骆马湖承载上游沂沭泗流域 5.8 万 km^2 的洪水，死水位 20.50 m(废黄河口高程，下同)，相应水面面积 194 km^2，库容 2.12 亿 m^3；正常蓄水位 23.00 m，相应水面面积 375 km^2，库容 9.01 亿 m^3；设计洪水位 25.00 m，相应水面面积 432 km^2，库容 15.03 亿 m^3；校核洪水位 26.00 m，相应库容 19.00 亿 m^3。

9.4.2　湖体水质

近年来(2008～2016 年)，骆马湖水质呈现出逐步好转的趋势，年度综合水质类别在 2013 年前为Ⅴ类～劣Ⅴ类，2014 年起已逐步好转为Ⅳ类，主要超标因子总磷和总氮也出现明显降幅。总磷指标 2008～2010 年均值在 0.04～0.05 mg/L(Ⅲ～Ⅳ类)，目前已下降为 0.03～0.04 mg/L(Ⅲ类)，年均值已不超标；总氮指标 2008～2013 年均值在 1.76～3.49 mg/L 之间(Ⅴ类～劣Ⅴ类)，2014～2016 年已下降为 1.06～1.44 mg/L(Ⅳ类上下)，降幅明显。年度水质类别及主要指标含量变化情况如图 9-7、图 9-8 所示。

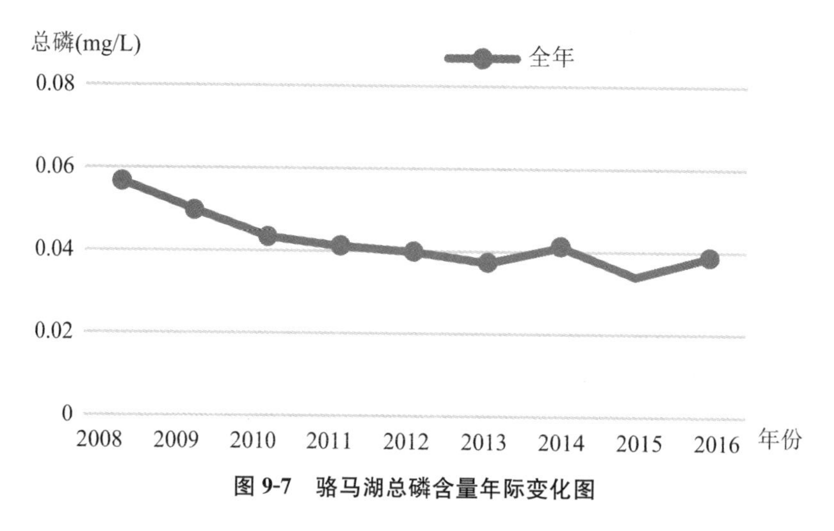

图 9-7　骆马湖总磷含量年际变化图

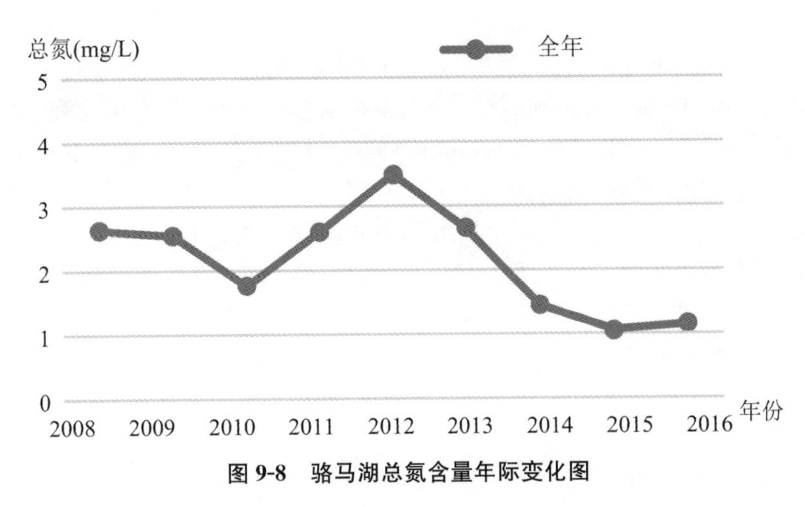

图 9-8　骆马湖总氮含量年际变化图

营养状况评价：2008～2016 年，骆马湖年均营养化水平呈现逐步好转态势，2013 年前均为轻度富营养，2014～2016 年已好转为中营养状态。综合营养状态指数也由 2008 年的 59.5，逐步下降至目前的 50 不到。从各单项营养指标来看，因湖区总磷、总氮含量逐步改善，相应的营养分值也逐步降低，其中总磷最高 51.5 mg/L(2008 年)，最低 43.8 mg/L(2015 年)；总氮最高 71.7 mg/L(2008 年)，最低 60.6 mg/L (2015 年)，其余指标分值亦有小幅下降。具体评价结果和主要指标分值情况见图 9-9。

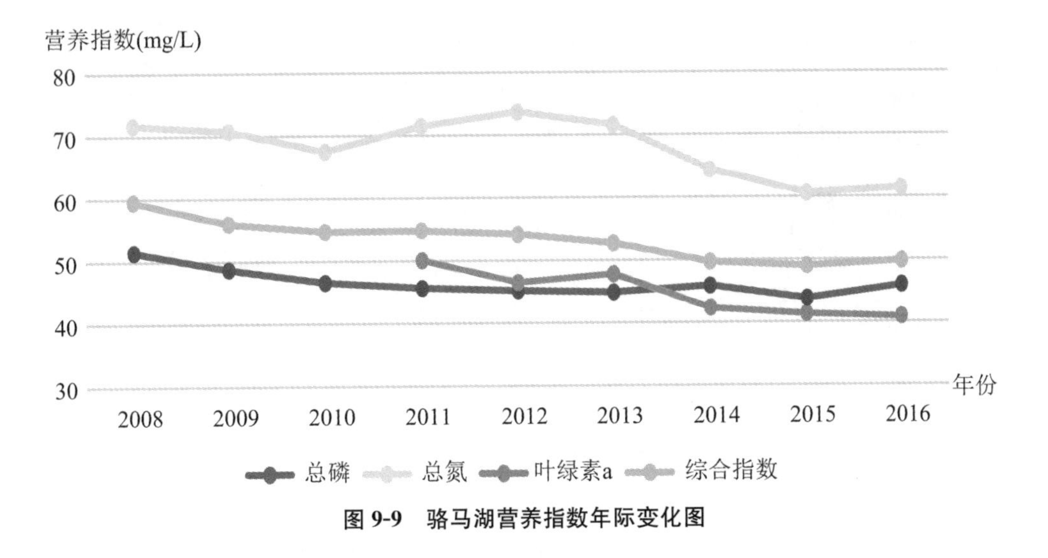

图 9-9　骆马湖营养指数年际变化图

9.4.3　出、入湖主要水系水质

骆马湖出、入湖河道主要有沂河、中运河、房亭河、新沂河(出湖口段)以及总六

塘河。

根据2008～2016年数据评价结果，房亭河水质较差，以劣Ⅴ类为主，虽然2012～2013好转为Ⅴ类，但随后又出现劣化，个别指标含量甚至比2008年还高。各年度总测次达标率在12.5%～37.5%之间，超标项目主要为氨氮（劣Ⅴ类为主）、总磷（Ⅳ～劣Ⅴ类）、高锰酸盐指数（Ⅳ类为主）。

其余河道虽有少量测次不达标的情况，但年均水质类别均为Ⅱ～Ⅲ类，水质相对较好，各指标含量年际变化也不大。其中，总六塘河、新沂河（出湖口段）、中运河水质达标率较高，各年基本都在90%以上，年均综合水质类别以Ⅱ～Ⅲ类为主。沂河水质次之，各年度达标率在76.2%～100%之间，年均综合水质类别也均达Ⅲ类，不同水期水质差别不大。

9.4.4　地下水水质

骆马湖周边地下水水质监测点有5个，其中上游站点3个，下游站点2个，每年监测2次，除去原生指标超标外，其余指标综合评价结果较好。选用2000～2013年28次监测成果分析评价，上游站点在2001年和2012年Ⅳ类，其余监测结果为Ⅱ～Ⅲ类，主要超标指标为氨氮和硝酸盐氮。氨氮变幅从未检出到1.6 mg/L，详见图9-10。

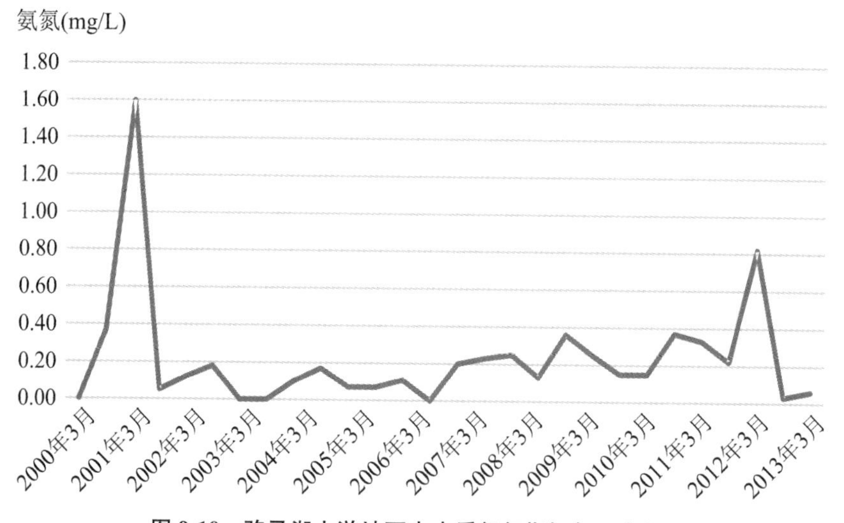

图9-10　骆马湖上游地下水水质氨氮指标年际变化图

9.4.5　骆马湖对地下水补排关系及水质影响分析

通过对丰枯典型年和年内骆马湖水位与地下水水位变化动态分析可知，湖区周边地下水水位一直高出骆马湖水位2～6 m。

依据达西定律，单位时间地下水的渗流量如下：

$$W = 0.01\ KIAt \tag{9-5}$$

式中，W 为渗流量（m^3）；

K 为渗透系数（cm/s）；

I 为水力坡度，沿渗流方向单位距离的水头损失（无因次）；

A 为垂直水流方向的过水面积（m^2）；

t 为渗流时间（s）。

渗透系数 K：骆马湖表层多为第四纪覆盖，属河流相冲、洪积地层，多为黏土、粉质黏土交互层，取 $K=8.5\times10^{-4}$ cm/s。

水力坡度 I：骆马湖周边地下水水位均高于骆马湖水位，所以骆马湖接受地下水补给，影响水力坡度的因素很多，主要有地面高程、入湖水量、出湖水量、地下水水位变动规律等，取 $I=0.0098$。

过水断面 A：指垂直于地下水流向的过水面积，即位于水面至湖底之间的区域，过水断面面积采用下式计算：

$$A = (G_1 - G_0)L \tag{9-6}$$

式中，A 为过水断面面积（m）；

G_1 为蓄水水位（m）；

G_0 为湖底高程（m）；

L 为湖岸线长。

根据对骆马湖正常蓄水位条件及干旱典型年条件下，地下水水位与湖泊水位资料分析，地下水水位均高于骆马湖水位，可以初步得出骆马湖区域地下水均处于向湖泊排泄状态。正常蓄水位条件下，地下水向骆马湖年排泄量为 551.7 万 m^3（表 9-17）。

表 9-17　骆马湖正常蓄水位下地下水对骆马湖排泄量估算

	水　位（m）	湖底高程（m）	水力坡度	渗透系数（cm/s）	年排泄量（万 m^3）
正常蓄水位	23.00	20	0.098	8.5×10^{-4}	551.7

由于农业灌溉对地下水补给的作用，淋滤土壤中的化肥、农药，产生携带污染物的地下渗流，是地表湖泊的面源污染的综合来源。从骆马湖地表水体水质与骆马湖上游地下水水质站点地下水水质状况表看，其变化趋势是与总氮一致的，见图 9-11。

从图 9-12 可以看出在地下水长期补给地表水的情况下，地下水径流所携带的污染物是影响地表水体的，是苏北平原区的重要的污染物来源。

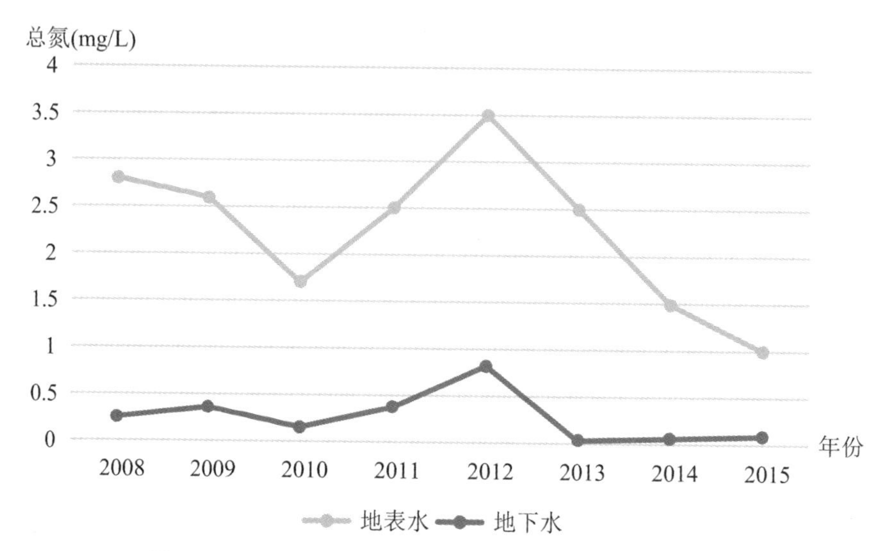

图 9-11　2008～2015 年骆马湖总氮与地下水总氮变化趋势

9.4.6　丰水年调控实践

2003 年沂沭泗流域平均降水量 1 174 cm,较常年(789 mm)偏多 49%,为自 1953 年有资料统计以来第一位;汛期(6～9 月)降水量 830 mm,教常年同期偏多 5 成,列 1953 年以来第二位;全年各月除 1 月份降水量较常年同期偏少外,其余月份均偏多;地下水最低水位 25.12 m 出现在 6 月 21 日;6 月 25 日以后受本地降水及骆马湖上游来水影响,地下水水位开始出现较大幅度的上涨,7 月 4 日骆马湖水位涨至 28.09 m,随后有所回落;8 月 16 日后,水位再次上涨,9 月 16 日地下水水位达到 28.93 m,为本年最高(图 9-13)。骆马湖水位变动过程与地下水水位变动相符,幅度次之。

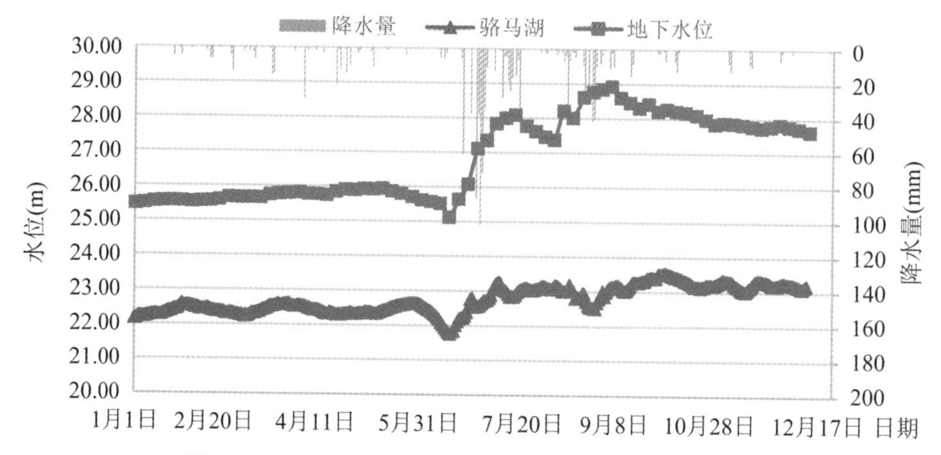

图 9-12　2003 年江苏省骆马湖与地下水水位逐日变化图

丰水年中，地下水水位较高，地表径流量大，入渗小，大量的面源污染出现在地表径流中，地下水水质资料显示，其氨氮和硝酸盐氮含量为历年最低，氨氮指标为"未检出"。

9.4.7 枯水年调控实践

2010 年 10 月至 2011 年 6 月底，江苏省淮北平原地区 9 个月的累计面雨量仅 190 mm，只有常年同期的 48%，为 1951 年以来同期最小值。降雨持续偏少，土壤缺墒严重。淮河流域上游来水异常偏枯，本地水源极为紧缺。整个干旱过程从 2010 年秋季延续到 2011 年夏季，形成江苏省全省性的秋、冬、春、夏四季连旱，为 1951 年以来同期最严重的气象干旱；淮沂沭泗河长期断流，部分河、湖水位出现历史或历史同期最低值。在大规模实施江水北调、江水东引、引江济太等跨流域调水补给的情况下，因正常用水消耗，主要湖、库水位持续下降。因此，将 2011 年作为干旱典型年来分析骆马湖水位与地下水水位的情况非常具有代表性。

沂沭泗河 2010 年汛后至 2011 年 6 月基本无来水补给，在大规模实施江水北调跨流域调水补给的情况下，因正常用水消耗，骆马湖水位在 6 月底降至死水位以下，最低水位仅 20.29 m，低于死水位 0.21 m。2011 年 7～9 月，受降雨影响，骆马湖水位快速上涨，9 月上旬至 12 月底，骆马湖水位较为平稳。地下水水位在 2 月、4 月中旬至 5 月中旬出现两次快速下降并回升的过程，5 月下旬至 12 月底地下水水位一直较为平稳，没有出现大幅波动(图 9-13)。可见南水北调工程的调水，改变了之前骆马湖与周边浅层地下水的交互关系。

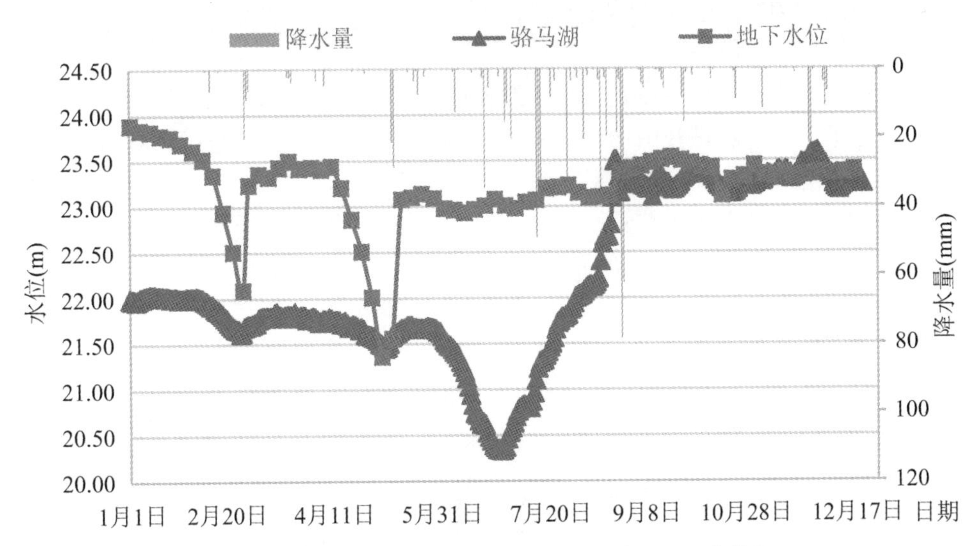

图 9-13　2011 年江苏省骆马湖与地下水水位逐日变化图

枯水年中，地下水水位不断下降，储存量不断减少。从上游地下水水质资料分析发现氨氮和硝酸盐氮含量逐步增高，一年后指标达到最高。以氨氮为例，从 2010 年的 0.15 mg/L 升到 2011 年的 0.35 mg/L，至 2012 年丰水期，达到了 0.88 mg/L。

9.4.8 典型干旱年地下水对骆马湖生态作用

通过对年内即丰枯典型年骆马湖水位与地下水水位变化的动态分析可知，地下水水位一直高出骆马湖水位 2～6 m。可见，地下水一直对骆马湖进行补给。

根据式(9-5)和式(9-6)计算得出的干旱典型年地下水对骆马湖排泄量如表 9-18 所示。

表 9-18 骆马湖干旱年最低水位条件下地下水对骆马湖排泄量估算

	水 位 (m)	湖底高程(m)	水力坡度	渗透系数 (cm/s)	年排泄量 (万 m^3)
干旱典型年	20.34(最低)	20	0.098	8.5×10^{-4}	407.0

根据对骆马湖正常蓄水位条件及干旱典型年条件下的地下水水位与湖泊水位资料进行分析，发现地下水水位均高于骆马湖水位，可以初步得出骆马湖区域地下水均处于向湖泊排泄状态。干旱典型年，地下水向骆马湖年排泄量为 407.0 万 m^3。

枯水年水位下降后，地表下渗加剧，对土壤的淋滤作用加剧，土壤中的污染组分融入地下水中，并随着地下水渗流纳入湖体并在一年后达到高峰值。

9.4.9 调水入湖对湖区周边地下水生态作用

江苏省南水北调工程主要是在江水北调工程基础上扩大规模、向北延伸。江水北调工程始建于 1963 年，是我国迄今最早的水资源调度工程，施益范围覆盖苏中、苏北 7 市，施益面积达到 6.3 万 km^2，人口近 4 000 万，耕地 300 万 hm^2。工程以江都抽水泵站(江都水利枢纽)为龙头从长江抽水，利用京杭大运河往北经淮安、宿迁向连云港和徐州地区送水，直至苏鲁边界的微山湖。江水北调工程全长 404 km，设 9 个提水梯级，建设 17 座大型泵站，长江边一级抽水能力为 400 m^3/s。江水北调工程建成以来，年平均送水规模达到 40 多亿立方米，干旱年份达到 70 多亿立方米，在苏北地区经济社会发展中发挥了巨大的作用。近十年，调水量有所加大，其江水北调出、入湖水量如表 9-19 所示。

表 9-19　近10年调水工程出、入湖水量周边地下水水位关系统计表

年　份	骆马湖水位 (m)	地下水水位 (m)	入湖水量 (m)	出湖水量 (亿 m^3)	降水量 (mm)
2003	22.76	26.83	121.99	90.82	1 225.1
2004	22.79	26.73	92.91	67.86	708
2005	22.74	26.69	142.77	125.86	665.5
2006	22.46	25.91	57.77	43.76	936.6
2007	22.49	25.88	99.32	87.59	1 286
2008	22.62	26.13	86.49	70.36	1 168.2
2009	22.61	25.19	40.93	31.88	713.3
2010	22.56	24.43	39.66	33.76	727.8
2011	22.21	23.20	44.11	33.00	793.8
2012	22.76	22.96	41.87	27.09	924
2013	22.92	22.66	33.74	23.74	685.4

利用SPSS统计分析软件，分析2003～2013年，骆马湖区域地下水逐年年均水位与同期年降水量，出、入湖水量，骆马湖水位的相关关系（表9-20）。

表 9-20　骆马湖区域年均地下水水位与出、入湖水量及降水量等相关关系

2003～2013年	骆马湖水位	降水量	入湖水量	出湖水量
相关分析	0.084	0.342	0.815**	0.791**
sig. (2-tailed)	0.806	0.340	0.002	0.004

从表9-20可以看出，2003～2013年，地下水年均水位与骆马湖入湖水量、出湖水量相关关系非常显著，相关系数达到0.815和0.791。对骆马湖区域地下水水位与骆马湖水位、入湖水量、出湖水量做多元线性回归分析，分析结果见表9-21。

表 9-21　地下水年均水位与骆马湖水位及出、入湖水量线性回归方程

变　量	因变量	自变量		
	y	a	b	c
代表因子	地下水水位	骆马湖水位	入湖水量	出湖水量
分析公式	$y=-1.066a+0.066b-0.035c+46.502$			
相关系数 R	0.827			
确定性系数 R^2	0.684			

9.4.10　骆马湖调蓄对湖区周边地下水生态作用总结

① 在正常年份及干旱典型年，通过对地下水水位与湖泊水位资料分析，地下水水位均高于骆马湖水位，可以初步得出骆马湖区域地下水均始终处于向湖泊排泄状态。正常蓄水位条件下，地下水向骆马湖年排泄量为551.7万m^3；干旱典型年，地下水向骆马湖年排泄量为407.0 m^3（表9-22）。

表9-22　典型年地下水对骆马湖排泄量

时　期	水　位（m）	湖底高程(m)	水力坡度	渗透系数（cm/s）	年排泄量（万m^3）
正常蓄水年	23.00	20	0.098	8.5×10^{-4}	551.7
干旱典型年	20.34(最低)	20	0.098	8.5×10^{-4}	407.0

② 对骆马湖区域地下水水位与骆马湖水位、入湖水量、出湖水量的多元线性回归分析结果表明，骆马湖地下水水位与骆马湖水位、入湖水量、出湖水量存在较强的线性关系，说明骆马湖水位、入湖水量、出湖水量均是影响骆马湖地下水水位的重要因素。

③ 丰水期及平水年份中，地下水水位较高，地表径流量大，入渗小，大量的面源污染出现在地表径流中，地下水对骆马湖污染物的集聚作用较小；枯水年中水位下降后，地表下渗加剧，对土壤的淋滤作用加剧，土壤中的污染组分融入地下水中，面源污染随着地下水渗流纳入湖体，影响骆马湖水体水质状况。

第10章　成果总结

10.1　研究成果

本书主要从浅层地下水角度探讨了地下水对地表生态作用问题。基于浅层地下水演变分布规律的剖析和坡水区水文循环模拟，深入探索了淮河平原区浅层地下水对地表生态作用机理。这一成果有力地支撑了淮河平原区浅层地下水多目标生态管控与调蓄技术应用项目的开展，并取得了良好的实践效果。

10.1.1　浅层地下水演变分布规律剖析

1. 淮北平原

对淮北平原地下水演变分布的动态分析，主要依据安徽省水文局设立的180眼浅层地下水水位观测井自1974年至2010年共36年的5日一次的地下水水位观测数据。

淮北平原浅层地下水流向基本上与颍河、涡河等地表河流平行，自西北流向东南，且水力坡度总体上自西北向东南逐步减小。

区域浅层地下水多年平均埋深值为2.46 m，自东南向西北埋深大致可划为3个与淮河干流平行的分布带(带宽60 km左右)，南部埋深在1～2 m，中部埋深在2～4 m，西北部埋深大于4 m。从多年平均地下水埋深看：69%站点埋深处在1.50～3.00 m之间；92%站点多年平均地下水埋深处在1.00～4.00 m之间；埋深小于1 m的站点有2个，都位于淮南市凤台县；埋深超过4 m的站点有10个，分别位于宿州市、亳州市和阜阳市。单站埋深最大值为5.76 m，为宿州市褚兰镇褚兰站。

从代际变化看，自1970年代起，地下水开发力度呈上升趋势，于1990年代达到最大，在2000年后进入恢复期。1994年4月至2003年6月的9年为地下水较枯时段，其中2000年5月为地下水最枯月。2003年9月至2008年8月的5年为地下水较丰时段，其中2003年9月、2007年8月、2008年8月为地下水最丰月份。2003年9月淮北平原区平均地下水埋深为1.11 m，在183个站点中，57%站点埋深在1.00 m以浅，

12%个站点在 0.50 m 以浅，6%站点在 2.0 m 以深(表 10-1)。

表 10-1　淮北平原浅层地下水平均埋深代际变化表

时　间	1974 年 1 月～1980 年 12 月	1981 年 1 月～1990 年 12 月	1991 年 1 月～2000 年 12 月	2001 年 1 月～2010 年 12 月	1974 年 1 月～2010 年 12 月
平均埋深(m)	2.21	2.31	2.73	2.48	2.46

若以丰水期至下一个丰水期的时间间隔为采补期，则淮北平原浅层地下水平均采补周期是 2.6 年，大部分采补周期是 1～2 年，也有个别时段采补周期较长，例如，1985 年 11 月～1991 年 6 月这一采补周期是 5.5 年，1991 年 6 月～1998 年 8 月的采补周期最长，长达 7 年。若以本枯水期至下一个枯水期为开发周期，则区域平均开发周期是 3.6 年。

2. 苏北平原

对苏北平原地下水演变分布动态的分析，主要是依据苏北浅层地下水 234 个监测站 1981～2013 年(共 33 年)地下水观测资料进行的。苏北平原浅层地下水变化态势具有以下规律与特征：

① 苏北平原浅层地下水受降雨和人工开采的影响程度不同，反映在地下水埋深变化上就是呈现出不同的代际分布。1981～1990 年浅层地下水埋深主要受开采影响，开采大于降雨补给，75.6%的监测站点达到了最大埋深。1991～1999 年浅层地下水开采减少，该阶段开采减少，为受开采和降雨的复合影响，水位得到一定程度的恢复；2000～2013 年由于江苏省江水北调工程投入运行，基本无开采，埋深主要受降雨影响，呈现自然补给状态，水位迅速恢复至原始水位(表 10-2)。

表 10-2　苏北平原浅层地下水平均埋深代际变化表

时　间	1981～1990 年	1991～1999 年	2000～2013 年
平均埋深(m)	3.28	2.53	1.71

② 从地域分布上看，浅层地下水开采受含水层影响。丰沛平原和沂沭河平原以粉质黏土、粉土为主，含水层特性较好，地下水埋深在整个开采期呈下降—上升—稳定的态势，浅层地下水变幅较大，最大变幅可达 10 m 以上；里下河和滨海平原以淤质、粉质黏土为主，富水性差，开采受限制，地下水变幅一般小于 3 m。

③ 浅层地下水多年平均埋深分布情况：71.4%的测井埋深在 2.00 m 以浅；约 21%的测井埋深在 2.00～5.00 m 之间；7%的测井埋深大于 5.00 m，这些井分布在苏北平原西北部的徐州市丰县与沛县一带。多年平均埋深面上分布有以下特点：苏北平原东南部，盐城—南通—扬州—泰州的埋深为 1～2 m；中部地区埋深在 2～3 m；西北部的徐州市丰县—沛县，北部的徐州市新沂—连云港赣榆和淮安盱眙埋深在 4～6 m。

④ 50%的站点浅层地下水都能补给至近地表水平(0.50 m 以浅)，86.7%的站点

浅层地下水都能补给至地面以下 2.00 m 以浅。在历史最大开采强度下，78%站点地下水深埋深处在 7.00 m 以浅，90%的站点地下水深埋深处在 10.00 m 以浅。

⑤ 1981～1990 年是苏北平原浅层地下水资源开采最剧烈、同时也是补给最丰富的时期，进入 21 世纪后该地区地下水获得较全面补给。如果以一个丰水期到下一个丰水期的时段长作为浅层地下水采补期，则开发高峰期浅层地下水平均采补周期是 5.5 年，采补平衡期的采补周期是 1～2 年。

⑥ 根据分析，苏北平原浅层地下水目前处于安全水位状态，不存在趋势性下降。苏北平原特别是丰沛平原和沂沭河平原地区地下水水量充沛，浅层地下水资源丰富，没有安全问题，应鼓励开发利用。

10.1.2　坡水区水文循环模拟

本书采用室内实验和自然原型观测相结合的方法，从水循环系统的角度，分析了淮北坡水区潜水蒸发，降雨入渗补给地下水，雨后土壤水、地下水消退等水循环与演变机理；将降水补给、灌溉、作物需水、排水等各项水文要素视为一个不可分割的整体进行了深入系统分析。本书建立了涵盖降水补给、潜水蒸发、地表径流、灌溉、作物需水、农田排水等多水文要素转化的淮北坡水区水文循环模拟模型，模型中首次将受田间排水工程作用下的地下水埋深要素引入水文模型中，使模型更贴近生产实际，且平原坡水区水循环特征显著。

坡水区水文循环模拟模型具有以下特点：

① 模型以大量实验数据为基础，采用室内实验和自然原型观测相结合的方法，使模型参数具有明确的物理意义，可信度高。

② 成果将降水补给、灌溉、作物需水、排水各项水资源要素视为一个不可分割的整体进行深入系统分析，弥补了以往各单项研究的不足。

③ 在研究水资源相互转化、消长过程中，特别针对砂姜黑土的实际情况，在实验数据分析成果上，设置参数和门槛，使模拟结果更加符合实际。

④ 成果把农田排水、抽水灌溉及各水资源转化及利用视为相互关联的整体系统。输入降水量、水面蒸发量利地下水开采（灌溉）量后，可以输出地下水、土壤水和地表水，亦可以据实际需要输出降水入渗量、潜水蒸发量、蒸（散）发量利土壤墒情指标。

⑤ 模型利用五道沟水文水资源实验站径流实际资料系列足够长和实验设备齐全的优势，所用参数均由系列实验资料分析得出，取值可靠。

⑥ 与其他同类模型相比，本模型对传统参数也做了较大的补充和完善：在降水入渗补给方面，引入了入渗三个阶段的概念；在给水度方面，引入了分层取值的概念；在潜水蒸发方面，模型考虑了作物及气候影响，并按月给出了 K_n 的取值。

⑦ 国内外同类水文模型大都没有设置专门的参数来考虑区域排水工程对模型的

影响，本模型设置了“Z_1”“Z_2”两道径流门槛参数，其中Z_1与小沟沟底埋深相接近，Z_2即为墒田沟沟底埋深。本模型首度将人类活动影响引入水文模型中，不仅提高了模型模拟流域出流的精度，而且通过已知的(或实测的)的流域出流过程，结合模型可以反求“Z_1”“Z_2”，这有可能开辟一个崭新的研究领域——通过模型对“Z_1”“Z_2”的反求，量化区域水利工程的排水效果，这是本模型一个巨大的潜在价值。

10.1.3 对地表生态作用机理探索

从农作物种植比来看，淮北平原地表农业生态系统存在明显的3个平行于淮河干流的分布带：纯旱作带—过渡带—亚湿地带，所对应的浅层地下水埋深分别为大于3 m— 2～3 m —小于2 m(图7-31、图7-32)。这表明该地区的浅层地下水对地表生态有显著的支撑作用。

分析总结上述新濉河排孔实验，怀洪新河何巷闸、胡洼闸排孔实验，茨河立仓橡胶坝、北淝河板桥橡胶坝原型实测资料得出，地下水排泄宽度跟随地下水水位与河沟地表水位差有一定幅度的变化，250 m以内水力坡度变化显著，实测最大排泄宽度在500 m左右；250～500 m之间地下水排泄水力坡度变化平缓。而河水补给地下水的最大宽度约为实测最大排泄宽度(500 m)的一半，在210～250 m。

依据多年实验研究所得的地下水埋深多层级生态管控目标阈值，结合浅层地下水埋深与淮北平原“亚湿地”带状分布特征的耦合趋势关系；进一步通过对本底生产力的分析、测算，构建了降水与地下水埋深双要素的淮河平原区奥德姆生态趋势线，从而把浅层地下水管控与地表生态维护有机结合起来，创新了地表生态保护方法。

淮河平原区双要素奥德姆生态管控趋势线表明，地表生产力与地下水埋深的关系呈倒“S”曲线关系，参见式(10-1)：

$$f(x)=\frac{k}{1+e^{a+bx}}+c \tag{10-1}$$

式中，$f(x)$为奥德姆生产力值；

x为地下水埋深值；

a,b,c,k为待定参数。

再将地表生产力与地下水埋深控制拐点作为约束条件，可推演出年降水量分别为500 mm，900 mm和1 200 mm条件下的奥德姆趋势线参数，如表10-3所示。

表10-3 奥德姆生态管控趋势线参数

年降水量(mm)	a	b	c	k
500	−5.62	1.30	3.06	4.90
900	−0.68	1.12	3.94	4.96
1 200	−10.92	1.44	5.00	4.94

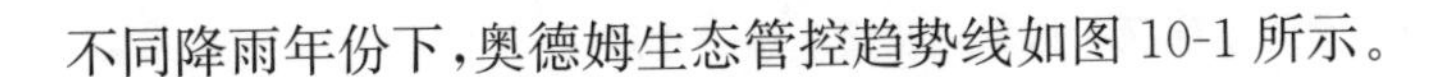

不同降雨年份下，奥德姆生态管控趋势线如图10-1所示。

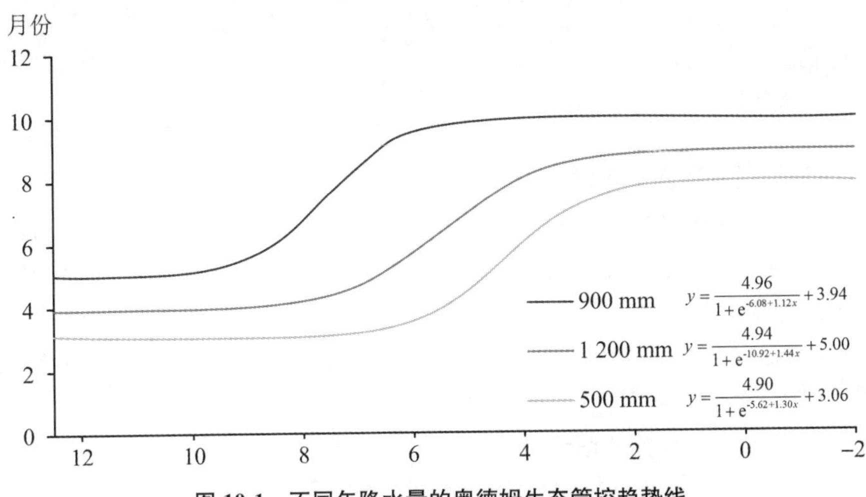

图10-1　不同年降水量的奥德姆生态管控趋势线

在正常降水年份，浅层地下水生态上拐点埋深（横坐标）在1.5 m左右，下拐点地下水埋深（横坐标）在8.0 m左右；而对于特旱年份，如1978年，浅层地下水生态上、下拐点埋深（横坐标）均要右移，上拐点降至浅于1.0 m，下拐点降至6.0 m左右。同样地，当降水增加，如2003年，如降水均匀，作物生长甚至不需灌溉，浅层地下水对地表生态的支撑作用将下降，浅层地下水埋深生态上、下拐点地下水埋深（横坐标）均要左移，上拐点升至3.0 m左右，下拐点升至10.0 m左右。

10.1.4　多目标生态管控阈值与调蓄技术

本书以淮北平原浅层地下水存储空间为研究单元。从生态角度看，浅层地下水埋深自浅而深可以划分为以下几个层级目标管控阈值。

1. 作物受渍害埋深

在淮北平原实验区排水实验Ⅰ区和Ⅱ区，通过地下水升临地面的大暴雨过程及雨后作物长势等观测实验得出：当浅层地下水埋深降至地面下0.5 m时，就可以使作物90%根系处于非饱和土壤中，能正常进行光合作用而不致受渍而凋萎，故地面下0.5 m地下水埋深即为农田防渍埋深。

2. 作物生长适宜地下水埋深

实验区作物生长与地下水埋深关系实验表明，淮北平原地下水埋深在如表10-4所列区间时，作物长势较好且能获得高产，但黄潮土和砂姜黑土有些许差别。

表 10-4　淮北平原区旱作物生长适宜地下水埋深(单位:m)

土质类别	小　麦	大　豆	玉　米
砂姜黑土	0.8～1.5	0.8～1.2	0.8～1.2
黄潮土	1.5～2.5	1.5～3.0	1.5～2.0

3. 旱涝均衡治理地下水埋深

在“三沟两田双控”农田排水工程条件下，遭遇五年一遇最大 3 d 暴雨，雨后 10～15 d 地下水埋深普遍降至 1.2～1.5 m。除涝目标为雨后控制地下水埋深越深越好，对于淮北平原中南部地区要求雨后控制地下水埋深至少不浅于 1.5 m；而防旱要求地下水埋深越浅越好，且至少不深于 1.5 m。综合考虑，淮北平原旱涝均衡治理地下水埋深范围以 1.0～3.0 m 为宜。

4. 作物对地下水利用极限埋深

五道沟实验站大型蒸渗仪群 50 余年的潜水蒸发观测成果分析表明，作物对浅层地下水利用极限埋深为：砂姜黑土 3.5 m；黄潮土毛细吸水效果优于砂姜黑土，作物对浅层地下水利用极限埋深为 5.0 m。

5. 生态安全开采埋深

淮北平原区浅层地下水分布与演变规律成果分析表明，淮北平原区浅层地下水生态安全开采埋深为 8.0～10.0 m。超过此埋深，浅层地下水在正常开采周期内难以恢复，同时影响地表生态。

6. 基于奥德姆生态管控趋势线地下水埋深管控阈值

浅层地下水埋深在地表生态系统“健康—退化—荒漠化”类型转化中起着重要作用。在多年平均降水水平下，地表生态系统由第一亚等降至第二亚等，浅层地下水多年平均埋深管控阈值为 1～2.0 m；地表生态系统由第二亚等降至第三亚等，浅层地下水多年平均埋深管控阈值为 8.0～10.0 m。

7. 技术实践

在蒙城灌区开展了“三沟两田双控”调蓄实践，通过 128 条大沟的闸坝配套工程，实现了涝渍水的有效拦蓄，增蓄地表水 678 万 m^3，增蓄地下水 270 万 m^3。在涡河生态管控区，利用大寺闸、涡阳闸、蒙城闸开展了梯级多闸坝地下水联合调控实践，上述 3 闸拦蓄水位抬升 1 m，可增蓄地表水 1 196.0 万 m^3，增蓄地下水 96.7 万 m^3，总计 1 099.3 万m^3。在怀洪新河水资源调控区，利用何巷闸、胡洼闸、西坝口闸及山西庄闸开展了梯级四闸增蓄地下水联合调控实践，上述 4 闸拦蓄水位抬升 1 m，增蓄地表水 822.2 万 m^3、2 053 万 m^3，增蓄地下水 75.2 万 m^3、94 万 m^3。在骆马湖生态保护区，研究了地下水与河湖地表水的补排关系以及南水北调东线工程对湖水位及其周边地下水水位的影响作用。

通过“河—湖—田”系统对地下水进行调控实践,从而达到合理管控地下水、改善地表生态的目的。

10.2 创新性和先进性

本书以最具本区域特色的浅层地下水为研究对象,以“多站点多尺度多区域”的原型观测数据为依托,结合坡水区五道沟实验站“长系列—多埋深—全要素”蒸渗仪群专项实验成果,详尽揭示了淮河平原区浅层地下水分布与演变规律;构建了浅层地下水多目标管控阈值体系;运用最新遥感数据图像处理技术结合大量统计数据,发现了淮北平原“亚湿地”带状分布特征,建立了淮河平原区奥德姆生态管控趋势线,发展了“三沟两田双控”农田排水技术。取得了显著的社会经济与生态环境效益。本书的创新性成果及特色主要包括以下三个方面:

10.2.1 奥德姆生态管控趋势线

本书首创从水文角度研究地表生态,紧扣影响地表生态支撑要素——浅层地下水埋深,运用最新遥感数据图像处理技术结合淮北平原各县、区主要农作物多年种植面积统计数据,通过关联度分析,发现淮北平原“亚湿地”带状分布特征与浅层地下水埋深相关,运用样方调查测算法,通过本底生产力分析、测算,构建了降水与地下水埋深双要素的淮河平原区奥德姆生态管控趋势线。从而把浅层地下水管控与地表生态维护有机结合起来,创新了地表生态保护方法。

较之国内外以单一从生态角度研究生态系统,本成果将生态学研究方法与水文学方法、统计学等方法有机结合起来,从而发现了淮北平原“亚湿地”带状分布特征与浅层地下水埋深相关,构建了降水与地下水埋深双要素的淮河平原区奥德姆生态管控趋势线。奥德姆生态趋势线反过来,又完善了地浅层地下水多目标管控体系阈值。从而创新了地表生态保护方法。

10.2.2 多目标生态管控阈值体系

本书建立了淮北坡水区水文循环模拟模型,模型中设置了“Z_1”“Z_2”两道径流门槛参数,首次将受田间排水工程(人类活动)作用要素引入水文模型,确定了具有明确物理意义、可信度高的模型参数,提高了模型模拟出流的精度,量化了区域水利工程排水效果,体现了淮北坡水区水文循环转化特质。

本书构建了作物生长“排泄—适宜—蓄补—警戒”的多目标地下水埋深生态管控

指标体系，提出了作物防渍埋深、作物生长适宜地下水埋深、旱涝均衡治理地下水埋深、作物对地下水利用极限埋深和地下水安全开采埋深等埋深管控阈值，为地下水多目标生态管控提供了定量可靠的技术支撑。

基于本研究的奥德姆生态管控趋势线认为，在多年平均降水水平条件下，淮河平原区地表生态系统由“健康—退化—荒漠化”，即地表生态系统由第一亚等降至第二亚等，浅层地下水多年平均埋深管控阈值为 1～2.0 m；地表生态系统由第二亚等降至第三亚等，浅层地下水多年平均埋深管控阈值为 8.0～10.0 m。

当前国内外的研究多为基于数值模拟为主的机理与规律分析，本书在地下水研究的“区域跨度、数据量度、研究精度”等方面取得了突破。本书利用地中蒸渗仪长序列—针对性—不间断实验站专项实验资料，融合了不同土质、不同作物多情景下的组合实验，结合面上大面积农田主要旱作物产量与不同浅层地下水利用量之间的第一手实践数据，首次提出了作物生长“排泄—适宜—蓄补—警戒”的多目标地下水埋深生态管控指标体系。

10.2.3 浅层地下水生态调控模式

“三沟两田”农田排水体系标准，是在总结前期 20 余年农田排水实验资料基础上，于 1970 年代总结提出的一套适用于淮北平原中南部的标准排水沟系。

“三沟”：即为每 1 000 hm^2 农田配挖一条大沟，每 100 hm^2 农田配挖一条中沟，每 10 hm^2 农田配挖一条小沟，主要用于除涝。

“两田”：即为农田小沟之下再配田头沟和墒田沟，主要用于防渍。

这种排水模式侧重“涝渍强排”。2000 年后，随着地下水水位普遍下降与涝水资源化需求，平原区农田除涝防渍由“涝渍强排”逐渐向“排蓄结合”的模式转变，由“三沟两田”发展为“三沟两田双控”，即在大沟中段建溢流坝，沟口建节制闸，拦蓄涝水，达到回补浅层地下水的目的。大沟双控结合河道闸控，构成淮河平原特有的区域浅层地下水调蓄模式。使农田在除涝防渍前提下，整体实现了涝渍水的“自然汇集、科学调蓄、自动补用”。

这工程实践已经全面证实，本书提出的调蓄模式与工程方案，增强了区域水循环的调蓄能力，充分实现了涝水资源化、缓解了干旱缺水影响；通过涝渍水的排蓄与回补利用，大幅度降低了区域面源污染入河负荷，充分发挥了沟网对污染物的自然净化作用，改善了区域水环境；通过涝渍水对地下的回补，维系了区域水循环的健康，增强了地表生态需水的保障程度。

相较国内外相关的以水文要素环节为对象的调节，本书所述成果实现了区域水循环的立体调蓄；相较国内外以场次排涝除渍为核心任务的研究，本书所述成果充分实现了涝渍水的资源化；相较国内外以水量为主的单目标调蓄模式，本书所述成果实现了地表—土壤—地下多过程、水量—水质—水生态多目标、短时调节与长时调配的融合;相较国内外以抽蓄等人为力为主的调节,本书所述成果充分利用了自然力,大大降低了运行成本。

10.3 成果综合应用

10.3.1 成果的推动作用

本书所述研究成果由多个科研单位协作联合攻关完成。既是一项填补淮河平原区水资源高效利用和生态保护技术空白的研究项目,又是一项可用于农田水利建设、地下水高效利用及生态保护决策支持的应用性项目。书所述研究成果在以下几个方面推动了行业科技进步:推动了多学科交叉融合,将传统水文学、水文地质学、农田水利学、生态学等学科进行交叉融合,拓展了学科综合应用领域,提升了学科综合应用水平,提出了多层级地下水调蓄阈值,推动了"河—湖—田"地下水调控理论与技术的发展。

1. 推动变化环境下水文循环及水资源演变实验与研究的进步

水文循环、水资源循环运动规律决定了水资源的时空分布特征,是水资源研究的基础。本本所述项目依托长系列资料条件,开展了坡水区水文循环模型研究和探索。这些研究成果、经验积累和探索,对促进淮河平原区乃至国家层面研究变化环境下水文循环和水资源演变规律具有很好的推动作用。同时,随着研究需求不断增加,也促进了研究领域的拓展和研究平台的建设。

2. 全面推动精细化地表生态管理学科的进步

淮北平原区浅层地下水是我国最具区域特点的水资源,是淮北平原区重要的战略资源,对区域的工农业生产、国民经济发展、粮食安全、地表生态健康都起着重要支撑作用。本书所述课题研究从浅层地下水对地表生态作用及机理入手研究,以淮河平原区地表生态健康循环为目标,为浅层地下水资源高效调蓄为利用以及生态保护提供技术支撑,抓住了地下水管理的深层次背景,对促进淮河平原区地下水资源管理水平提高有重要推动作用。

3. 对产、学、研水平的推动作用

本书所述成果从区域角度出发,依托淮河平原区面上多个水文站点以及典型区实验站长系列资料,系统开展水文及水资源要素变化规律基础研究,提出了淮河平原区浅层地下水多目标调蓄关键技术的综合研究成果,在进一步促进水文水资源基础实验研究及变化环境下水资源演变、地表生态识别、水利工程优化研究以及在促进产、学、研结合发展等方面具有较显著的作用。

10.3.2 成果应用领域

1. 在地表生态管控方面的应用

本书所述成果构建了浅层地下水埋深多目标生态管控阈值指标体系及奥德姆生态管控趋势线，增强了浅层地下水埋深多目标生态管控理论认知度，促进了对区域地表生态有目的地改善。通过“三沟两田”工程实施及“作物生长适宜地下水埋深”管控，可以做到田间涝渍水“科学汇集，有效拦蓄，持续利用”。通过对奥德姆生态管控趋势线上、下生态埋深控制点的管控，可以有效防止地表生态从第一亚区退变为第二亚区及从第二亚区退变为第三亚区；通过对地下水安全开采埋深的管控，可以使浅层地下水“合理开发，持续利用”；通过对地面沉降与岩溶坍陷限制埋深的管控，可以有效扼制地面沉降与岩溶坍陷。通过对浅层地下水埋深多目标生态管控，可以有效增加区域地表及地下水资源，降低区域面源污染随大沟入河负荷，减少地面沉降与岩溶坍陷，提升地下水利用效率和效益，经济效益、生态环境效益显著。通过这些措施，我们估算淮北平原、苏北平原实现经济效益，每年在 200 亿元左右，占 2014 年淮河平原区国内生产总值(GDP)的 0.5%。

2. 在水资源管理方面的应用

面对淮河平原区水旱灾害频发、水资源供需日趋紧张和地表生态恶化的严峻形势，本书从区域浅层地下水演变、水文循环模拟、浅层地下水对地表生态支撑作用入手研究，以淮河平原区水资源良性循环、地表生态健康为目标，通过农田大沟“双控”和河网修建闸坝蓄水，增强了区域水循环的调蓄能力，充分实现了涝渍水的资源化利用、缓解了干旱缺水影响，提高降水的有效利用、充分利用地表水和土壤水、合理利用地下水，以达到健康水循环、地下水合理保护、高效利用与地表生态健康的目标。

通过构建浅层地下水资源多目标调蓄工程模式，实现了田间水资源“河—湖—田”多形式调控及高效利用。围绕浅层地下水埋深的多目标生态管控，有利于提升地下水的利用效率和效益，可实现将区域浅层地下水埋深维持在合理区间水平，进而达到地下水“科学拦蓄、有效补给、持续利用”的目的，同时做到地表稳定、生态健康。据估算统计，在淮河平原区实施“农田双控、河道拦蓄，湖泊调控”，可以促使浅层地下水水位普遍升高 0.8～1.0 m，75%年型全区域将增加水资源量及拦蓄地表径流量 6.07 亿 m^3，增补地下水 3.24 亿 m^3，供水保证率提高 6%～10%。

中国共产党第十八次全国代表大会提出的“五位一体”总体布局对生态文明建设提出了更高要求。淮河流域水资源利用、水污染防治、水生态安全等诸多问题依然突出。本书所述研究紧扣淮河平原区浅层地下水科学管控与改判地表生态的研究需求，开展淮河平原区浅层地下水演变对地表生态作用及调控实践研究，对粮食安全、生态健康提供强有力的保障。

最严格水资源管理制度是以水循环为基础，面向水循环全过程，全要素的水资源管理制度，认识、掌握、遵守水循环运动规律是开展水资源管理工作的基础和主要科学依据，是制定水资源相关管理制度的重要理论依据。本书所述研究从地下水演变、区域水循环和浅层地下水对生态作用机理入手研究，以淮河平原区地下水资源良性循环、高效利用为目标，以为地下水管理和地表生态管控提供技术支撑为目标，抓住了管理的深层次背景，对促进淮河平原区浅层地下水资源管理与地表生态管护水平提高有重要推动作用。

本书所述成果为多个科研单位协作联合攻关完成，既是一项填补淮河平原区浅层地下水资源管理与地表生态管护的研究项目，又是一项可应用于节水灌溉、农田水利建设及防灾减灾决策的应用性项目。本书所述研究成果、经验积累和探索，对促进淮河平原区乃至国家层面地表生态改善与地下水资源管理以及海绵流域建设具有很好的推动作用，在促进产、学、研结合发展方面意义深远。

附录　部分数据分析图

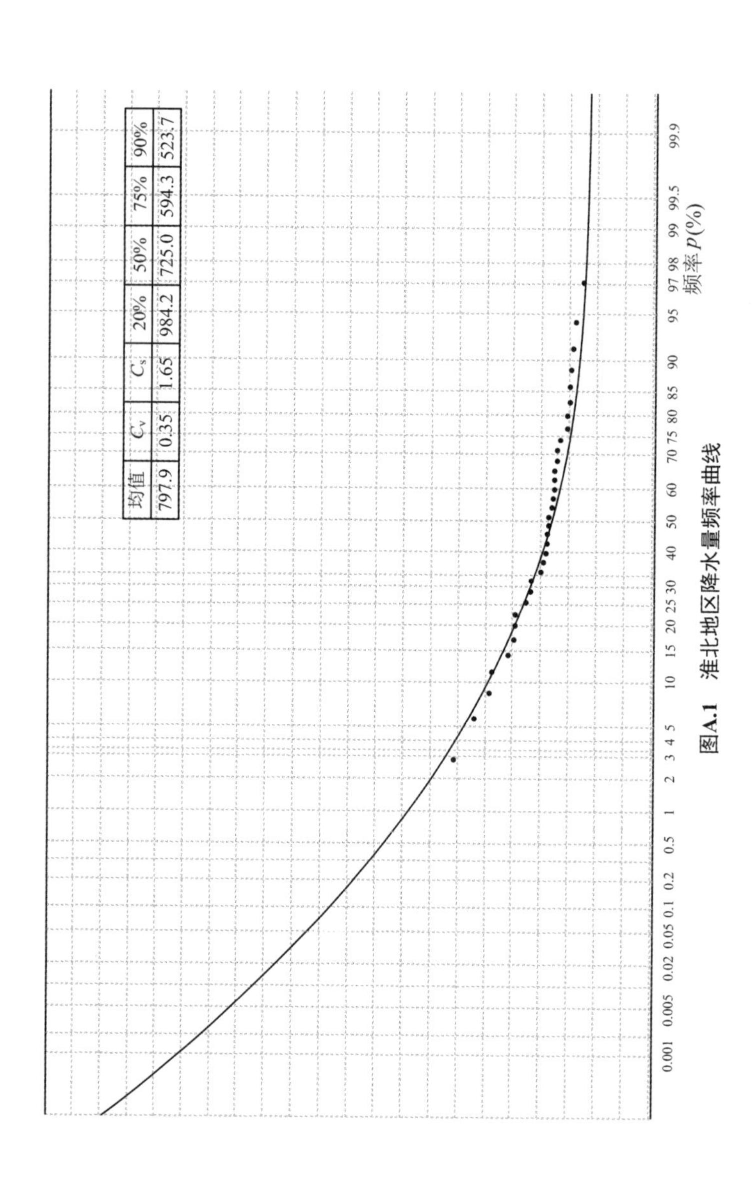

均值	C_v	C_s	20%	50%	75%	90%
797.9	0.35	1.65	984.2	725.0	594.3	523.7

图A.1　淮北地区降水量频率曲线

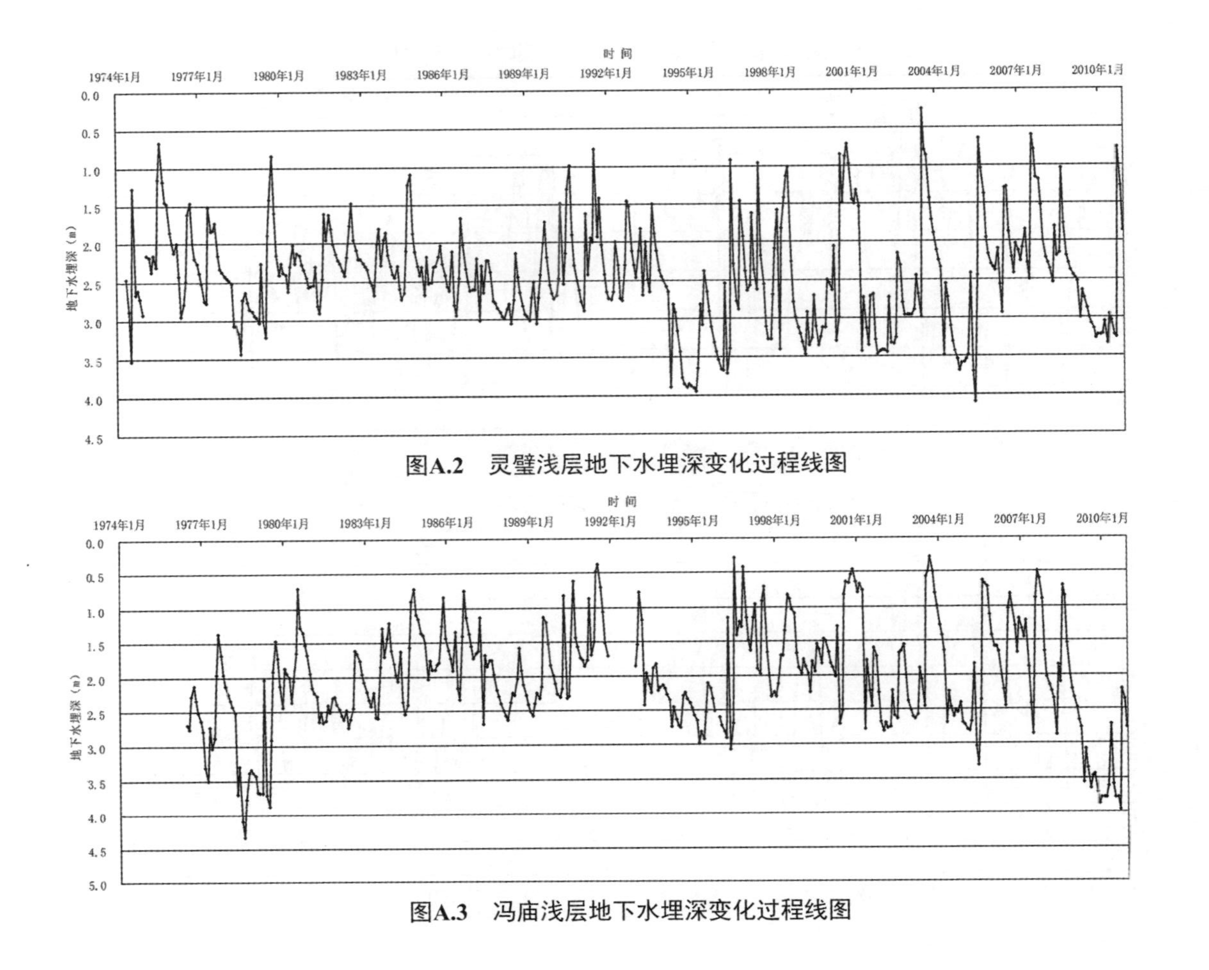

图A.2　灵璧浅层地下水埋深变化过程线图

图A.3　冯庙浅层地下水埋深变化过程线图

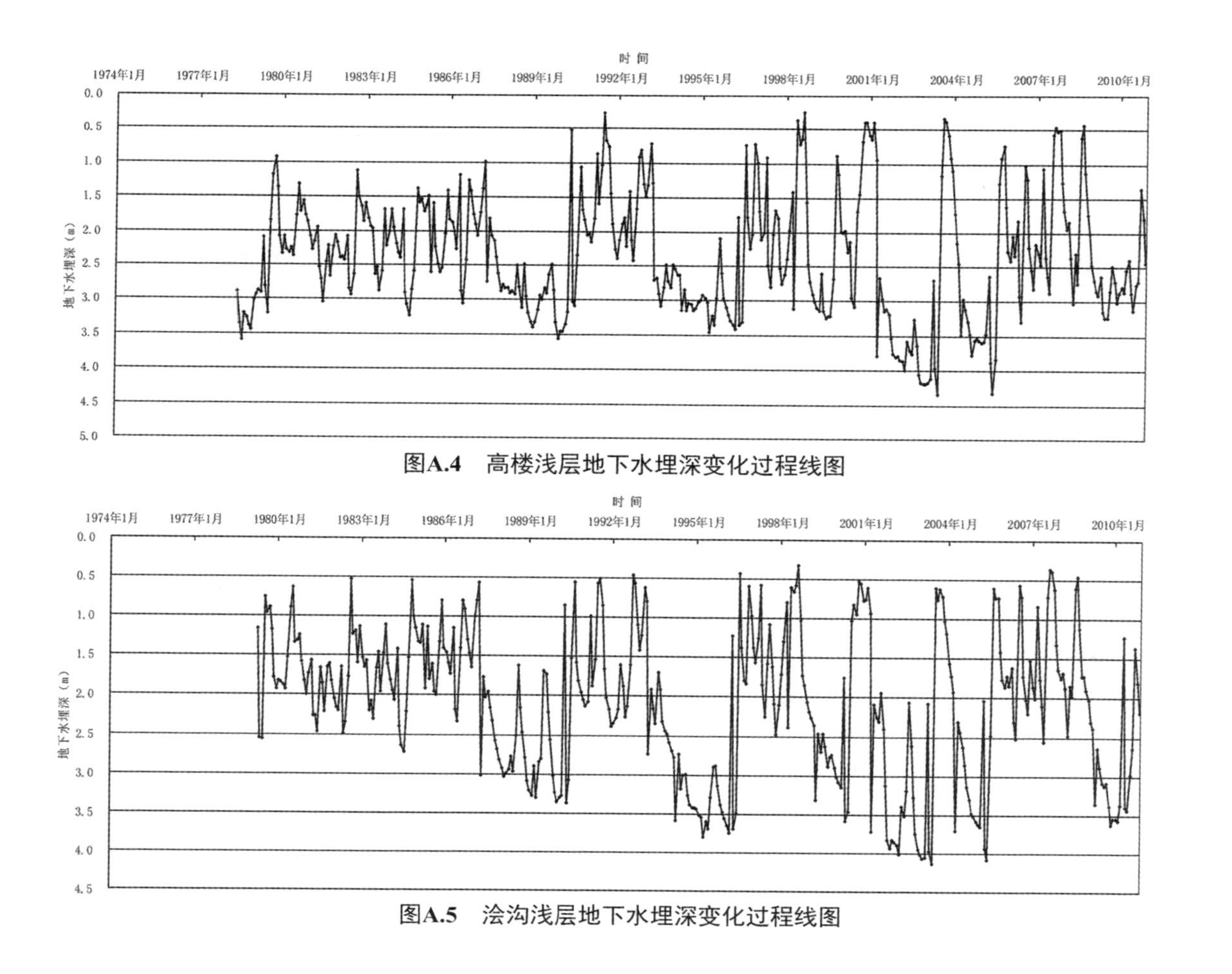

图A.4 高楼浅层地下水埋深变化过程线图

图A.5 浍沟浅层地下水埋深变化过程线图

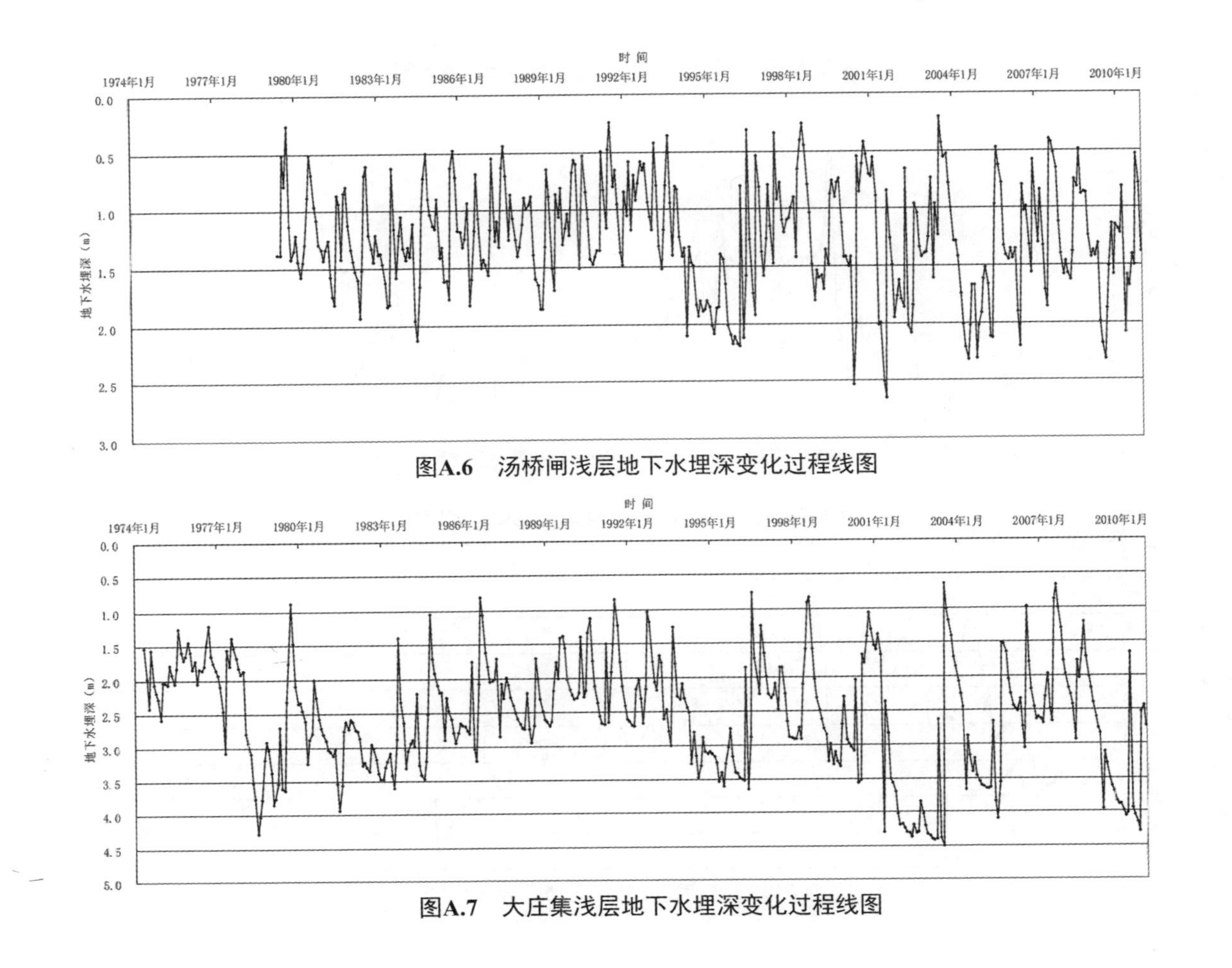

图A.6　汤桥闸浅层地下水埋深变化过程线图

图A.7　大庄集浅层地下水埋深变化过程线图

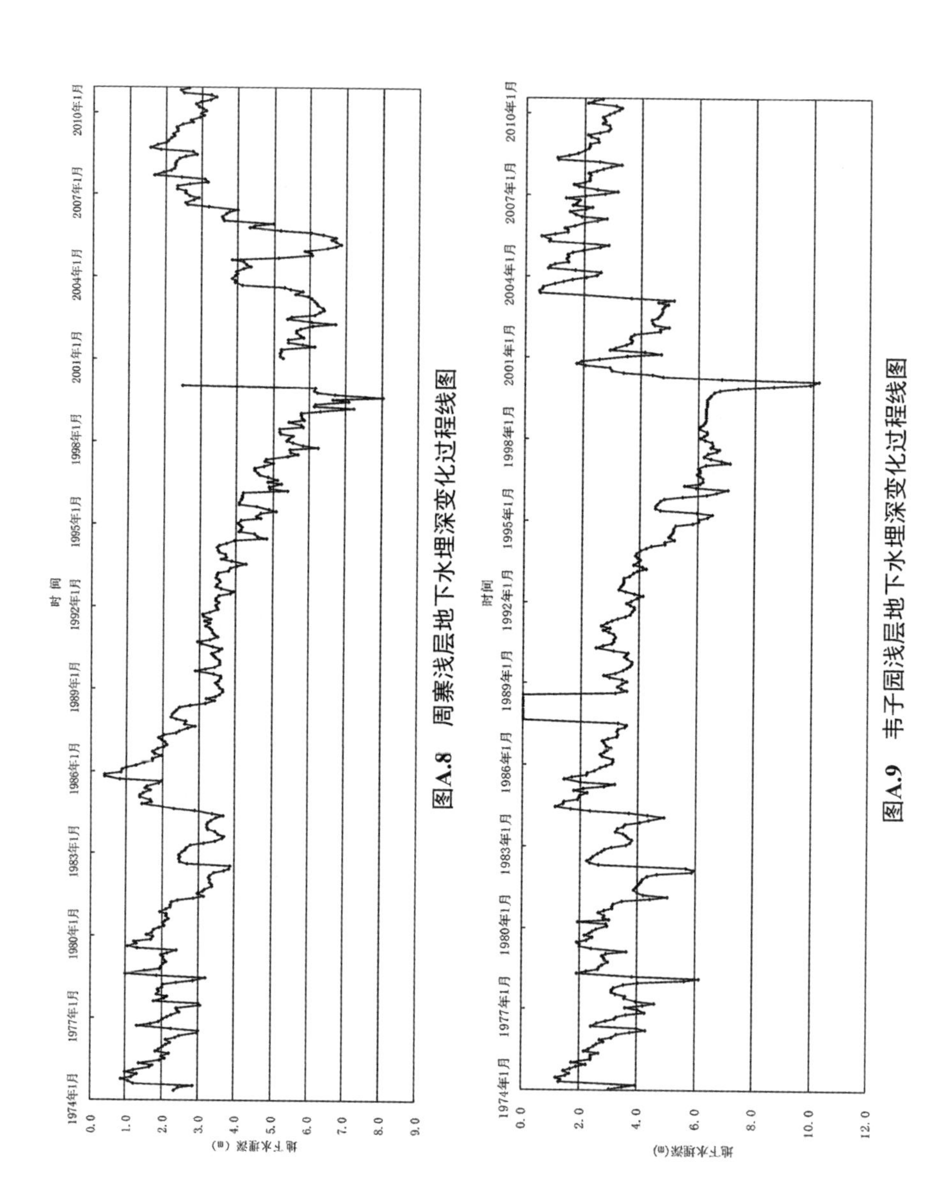

图A.8　周寨浅层地下水埋深变化过程线图

图A.9　韦子园浅层地下水埋深变化过程线图

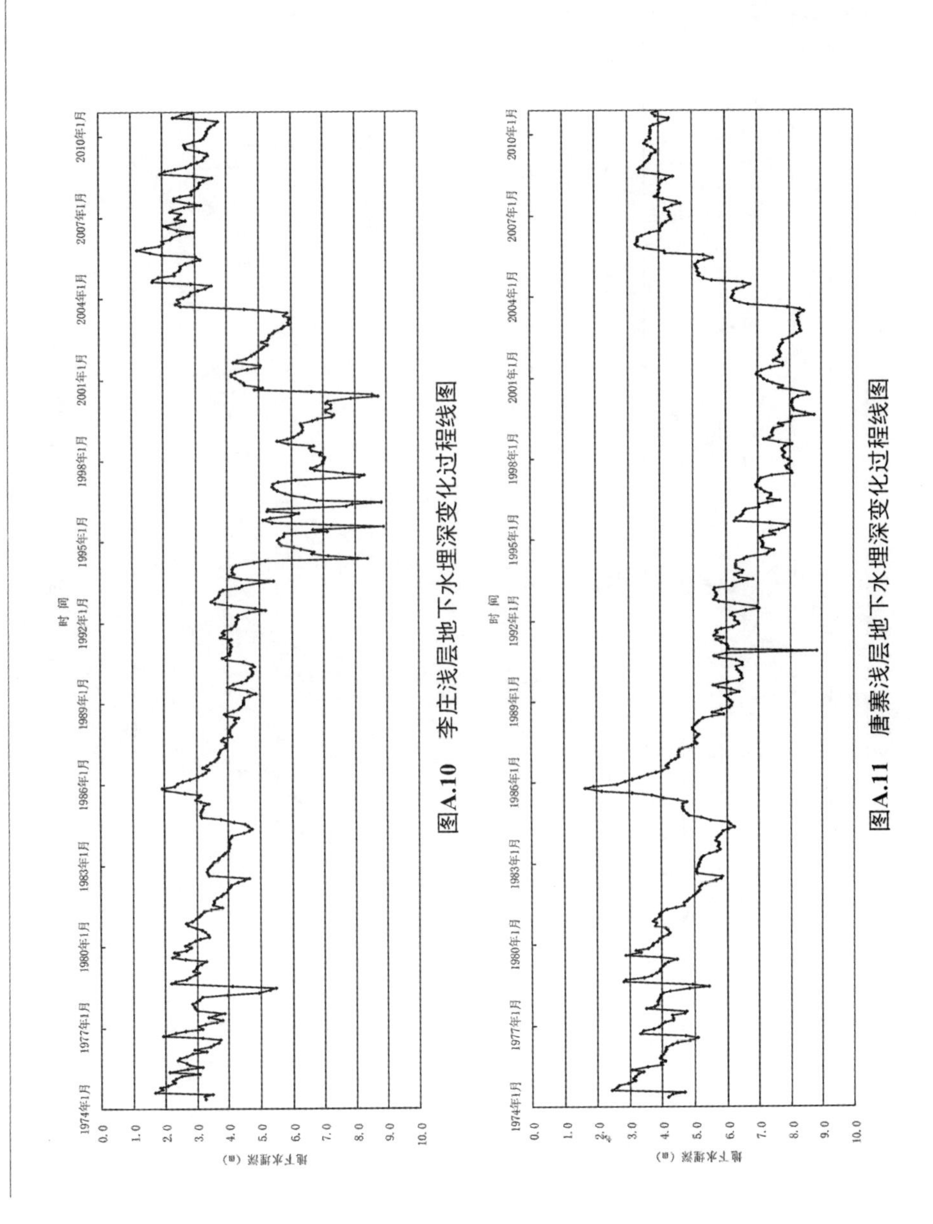

图A.10　李庄浅层地下水埋深变化过程线图

图A.11　唐寨浅层地下水埋深变化过程线图

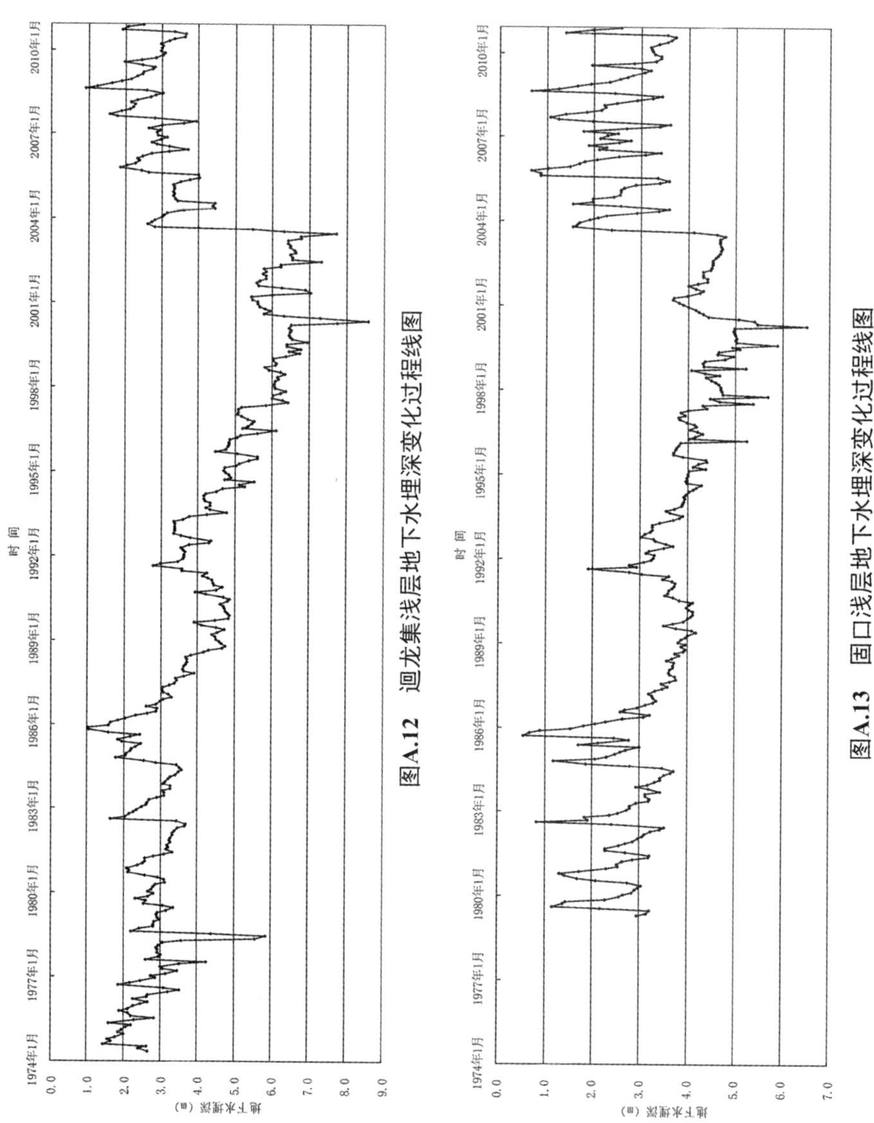

图A.12　迴龙集浅层地下水埋深变化过程线图

图A.13　固口浅层地下水埋深变化过程线图

参 考 文 献

[1] 安徽省·水利部淮河水利委员会水利科学研究院，安徽省水利厅水政处. 安徽淮北地区地下水资源开发利用规划[S]. 1998.

[2] 安徽省水利厅. 安徽水利 50 年[M]. 北京：中国水利水电出版社，1999.

[3] 安徽省水利厅. 安徽水旱灾害[M]. 北京：中国水利水电出版社，1998.

[4] 安徽省水利厅. 淮北地区中低产田综合治理[M]. 水利电力出版社，1993.

[5] 安徽省水利勘测设计院. 安徽省淮北地区除涝水文计算办法[R]. 1981.

[6] 安徽省·水利部淮河水利委员会水利科学研究院，安徽省水文局，安徽农业大学. 皖北平原地下水开发利用及保护综合研究与应用[R]. 2014.

[7] 安徽省·水利部淮河水利委员会水利科学研究院，安徽农业大学. 淮北平原浅层地下水高效利用及调控综合技术与应用[R]. 2016.

[8] 安徽省·水利部淮河水利委员会水利科学研究院，河海大学，安徽农业大学. 皖北地区农田水高效利用实验研究与综合应用[R]. 2012.

[9] 包为民，王从良. 垂向混合产流模型及应用[J]. 水文，1997(3)：18-21.

[10] 王发信. 浅析 21 世纪淮河流域水环境问题[C]//淮河研究会论文集. 2000.

[11] 王发信. 安徽省农田水环境面临的挑战与对策[C]//全国水文水资源科技信息交流会论文集. 2006.

[12] 王发信. 安徽省灌溉水资源可持续开发利用对策与探讨[J]. 治淮，1998(9)：32-33.

[13] 王发信，宋家常. 五道沟水文模型[J]. 水利水电技术，2001(10)：60-63.

[14] 王发信. 大豆生育期适宜降水量分析[J]. 灌溉排水，2001(4)：25-27.

[15] 王发信，尚新红，柏菊. 平原水网圩区水环境综合治理技术与实践[M]. 南京：东南大学出版社，2007.

[16] 王发信. 大豆生育期适宜降水量[J]. 中国农村水利水电，2002(3)：25-27.

[17] 王发信，柏菊. 界首市干旱规律分析[J]. 水资源与水工程学报，2008(4)：76-78.

[18] 王发信，万晋军. 水稻调控灌溉技术与实践[J]. 治淮，2008(8)：28-29.

[19] 王发信，王兵. 怀洪新河对两岸地下水补排规律分析[J]. 地下水，2009(5)：1-3.

[20] 王发信，王兵，尚新红. 怀洪新河蓄水可行性研究[J]. 水文，2010(3)：71-76.

[21] 王发信. 怀洪新河新湖洼闸 BP 神经网络洪水预报模型[J]. 江淮水利科技，

2012(2):38-40.

[22] 王发信.淮北平原浅层地下水埋深区域分布特点[J].地下水,2014(5):51-53.

[23] 王发信.临泉县大豆生长适宜地下水埋深初探[C]//中国水利学会 2015 年学术年会论文集.2015.

[24] BANDARA M. Drainage density and effective precipitation[J]. Journal of Hydrology, 1974, 21: 187-190.

[25] BARDOSSY A, DISSE M, FUZZ Y. Rule-based models for infiltration[J]. Water Resource Res., 1993, 29(3) : 373-382.

[26] BATHURST J, WICKS J, O'CONNELL P, et al. The SHE/SHESED basin scale water flow and sediment transport modelling system[M]. Colorado, USA, Water Resources Publications, 1995.

[27] BENYAMINI Y, MIRLAS V, MARISH S, et al. A survey of soil salinity and groundwater lever control system in irrigated fields in the Jezre' el Valley [J]. Agricultural Water Management, 2005, 76(3):181-194.

[28] BEVEN K, BINLEY A. Future of distributed models, model calibration and uncertainty prediction[J]. Hydrological Processes, 1992, 6: 279-298.

[29] BEVEN K, KIRKBY, M. A physically based, variable contributing area model of basin hydrology[J]. Hydrological Sciences Bulletin, 1979, 24: 43-69.

[30] BRAKENRIDGE R. MODIS-based flood detection, mapping and measurement the potential for operational hydrological applications, transboundary Floods[J]. Reducing Risks Through Flood Management, 2006, 1: 1-12.

[31] CARPENTER T, GEORGAKAKOS K, SPERFSLAGEA J. On the parametric and NEXRAD-radar sensitivities of a distributed hydrologic model suitable for operational use[J]. Journal of Hydrology, 2001, 253: 169-193.

[32] CHIANG W, KINZELBACH W. Processing modflow, a simulation system for modeling groundwater flow and pollution[R]. 1998.

[33] CHIENG S T, HUGHES-games effects of subirrigation and controlled drainage on crop yield, water table fluctuation and soil properties, Subirrigation and controlled drainage[M]. Lewis publishers, 1995.

[34] 陈建耀,刘昌明,吴凯.利用大型蒸渗仪模拟土壤—植物—大气连续体水分蒸散[J].应用生态学报,1999(10) : 45-48.

[35] 程先军.有作物生长影响和无作物时潜水蒸发关系的研究[J].水利学报,1993,6:37-42.

[36] CHOI J, ENGEL B, CHUNG H. Daily streamflow modelling and assessment based on the curve-number technique[J]. Hydrological Processes, 2002, 16: 3131-3150.

[37] COOPS N, JASSAL R, LEUNING R, et al. Incorporation of a soil water modifier into MODIS predictions of temperate Douglas-fir gross primary productivity initial model development[J]. Agricultural and Forest Meteorology, 2007, 147: 99-109.

[38] CORBARI C, RAVAZZANI G, MARTINELLI J, et al. Elevation based correction of snow coverage retrieved from satellite images to improve model calibration[J]. Hydrology and Earth System Sciences, 2009, 13: 639-649.

[39] COSTA-CABRAL M, BURGES S. Digital elevation model networks (DEMON), a model of flow over hillslopes for computation of contributing and dispersal areas[J]. Water Resources Research, 1994, 30: 1681-1692.

[40] Crop evaporationspiration-Guidelines for computing crop water requirements-FAO Irrigation and drainage paper[R]. 56.

[41] DE ROO A, ODIJK M, SCHMUCK G, et al. Assessing the effects of land use changes on floods in the Meuse and Oder catchment[J]. Physics and Chemistry of the Earth, Part B, 2001, 26: 593-599.

[42] DI BALDASSARRE G, SCHUMANN G, Bates P D. A technique for the calibration of hydraulic models using uncertain satellite observations of flood extent[J]. Journal of Hydrology, 2009, 367: 276-282.

[43] DOORENBOS J, PRUITT WO. Guidelines for predicting crop water requirements [M]. Rome: FAO Irrig, Drain. 1977.

[44] DUCHARNE A, GOLAZ C, LEBLOIS E, et al. Development of a high resolution runoff routing model, calibration and application to assess runoff from the LMD GCM[J]. Journal of Hydrology, 2003, 280: 207-228.

[45] EFSTRATIADIS A, KOUTSOYIANNIS D. Fitting hydrological models on multiple responses using the multiobjective evolutionary annealing-simplex approach [M]//practical hydroinformatics, computational intelligence and technological developments in water Applications. Springer DE, Water Science and Technology Library, 2008: 259-273.

[46] FAIRFIELD J, LEYMARIE P. Drainage networks from grid digital elevation models. Water Resources Research, 1991, 27: 709-717.

[47] FAMIGLIETTI J, WOOD E, SIVAPALAN M, et al. A catchment scale water balance model for FIFE[J]. Journal of Geophysical Research-Atmospheres, 1992, 97: 18997-19007.

[48] 范荣生,李长兴,李占彬,等.考虑降雨空间变化的流域产流模型[J].水利学报,1994(3):33-39.

[49] 冯广龙.根一土界面调控方法与模型研究[R].北京.中国科学院地理研究所,

1997:17-23.

[50] 贾金生.华北平原地下水动态及其对不同开采量响应的计算:以河北省栾城县为例[J].地理学报,2002(3):201-203.

[51] 贾仰文,王浩,倪广恒,等.分布式流域水文模型原理与实践[M].北京:中国水利水电出版社,2005.

[52] 金光炎.水资源可持续开发利用及其环境制约问题[J].安徽地质,1997(4):16-18.

[53] GAN T, BURGES S. Assessment of soil-based and calibrated parameters of the Sacramento model and parameter transferability[J]. Journal of Hydrology, 2006, 320: 117-131.

[54] GARBRECHT J, MARTZ L. The assignment of drainage direction over flat surfaces in raster digital elevation models[J]. Journal of Hydrology, 1997, 193: 204-213.

[55] GARDNER W R. Some steady state solutions of the unsaturated moisture flow equation with application to evaporation from water table[J]. Soil Science,1958,85(4): 228-232.

[56] GEOHRING L D, ES, VAN H M. BUSCAGLIA H J. Soil water and forage response to controlled drainage[M]// BELCHER H W. Subirrigation and controlled drainage. Lewis Publishers, 1995.

[57] GRAHAM L, HAGEMANN S, JAUN S, et al. On interpreting hydrological change from regional climate models[J]. Climatic Change, 2007, 81: 97-122.

[58] GREEN W H, AMPT G A. Study on soil physics, flow of air and water through soils[J]. Agri. Sci., 1991(4): 1-24.

[59] 郭元裕.农田水利学[M].2版.北京:水利电力出版社,1986.

[60] 郭生练,熊立华.基于DEM的分布式流域水文物理模型[M].武汉水利电力大学学报, 2000, 33: 1-5.

[61] 郭瑛.一种非饱和产流模型的探讨[J].水文,1982(1):1-7.

[62] 郭占荣,荆恩春,聂振龙,等.种植条件下潜水入渗和蒸发机制研究[J].水文地质工程地质,2002(2):42-45.

[63] HORTON R E. Therole of infiltration in hydrologic cycle[J]. Trans. A. G. U., 1931, 12: 189-202.

[64] HUFFMAN G, ADLER R, BOLVIN D, et al., The TRMM multi-satellite precipitation analysis (TMPA), quasi-global, multi-year, combined-sensor precipitation at fine scales[J]. Journal of Hydrometeorol, 2007, 8: 38-55.

[65] 胡巍巍,王式成,王根绪,等.安徽淮北平原地下水动态变化研究[J].自然资源学报,2009,24(11):1894-1901.

[66] 淮河水利委员会水文局信息中心. 安徽省皖北地区整体协调发展战略对策研究:水资源专题报告[R]. 2014.

[67] HUTCHINSON M. A new procedure for gridding elevation and stream line data with automatic removal of spurious pits[J]. Journal of Hydrology, 1989,106: 210-232.

[68] JENSON S, DOMINGUE J. Extracting topographic structure from digital elevation data for geographic information system analysis[J]. Photogra mmetric Engineering and remote sensing, 1988,54: 1593-1600.

[69] JOHNSON D, MILLER A. A spatially distributed hydrologic model utilizing raster data structures[J]. Computers and Geosciences, 1997,23: 267-272.

[70] KAY A, REYNARD N, JONES R. RCM rainfall for UK flood frequency estimation[J]. Journal of Hydrology, 2006, 318: 151-162.

[71] 孔凡哲, 王晓赞. 有作物条件下潜水蒸发计算方法的实验研究[J]. 中国农村水利水电, 2002(3): 3-5.

[72] 孔凡哲, 王晓赞. 利用土壤水力计算潜水蒸发初探[J]. 水文, 1997(3): 44-47.

[73] KRUSE E G, CHAMPION D F, CUEVAL D L, et al. Crop water use form shallow, saline water tables[J]. Transactions of the ASAE. 1993, 36(3): 697-707.

[74] KRZYSZTOFOWICZ R. Bayesian theory of probabilistic forecasting via deterministic hydrologic model[J]. Water Resources Research, 1999, 35: 2739-2750.

[75] KUCZERA G, PARENT E. Monte Carlo assessment of parameter uncertainty in conceptual catchment models. the Metropolis algorithm[J]. Journal of Hydrology, 1998, 211: 69-85.

[76] KUZMIN V, SEO D, KOREN V. Fast and efficient optimization of hydrologic model parameters using a priori estimates and stepwise line search[J]. Journal of Hydrology, 2008, 353:109-128.

[77] LA BARBERA P, ROSSO R. On the fractal dimension of stream networks [J]. Water Resources Research, 1989, 25: 735-741.

[78] LEHNER B, DÖLL P, ALCAMO J, et al. Estimating the impact of global change on flood and drought risks in Europe: a Continental, integrated analysis[J]. Climatic Change, 2006, 75(3):273-299.

[79] 雷志栋,杨诗秀,谢森传. 土壤水动力学[M]. 北京:清华大学出版社,1988.

[80] 李俊亭. 地下水数值模拟[M]. 北京:地质出版社,1989.

[81] 安徽省·水利部淮河水利委员会水利科学研究院. 利用世界银行贷款加强灌溉农业项目[R]. 1996.

[82] 李家星,陈立德. 水力学[M]. 南京:河海大学出版社, 1996.

[83] 李保国,龚元石,左强.农田土壤水的动态模型及应用[M].北京:科学出版社,2001:6-16.

[84] 李亚峰,李雪峰. 降水入渗补给量随地下水埋深变化的实验研究[J]. 水文,2007,27(5):58-60.

[85] LI L, HONG Y, WANG J, et al. Evaluation of the real-time TRMM-based multi-satellite precipitation analysis for an operational flood prediction system in Nzoia Basin, Lake Victoria, Africa[J]. Natural Hazards, 2009, 50: 109-123.

[86] LI L, WANG J, HAO Z. Appropriate contributing area threshold of a digital river network extracted from DEM for hydrological simulation[J]. IAHS Publ. 2008, 322: 80-87.

[87] 刘昌明,张喜英.大型蒸渗仪与小型棵间蒸发器结合测定冬小麦蒸散的研究[J].水利学报,1998(10):36-39.

[88] 刘志雨.基于GIS的分布式托普卡匹水文模型在洪水预报中的应用[J].水利学报,2004(5):70-75.

[89] 刘猛,王振龙,章启兵.安徽省淮北地区地下水动态变化浅析[J].治淮,2008(7):8-9.

[90] 刘猛,袁锋臣,季叶飞.淮河流域地下水资源可持续利用策略[J].水文水资源,2011(8):57-59.

[91] LOPEZ GARCIA M, CAMARASA A. Use of geomorphological units to improve drainage network extraction from a DEM Comparison between automated extraction and photointerpretation methods in the Carraixet catchment (Valencia, Spain)[J]. International Journal of Applied Earth Observations and Geoinformation, 1999, 1: 187-195.

[92] MARTZ L, GARBRECHT J. Numerical definition of drainage network and subcatchment areas from digital elevation models[J]. Computers & Geosciences, 1992, 18: 747-761.

[93] MATHEUSSEN B, KIRSCHBAUM R, GOODMAN I, et al. Effects of land cover change on streamflow in the interior Columbia River Basin(USA and Canada)[J]. Hydrological processes, 2000, 14: 867-885.

[94] 马晓群,陈晓艺,姚筠.安徽淮河流域各级降水时空变化及其对农业的影响[J].中国农业气象,2009,30(1):25-30.

[95] 毛晓敏,雷志栋.作物生长条件下潜水蒸发估算的蒸发面下降折算法[J].灌溉排水,1999(2):26-29.

[96] 毛晓敏,杨诗秀,雷志栋.叶尔羌河流域裸地潜水蒸发的数值模拟研究[J].水科学进展,1997,8(4):313-320.

[97] 孟春红,夏军.“土壤水库”储水量的研究[J].节水灌溉,2004(4):8-10.

[98] MOGLEN G, ELTAHIR E, BRAS R. On the sensitivity of drainage density to climate change[J]. Water Resources Research, 1998, 34: 855-862.

[99] MOORE I, GRAYSON R, LADSON A. Digital terrain modelling, a review of hydrological, geomorphological, and biological applications[J]. Hydrological processes, 1991, 5: 3-30.

[100] MOUSSA R, VOLTZ M, ANDRIEUX P. Effects of the spatial organization of agricultural management on the hydrological behaviour of a farmed catchment during flood events[J]. Hydrological processes, 2002, 16: 393-412.

[101] NAMKEN W S, WIEGAND C L, BROWN R G. Water use by cotton from low and moderately saline static water tables[J]. Agronomy Journal. 1969, 61(2). 305-310.

[102] NIEHOFF D, FRITSCH U, BRONSTERT A. Land-use impacts on storm-runoff generation, scenarios of land-use change and simulation of hydrological response in a meso-scale catchment in SW-Germany[J]. Journal of Hydrology, 2002, 267: 80-93.

[103] 牛国跃,洪钟祥.沙漠土壤河大气边界层中水热交换和传输的数值模拟研究[J].气象学报,1997,55:398-407.

[104] O'CALLAGHAN J, MARK D. The extraction of drainage networks from digital elevation data[J]. Computer Vision, Graphics, and Image Processing, 1984, 28: 323-344.

[105] ONSTAD C, JAMIESON D. Modeling the effect of land use modifications on runoff[J]. Water Resource Research, 1970(6): 1287-1295.

[106] PHILIP J R. Thetheory of infiltration[J]. Soil Sci, 1957, 83. 345-357.

[107] QIAN J, EHRICH R, CAMPBELL J. DNESYS-an expert system for automatic extraction of drainagenetworks from digital elevation data[J]. IEEE Transactions on Geoscience and Remote Sensing, 1990, 28: 29-45.

[108] 齐学斌,庞鸿宾.地表水地下水联合调度研究现状及发展趋势[J].水科学进展,1999,10(1):89-94.

[109] QUINN P, BEVEN K, CHEVALLIER P, et al. Prediction of hillslope flow paths for distributed hydrological modelling using digital terrain models[J]. Hydrological processes, 1991, 5: 59-79.

[110] 水利部科技教育司.“七五”国家重点科技攻关项目:砂姜黑土灌排技术研究[R].1990.

[111] 任立良,刘新仁.基于DEM的水文物理过程模拟[J].地理研究,2000,19:369-376.

[112] REED S, SCHAAKE J, ZHANG Z. A distributed hydrologic model and threshold frequency-based method for flash flood forecasting at ungauged locations[J]. Journal of Hydrology, 2007, 337:402-420.

[113] RITZEMA H P. Drainage principles and applications[R]. Netherlands. International Institute for Land Reclamation and Improvement/ ILRI Wageningen, 1994.

[114] ROSSO R, BACCHI B, La Barbera P. Fractal relation of mainstream length to catchment area in river networks[J]. Water Resources Research, 1991, 27: 381-387.

[115] 芮孝芳. 水文学原理[M]. 北京:中国水利水电出版社,2004.

[116] 水利部淮河水利委员会,河海大学. 淮北平原变化环境下水文循环实验研究与应用[R]. 2010.

[117] SMITH E. Modeling infiltration for multistorm runoff events[J]. Water Resource Res., 1993, 29(1):133-144.

[118] SMITH R E, PARLANGE J Y. A parameter-efficient hydrologic infiltration model[J]. Water Res., 1978, 14(3):533-538.

[119] 孙仕军,丁跃元. 平原井灌区土壤水库调蓄能力分析[J]. 自然资源学报, 2002,17(1):42-47.

[120] 孙国义,杨中泽,申金道,等. 淮北地区小麦耐渍防旱的适宜地下水水位[J]. 灌排信息,1991(2):57- 61.

[121] 尚松浩,毛晓敏. 计算潜水蒸发系数的反 Logistic 公式[J]. 灌溉排水,1999,18(2):18-21.

[122] 沈立昌. 关于潜水蒸发量经验公式探讨[J]. 水利学报, 1985(7):34-40.

[123] 沈晓东,王腊春. 基于栅格数据的流域降雨径流模型[J]. 地理学报, 1995, 50: 264-271.

[124] 沈振荣. 水资源科学实验与研究:大气水、地表水、土壤水、地下水相互转化关系[M]. 北京. 中国科学技术出版社,1992.

[125] 唐海行, 苏逸深, 谢森传. 潜水稳定蒸发的分析与经验公式[J]. 水利学报, 1989(10):37-44.

[126] TAPLEY B, BETTADPUR S, WATKINS M, et al., The gravity recovery and climate experiment[J]. Geophys. Res. Lett, 2007, 31:L09607.

[127] TARBOTON D. A new method for the determination of flow directions and upslope areas in grid digital elevation models[J]. Water Resources Research, 1997, 33: 309-319.

[128] TARBOTON D, BRAS R, RODRIGUEZ ITURBE. The fractal nature of river networks[J]. Water Resources Research, 1988, 24: 1317-1322.

[129] TRIBE A. Automated recognition of valley lines and drainage networks from grid digital elevation models. a review and a new method[J]. Journal of hydrology, 1992, 139: 263-293.

[130] TUCKER G, BRAS R. Hillslope processes, drainage density, and landscape morphology[J]. Water Resources Research, 1998, 34: 2751-2764.

[131] VOGT J, COLOMBO R, BERTOLO F. Deriving drainage networks and catchment boundaries. a new methodology combining digital elevation data and environmental characteristics[J]. Geomorphology, 2003, 53: 281-298.

[132] 汪恕诚. 中国防洪减灾的新策略[J]. 水利规划与设计,2003(1):1-2.

[133] 王晓红，侯浩波. 浅地下水对作物生长规律的影响研究[J]. 灌溉排水学报，2006(25): 13-17.

[134] 王晓赞. 农作物有效潜水蒸发试验研究[J]. 徐州师范大学学报,1999(17): 60-63.

[135] 王振龙,王加虎. 淮北平原“四水”转化模型实验研究与应用[J]. 自然资源学报,2009(12):2194-2203.

[136] 王振龙,刘淼,李瑞. 淮北平原有无作物生长条件下潜水蒸发规律试验[J]. 农业工程学报，2009，25(6):26-32.

[137] 王慧,王谦谦. 近 49 年来淮河流域降水异常及其环流特征[J]. 气象科学，2002,22(2). 149-158.

[138] 王振龙. 平原灌区灌溉水资源优化模型研究[J]. 灌溉排水学报. 2005,12: 87-89.

[139] 王振龙. 安徽淮北地区地下水资源开发利用潜力分析评价[J]. 地下水，2008，30(4):34-37.

[140] 王振龙,马倩. 淮北平原水资源综合利用与规划实践[M]. 合肥:中国科学技术大学出版社,2008.

[141] 王振龙,高建峰. 实用土壤墒情监测预报技术[M]. 北京:中国水利水电出版社,2006.

[142] 王振龙,王加虎. 淮北平原“四水”转化模型试验研究与应用[J]. 自然资源学报,2009,24(12):2195-2203.

[143] 汤广民. 以涝渍连续抑制天数为指标的排水标准试验研究[J]. 水利学报,1999(4):25-29.

[144] 王友贞,叶乃杰. 安徽省淮北地区农田水资源调控模式研究[J]. 灌溉排水学报,2005,24(5):10-13.

[145] 王友贞,袁先江. 安徽省淮北平原区农田水资源调控技术[J]. 水利水电技术，2005(5):68-70.

[146] 王友贞,汤广民. 安徽淮北平原主要农作物的优化灌溉制度与经济灌溉定额

[J]. 灌溉排水学报,2006(2):24-29.
[147] 王友贞,汤广民,王修贵,等. 安徽省淮北平原大沟蓄水与农田水资源调控技术[R]. 蚌埠:安徽省·水利部淮河水利委员会水利科学研究院,2004.
[148] 汤广民,王友贞,王修贵,等. 淮北平原区基于大沟蓄水技术的农田水资源调控模式[J]. 灌溉排水学报,2008(4):1-5.
[149] 王友贞,王修贵,汤广民. 大沟控制排水对地下水水位影响研究[J]. 农业工程学报,2008(6):74-77.
[150] 汤广民,曹成. 安徽省农业旱灾特征及其对粮食生产的影响[J]. 灌溉排水学报,2010(6):47-50.
[151] 蒋尚明,王友贞,汤广民,等. 淮北平原主要农作物涝渍灾害损失评估研究[J]. 水利水电技术,2011(8):63-67.
[152] 王少丽,王修贵,丁昆仑,等. 中国的农田排水技术进展与研究展望[J]. 灌溉排水学报,2008(1):110-113.
[153] 王晓东. 淮河流域主要农作物全生育期水分盈亏时空变化分析[J]. 资源科学,2013,35(3):665-672.
[154] 魏林宏,郝振纯,李丽. 不同分辨率 DEM 的信息熵评价及其对径流模拟的影响[J]. Water Resources and Power,2004,22(4):1-4.
[155] 魏林宏,郝振纯,李丽. 降雨空间尺度对径流模拟的影响研究[J]. 水资源与水工程学报,2006,17:19-23.
[156] WIGLEY T, LOUGH J, JONES P. Spatial patterns of precipitation in England and Wales and a revised, homogeneous England and Wales precipitation series[J]. Journal of Climatology, 1984, 4:1-25.
[157] WILK J, ANDERSSON L, PLERMKAMON V. Hydrological impacts of forest conversion to agriculture in a large river basin in northeast Thailand[J]. Hydrological processes, 2001, 15: 2729-2748.
[158] 夏军. 分布式时变增益流域水循环模拟[J]. 地理学报,2003,58:789-796.
[159] 夏军,左其亭. 国际水文科学研究的新进展[J]. 地球科学进展,2006,21:256-261.
[160] 国际 IAHS-PUB 研究计划中国工作委员会第一次工作会议暨第二届中国水问题论坛 PUB 分会会议纪要[R]. 北京,2004.
[161] 熊立华,郭生练. 基于 DEM 的数字河网生成方法的探讨[J]. 长江科学院院报,2003,20:14-17.
[162] 闫华,周顺新. 作物生长条件下潜水蒸发的数值模拟研究[J]. 中国农村水利水电,2002(9):15-18.
[163] 杨建峰,万书勤. 地下水对作物生长影响研究[J]. 节水灌溉制度,2002(2):36-38.

[164] 杨大文,李种,倪广恒,等.分布式水文模型在黄河流域的应用[J].地理学报,2004,59:143-154.

[165] 杨建锋,万书勤.地下水对作物生长影响研究[J].节水灌溉制度,2002(2):36-39.

[166] 姚建文.作物生长条件下土壤含水量预测的数学模型[J].水利学报,1989(9):32-38.

[167] YANG W J, HAO W, DENG H Y. Distributed model of hydrological cycle system in Heihe River basin: model development and verification[J]. Journal of Hydraulic Engineering, 2006, 5: 290-302.

[168] 扬州大学,安徽省·水利部淮河水利委员会水利科学研究所,淮河水利委员水文局信息中心,等.淮河平原区浅层地下水高效利用关键技术研究[R].亳州市蒙城县水务局,2010.

[169] YAO H, HASHINO M. A completely-formed distributed rainfall-runoff model for the catchment scale[M]. Iahs Publication, 2001.

[170] 叶水庭,施鑫源,苗晓芳.用潜水蒸发经验公式计算给水度问题的分析[J].水文地质工程地质,1982(4):46-48.

[171] YILMAZ K, GUPTA H, WAGENER T. A process-based diagnostic approach to model evaluation: application to the NWS distributed hydrologic model[J]. Water Resour. Res, 2008, 44(9): 1029.

[172] YU Z, LAKHTAKIA M, YARNAL B. et al. Simulating the river-basin response to atmospheric forcing by linking a mesoscale meteorological model and hydrologic model system[J]. Journal of Hydrology, 1999, 218: 72-91.

[173] 张蔚臻、沈荣开.地下水文与地下水调控[M].北京:中国水利水电出版社,1998.

[174] 张书函,康绍忠,刘晓明,等.农田潜水蒸发的变化规律及其计算方法研究[J].西北水资源与水工程,1995(6):9-15.

[175] 张蔚榛.地下水与土壤水动力学[M].北京:化学工业出版社,1992.

[176] 张蔚榛,张瑜芳.有关农田排水标准研究的几个问题[J].灌溉排水,1994(1):1-6.

[177] 张金玲,王冀,甘庆辉.1961~2006年江淮流域极端降水事件变化特征[J].安徽农业科学,2009,37(7):3089-3091.

[178] 张宪法,张凌云,于贤昌,等.节水灌溉的发展现状与展望[J].2000(5):52-54.

[179] 张子贤,张进旗.阿维里扬诺夫潜水蒸发公式推求的新方法[J].中国农村水利水电,2002(12):13-14.

[180] 瞿益民,沈波,赵明华,等.浅层地下水对蔬菜腾发量和产量的影响[J].中国农

村水利水电,2004(12):29-31.

[181] 赵人俊.流域水文模拟:新安江模型与陕北模型[M].北京:水利电力出版社,1984.

[182] 周启鸣,刘学军.空间数据的增值:以数字地形分析为例[J].地理信息世界,2006(3):4-13.

[183] 周卫平.国内外节水灌溉技术的进展及启示[J].节水灌溉,1997(4):18-20.

[184] 左强,李保国,杨小路.蒸发条件下地下水对 1 m 土体水分补给的数值模拟[J].中国农业大学学报,1999,4(1):37-42.